재미있는 식품과 영양

FOOD & NUTRITION

재미있는 식품과 영양

전덕영 · 신말식 · 허영란 · 박용주
안창범 · 신태선 · 전우진 · 김옥경
홍영식 · 정현정 · 윤정미 · 정복미

수학사

머리말

식품과 영양에 관한 정보가 4차 산업혁명의 시작과 함께 넘쳐나고 있다. 동시에 부정확한 내용 또한 여과 없이 유포되고 있는 것이 실정이다. 집필진은 다년간의 학문 연구를 바탕으로 식품과 영양에 대한 최신의 올바른 지식을 정확하게 전달하고자 함께하였다. 특히 청년기에 대학에서 습득한 지식이 평생의 식습관을 좌우한다는 점을 고려하였다.

이 책은 4개의 영역으로 나누어 기술하였다. 제1부에서는 식품과 영양소에 대한 전반적인 기본 지식을 치밀하게 다루되 식문화, 가공식품, 기호식품을 포함하였다. 제2부에서는 비만, 암, 당뇨 등 여러 가지의 인체 건강에 관련되는 식품 및 영양소에 관하여 현재까지 과학적으로 밝혀진 기능성 및 그 메커니즘을 중심으로 기술하였다. 제3부에서는 식품 알레르기, 식중독 등 식품을 통한 인체 안전성을 위협하는 여러 요인들에 대한 최신의 지식을 수록하였으며, 제4부에서는 식품의 구매 및 그 섭취에 관하여 실생활에 적용되는 올바른 식생활을 소개하였다.

『식품과 영양』이 인체 영양에 대한 정확한 지식의 습득 및 이를 고려한 바람직한 식생활의 출발 및 유지에 도움이 되기를 희망한다. 저자들은 앞으로도 관련 지식 및 자료의 변동에 능동적으로 대처하여 지속적으로 내용을 새롭게 해나갈 것이다. 이 책을 식품과 영양 부문 도서 개발을 선도하는 수학사에서 펴내게 된 것을 기쁘게 생각하며, 출판에 심혈을 기울여 주신 관계자 여러분께 감사드린다.

저자 일동

차례

PART 1 식품과 영양

CHAPTER 1 식품, 영양, 그리고 건강

1. 인체 · 16
   1) 인체의 조성 16 | 2) 인체의 역동성 18

2. 식품 · 19
   1) 식품의 일반 성분 19 | 2) 식품의 무기질 성분과 비타민 20

3. 영양 · 22
   1) 인체의 유지 22 | 2) 질병의 예방 24 | 3) 특정 기능 관련 영양소 25

4. 건강 · 25
   1) 100세 시대 25 | 2) 영양유전체학 27 | 3) 맞춤형 영양 29

CHAPTER 2 식생활 문화

1. 우리 식생활 문화의 특징 · 34
   1) 식생활 문화에 영향을 주는 요인 34 | 2) 우리 음식 문화의 특징 36

2. 식생활의 시대적 변화 · 42
   1) 삼국 시대 이전 42 | 2) 삼국 및 통일신라 시대 42 | 3) 고려 시대 43
   4) 조선 시대 43 | 5) 근대 44

3. 전통 및 향토 음식 문화 · 48
   1) 전통 음식 문화 48 | 2) 향토 음식 50

4. 현재와 미래의 식생활 · 55
   1) 식생활의 변화 55 | 2) 기후 변화와 식품 57

CHAPTER 3 ___에너지 영양소

1. 탄수화물 · 66
   1) 탄수화물의 특성 66 | 2) 탄수화물의 분류 66 | 3) 탄수화물 영양소의 기능 70
   4) 탄수화물의 급원 식품 71 | 5) 탄수화물의 섭취기준 73

2. 지질 · 75
   1) 지질의 특성 75 | 2) 지질의 분류 75 | 3) 지질의 기능 80 | 4) 지질의 급원 식품 82
   5) 지질의 섭취기준 83

3. 단백질 · 84
   1) 단백질과 아미노산의 특성 84 | 2) 아미노산의 분류 85
   3) 단백질의 질과 상호 보완 효과 86 | 4) 단백질 영양소의 기능 87
   5) 단백질의 급원 식품 88 | 6) 단백질 섭취기준 89

CHAPTER 4 ___비타민, 무기질, 물

1. 비타민 · 98

2. 무기질 · 101

3. 물 · 105

CHAPTER 5 ___가공식품

1. 가공식품의 정의 및 장점 · 112

2. 가공식품을 제조하기 위한 기술 · 112
   1) 제거, 분리를 위한 가공 조작 113 | 2) 형태, 성분을 변형하기 위한 가공 조작 114

3. 다양한 가공식품 · 114
1) 농산 가공식품 114 | 2) 축산 가공식품 122 | 3) 수산 가공식품 128

4. 미래의 먹거리, 식용 곤충 · 136

CHAPTER 6 ___ 기호식품

1. 차 · 146
1) 찻잎 채취 147 | 2) 차의 종류 147 | 3) 차 종류에 따른 산화방지 성분 함량 151
4) 차의 영양 성분 153 | 5) 차와 건강 154 | 6) 차의 음용 및 관리 155
7) 차의 부작용 156

2. 커피 · 156
1) 커피의 기원과 역사 156 | 2) 커피 콩과 볶은 콩의 성분 156 | 3) 커피의 로스팅 157
4) 커피의 블렌딩 158 | 5) 커피 추출 159 | 6) 에스프레소의 메뉴 161
7) 커피의 영양 성분 162 | 8) 카페인이 건강에 미치는 영향 163

3. 술 · 165
1) 술의 종류 166 | 2) 술과 영양 성분 171 | 3) 술과 영양 대사 171
4) 알코올이 신체에 미치는 영향 172

PART 2 식품의 기능성과 영양

CHAPTER 7 ___ 파이토뉴트리언트

1. 식품의 기능 · 184

2. 생리활성물질 · 185
1) 정의 185 | 2) 분류 185

3. 파이토뉴트리언트 · 186
1) 정의 186 | 2) 분류 186

4. 건강기능식품 · 198
1) 정의 198 | 2) 건강기능식품 원료 198 | 3) 건강기능식품 원료 인정 방법 199
4) 건강기능식품 원료의 기능성 구분 200 | 5) 개별인정형 원료의 기능성 202
6) 기능 성분과 지표 성분 203 | 7) 건강기능식품의 제품 형태 203

CHAPTER 8 __체지방 감소와 혈당 조절

1. 체지방 감소 · 210

1) 체지방과 비만 210 | 2) 과도한 체지방 축적에 따른 건강 이상 211

3) 체지방 감소 관련 기능성 원료 213

2. 혈당 조절 · 216

1) 혈당 조절 216 | 2) 혈당 조절 이상에 따른 건강 이상 217

3) 혈당 조절 관련 기능성 원료 219

CHAPTER 9 __혈중 중성지방 및 콜레스테롤 개선과 혈압 조절

1. 혈중 중성지방 및 콜레스테롤 · 228

1) 중성지방 및 콜레스테롤 대사 228

2) 높은 혈중 중성지방 및 콜레스테롤에 의한 건강 이상 229

3) 혈중 중성지방 개선 관련 기능성 원료 231

4) 혈중 콜레스테롤 개선 관련 기능성 원료 232

2. 혈압 조절 · 236

1) 혈압 조절 236 | 2) 혈압 조절 이상에 의한 건강 이상 237

3) 혈압 조절 관련 기능성 원료 237

CHAPTER 10 __산화방지와 면역 기능, 그리고 암

1. 산화방지 기능 · 244

1) 활성산소종과 산화방지 시스템 244 | 2) 산화스트레스에 의한 건강 이상 244

3) 산화방지 관련 기능성 원료 246

2. 면역 기능 · 248

1) 면역 시스템 248 | 2) 면역 시스템 손상에 의한 건강 이상 250

3) 면역 기능 관련 기능성 원료 252

3. 암 · 254

1) 암의 정의와 특징 254 | 2) 암 발생 원인 256 | 3) 음식, 암, 그리고 예방 257

CHAPTER 11 __프로바이오틱스와 식이섬유

1. 프로바이오틱스 · 266

1) 프로바이오틱스의 종류 267 | 2) 프로바이오틱스의 작용 274

3) 프로바이오틱스 함유 식품 275 | 4) 프리바이오틱스 277 | 5) 신바이오틱스 281

2. 식이섬유 · 281
1) 식이섬유의 종류 282 | 2) 식이섬유의 특성과 생리적 기능 282
3) 식이섬유 함유 식품 284 | 4) 식이섬유와 질병 285 | 5) 식이섬유의 부작용 285

PART 3 식품과 안전

CHAPTER 12 _유해 물질

1. 유해 생물체 · 296
1) 기생충 297 | 2) 유해 세균과 바이러스 299

2. 유해 화학 물질 · 303
1) 식품 원료가 생산하는 유해 유기 화합물 303
2) 유해 생물체가 생산하는 유해 유기 화합물 310 | 3) 오염된 금속 313
4) 오염된 유기 화합물 315 | 5) 식품첨가물 317

3. 가공 및 조리 과정 중의 유해 물질 · 318
1) 나이트로사민 318 | 2) 벤조피렌 318 | 3) 아크릴아마이드 319 | 4) 트랜스지방 320

CHAPTER 13 _식품 알레르기와 유전자 변형 식품

1. 식품 알레르기 · 328
1) 식품 알레르기의 정의 328 | 2) 식품 알레르기의 발생 원인 328
3) 식품 알레르기의 주요 증상 328 | 4) 알레르기 발생 메커니즘 331

2. 아토피 피부염과 식품 불내증 · 332
1) 아토피 피부염의 발생 요인 332 | 2) 식품 불내증 334

3. 알레르기 유발 식품 · 334
1) 알레르기 유발 식품이란 334 | 2) 우리나라의 알레르기 유발 식품 335
3) 국가별 식품 알레르기 유발 식품 336 | 4) 알레르기 식품의 표시 338
5) 알레르기 관리 및 치료 339

4. 유전자 변형 식품 · 341
1) 유전자 변형 식품의 정의 341 | 2) 유전자 변형 식품의 표시제도 341
3) 유전자 변형 생물체 개발 방법 349 | 4) 유전자 변형 식품의 문제 351

PART 4 올바른 식생활

CHAPTER 14 __ 당과 나트륨의 섭취

1. 당류 · 362
   1) 당류의 개념 및 특징 362 | 2) 당류의 섭취기준 및 우리나라 섭취 실태 362
   3) 당류의 과잉 섭취와 만성질환의 관계 365 | 4) 국내외 당류 저감 정책 366

2. 나트륨 · 371
   1) 나트륨의 개념 및 특성 371 | 2) 나트륨의 섭취기준 및 섭취 현황 371
   3) 나트륨의 과다 섭취와 만성질환 373 | 4) 국내외 나트륨 저감 정책 373

3. 영양교육 · 376
   1) 식생활 지침 378

CHAPTER 15 __ 식품 표시 및 구매

1. 식품 등의 표시기준 · 388
   1) 목적 388 | 2) 구성 388 | 3) 식품 표시의 기본적인 사항 388 | 4) 영양 정보 표시 395
   5) 영양 강조 표시기준의 세부 기준 396 | 6) 나트륨 함량 비교 표시 397
   7) 고열량·저영양 식품 397

2. 식품 구매 · 399
   1) 식품 인증제도 402 | 2) 푸드 마일리지와 로컬 푸드 403 | 3) 방사선 조사 식품 404

부록

1. 식품 영양 관련 주요 성분의 화학 구조식 414
2. 식생활 지침 423
3. 일부 식품의 식품성분표 433
4. 2015 한국인 영양소 섭취기준 요약 449

찾아보기 456

PART 1

식품과 영양

01 식품, 영양, 그리고 건강 02 식생활 문화 03 에너지 영양소
04 비타민, 무기질, 물 05 가공식품 06 기호식품

CHAPTER 1

식품, 영양, 그리고 건강

학 습 목 표

인체를 중심으로 식품과 영양, 그리고 건강의 상호 관계를 종합적으로 이해하기 위하여 다음의 내용을 다룬다.

1. 인체를 구성하는 물질들을 알아본다.
2. 식품 중의 물질에 대하여 알아본다.
3. 식품구성자전거와 함께 영양과 영양소에 대하여 알아본다.
4. 건강한 인체를 위한 건강 현황 및 미래 영양에 대하여 알아본다.

식품에 함유되어 있는 영양소를 필요한 만큼 섭취하는 것이 인체 건강 유지의 기본이다. 이를 달성하기 위해서는 인체의 조성과 식품 중의 화학 물질, 인체를 유지하는 데 필요한 영양, 그리고 건강 증진을 위한 식품 영양의 변화에 대한 이해가 필수적이다.

1. 인체

1) 인체의 조성

인체는 다양한 물질로 이루어져 있다. 그림 1-1은 인체가 골격과 신경, 그리고 혈관 및 림프 시스템을 근간으로 하여 각종 장기들로 구성되어 있음을 보여 준다. 좀 더 세부적으로는 근육(36~45%)과 지방(15~27%) 그리고 단단한 뼈(12~15%)와 기타 장기 등(25%)의 물질로 조성되어 있으며, 남녀 간 구성비의 차이가 크다(그림 1-2).

인체를 구성하는 물질을 분자 수준에서 구분하면 성인의 경우 가장 많은 부분을 차지하고 있는 물(수분)이 약 62%, 단백질과 지방질이 각각 16%, 그리고 무기질은 약 6%

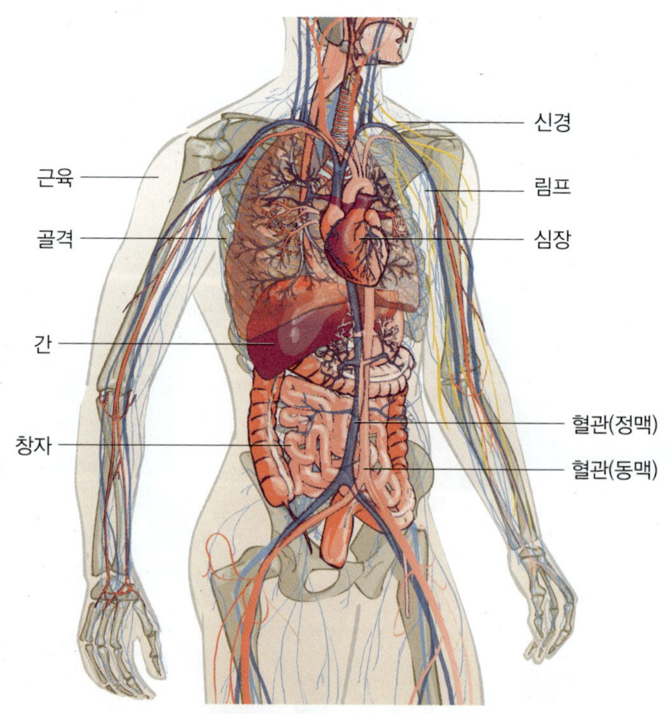

그림 1-1 인체의 기본 구조 및 주요 장기의 분포

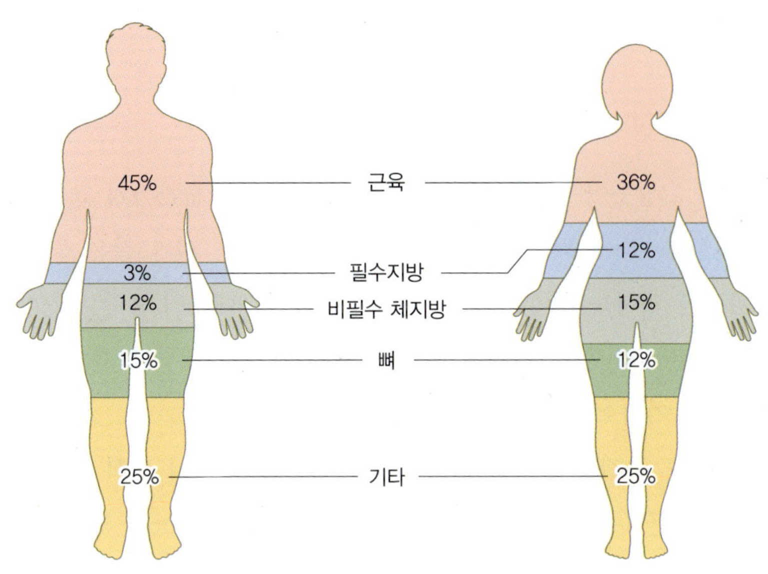

그림 1-2 인체 구성 물질의 비율

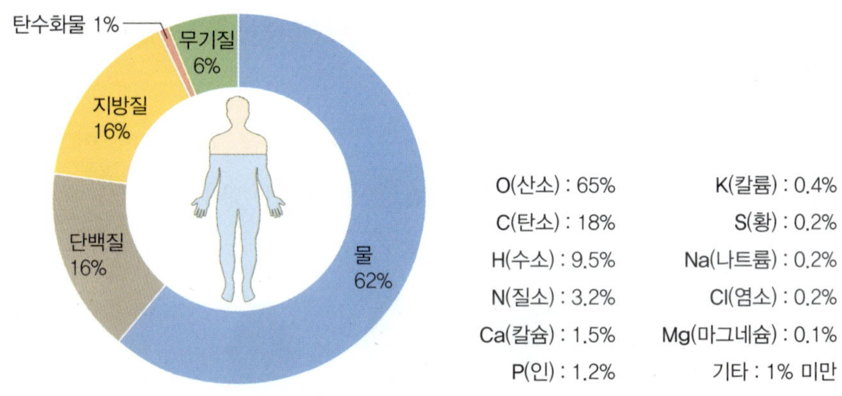

그림 1-3 인체를 구성하는 원소 조성

를 차지하며, 탄수화물도 1% 정도 함유되어 있다(그림 1-3). 이보다 더 세분화된 원소 수준에서는 산소(O) 65%, 탄소(C) 18%, 수소(H) 9.5%, 질소(N) 3.2%, 칼슘(Ca) 1.5%, 인(P) 1.2%로 6가지 원소가 99%에 근접하여 대부분을 차지한다. 그 외에는 5개 원소인 칼륨(K), 황(S), 나트륨(Na), 염소(Cl), 마그네슘(Mg)이 대략 1%를 차지하고, 기타 수많은 원소가 아주 소량씩 함유되어 있다.

인체를 구성하는 물질은 호흡, 땀, 소변, 분변, 그리고 피부, 털, 손톱 등의 형태로 끊임없이 외부로 배출된다. 따라서 인체가 정상적으로 유지되기 위해서는 적어도 이러한 물질들이 부족하지 않도록 계속 공급되어야 한다.

2) 인체의 역동성

모든 생물체가 그렇듯이 인체도 태아 단계에서부터 죽는 순간까지 그 구성 성분이 지속적으로 변화한다. 눈에 띄는 변화는 그림 1-4에서 보는 것과 같은 출생, 성장, 임신 및 노화의 과정을 거치는 것이라 할 수 있다. 인간은 생애주기 동안 신생아 때의 체중 증가가 가장 빠르다. 출생 직후에는 평균 체중이 3.3 kg인데 첫돌을 맞을 때까지 1년 동안 약 6 kg이 증가하여 3배 가까이 성장한다.

인체를 구성하는 물질들이 겉으로 드러나지 않는다고 해서 변화 없이 그대로 있는 것만은 아니다. 성인의 근육을 구성하는 단백질의 경우 평균 16일 만에 새로운 단백질로 교체되는 것이 60% 정도이고, 나머지도 약 100일이면 새 것으로 교체된다고 알려져 있다. 인체를 구성하는 뼈 또한 역동적으로 변화한다. 성인의 경우 206개의 뼈가 모여 골격을 구성하는데 오래된 뼈가 파골세포에 의하여 분해된 후 새롭게 재형성되기까지 2~4주가 걸린다.

그러므로 인체가 필요로 하는 물질은 생애주기별로 다를 수 있으며, 이 또한 적절하게 식품 등을 통하여 공급되어야 정상적인 발달이 가능한 것이다.

그림 1-4 생애주기에 따른 인체의 발달 과정

2. 식품

인체를 구성하는 직접적인 성분 또는 인체 내에서 그것을 만드는 데 관련이 있는 모든 원료 물질은 식품이라는 형태로 매일의 식사를 통하여 공급된다. 식품의 원료가 되는 물질은 주로 식물이나 동물로서 모두가 세포 조직으로 구성되어 있으며, 물(수분)을 바탕으로 하여 지방질, 비타민, 그리고 무기질 성분이 골고루 함유되어 있다. 그러나 단백질의 경우에는 식물성 식품보다 동물성 식품에 그 함량이 훨씬 많고, 탄수화물은 반대로 식물성 식품에 다량 함유되어 있다(그림 1-5). 식품이나 그 원료가 되는 물질들로는 식물과 동물 외에도 해조류, 버섯, 꿀, 샘물 등 매우 다양하다. 수분, 단백질, 탄수화물, 지방질, 그리고 무기질을 식품의 일반 성분이라 하며, 그 합이 식품의 전체 무게를 나타낸다. 이때 총당류와 총식이섬유는 탄수화물에 포함되어 계산된다.

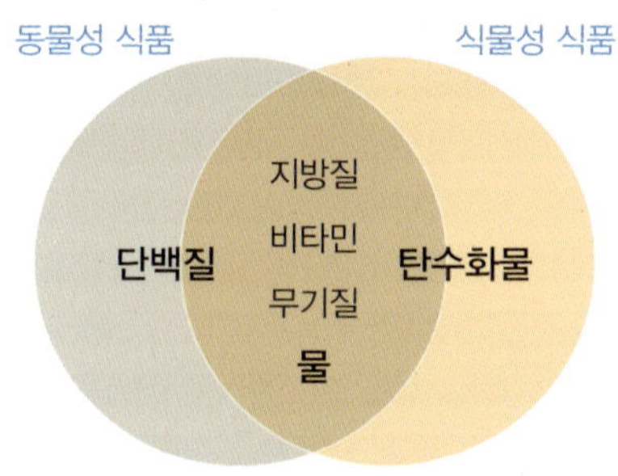

그림 1-5 식품 중의 영양 성분

1) 식품의 일반 성분

식품군별로 수분 함량을 제외하였을 때 일반 성분들 간의 함량 비율을 그림 1-6에 나타내었다. 단백질은 어패류 등 수산물과 육류, 그리고 달걀 등 난류에 50~70% 함유되어 식품군 중에서 가장 많음을 알 수 있다. 탄수화물은 곡류를 비롯한 감자류, 과일류에 80% 이상 함유되어 있고, 무기질은 해조류, 채소류, 어패류 등 수산물에 상대적으로 가장 많이 함유되어 있음을 보여 준다. 지방질은 참기름 등 유지류에 가장 많으며, 그 외에 육류, 난류, 우유 및 유제품 및 견과류가 주요 공급원임을 알 수 있다. 식물성 식품 중 단백질이 많은 식품군은 콩류로 30% 이상을 차지한다. 버섯, 채소류에는 탄수화물이 상당량 함유되어 있는데 특히 식이섬유를 풍부하게 함유하고 있어 그 양이 20%

를 상회한다. 한편 총당류의 함량비가 높은 식품군으로는 음료류, 과자와 사탕이 포함된 당류, 그리고 과일류이며, 해당 식품군의 평균값은 각각 59%, 41%, 36%를 나타낸다.

2) 식품의 무기질 성분과 비타민

식품을 태운 후 얻게 되는 재를 뜻하는 회분은 무기질이라고도 하는데 그 속에 각종

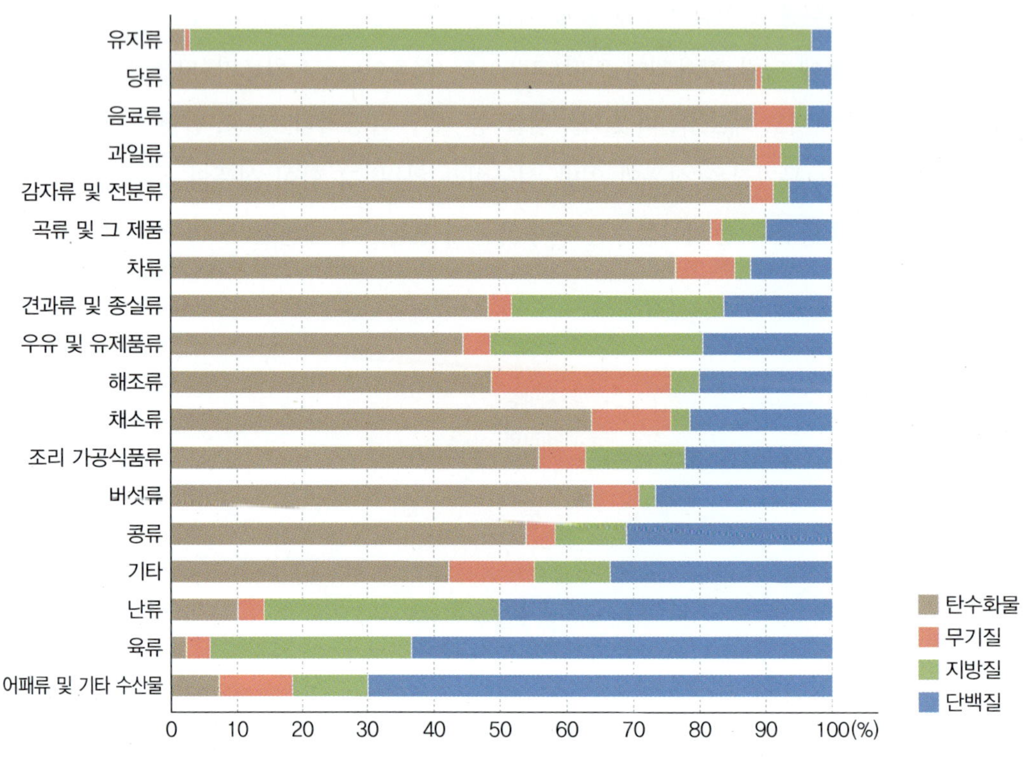

그림 1-6 식품군별 일반 성분의 함량 비율(수분 함량 제외)

자료 : 농촌진흥청 국립농업과학원, 2016 제9 개정판 국가표준 식품성분표 I, 2017.

식품군

국가표준 식품성분표(제9 개정판, 2017)에 따르면 식품군은 다음과 같이 분류된다.

1. 곡류 및 그 제품	2. 감자류 및 전분류	3. 당류	4. 콩류
5. 견과류 및 종실류	6. 채소류	7. 버섯류	8. 과일류
9. 육류	10. 난류	11. 어패류 및 기타 수산물	12. 해조류
13. 우유 및 유제품류	14. 유지류	15. 차류	16. 음료류
17. 주류	18. 조미료류	19. 조리 가공식품류	20. 기타

무기질(미네랄) 성분이 들어 있기 때문이다. 향미 성분처럼 식품의 무게 변화에 영향을 주지 않을 정도로 미량 함유된 성분들도 있다. 역시 적은 양이 포함된 비타민 외에 유독 성분이나 환경오염 물질 등도 미량 들어 있다. 이들은 그 물리 화학적 성질에 따라 일반 성분 중의 다른 항목에 포함되어 분석 또는 계산된다.

그림 1-7은 수분 함량을 제외한 경우의 각종 무기질과 비타민이 어떤 식품군에 더 많이 함유되어 있는지를 나타내고 있다. 비타민과 무기질 중에는 14개의 주요 식품군끼리 비교할 때에 특정 식품군에 다량 분포하는 것이 있다. 비타민 K_1과 요오드는 채소류와

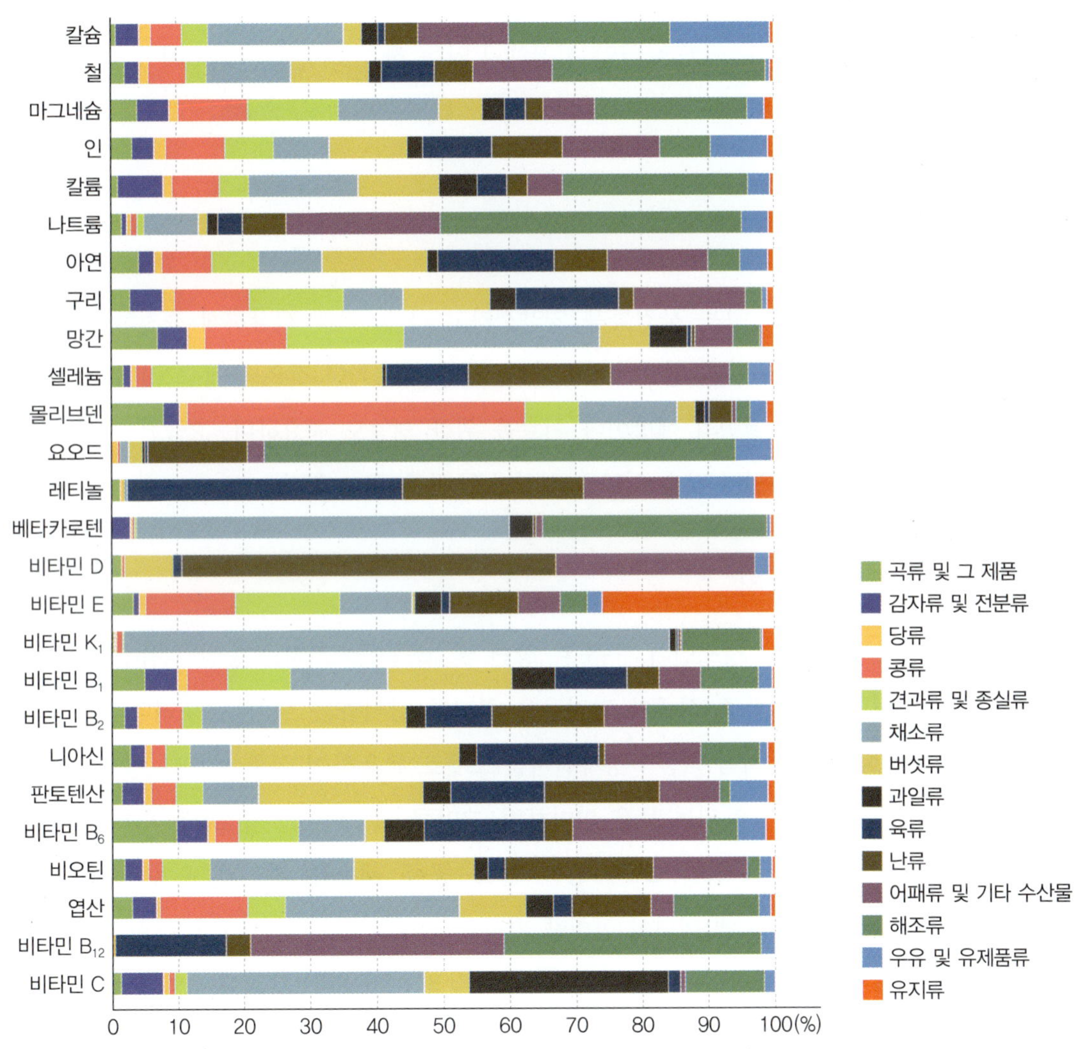

그림 1-7 비타민과 무기질 성분의 식품군별 함량비(식품군별 평균값, 수분 함량 제외)
자료 : 농촌진흥청 국립농업과학원, 2016 제9 개정판 국가표준 식품성분표 II, 2017.

해조류가 각각 82%, 71%를 차지하여 독점적인 공급원이 되고 있다. 비타민 D, 베타카로텐, 그리고 몰리브덴은 난류, 채소류, 콩류에 각각 56%, 56%, 51%로 식품군 간의 상대적 함량비가 최고값을 나타낸다. 또한 나트륨은 해조류, 레티놀은 육류에 각각 46%와 41%가 함유되어 있어 제1의 공급원으로 적합함을 나타낸다. 한편, 비타민과 무기질의 공급원을 비교해 보면 가장 기여도가 큰 식품군은 단연 채소류이다(그림 1-7 참조). 그 뒤를 이어 버섯류, 어패류 및 기타 수산물, 그리고 해조류, 육류, 난류가 각종 비타민과 무기질을 상대적으로 다량 함유하고 있는 식품군임을 알 수 있다. 유지류는 주로 비타민 E의 공급원으로 사용되는 것을 알 수 있다. 특히 곡류 및 그 제품, 감자류 및 전분류, 그리고 당류 식품은 다량 섭취하지 않는 한 비타민과 무기질의 공급 식품으로는 적합하지 않다.

3. 영양

인체가 필요로 하는 물질들을 영양소라고 하며, 이를 건강하게 유지하는 데 적절한 필요량을 정하는 일을 영양이라고 한다. 가장 기본적인 것은 생애주기별로 인체를 유지하는 일이지만, 질병의 예방이나 치료를 위한 영양도 중요하다. 요즘은 인체의 특별한 기능 증진 및 개인에 맞춘 영양소 섭취가 주목을 끌고 있다.

1) 인체의 유지

임신부, 유아기, 청소년기, 수유부, 장년 및 노년기를 거치는 동안 식품을 통한 영양소 공급의 기본은 각종 식품의 적정량을 골고루 섭취하는 일이다. 우리나라에서는 그림 1-8에 나타낸 것처럼 식품구성자전거를 모델로 활용하여 식품에 관한 영양교육을 하고 있다. 자전거의 앞바퀴는 물을 의미하며, 그만큼 필수적이고 중요함을 나타낸다. 뒷바퀴에는 식품군별, 즉 곡류, 고기-생선-달걀-콩류, 채소류, 과일류, 우유-유제품류로 나누어서 매일 또는 매 끼니의 섭취량 기준을 설정하였다. 이는 물을 포함하여 6개의 식품군을 골고루 섭취하는 일이 중요하다는 것을 나타낸다. 섭취 횟수와 분량에 비례하여 식품군별 면적을 달리 나타내었는데 곡류의 면적이 가장 넓음을 알 수 있다. 또한 식품구성자전거에 사람이 타고 있는 것을 형상화함으로써 적절한 운동이 비만 예방 및 건

그림 1-8 식품구성자전거
자료 : 보건복지부 · 한국영양학회, 2015 한국인 영양소 섭취기준, 2015.

강한 신체 유지의 기본임을 강조하고 있다.

우리나라의 식품 섭취 경향은 지난 20년 동안 지속적으로 탄수화물의 섭취는 줄고 지방질은 증가하고 있다. '2016년 국민건강영양조사'에 의하면 영양소별 에너지 섭취분율은 단백질 15%, 지방질 23%, 탄수화물 62%로 나타났으며, 2015년에 제정한 '한국인 영양소 섭취기준(보건복지부)'에 따르면 1세 이상 전 연령의 경우 탄수화물 55~65%, 단백질 7~20%이고, 지방질의 경우에는 3세 이상 전 연령은 15~30%(1~2세는 20~35%)를 권장하고 있다. 따라서 우리나라 사람들의 현재 영양소별 에너지 섭취분율은 바람직한 범위 내에 있다고 할 수 있다. 그러나 지난 10년 동안의 자료를 살펴보면 아침식사 결식률이 점점 높아지고 있어 2017년에는 남자 30%, 여자 26%에 이른다. 하루 한 끼 이상 외식을 하는 비율 또한 가파르게 증가하여 남자 41%, 여자 24%를 나타내고 있다.

우리나라 사람 중 만 30세 이상에서 비만인 경우는 남자 42%, 여자는 28%를 나타내고 있다. 또한 지난 10년 동안 2배 정도 가파르게 상승 중인 질환은 고콜레스테롤증으로 남녀 모두 20% 전후로 조사되었다(질병관리본부, 2017년 국민건강통계).

인체를 건강하게 유지하는 데에는 영양소를 고르게 섭취하는 것이 가장 기본적이다. 영양소의 결핍은 건강한 인체 유지에 지장을 초래한다. 몇 가지 예를 들어 보면 태아기나 신생아기의 망간 결핍은 성장 지연이나 기형의 원인이 되며, 엽산의 결핍은 심혈관계 질환의 위험을 높이고 태아에게는 신경관 결손증을 일으키게 된다. 또한 필수지방산이 결핍되면 피부염이 생기고 면역 기능에 이상이 발생한다. 따라서 결핍이 일어나지 않도록 충분한 영양 섭취가 중요하다. 특히 임신부와 수유부는 물, 에너지, 단백질, 비타민 A, 비타민 B_{12}, 비타민 C, 리보플라빈, 엽산, 아연, 구리, 요오드, 셀레늄의 섭취를 기준량까지 늘려야 하며, 임신부는 철분과 마그네슘의 섭취를 늘리고 수유부는 칼륨을 더 많이 섭취하도록 하고 있다.

반면에 과량 섭취 시 과잉증을 유발하는 것으로 알려진 영양소는 상한선이 제시되어 있으므로 그 이하를 섭취하도록 한다. 비타민 A, 비타민 C, 비타민 D, 비타민 E, 니아신, 엽산 등의 비타민과 칼슘 등 일부 무기질은 과잉증을 유발한다. 청소년기 이후에는 포화지방과 트랜스지방을 일정량 이하로 섭취하는 것이 좋으며, 특히 19세 이후에는 콜레스테롤의 섭취를 제한해야 한다. 설탕이나 꿀 등 정제된 단순 당류의 섭취가 증가하면 혈당의 급격한 상승으로 당뇨병을 악화시키거나 비만 등 생활습관병의 원인이 되므로 이 또한 제한하는 것이 바람직하다.

2) 질병의 예방

흔히 식품과 의약품은 근원이 같다고 말한다. 매일 섭취하는 식품으로 질병의 예방이나 치료가 가능하다는 또 다른 표현일 것이다. 비타민 D는 뼈의 건강뿐 아니라 세포 증식 및 면역 기능에도 중요한 역할을 하므로 반드시 일정량 이상의 섭취가 필요하다. 이는 칼슘의 섭취와 함께 골다공증 예방에도 도움이 되는 것으로 알려져 있다. 50세 이상 여성의 경우 추가적인 칼슘 섭취가 폐경으로 인한 골 손실 및 골절 예방에 도움이 된다. 또한 식사를 통한 충분한 칼륨의 섭취는 혈압을 낮추므로 고혈압, 뇌졸중과 심근경색을 예방할 수 있다. 식이섬유는 혈당 수준을 낮추고 혈청 콜레스테롤 수준을

생활습관병(lifestyle related disease)

사람들의 생활 방식과 관련된 질병으로, 보통 건강에 해로운 식습관, 음주, 운동 부족, 흡연, 약물 남용 등이 그 원인이다. 해당 질병으로는 비만, 암, 심장병, 뇌졸중 및 제2형 당뇨병 등이 나타난다.

비만과 고콜레스테롤혈증

- 비만 : 체질량 지수(kg/m²)가 25 이상인 분율
- 고콜레스테롤혈증 : 혈중 총콜레스테롤이 240 mg/dL 이상이거나 콜레스테롤 강하제를 복용하는 분율

정상화시키는 데 도움을 주며, 식품을 통한 불소의 섭취는 충치 예방에 효과적이다.

3) 특정 기능 관련 영양소

식품 성분 중에는 특히 인체의 구조 및 기능에 대하여 영양소를 조절하거나 생리학적 작용 등과 밀접한 관련이 있는 것들이 알려져 있다. 이러한 성분 중 인체 건강에 유용한 기능성을 가진 원료나 성분을 사용하여 제조한 식품을 건강기능식품이라고 한다. 예를 들어 지방질의 한 종류로 옥타코산올이라는 물질이 있는데, 이것을 함유한 유지는 인체의 운동 지구력 향상과 관련이 있다. 알콕시글리세롤 함유 상어간유는 인체의 면역력 향상 식품으로 이용되고 있으며, 기억력이나 인지력과 관련된 식품 성분으로는 홍삼, 은행잎 추출물, 그리고 인지방질인 포스파티딜세린 등이 있다. 시력에 도움이 되는 식품 성분으로는 루테인이 알려져 있다. 암 예방에 도움이 되는 물질도 여럿 제시되고 있는데 브로콜리의 설포라판 성분, 토마토의 리코펜, 차의 에피갈로카테킨갈레이트 등이다. 피부 건강에 도움이 되는 식품 성분으로는 감마리놀렌산을 함유한 식물성기름이 알려져 있다. 이외에도 다양한 건강 기능성 관련 식품 성분들이 제시되어 있다. 이들 중에는 그 효과가 긍정적인 것도 있지만 아직 논란의 여지가 있는 것들도 많다.

4. 건강

1) 100세 시대

사람의 건강 지표 중의 하나가 장수 정도를 나타내는 기대수명이다. 그림 1-9는 우리나라 사람들의 기대수명을 나타낸 것이다. 지난 수십 년간 우리나라 사람의 기대수명은 급격하게 증가하여 지금은 세계에서 기대수명이 긴 국가 중의 하나로 꼽히고 있다.

2017년 태어난 사람의 기대수명은 남녀 평균 82.7세로, 50여 년 전에 비하여 20년이 증가하였다. 성별로는 여자가 남자에 비하여 6년을 더 장수하는 것으로 기대되고 있다. 2018년은 전년도에 비하여 인구 증가율이 0.1% 이하인 데 비하여 100세 이상 생존한 사람은 1만 8,783명으로 5.2%가 증가하였다. 이러한 추세는 이미 고령사회에 진입한 우리나라도 일부 국가에서처럼 100세 시대로 빠르게 이동하고 있음을 보여 준다.

한편 나이에 따른 기대여명*은 20세의 경우 약 63년이며, 여성이 남성보다 6년을 더

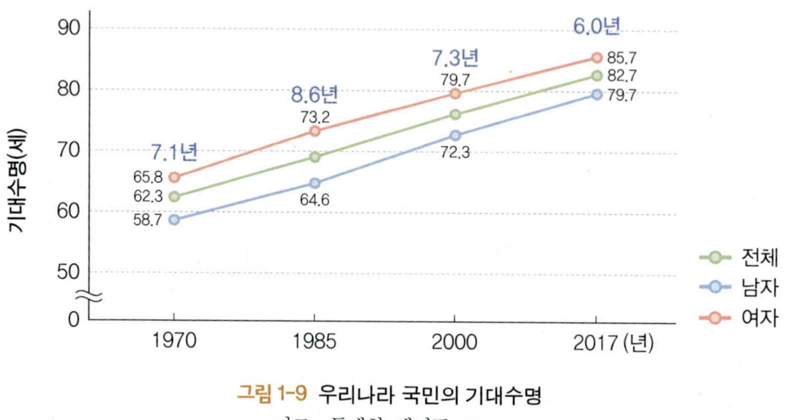

그림 1-9 우리나라 국민의 기대수명
자료 : 통계청, 생명표, 2017.

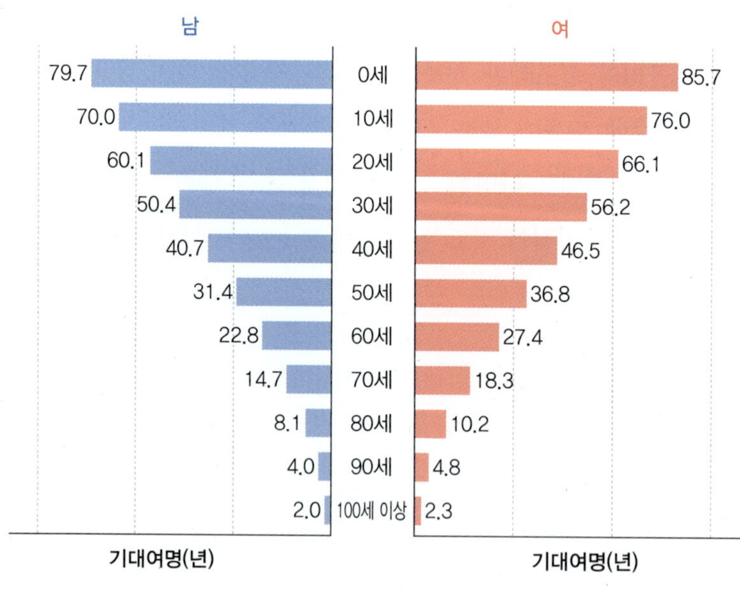

그림 1-10 나이에 따른 기대여명
자료 : 통계청, 생명표, 2017.

사는 것으로 계산되었다(그림 1-10). 그러나 유병 기간 제외 기대여명**은 약 46년에 불과하다. 특히 여성의 경우 건강하게 사는 기간이 남성보다 약 반년밖에 길지 않아 여성이 더 오랫동안 질병에 노출되어 있음을 시사한다. 2017년 현재 60세인 사람의 기대여명은 25년이며, 여성이 남성보다 5년 길다. 그러나 건강한 상태의 기대여명은 남녀가 비슷하여 11년을 약간 넘는다. 따라서 건강수명, 즉 타인의 도움이나 질병 없이 건강하게 살아가는 기간을 늘리는 것이 중요하다. 이를 위해서는 젊을 때부터 식품과 영양에 대한 올바른 지식을 습득하여 영양 관리를 잘하는 것이 중요하다.

2) 영양유전체학

최근의 연구에 따르면 인간의 염색체를 구성하는 염기쌍은 약 31억 개이다. 염기서열 확인 결과 이들 염기쌍 중 0.6% 범위에서 그 서열이 서로 다른 인간 변이체가 있음이 알려졌다. 참고로 인간과 침팬지는 약 4%가 다르다. 지구상에 유전자가 동일한 사람들은 없으며, 이는 일란성 쌍둥이조차 마찬가지이다.

현대인의 건강을 가장 위협하는 암은 유전적 요인과 환경적 요인의 복잡한 상호 작용에 의한 메커니즘으로 발병한다. 식품을 통한 영양 섭취는 필수적인 환경 요인이지만 동일한 식이 섭취 형태를 취했다고 하더라도 암의 발병은 물론 심지어 암 발달에도 큰 차이를 보인다. 이것은 다형성에 의한 유전적 변이로 설명할 수 있으며, 이와 관련된 연구는 영양유전체학(nutritional genomics)이라 불리는 영양게놈학(nutrigenomics) 및 영양유전학(nutrigenetics)의 발달로 이어졌다. 영양유전체학은 인간의 유전체(genome), 영양 및 건강 간의 관계를 연구하는 학문으로, 이를 통해 영양소와 유전체 간의 상호 작용이 밝혀지고 있다. 영양유전체학의 발전은 특정 개인의 질병 발생에 대응한 개인맞춤형 영양의 적용을 가능하게 하여 그에 알맞은 식품을 공급할 수 있게 할 것이다.

영양유전체학의 몇 가지 예를 그림 1-11에 나타내었다. 식품을 통해 섭취되는 콜레스테롤은 인체 내에서 콜레스테롤이 생합성되는 과정 중 가장 중요하게 작용하는 효소(β-하이드록시-β-메틸-글루타릴-CoA 환원효소, HMGCR)의 유전자 전사를 저해한다. 고도불포화지방산(PUFA)은 간세포에서 지방산 생성효소의 전사를 억제한다. 페닐케톤뇨증은

*기대여명 : 앞으로 생존할 것으로 기대되는 햇수

**유병 기간 제외 기대여명 : 실제 질환이나 장애 등으로 고통 받는 기간을 제외한 기대여명

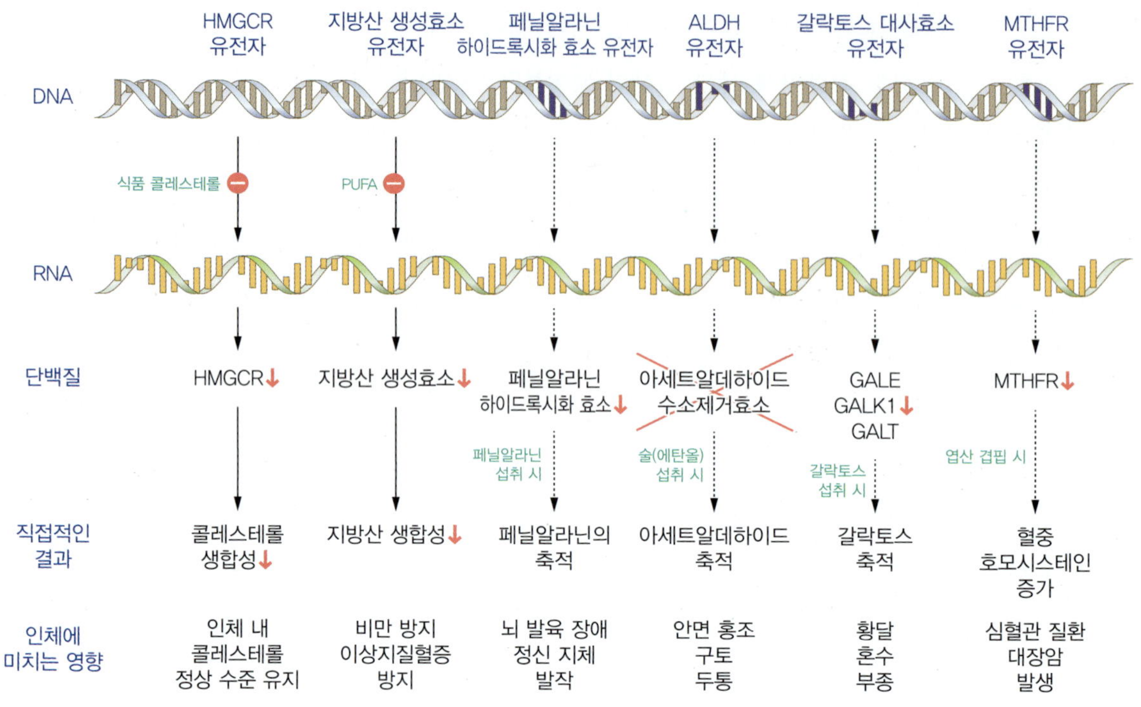

그림 1-11 영양유전체학의 예

12번 염색체의 페닐알라닌 하이드록시화 효소 유전자에 변이가 생긴 유전병으로, 혈중에 페닐알라닌이 축적되어 질병의 증상을 나타낸다. 아시아 사람 중에는 에탄올을 대사하는 아세트알데하이드수소제거효소(ALDH) 유전자의 결핍 때문에 숙취 증상이 나타나는 경우가 있다. 갈락토스혈증은 갈락토스 대사에 관여하는 세 가지 효소(GALE, GALK1, GALT) 중 하나의 유전적 결핍으로 생기는 질병이다. 메틸테트라하이드로폴레이트환원효소(MTHFR)는 엽산 대사와 호모시스테인의 정상적인 혈중 수준 유지에 관여한다. 엽산이 현저하게 결핍되면 MTHFR 유전자에 단일염기 다형성 변이가 발생하여 혈액 내 호모시스테인이 증가하고, 이는 심혈관 질환 및 대장암 발생의 원인이 된다.

미국 국립인간게놈연구소 산하 게놈시퀀싱 그룹의 자료에 의하면 2015년 말까지 고품질의 '초안' 전체 인간 유전체 서열을 생성하는 비용은 1,500달러 이하이다. 전체 엑솜(exome) 시퀀스를 생성하는 비용은 일반적으로 1,000달러 미만이며 상업적인 가격은 더 저렴하다. 따라서 가까운 미래에는 단일염기 다형성 변이를 포함한 개인에 따른 유전자 정보의 확인이 보편화됨은 물론이고, 이것은 맞춤형 영양을 앞당기게 될 것이다.

엑솜(exome)

인간 게놈(human genome) 중 약 1%가 실제 단백질 서열에 대응하는 정보를 갖는 엑손(exon) 부분이다. 인간 게놈에는 약 18만 개의 엑손이 있다. 이러한 엑손들을 총체적으로 일컫는 말이 엑솜(exome)이다.

3) 맞춤형 영양

영양소나 식품 성분은 유전자 특성에 따라 다른 효과를 나타낼 수 있으므로 건강 유지나 질병 억제를 위한 식사요법을 실시할 때도 개인의 생리적 특성이 반영되어야 한다. 맞춤형 영양(personalized nutrition)은 개인의 유전적 특성에 따라 개인이 섭취한 영양소에 반응하는 차이를 고려하여 개인에게 적합한 영양소를 공급하는 것을 말한다. 효소 생성의 결핍으로 특정 영양소 대사에 문제가 확인되면, 이상 대사산물의 비정상적인 축적을 피하기 위하여 전구물질의 섭취를 줄이도록 조치한다. 동시에 그로 인해 발생할 수 있는 부족한 물질은 더 보충해 주는 적절한 식사 처방을 실시한다. 특히 당뇨병, 암 등의 만성질환이나 통풍, 루푸스, 크론병 같은 난치성 질환 환자들의 건강 회복을 위한 식사요법은 향후 대사체학, 단백질체학, 전사체학, 유전체학이 적용된 맞춤형 영양에 크게 의존하게 될 것이다.

맞춤형 영양을 적용하는 데 있어서 산업 발달에 따른 3D 인쇄 식품의 반영 가능성이 높아지고 있다. 3D 인쇄 식품은 액체 또는 유동성 분말 형태 등의 식용 인쇄 재료로 만들어지며, 모든 음식의 모양과 맛을 똑같이 재현할 수 있다. 더 큰 특징으로는 식품의 풍미, 질감 및 외관 등에 독창성을 발휘할 수 있다는 것이며, 건강에 직접적인 영향을 미칠 수도 있다. 이미 과자류가 생산되고 있으며 우주 비행사용 피자 생산이 가능하고, 글루텐이 없는 일반 식품도 개발되고 있다. 무엇보다도 이 기법을 사용하면 개인의 기호에 맞춰 영양소, 감미료, 향신료의 함량을 조절한 맞춤형 식품의 제공은 물론이고, 동일한 음식을 서로 다른 사람에게 각자에 적합한 영양소를 함유하도록 만들어 제공할 수 있어 개인 맞춤형 영양에서의 활용이 가능하다.

단원정리

- 인체는 물, 근육, 지방, 뼈 등의 물질로 이루어져 있다.
- 인체의 구성 성분은 지속적으로 새롭게 변화한다.
- 식품은 수분, 단백질, 탄수화물, 지방질, 무기질, 그리고 각종 미량 성분으로 구성되어 있다.
- 식품군에 따라서 함유된 영양소의 함량비는 크게 다르다.
- 식품구성자전거는 식품을 통한 올바른 영양소의 섭취를 강조하고 있다.
- 영양은 인체의 유지, 질병의 예방 및 특정 기능성 증진 등의 밑바탕이 된다.
- 초고령사회 진입을 앞두고 있어 길어진 노후 생활에서 건강 유지는 필수적이다.
- 개인의 유전자 염기서열을 보다 쉽게 확인할 수 있게 되어 영양유전체학이 발달하고 있다.
- 맞춤형 영양 시대로 접어들고 있으며, 이와 관련하여 3D 인쇄 식품 산업도 발달 중이다.

1. 인체를 구성하는 원소 중 그 비중이 높은 순서대로 6가지를 답하시오.

2. 식품구성자전거 모델의 특징을 설명하시오.

3. 영양소의 결핍과 과잉에 대하여 설명하시오.

4. 100세 시대의 문제점을 논의하시오.

5. 영양유전체학을 설명하시오.

6. 맞춤형 영양에 대하여 쓰시오.

풀이 정답

1. 인체를 구성하는 물질 중에서 물, 단백질, 지방질, 그리고 뼈의 비중이 크다. 따라서 이들을 구성하는 원소인 산소, 탄소, 수소, 질소, 칼슘, 인의 함량이 압도적으로 많다.
2. 앞바퀴에 물을 따로 위치시켜 강조하고 있으며, 뒷바퀴에는 인체에 반드시 필요한 여러 영양소를 식품별로 골고루 나타내었다. 무엇보다도 사람이 이 자전거를 직접 타고 있어서 지속적인 운동의 중요함을 강조하고 있다.
3. 예를 들어 '엽산의 결핍은 태아 신경관 결손증을 유발한다'와 같이 본문을 참고하여 생애주기별(태아기, 신생아기, 임산부 등) 영양소 결핍과 지용성 비타민, 무기질, 콜레스테롤, 당류 등의 과잉증을 기술한다.
4. '관련된 사회 경제적 비용을 들 수 있으며 진료비, 교통비, 간병비 등이 있다' 등과 같이 병을 앓는 유병 기간의 증가로 인해 발생할 수 있는 각종 사회적 문제점을 논의한다.
5. 영양유전체학은 인간 유전체, 영양 및 건강 간의 관계를 연구하는 과학으로, 이를 통해 영양소와 유전체 간의 상호 작용을 알 수 있다.
6. 맞춤형 영양은 개인의 유전적 특성에 따라 각자 섭취한 영양소에 반응하는 차이를 고려하여 개인에 적합한 영양소를 공급하는 것이다. 개인별로 부작용을 초래하는 특정 영양소의 섭취를 줄이거나 부족한 물질을 보충해 주는 등 적절한 식사 처방도 가능하다.

참고문헌

농촌진흥청 국립농업과학원, 2016 제9 개정판 국가표준 식품성분표 I, 2017.

농촌진흥청 국립농업과학원, 2016 제9 개정판 국가표준 식품성분표 II, 2017.

보건복지부 질병관리본부, 2017 소아청소년 성장도표, 2017.

A. Neuberger and F.F. Richards, Mammalian Protein Metabolism, vol.1. Munro HN, Allison JB ed. Academic Press. pp281-282, 2014.

K.A. Wetterstrand, DNA Sequencing Costs: Data from the NHGRI Genome Sequencing Program (GSP) Available at: www.genome.gov/sequencingcostsdata. Accessed 2019. 2.

CHAPTER 2

식생활 문화

학습목표

우리나라 식생활 문화의 시대적 변화를 이해하고 식생활의 근간이 되는 식품과 전통 및 향토 음식에 대해 알아보며, 건강한 삶을 위해 우리 식생활이 어떠한 영향을 끼치고 있는지 알아보기 위하여 다음의 내용을 다룬다.

1. 우리 식생활 문화의 특징을 알아본다.
2. 시대에 따라 식생활 문화가 어떻게 변하였는지 알아본다.
3. 전통 및 향토 음식의 발달, 종류 및 특징에 대하여 알아본다.
4. 우리 식생활 문화의 현재와 미래에 대해 알아본다.

우리나라의 전통적인 식생활은 식품 재료나 조리법이 건강에 도움이 되는 방식으로 사용되어 왔으며, 현재는 세계적으로 건강식으로 인정받으면서 관심이 높아지고 있다. 음식 재료로 사용되는 식품은 국내가 원산지인 것도 있으나 대부분은 실크로드와 향신료 루트를 통하여 우리나라로 들어온 것들이며, 이를 잘 이용하여 우리만의 독특한 식생활 문화가 형성되었다. 여기에서는 우리의 식생활 문화에 대한 이해를 높이고, 전통 및 향토 음식의 특성을 검토하여 건강한 식생활로서의 우리 식생활 문화를 살펴보기로 한다.

1. 우리 식생활 문화의 특징

1) 식생활 문화에 영향을 주는 요인

(1) 자연환경 요인

자연환경에는 지형, 기후, 토양, 수질 등이 속한다. 우리나라는 삼면이 바다로 둘러싸여 있고 동고서저의 지형으로 산맥, 평야, 하천과 바다 및 갯벌 등이 있어서 지역에 따라 차이는 있으나 농산물, 수산물, 임산물 및 축산물을 모두 생산할 수 있는 환경을 가지고 있다. 기후는 남북으로 뻗은 백두대간을 따라 한대, 온대, 아열대로 나뉘고 사계절이 뚜렷하므로, 기후에 따라 사용하는 식품 재료, 조리 방법 등이 달라 다양한 음식의 맛을 자랑한다. 지구 온난화 등으로 인해 남쪽으로부터 아열대성 기후대가 북상하고 있으며, 농업 생태계가 달라져 주요 농작물의 재배지가 북상하고 있을 뿐만 아니라 잡초가 번성하고 병해충이 크게 발생하는 등의 피해가 증가할 수 있다(그림 2-1). 이러한 자연환경의 변화는 농작물의 생산량을 변화시키고 병충해로 인한 예기치 못한 수확량의 저하로 식생활의 변화를 초래하게 될 것이다.

(2) 사회 환경 요인

우리나라는 북으로는 중국 대륙과 연결되어 있고 남으로는 남서쪽의 일본과 태평양으로 연결되어, 오래전부터 식품 재료를 포함한 다양한 물류와 문화 등을 육상의 실크로드와 해상의 향신료 루트를 통하여 상호 교환하여 왔다(그림 2-2). 아시아와 유럽 대륙의 앞선 식문화를 비롯한 대륙의 문화를 받아들이고 이를 일본에 전하는 교량 역할을 함은 물론이고 남쪽의 바다로는 해양 문화를 들여오고 무역 교류를 하는 등 대륙과 해양을 통한 풍부한 자원을 활용할 수 있는 지리적 조건을 가지고 있다. 이러한 지리적 조건은 시대에 따라 다양한 식문화를 받아들이게 되고 이를 이웃나라에 전달하는 과정을 거치면서 우리의 식생활 문화 역시 지속적인 변화가 있어 왔다.

역사적으로는 삼국과 통일신라 시대, 고려 시대에 걸쳐서는 불교 문화의 영향을 받아

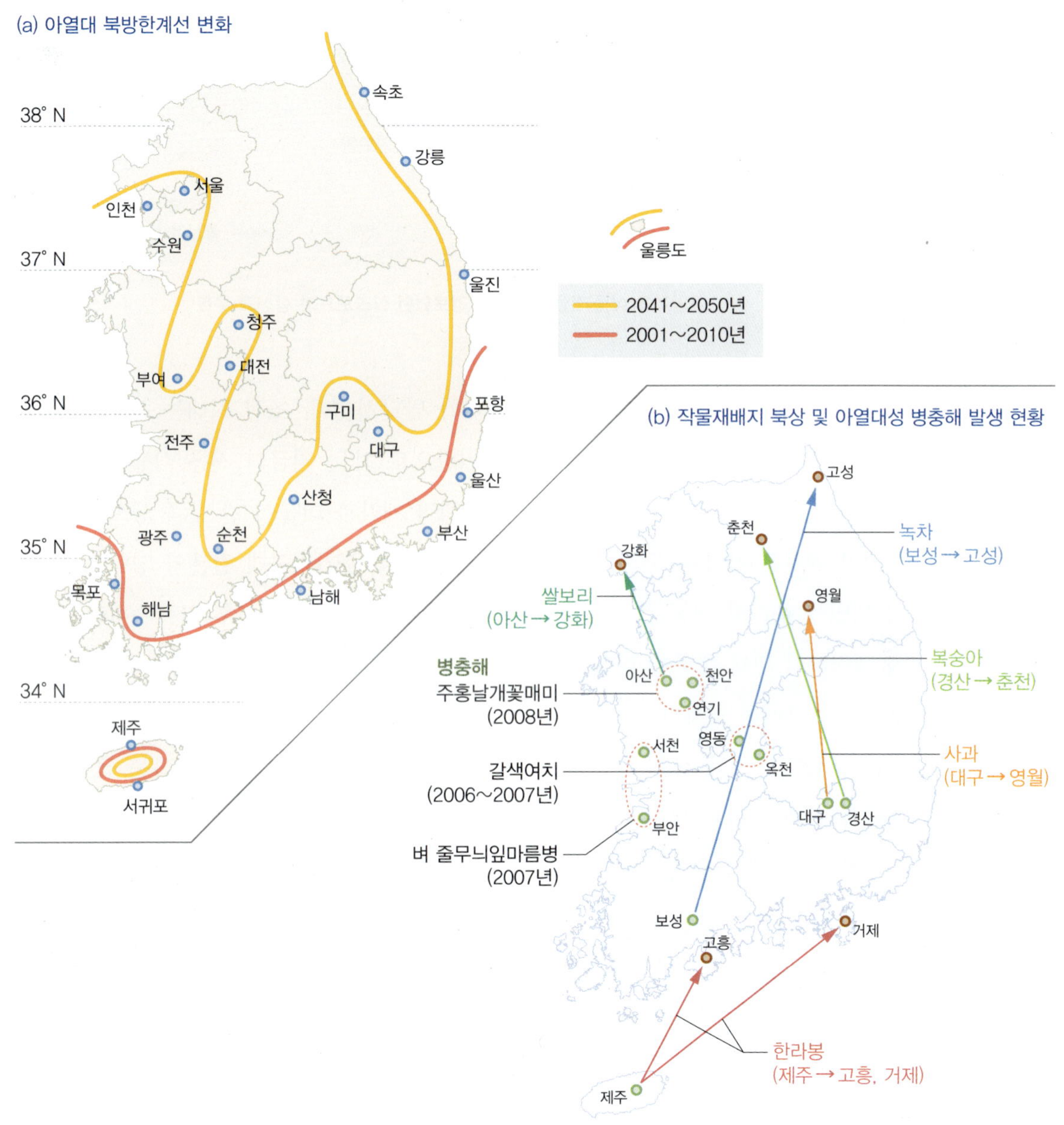

그림 2-1 아열대 기후의 북방한계선 변화와 농작물 재배지 북상 및 병충해 발생 증가
자료 : 목포시민신문, 2014.; 월간퓨처에코, 2010.

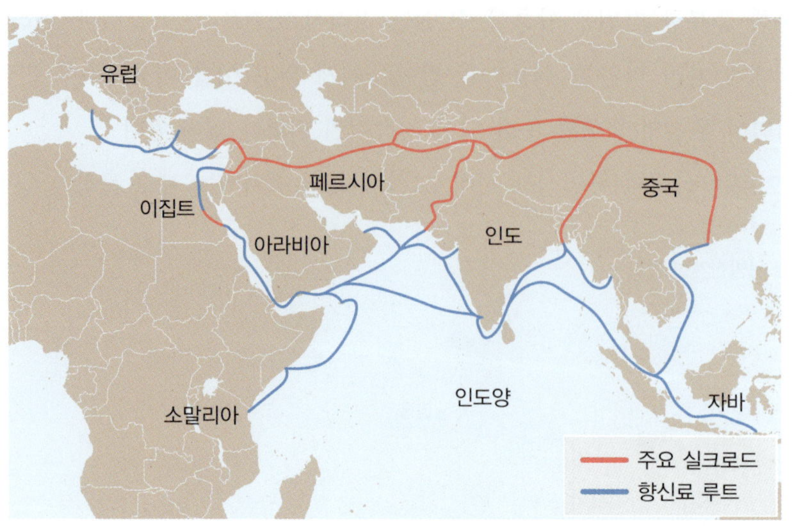

그림 2-2 식품과 물류의 이동 경로였던 실크로드와 향신료 루트

육식을 멀리하고 채소 위주의 식문화와 차가 발달하였다. 조선 시대는 유교 문화가 자리를 잡으면서 의례 음식과 세시풍속을 기반으로 하는 지금의 전통 식생활 문화의 뿌리가 되었다. 일제 강점기에는 강압적인 사회적 제약과 더불어 쌀 부족 등으로 인해 오랫동안 지켜온 가양주 등 전통 민속주가 사라지고, 불가피하게 일본의 영향을 많이 받게 되면서 우리의 전통 식문화에도 변화가 시작되었다. 해방 이후에는 주식인 쌀 부족을 해결하기 위해 활발한 벼의 품종 개량 등으로 1970년 후반 쌀의 자급률을 높였으나 오히려 최근에는 양보다는 맛과 품질이 좋은 쌀을 선호하는 가운데 지속적으로 쌀 소비가 감소하고 있다. 또한 집성촌을 이루는 등 가계 중심의 대가족 문화는 급격한 사회 변화와 함께 붕괴되면서 핵가족 또는 1인 가구가 보편화되었다. 이에 따라 가족 중심의 식문화 역시 개인 중심으로의 변화가 불가피해졌다. 식품 가공 기술의 발달로 다양한 가공식품의 개발, 건강에 대한 인식 변화로 기능성 식품에 대한 관심 고조와 더불어 전 세계와의 자유로운 소통으로 새로운 식품의 도입 등에 거부감이 줄어든 것 역시 식생활 문화의 급격한 변화를 뒷받침하고 있다.

2) 우리 음식 문화의 특징

오랜 역사를 지닌 우리나라는 시대에 따라 독특한 식생활 문화를 영위해 왔지만, 현재 전통 식생활 문화로 인식하고 있는 것은 조선 시대 중·후반기의 것이다. 이를 기본으로 하는 전통 식생활을 중심으로 우리 음식 문화의 특징을 알아보기로 한다.

(1) 주식은 밥이며 부식과 함께 먹는다

쌀을 재배하기 시작한 시대는 삼국 시대라고 추정하고 있었으나 충북 청원군 소로리에서 13,000~15,000여 년 전 볍씨가 발견되어 지금까지 학계에 보고된 고대 볍씨 중 가장 오래된 것으로 받아들여짐으로써 한국이 쌀의 기원지로 기술되고 있다. 콜린 렌프류(Colin Renfrew)와 폴 반(Paul Bahn)이 공동 저술한 『현대 고고학의 이해(Archaeology: Theories, Methods and Practice)』의 2004년 개정판 이후부터 2016년 7판에는 지금까지 발견된 쌀 중 가장 오래된 유물이 한국에서 출토되었음(청주 소로리볍씨. B.C. 13,000년)을 명시하고 있다. 쌀로 밥을 지어 반찬과 함께 식사를 하였는데 장류와 김치를 제외한 반찬의 가짓수를 재료와 조리법으로 나누었으며, 조선 시대 임금님의 수라상은 반찬이 12가지인 12첩 반상이었다.

(2) 개인 상차림인 한상차림이 기본이다

서양이나 중국의 전통 음식이 코스별로 시차를 두고 나오는 시간 전개형인 데 비해 우리나라는 주식인 밥과 국 및 반찬을 한 상에 차려 놓고 먹는 공간 전개형 밥상으로, 개인마다 상을 차리는 반상 차림의 문화이다. 그림 2-3의 사진처럼 우리의 전통 상차림은 개인별 밥상으로 차려졌으나 일제 강점기를 거치면서 교자상, 즉 반찬을 공유하는 밥상 문화로 대부분 바뀌었다. 현재 우리의 상차림에서 반찬을 공유하는 것에 대하여

그림 2-3 조선 시대 수라상과 밥상 차림
자료 : 문화재청

안전성 등의 문제를 제기하고 있지만, 우리의 전통 식생활 문화에서는 개인상 차림이었으므로 이러한 문화를 되찾는 것도 필요하다고 생각된다.

(3) 국물이 있는 음식을 즐겨 먹는다

기본 상차림에 국물이 있는 국이나 찌개, 조치가 올라가므로 식사할 때는 숟가락과 젓가락을 함께 사용한다. 세계의 음식 문화를 식사에 사용하는 도구로 구분하면 젓가락만 사용, 포크와 나이프에 스푼을 사용, 손을 사용하는 문화 등으로 구분할 수 있는데 우리나라는 금속젓가락과 함께 숟가락을 사용하였으며 식사할 때에 수저를 한꺼번에 사용하지 않는 것이 예의이다. 최근 우리의 식생활 중 국물 있는 음식을 많이 먹어 나트륨의 섭취량이 높아 건강에 바람직하지 않다는 지적이 있지만, 채소 위주의 반찬을 올렸던 우리 상차림에서는 채소에 함유된 칼륨이 나트륨을 조절하는 역할을 하여 크게 문제되지 않았을 것으로 생각된다.

(4) 채소 위주의 반찬이 대부분이다

논과 밭에서 생산되는 식물성 식품을 주로 식품 재료로 사용하였다. 장을 담그는 대두, 김치를 담그는 배추와 무, 조미채소 등도 조리할 때 다양하게 사용하였다. 그 외에 산에서 얻을 수 있는 임산물, 강이나 갯벌과 바다에서 잡히는 수산물과 해조류 등도 반찬의 중요한 재료로 이용하였다. 그중에서는 집 주위에서 쉽게 구할 수 있던 채소의 사용이 가장 많았다. 채소는 샐러드와 같이 생것으로 섭취하기보다는 가열 조리하거나 발효시켜 먹었으며, 가을에 수확한 채소를 말려서 채소가 부족한 겨울철에 사용하기도 하였다.

(5) 다양한 발효식품을 사용한다

발효식품이 발달하려면 소금이 필수이다. 우리나라에서는 고구려 때 해안에서 소금을 운반하여 왔다는 『삼국지』「위지」 동이전의 기록이 있으나 조선 시대부터 서해안과 남해안에서 소금 생산을 활발하게 하였다는 기록이 있다. 전통적으로는 바닷물을 끓여 만드는 자염으로 생산하였으며, 일제 강점기 이후 자염이 아닌 염전에서 물을 증발하여 소금을 얻는 천일염으로 생산하였다(그림 2-4).

소금의 생산과 더불어 일찍이 내륙의 발작물로 대두가 생산되어 이를 이용해 발효식품인 메주와 장류를 만들어 왔다. 대두를 사용하는 문화권은 동아시아의 우리나라, 중

그림 2-4 천일염(왼쪽)과 자염(오른쪽)의 제조 과정

국, 일본이며, 원산지는 고조선의 영토인 만주 남부로 알려져 있다. 장류 문화는 나라마다 차이가 있다. 예를 들어 대두로 메주를 띄워 곰팡이와 세균을 모두 활용하여 장을 담그는 우리나라와, 곰팡이를 접종한 개량메주로 담근 미소와 세균을 이용한 낫토 등을 사용하는 일본이 있다(그림 2-5).

젓갈은 갯벌과 바다에서 얻은 수산물을 오랫동안 저장하기 위해 소금을 첨가하여 만든 발효식품으로, 우리나라 이외에도 동남아 국가에서는 수산물을 이용한 어장 등을 제조하여 조리에 중요한 조미료로 사용하고 있다(그림 2-5).

채소 위주의 식생활을 추구하는 우리나라 식문화는 사계절 중 채소 생산이 어려운 겨울에도 채소를 이용하기 위해 소금으로 간하여 저장하기 시작하였으며, 조선 시대 이후 도입된 고추를 첨가함으로써 지금 형태의 김치가 등장, 발달하였다. 양배추를 사용하는 독일의 사워크라우트(sauerkraut)를 제외하면 세계에서 우리나라만이 채소를 이용한 발효식품이 발달하였다. 김치는 최근 전 세계적으로 관심이 높아지고 있는 음식이다. 근래에 전라북도 순창이 고추의 원산지라고 주장하는 의견도 있다(그림 2-5).

(6) 향신료나 허브보다는 조미채소로 양념한다

우리 음식은 재료 그 자체의 맛보다는 조미채소를 이용한 양념 맛으로 인해 복합적인 맛을 나타낸다. 조미채소로는 마늘과 파, 생강, 고추 등을 많이 사용하며, 그 외에 조미료로 참깨, 들깨, 참기름, 들기름, 조청, 간장, 된장, 고추장 등을 사용한다(그림 2-6).

(a) 장류

(b) 젓갈류

(c) 김치류

그림 2-5 발효식품의 종류

그림 2-6 조미채소

(7) 음양오행사상의 영향으로 오방색을 띠는 채소를 골고루 사용한다

최근 색소를 함유한 식물성 식품이 건강에 도움을 주는 기능성 성분을 함유하고 있어 칼라 푸드에 대한 관심이 높아지고 있다. 우리 음식은 이미 오래전부터 채소 등 적색, 황색, 녹색, 흰색, 검은색의 오방색 위주로 사용함으로써 건강이 고려된 음식인 것을 알 수 있다.

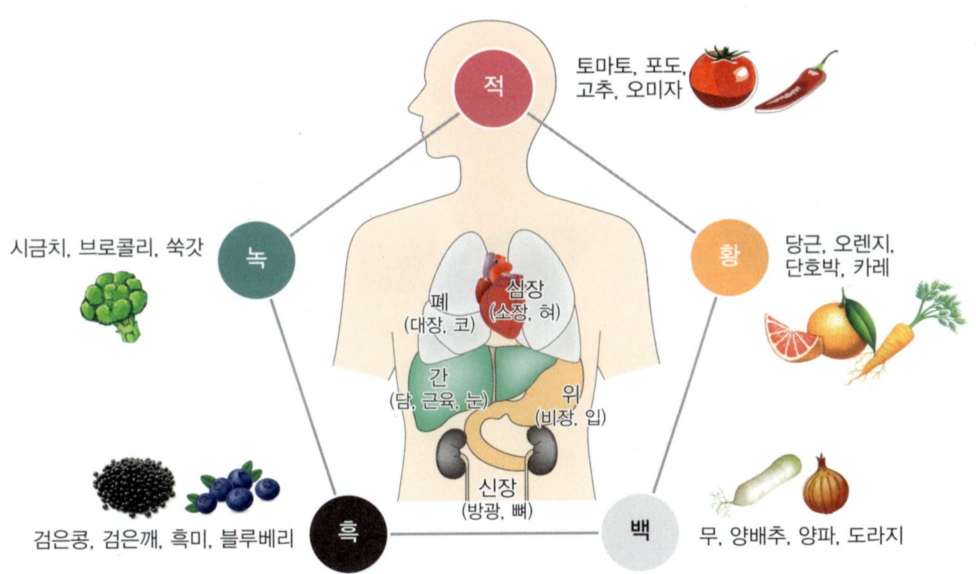

그림 2-7 오장과 오방색의 대표 식품

음양오행과 오방색

음양오행사상의 근본인 음양의 조화는 땅 위 모든 것(음)과 하늘의 모든 것(양)으로 이루어진 우주의 상호 조화를 말하며, 오행은 우주를 이루는 다섯 가지 물질(木, 火, 土, 金, 水)이 서로 어울려 만물을 이루어 상생과 상극 관계를 나타낸다는 것이다.

2. 식생활의 시대적 변화

1) 삼국 시대 이전

구석기 때의 식생활은 수렵, 어로와 채집으로 식품 재료를 얻어 불을 사용하여 익혀 먹었으며, 신석기 시대(기원전 6000년경)의 식생활은 마제석기와 토기 등을 사용하기 시작하였고 잡곡의 재배와 벼농사도 이때 시작되었다.

부족국가인 부여, 고구려, 동예, 옥저, 삼한은 농업이 주요 산업이었다. 보리 재배가 시작되었고 채소를 재배하였으며 마늘, 쑥, 마, 밤, 도토리 등이 식용으로 사용되었다. 어업도 이루어졌다.

『삼국지』「위지」 동이전 고구려조에는 '고구려 사람은 장양(藏釀)을 잘한다'고 기록되어 있는데 이는 술 빚기, 장 담기, 채소 절임 등의 발효식품을 총칭하는 것으로 보인다. 불에 고기나 어류를 구운 것이나 시루에 찐 음식도 먹었을 것이다.

그림 2-8 고대 토기인 시루
자료 : 국립중앙박물관, 국립 주박물관, 경기도 박물관

2) 삼국 및 통일신라 시대

고구려, 신라, 백제의 삼국은 벼농사를 주로 하였으며 철제 도구를 사용하였고, 불교의 전파로 곡류와 채소 위주의 일상식이 형성되었다. 통일신라 시대에는 벼농사 기술의 발달로 쌀밥이 주식으로 자리 잡았으며 곡물 음식과 발효식품, 포와 차를 많이 이용하였다. 이때 이미 밥과 국, 반찬을 따로 담아내는 상차림을 하였다. 『삼국사기』에는 신문왕 3년(683년) 왕이 왕비를 맞이할 때 폐백 품목으로 미(米), 주(酒), 유(油), 장(醬), 해(醢), 포(脯), 시(豉)를 올렸다는 기록이 있는데, 발효식품인 술, 장류, 젓갈, 메주가 이미 포함되어 있었다. 식생활은 주식과 부식이 일상식으로 정착하였고 저장 식품이 일반화되었다.

3) 고려 시대

고려 시대에는 우리의 식생활 문화 구조가 확립된 시기이며, 숭불사상으로 곡물 음식, 양조법, 채소 위주의 음식이 주를 이루었다. 원시 시대부터 사용되어 온 숟가락과 젓가락이 놋으로 제작된 것은 고려 시대 이후의 일이다.

숭불·권농 정책이 미곡을 증산시켰으며, 떡과 한과가 발달하였고 차가 성행(다도)하였다. 채소 음식이 지형(장아찌)과 침채형(김치)으로 나뉘어 만들어졌으며, 원나라의 침입은 고기 음식이 들어오는 계기가 되었다. 곡주가 발달하였을 뿐만 아니라 증류주인 소주도 유입되었다. 연회가 빈번히 개최되었으며 입식과 좌식을 병용하였다.

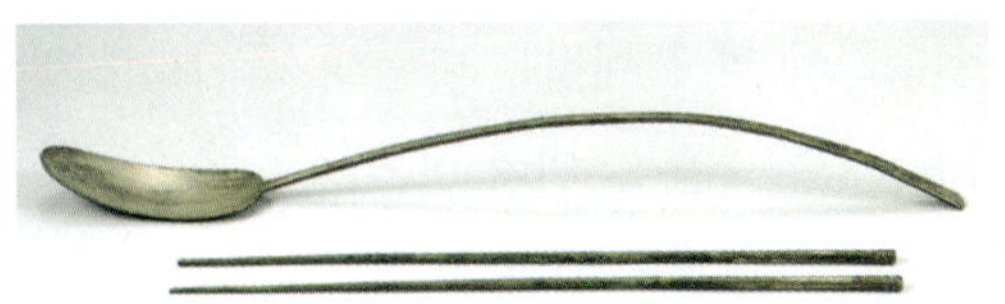

그림 2-9 고려 인종의 장릉에서 출토된 은제 숟가락과 청동제 젓가락

4) 조선 시대

조선 시대에 이르러 숭유억불 정책을 펼쳤으며 농서를 간행하고 온돌의 보급으로 좌식 생활이 보편화되었다. 조선 후기에는 원산지가 아메리카인 고추, 감자, 고구마 등의 식품이 들어왔으며, 온돌의 보급으로 좌식 생활을 하게 되었다. 지방의 유림 문화가 활

그림 2-10 조선 시대의 개인 상차림(왼쪽)과 음식 관련 도서 『규합총서』(오른쪽)

성화되면서 향토 음식이 발전하였고 통과의례가 엄격해지면서 의례 음식도 발달하였으며, 세시풍속에 따른 음식이 나타나기 시작하였다. 조선 시대에는 궁중 음식으로 임금님께는 12첩 반상의 수라상을 진상하였다.

약재를 이용한 음식을 계절에 맞추어 섭취하면서 식사 관리가 이루어지는 '약식동원(藥食同源)'의 의미를 갖게 되었다. 각 가정에서는 장류, 김치, 젓갈, 마른반찬과 밑반찬을 마련해 두고, 반찬으로 생채, 숙채, 조림, 구이, 전, 찜, 회 등을 선택하여 재료나 조리법이 중복되지 않도록 하여 영양상의 균형을 이루었다.

김치에 고춧가루를 넣기 시작하였고 장, 소금, 젓갈 등을 보관하기 위한 장독대나 김치광을 조성하였다.

전통적으로 이어져 온 우리의 식사 예절은 다음과 같이 정리할 수 있다.

- 밥을 먹기 전에 국이나 찌개국물을 먼저 먹는다.
- 밥그릇이나 국그릇은 밥상 위에 놓은 채로 먹는다.
- 수저로 음식을 뒤적거리지 않으며, 밥이나 반찬은 한쪽부터 먹는다.
- 손으로 음식을 집어먹지 않는다.
- 수저가 그릇에 부딪혀서 소리가 나지 않게 한다.
- 수저에 음식이 붙어 있지 않도록 한다.
- 양념을 털어 내거나 먹지 않는 음식이라고 골라내지 않는다.
- 음식은 입을 다물고 씹으며 될 수 있으면 소리를 내지 않는다.
- 기침이나 재채기가 나올 때는 고개를 옆으로 돌려 가리고 한다.
- 밥그릇은 제일 나중에 숭늉을 부어 깨끗하게 비운다.

5) 근대

(1) 개화기

고종 때 조미 수호 통상 조약이 체결된 후 서양 음식이 보급되기 시작하였으며, 1890년 최초로 궁중에 커피와 홍차가 소개되었다. 시장이 확대되면서 식품 교류가 이루어지는데 일본으로는 쌀, 콩, 보리, 인삼 등이 수출되고, 향료, 조미료, 담배 등이 수입되었다. 청나라로는 인삼과 해삼이 수출되었고, 러시아에는 귀리, 조, 콩류, 담배, 어류, 어란 등이 수출되었다.

(2) 일제 강점기

토지조사사업을 통해 토지는 빼앗기고 재배한 쌀은 마구잡이로 일본으로 실어가 우리 국민들은 빈곤과 식량 부족으로 고생하였다. 주류는 전통 민속주나 가양주의 생산을 전면 금지시키고 양조장에서 제조하는 형태로 바꾸어, 다양하게 빚었던 우리 전통주의 명맥이 이어지지 못함으로써 전통주는 급격히 쇠락의 길을 걸으며 발전하지 못하였다.

(3) 해방 후에서 1960년대

식량이 부족하여 원조 물품으로 밀가루가 들어와 배급되었으나, 그럼에도 부족한 식량은 구황작물과 초근목피로 때우는 생활로 인해 영양실조가 만연하였다. 벼농사 작황이 나쁜 상황이 이어지면서 보리와의 혼식과 분식 등을 장려하였지만 보릿고개라는 말이 생길 정도로 식량은 절대적으로 부족하였다. 미국의 잉여 농산물인 밀가루 원조를 받으면서 분식 장려 정책을 펼쳐 식습관과 식생활 문화에 변화가 생겼다.

(4) 1970년에서 2000년대

경제가 발전하고 통일벼 등 벼의 품종 개량으로 쌀을 자급자족할 수 있게 되었다. 식생활의 서구화로 채소 위주의 식생활 패턴이 육류 위주로 바뀌면서 식품의 수요 공급이 안정되지 못하고 영양의 불균형으로 건강 관리가 잘 이루어지지 않아 질병이 증가하는 등의 문제가 나타났다. 우리나라에서 서민이 고기를 제대로 먹기 시작한 것은 1980년대 고도 성장기부터였다. 근현대 이후 대략 1970년대까지 서민은 평소에는 고기를 제대로 먹지 못하고 잔칫날처럼 특별한 날에만 섭취하는 등 거의 채식주의자처럼 살았던 것이 엄연한 사실이다. 1970년 우리나라 사람의 연간 1인당 육류 섭취량은 5.2 kg에 불과하였다. 1980년에 이르러서야 겨우 10 kg대를 조금 넘어서기 시작하여 30 kg대를 돌파한 것은 2000년대였다(그림 2-11).

고도의 경제 성장과 산업화로 식생활에 대한 가치관이 바뀌면서 전통적인 식생활 패

보릿고개

가을에 수확한 쌀이 부족하여 다음해 보리를 수확할 때까지 남아 있지 않아 늦은 봄(5~6월) 무렵 절대적인 식량 부족 시기를 나타내는 용어이다. 햇보리가 나오기까지 넘기 힘든 고개라는 뜻으로, 예전에 묵은 곡식은 다 떨어지고 보리는 미처 여물지 않아 농가의 식량 사정이 가장 어려운 시기를 비유적으로 이르던 말이다.

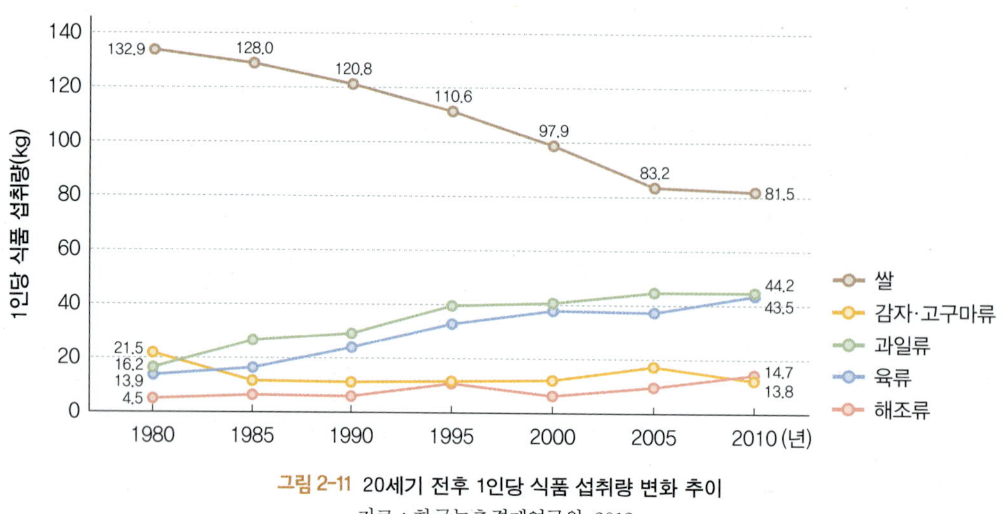

그림 2-11 20세기 전후 1인당 식품 섭취량 변화 추이
자료 : 한국농촌경제연구원, 2012.

턴보다는 서구화된 식생활 방식으로 전환되기 시작하였다. 교통과 통신의 발달로 식품 운반을 신속하게 처리함으로써 지역적 특성이 줄어들면서 가공식품이나 즉석식품, 패스트푸드의 소비가 증가하였다. 상대적으로 쌀의 소비는 점차 감소하고 동물성 식품의 섭취가 증가하면서 영양 불균형이 생겼으며, 이를 보충함은 물론 건강에 대한 관심이 높아져서 기능성 식품에 대한 소비도 늘었다.

(5) 2019년 현재

우리의 식생활 문화는 급속한 변화를 보이는데 특히 가정에서 식사하는 횟수가 크게 줄어들었다. 단체급식이나 외식 산업이 발달하여 하루에 한 끼도 집에서 식사하지 못하는 경우가 흔한 사회가 되었다. 그러다 보니 밥 중심 한식의 식생활 문화가 외식이 활성화되면서 주요 음식으로 육류나 어류 등 동물성 식품이 먼저 제공되고 밥이 나중에 나오는 형태로 바뀌면서 쌀의 소비가 급격히 감소하였다. 조리법도 끓이거나 찌던 전통 방식 대신 직화구이나 튀기는 음식을 선호하게 되었다. 또한 세계 각국의 전문 음식점이 개점하여 다양한 식문화를 쉽게 경험할 수 있게 되었다. 디저트 시장에서는 일찌감치 커피가 음료 시장을 선점하였으며, 이와 함께 즐기는 디저트에 대한 관심이 높아지면서 상대적으로 전통 한과나 떡의 소비는 크게 줄어들었다.

평균 수명의 증가로 건강에 대한 관심이 높아지면서 건강기능식품이나 기능성 식품을 선호하게 되고, 안전한 먹을거리를 섭취하기 위한 노력의 일환으로 유기식품(organic food)의 점유율이 증가하고 있다. 이와는 반대로 전 세계적으로 부족한 식량의 수확량을 늘리기 위해 유전자변형식품 등이 연구, 개발되어 이미 실용화됨으로써 우리의 식생활 깊숙이 침투해 있다.

바쁜 일상을 보내야 하고 가족과 함께 식사하는 시간과 횟수가 줄었으며 1인 가구의 등장과 급속한 증가 등으로 혼밥과 혼술의 기회가 자연스럽게 늘어났다. 따라서 개인용 편의식품, 가정간편식(home meal replacement, HMR)의 등장과 발전은 당연한 결과인지 모른다. 가정간편식 시장은 급증하고 있으며 특정 계층이 아닌 거의 모든 연령층에서 구매가 이루어지고 있다(그림 2-12). 생활방식의 변화로 밥상이 좌식에서 입식으로 바뀌었으며, 음식의 단맛을 즐기고 매운맛에 열광하고 있다. 식품의약품안전처나 학술단체를 중심으로 저염식과 저당식의 중요성을 강조하고 홍보함으로써 밥상에서 국의 비중이 줄어들었으며, 점차 한 접시 음식 중심으로 우리의 상차림이 바뀌고 있다.

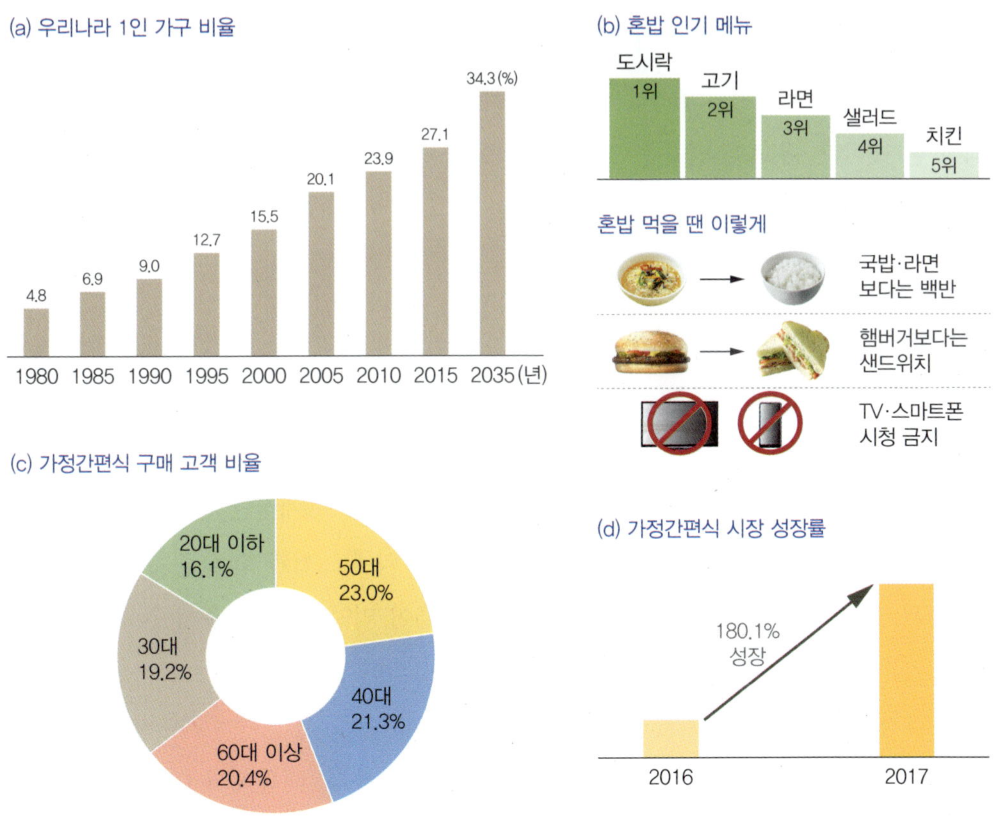

그림 2-12 식생활 변화의 특징

자료 : LG케미토피아, 2017; 헬스조선, 2017; 식품음료신문, 2018.02

시대 변화에 따른 여러 요인을 고려하더라도 대대로 건강한 식생활을 유지해 온 우리의 식생활 문화를 후대에 전하여 이어줄 수 있도록 하기 위해서 무엇을 해야 할지를 고민할 때가 되었다고 생각한다. 우리의 전통 식생활 문화의 좋은 점은 살리고 시대적 변화와 요구에는 대응할 수 있는 방식으로 우리의 식생활이 올바르게 변화해 가야 할 것이다.

3. 전통 및 향토 음식 문화

1) 전통 음식 문화

문화는 일상생활을 영위하는 데 있어서 각 집단에 형성된 의식(意識)과 양식(樣式)의 총체로, 식생활의 의식, 가치, 가치관 등의 사고방식은 물론이고 사람들이 따르는 규범이나 관습인 생활 양식을 통틀어 설명한다. 따라서 식생활 문화란 식품의 선택, 가공 및 조리법, 하루의 식사 횟수, 식사 양식, 식사 예절 등을 모두 아우르며, 한 나라 문화 양식의 중요한 일부분이자 역사적 과정의 산물이라 할 수 있다. 현재 우리의 전통 식생활 문화는 조선 시대 중·후기의 식생활 문화로, 100년 이상 지속적으로 전래되며 유지되어 온 것이다. 유교의 영향을 크게 받은 의례 음식과, 계절적 영향을 받은 세시풍속으로서의 식생활 문화를 이야기해 보기로 한다.

(1) 전통 음식 문화의 특징

첫째, 주식과 부식이 명확하게 구분되는 상차림으로 개인상을 제공한다. 주식으로는 자포니카종의 쌀을 백미로 도정하여 지은 밥을 올리는데 보리, 조, 콩 등의 잡곡을 혼합하기도 한다. 부식인 반찬은 김치, 장류, 젓갈을 기본으로 하여 다양한 재료와 조리법으로 만들어 올리므로 영양적 균형이 잡힌 식사로, 현대에도 세계적인 관심을 끌고 있다.

둘째, 곡류 중심의 음식이 발달하였다. 주식인 밥 외에도 쌀과 찹쌀을 주로 사용하여 떡, 한과, 술, 조청, 엿, 식혜 등 다양한 음식을 만들어 먹었다. 의례 음식이나 세시 음식에도 기본적으로 곡물을 이용한 음식이 포함되어 있어 우리나라만의 독특한 음식 문화를 가지고 있다.

셋째, 장류와 젓갈, 그리고 김치 등 발효식품을 이용한다. 내륙에서 대두를 재배하여 수확한 후 메주를 띄우고 장을 만든다. 서해와 남해안을 따라 해안의 갯벌과 섬 지방을 중심으로 젓갈을 담가 감칠맛이 있는 짠맛 조미료로 사용하였다. 소금에 절여서 익혀(발효) 먹던 김치는 고춧가루와 다양한 양념을 넣어 담그는 등 점차 지금의 형태로 발달하였다. 고춧가루의 도입은 장류에도 변화를 주어 고추장을 만들어 매운맛의 중요한 조미료로 사용하게 되었다. 그 외에 발효주인 곡주(탁주, 약주, 청주)와 증류주인 소주, 맥아를 이용한 식혜, 조청과 엿을 만들어 먹었으며, 떡으로는 발효 떡인 증편을 만드는 등 다양한 발효음식을 개발해 먹었다.

넷째, 음식의 재료와 조리법이 매우 다양하다. 같은 재료라도 조리법이 다르면 새로운 맛을 내기 때문에 굽고 데치는 등 다양한 방법으로 조리하였으며, 특히 데치거나 끓이고 찌는 조리법을 많이 사용하였다. 우리의 전통 음식에는 튀긴 음식이나 생 음식이 적은데 이는 안전성을 고려한 것이다. 색소를 함유한 채소를 활용하는 등 전통적인 오방색을 고려하여 음식을 만들어, 최근 관심을 모으고 있는 식품의 기능 성분을 함유한 식품 재료를 이미 많이 사용하고 있었다.

(2) 우리나라에만 있는 전통 음식

- 멥쌀 떡 : 아시아 국가들은 주로 쌀을 주식으로 한다. 쌀 생산의 90%를 차지하는 동남아시아 등지에서는 인디카종의 쌀을 생산하고 한국, 중국, 일본, 타이완만이 자포니카종 쌀을 사용한다. 밥 이외에 쌀 가공식품으로 멥쌀을 사용해 떡을 만드는 것은 우리나라가 유일하다. 떡이나 떡과 비슷한 음식을 만들어 먹는 나라는 많지만 대부분 찹쌀을 사용한다. 찹쌀로 일본은 떡과 과자를 만들고, 중국과 동남아 국가들도 떡과 유사한 음식을 만든다.
- 묵 : 전분을 이용한 젤화 식품인 묵은 주로 녹두, 동부, 도토리, 메밀 등 아밀로스 함량이 높은 열매로 만든다. 일본의 난대림 지역에서 도토리로 만든 묵을 볼 수 있었으나 지금은 만들지 않는다. 묵은 거의 90% 정도의 수분 함량을 가지고 있어 매우 부드럽지만 부서지지 않고 탄성이 있는 독특한 텍스처의 식품이다.
- 고추장 : 고춧가루를 주원료로 하여 찹쌀과 메주 등을 섞어 발효시킨 우리의 전통 장류 식품이다. 고추장은 Codex에도 'Gochujang'으로 기록되어 있다. 고추장에 사용하는 메주는 간장이나 된장에 쓰는 메주와 달리 콩에 쌀이나 밀, 보리 같은 전분질의 곡류를 섞어 만들어 도넛처럼 둥글게 빚어 구멍에 볏짚을 넣어 매달아 발효시킨다. 고추장용 고춧가루는 고추씨를 제거하고 곱게 갈아서 사용한다. 고춧가루를 주원료로 하여 찹쌀가루와 메줏가루, 소금, 물 등을 섞은 후 옹기에 담아 뚜

껑을 밀봉한 뒤에 서늘한 곳에서 발효시켜 만든다.

2) 향토 음식

(1) 향토 음식의 특징

향토 음식은 각 지역의 특산물을 이용하여 그 지역만의 독특한 조리법으로 만든 음식이다. 교통의 발달 등으로 인적 및 물적 교류가 활발해지면서 지역 간 특성이 많이 줄어들었지만 아직도 각 지역마다 특색 있는 향토 음식이 전해지고 있다. 우리나라는 국토가 남북으로 길게 뻗어 있어 북부, 중부, 남부 지방의 기후가 다르기 때문에 음식도 지역별로 특색을 갖는다. 추운 지방의 경우는 싱겁고 자극적이지 않은 음식을 즐기고, 더운 지방은 맵고 짠 음식이 많으며 특히 젓갈을 즐긴다.

향토 음식은 조리 형태나 재료 선택 방식 등에 따라 몇 가지 형태로 나뉜다.

첫째, 해당 지방에서만 생산되는 식재료를 사용하여 그 지역 사람들에게만 전승되는 조리법으로 만드는 순수한 향토 음식 : 영광 굴비 등

둘째, 해당 지방에서 많이 생산되거나 다른 지방으로부터 쉽게 많이 공급받을 수 있는 재료를 사용하여 적합한 조리법으로 발전시킨 향토 음식 : 춘천 막국수, 속초 오징어 순대 등

셋째, 전국 어디에서나 쉽게 구할 수 있는 재료를 사용하더라도 그 지역만의 특성이 반영된 특유의 조리법이나 차별화된 가공 기술을 이용한 향토 음식 : 충무 김밥 등

넷째, 옛날부터 그 지방의 특정 행사와 관련하여 만들어 먹던 음식으로 오늘날까지 전해져 오는 향토 음식 : 설렁탕(선농단탕 : 해마다 상재일에 왕이 선농단에 나와 농사가 잘 되라고 제사를 지내고 친히 밭을 갈고서 농부들과 함께 소를 잡아 가마솥에 넣고 끓여 먹은 데서 유래된 음식) 등

(2) 지역별 향토 음식

① 서울 음식

조선의 도읍지인 서울 음식에는 조선 시대의 음식 특징이 많이 남아 있다. 서울은 직접 생산하는 특산물이 있다기보다는 전국 각지에서 모여 드는 재료를 활용할 수 있어서 다양하고 화려한 음식이 특징이다. 온대 지역으로 음식은 짜거나 맵지 않은 중간 정도로 간을 하며, 젓갈은 새우젓이나 까나리액젓 정도를 사용한다. 지역 특성상 궁중 음

서울의 향토 음식

- 임자수탕 : 닭고기를 푹 삶아 얻은 육수를 차게 식힌 다음, 흰깨를 볶아서 이 육수와 함께 갈아서 만드는 여름철 보양식.
- 너비아니구이 : 쇠고기를 얇게 저며 썰어서 양념하여 구운 음식으로, 고기를 너붓너붓하게 썰었다고 하여 붙어진 이름.
- 장김치 : 배추와 무를 소금 대신 간장으로 절여 담근 물김치로, 간이 세지 않아 빨리 익으며 주로 겨울에 먹는 김치.

식과 양반 음식으로 나눌 수 있으며, 대체로 음식의 모양이 화려하고 크기는 작게 만든다. 대표 음식으로는 설렁탕, 잣죽, 임자수탕, 탕평채, 너비아니구이, 신선로, 구절판, 장김치 등이 있다.

설렁탕 임자수탕 신선로 장김치

그림 2-13 서울의 향토 음식

② 경기도 음식

경기도는 지형적으로 서쪽은 바다와 접해 있고 동쪽은 산간 및 내륙 지대이므로, 논농사와 밭농사가 모두 활발하게 이루어져 농산물, 수산물, 임산물 등 식재료가 다양하고 풍부하다. 음식의 간은 진하지 않고 소박하며, 인접한 지역들과 공통점이 많다. 특히 개성은 고려 시대의 수도로 음식이 화려하고 다양하다. 대표 음식으로는 개성의 조랭

조랭이떡국 보쌈김치 편수 순무김치

그림 2-14 경기도의 향토 음식

이떡국, 보쌈김치, 편수, 경단, 약과, 무찜, 순대 등의 음식과 순무김치, 여주산병, 꿩김치, 오미자 화채 등이 있다.

③ 충청도 음식

서쪽으로 평야가 발달하여 농사가 잘되며 채소, 해산물 등은 물론이고 산채와 버섯 등 식재료가 풍부한 지역이다. 음식은 꾸밈이 없고 양념도 많이 사용하지 않아 담백하다. 대표 음식으로는 날떡국(조갯살로 국물을 내어 끓임), 공주 장국밥, 굴냉국, 호박고지적, 충주 내장탕, 쇠머리떡, 호박꿀단지 등이 있다.

날떡국 공주장국밥 굴냉국 호박고지적

그림 2-15 충청도의 향토 음식

④ 강원도 음식

강원도는 영서와 영동 지방에서 생산되는 재료가 달라 음식도 구별이 된다. 산악 지역은 감자, 옥수수, 메밀 등이 많이 생산되고 도토리, 산채들이 있는 반면에, 영동의 해안 지방은 해산물이 풍부하여 육류나 젓갈의 사용 빈도는 낮으나 해산물을 이용해 낸 국물로 조리하기 때문에 맛이 담백하고 시원하다. 대표 음식으로는 강냉이밥, 감자범벅, 감자송편, 오징어순대, 도토리묵, 메밀묵, 메밀국수, 서거리김치, 명란젓, 창란젓, 황태구이 등이 있다. 현재는 동해안에서 명태가 잡히지 않으며 그 외에도 수온의 상승으로 어종이 달라지고 있다.

감자송편 오징어순대 장평메밀국수 황태구이

그림 2-16 강원도의 향토 음식

⑤ **전라도 음식**

전라도는 서쪽으로 기름진 평야와 함께 해안과 갯벌, 섬이 고루 발달하였으며, 동쪽에는 산맥이 있어 농산물, 임산물, 수산물 등 식품 재료가 매우 풍부하다. 재료만이 아니라 음식 상차림도 맛깔나고 푸짐하며 지금도 그러한 경향이 많이 남아 있다. 전주는 조선 왕조 전주 이 씨의 본관이고 광주, 나주, 해남 등지에도 부유한 양반이 많이 거주해 음식의 특징은 맛있고 화려하며 반찬 가짓수가 많은 것이다. 순창, 장성, 담양, 구례 등지에는 장류가 발달하여 오래된 장들을 소유하고 있으며, 서·남해안과 섬 지역에서는 젓갈을 담가 조미료로 사용하여 음식에 감칠맛이 풍부하다. 해조류 생산량도 풍성하여 이를 이용한 음식도 많은 등 향토성이 강한 지역이다. 대표 음식으로는 전주비빔밥, 콩나물국밥, 대합죽, 피문어죽, 붕어조림, 꼬막무침, 추어탕, 용봉탕, 홍어어시욱, 굴비구이, 죽순찜, 나주집장, 장어구이, 창평엿, 동아정과 등이 있다.

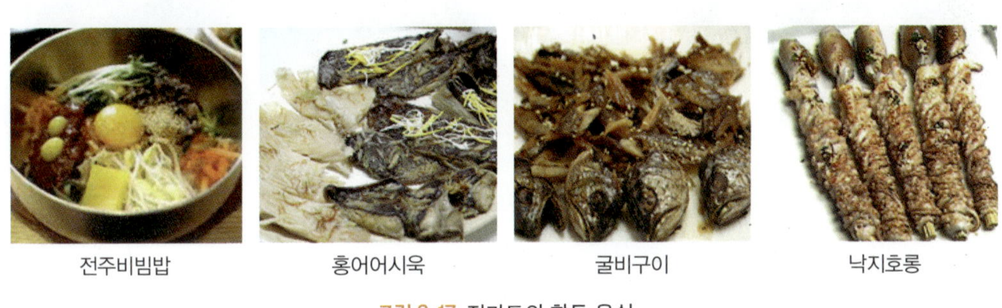

전주비빔밥 홍어어시욱 굴비구이 낙지호롱

그림 2-17 전라도의 향토 음식

⑥ **경상도 음식**

경상도는 남해와 동해를 끼고 있으며 낙동강 주위에 평야가 있어 농산물과 해산물이 풍부하다. 하지만 생산되는 어종이 달라서 전라도와는 음식의 성격과 맛이 다르다. 음식의 간이 짜고 매우며 생선을 많이 먹는다. 종가집이 많으며 음식에 대한 고서가 많이

헛제사밥 건진국수 돔배기 안동식혜

그림 2-18 경상도의 향토 음식

발견되는 등 식문화의 역사를 알 수 있다. 대표 음식으로는 진주비빔밥, 헛제사밥, 건진 국수, 재첩국, 아구찜, 콩잎장아찌, 골곰짠지, 동래파전, 돔배기, 안동식혜 등이 있다.

⑦ 제주도 음식

제주도는 우리나라에서 제일 큰 섬이지만 지형상 논을 조성하기 어려워 밭에서 벼를 재배하며, 음식 재료 역시 밭작물 위주로 선택하거나 한라산에서 얻는 산채 등을 이용한다. 반면에 식재료로서 해산물은 풍부하고 다양하다. 밭벼를 도정해 지은 밥을 곤밥, 산디밥이라 하며, 생선을 넣은 국과 해조류나 해산물을 이용한 음식이 발달하였다. 간은 짠 편이나 양념을 적게 사용하며 회, 국, 죽 종류가 많다. 대표 음식으로는 모자반국, 옥돔구이, 해물뚝배기, 전복죽, 흑돼지구이, 오메기떡, 빙떡 등이 있다.

모자반국 | 옥돔구이 | 해물뚝배기 | 오메기떡

그림 2-19 제주도의 향토 음식

⑧ 황해도 음식

황해도는 북쪽 지방이 곡창 지대로 쌀과 잡곡이 풍부하고 농산물도 다양하며, 간은 맵거나 짜지 않고 음식은 소박하고 큼직하며 푸짐하다. 닭고기로 국물을 내어 국수나 만두 등을 조리하고, 김치에는 향신채소인 미나리, 고수나 분디를 사용하는 것이 특징적이다. 김치 국물을 넉넉히 잡아 국수를 말아 먹는다. 대표 음식에는 김치말이, 호박만두, 연안식혜, 되비지탕, 배추김치누름적(행적), 상수리묵(묵장떼묵) 등이 있다.

곤밥, 산디밥

제주 지역에서 백미로 지은 밥을 곤밥이라 하는데 쌀로 밥을 지으면 다른 곡식에 비하여 하얀색이 고왔던 탓에 다른 잡곡밥과 구분하여 '고운 밥'이라는 뜻으로 붙인 이름이다. 제주도에는 논이 없어 밭에 볍씨를 뿌려 농사를 지어 밭벼를 얻는데 이 쌀로 지은 밥을 산디밥이라 한다.

⑨ **평안도 음식**

평안도는 동쪽에 산이 있지만 서쪽으로는 평야가 넓어 곡식이 많이 나며 바다와 접하고 있어서 해산물도 풍부하다. 음식은 큼직하고 푸짐하게 만들며, 간은 맵지 않고 싱겁다. 메밀로 만든 냉면과 만둣국 같은 밀가루로 만든 음식이 많으며, 겨울에는 추위를 이기기 위해 기름진 음식을 즐겨 먹는다. 대표 음식에는 평양냉면, 어복쟁반, 녹두지짐, 만둣국, 온반, 노티, 골미떡, 송기떡 등이 있다.

⑩ **함경도 음식**

우리나라의 최북단으로 압록강, 개마고원과 백두산이 속한 지역인 함경도는 밭농사를 많이 지어 잡곡이 풍성하며 동해에서 잡은 생선 등 해산물이 풍부하다. 감자와 고구마 전분을 이용한 냉면이 발달하였고 잡곡밥을 즐겨 먹는다. 간은 세지 않고 담백하나 고추와 마늘로 강하게 양념하기도 한다. 가자미회를 이용한 회냉면이 강한 맛을 주며, 김치에도 생선을 넣어 담그고, 동치미 국물로 냉면을 말아 먹기도 한다. 대표 음식으로는 함흥 회냉면, 동태순대, 가자미식해, 가릿국, 도루묵식해, 비웃(청어)구이, 원산 해물잡채, 콩나물김치 등이 있다.

4. 현재와 미래의 식생활

1) 식생활의 변화

교통과 정보 통신의 발달로 세계가 하나의 공동체처럼 많은 정보를 공유하게 되었으며, 국내는 물론 외국도 자유롭게 여행하면서 각 나라의 음식 문화를 빠르게 받아들이고 있다. 외국 음식의 재료 구입은 물론 조리법도 인터넷 등을 통하여 쉽게 구하고 배울 수 있어 외국의 전통 음식을 퓨전으로 받아들이는 등 우리의 식생활은 급변하고 있다.

(1) 쌀 소비량의 감소

주식인 쌀의 연간 일인당 소비량은 1988년 122.2 kg에서 2009년 74.0 kg으로 급격하게 줄었으며, 그 후로도 매년 지속적으로 감소하여 2018년에는 61.0 kg으로 2017년보다 0.8 kg, 약 1.3% 감소하였다. 이러한 쌀 소비의 감소는 주식인 밥 대신에 밀가루 음식, 육류 위주의 외식 기회 등이 늘어나면서 자연스럽게 나타난 결과에 기인한다. 한상차림의 한식에서 주요 메뉴로 육류의 비중이 높아지고, 밥을 먹으면 살이 찐다는 잘못된 생각으로 밥을 회피하면서 쌀의 소비가 감소하게 되었다. 밀가루로 만든 빵과 국수, 파스타, 인디카종 쌀로 만든 월남 쌈이나 쌀국수의 소비 증가도 국내의 쌀 소비 감소를 부추겼다. 식품 가공 기술의 발달과 함께 패스트푸드의 고급화와 다양화, 가정간편식(HMR)의 보편화, 배달 음식의 편의성 등도 영향을 주었다. 그뿐 아니라 바쁜 경제 활동으로 간편한 외식을 즐기는 소비 성향 역시 일상식인 한식의 섭취 감소를 가져왔다.

(2) 소비 행태의 변화

환경 오염, 유전자변형식품, 내분비 장애 물질, 농약이나 제초제를 사용해 재배한 식품 등 소비자들의 식품 안전 및 건강에 대한 관심이 증가하면서 식품 원료로 인한 문제를 줄이기 위해 친환경 식품은 물론 유기식품을 선택하는 경향을 보이고 있다. 스마트폰이 모든 정보를 실시간 제공하게 되면서 인스타그램이나 SNS 등을 통한 정보 공유로 선호하는 음식이나 음식점에 대한 접근의 용이성과 주변의 관심이 증가하는 식품에 대한 맹목적인 소비 형태들이 증가되고 있다. 즉 자신이 무엇을 얼마큼 먹어야 하는지보다는 다른 사람이 제공하는 정보로 하루의 식생활을 영위하는 경향을 보인다. 따라서 좀 더 객관적이고 냉철한 주관을 가진 식생활 계획이 필요하다고 하겠다.

(3) 일인 가구와 혼밥의 증가

① 1인 가구의 증가

우리나라의 1인 가구는 10년 동안 2배 가까이 증가하면서 소비 지출의 주요한 비중을 차지하고 있으며, 솔로 이코노미(solo economy), 싱글슈머(singlesumer)라는 새로운 소비 트렌드를 만들어 가고 있다. 특히 식료품, 비주류 음료 등 식생활 관련 항목의 비중이 높아 이러한 1인 가구의 성향에 맞춘 외식, 간편식 기반의 식생활 환경이 조성되고 있다. 다만 이러한 식품은 영양 성분이 골고루 갖추어지지 않아 건강에 나쁜 영향을 미칠 수 있다는 것이 문제이다. 실제로 최근 국내 1인 가구에 대한 식생활 연구가 활발해지면서 영양 불균형이 큰 문제로 제기되고 있다. 이는 1인 가구가 전반적으로 식생활에 관한 관심이 낮으며 특히 20~30대 1인 가구의 대다수는 식사를 자주 거르고 하루 한 끼 이상을 저렴한 패스트푸드나 인스턴트식품으로 대체하고 있다. 50대 이상 1인 가구 역시 비교적 규칙적으로 식사는 하지만 경제적 이유로 영양이 부실한 식사를 하는 빈도가 높다.

② 혼밥족의 증가

한국인 10명 중 8명(80.1%)은 지난 한 달간 혼밥을 경험한 적이 있으며, 특히 20대(88.3%) 그중에서도 20대 남성(90.2%)의 혼밥 경험 비율이 높았다. 평소 혼자 밥을 먹는다고 응답한 '혼밥족' 중 혼자 먹는 것이 더 편하다고 응답한 '자발적 혼밥족'이 45.8%로 혼자 밥을 먹는 것이 본인의 선택인 경우가 많았음을 알 수 있다. 이러한 추세에 따라 혼밥족을 위한 식품이 다양하게 출시되고 있으며 편의점뿐만이 아니라 일반 음식점에도 혼자 식사할 수 있는 메뉴나 좌석을 마련하고 있다. 사회 변화와 개인의 행태 변화로 등장한 혼밥족은 이후로도 지속적으로 증가할 것으로 예측된다.

2) 기후 변화와 식품

(1) 한반도의 기후 변화

한반도는 세계 평균보다 훨씬 빠른 속도로 뜨거워지고 있다. 이로 인한 강수량 변동의 심화, 해수면 상승 등 기후와 관련된 문제가 발생하고 있다. 지난 100년간(1912~2008) 우리나라 6대 도시의 평균 기온은 약 1.7℃ 정도 상승하여 세계 평균의 2배를 상회하였다. 앞으로도 우리나라의 평균 기온은 2000년 대비 2020년에는 0.9℃, 2050년에는 2℃, 2100년대에는 4.2℃ 정도 꾸준히 상승함은 물론 강수량이 증가하는 동시에 집중호우나 가뭄 현상도 심화될 것으로 전망된다. 그 결과 21세기 말에는 우리나라의 절반 정도가 아열대 기후로 변할 수 있다는 기상청의 전망이 있었다. 이미 겨울이 짧아지고 여름은 길어지며 강수량이 1,000 mm에 달하는 폭우가 잦아지는 등 아열대 기후의 특징이 늘고 있다.

농업은 기후 변화에 가장 민감한 분야이므로 신속한 대응이 이루어지지 않을 경우 먹을거리의 안전성과 식량 자급이 위협을 받을 수 있을 뿐 아니라 경제적 피해도 2100년까지 국내에서만 700조 원에 달할 것으로 예상된다.

(2) 기후 변화와 식품 생산

기후가 변화함에 따라 우리나라에서 생산하는 작물의 재배지와 생산량, 품질에도 큰 변화가 있을 것으로 예상된다. 바다에서는 한류성 어종은 감소하고 난류성 어종이 늘어나는 추세를 보이고 있다. 그림 2-20에 나타낸 것과 같이 대부분의 작물 재배지가 1980년과는 다르게 2010년에는 크게 북상하였다. 특히 녹차는 전라남도 보성에서 강원도 고성까지 북상하였으며 멜론, 한라봉, 강황, 무화과, 복숭아, 포도, 사과 등의 재배지도 북상하였다. 국내에서는 재배되지 않던 커피가 강원도에서 재배되는 등의 변화가 있었다. 수산물의 어획 어종이나 어획량에도 변화가 생겨서 동해에서 잡히던 한류성 어종인 명태가 거의 사라졌고 도루묵도 급감하였으며, 난류성 어종인 오징어와 멸치는 한반도 바다 전역에서 잡히는 경향을 보이고 있다.

우리나라 6대 과수 작물인 사과, 배, 복숭아, 포도, 단감, 감귤의 기후 변화 시나리오에 의하면 2010년대부터 2090년대까지 10년 단위로 재배지 변동을 예측해 보니 사과의 재배지는 지속적으로 줄고 배, 복숭아, 포도는 21세기 중반까지는 다소 늘었다가 다시

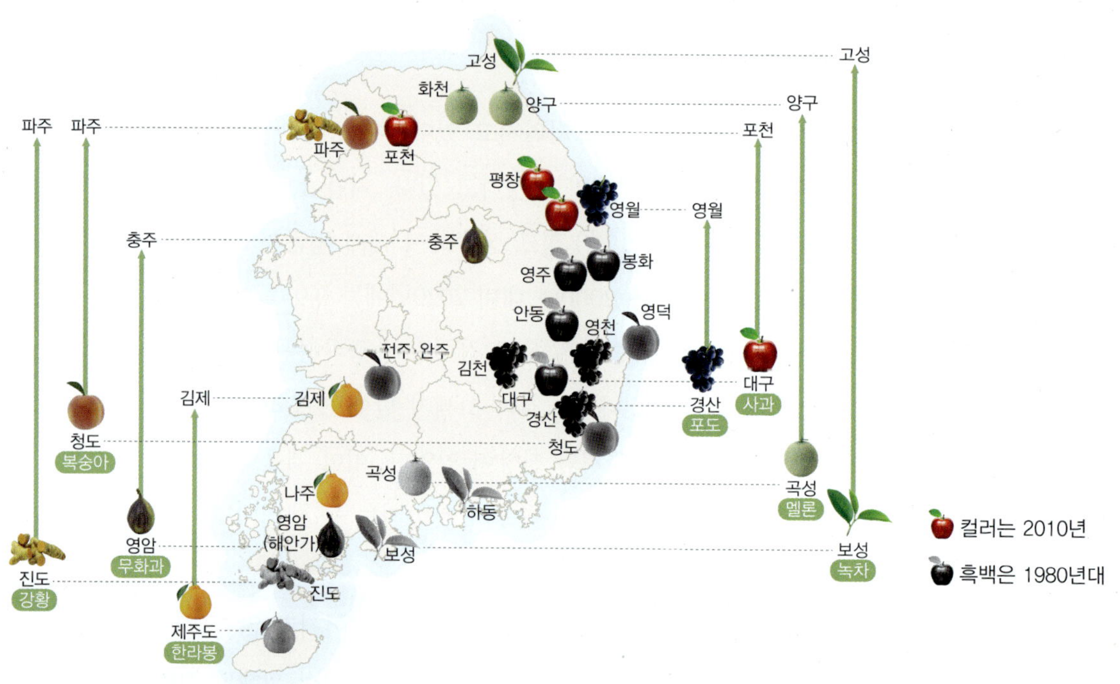

주요 어종 변화

(단위 : %, 어획 어종 비교)

황해 1980년대		황해 2010년	
갈치	17.9	멸치류	14.0
동죽	6.3	굴류	9.2
꽃게	6.0	꽃게	8.2

남해 1980년대		남해 2010년	
쥐치	17.9	멸치류	25.9
멸치류	13.0	고등어	17.9
정어리	11.5	오징어	11.4

동해 1980년대		동해 2010년	
노가리	22.2	오징어	52.6
오징어	14.5	붉은대게	10.2
명태	13.9	청어	5.1

그림 2-20 기후 변화에 따른 농작물과 수산물 생산지의 변화

자료 : 농촌진흥청

줄어들 것이라 한다. 반면에 단감과 감귤은 지속적으로 증가하는 것으로 예측되었다. 이와 같이 한반도에서 생산되던 모든 작물은 기후를 포함한 재배 조건의 변화로 재배 면적, 품질, 품종 수확량 등에 변동이 있을 것이라 예상되므로 이에 대비해야 한다. 특히 재배 및 저장 시 해충의 발생이 증가하므로 이로 인한 화학적, 생물학적 식중독이나 유해 물질의 사용 증가에 따른 피해를 예측하여 예방할 수 있도록 하는 것이 중요하다.

(3) 새로운 식품의 등장

2013년 유엔 식량농업기구(FAO)에서는 인류의 식량난과 환경 파괴를 해결하기 위한 방법의 하나로 식용 곤충을 제시하였다. 이미 전통적으로 곤충을 식용하는 국가가 여럿 있었으며, 우리나라도 오래전부터 누에 번데기나 벼메뚜기를 식용한 바 있으며 이에 덧붙여 2016년 식품의약품안전처에서 식용 곤충을 고시하였다. 현재 누에 번데기, 벼메뚜기, 백강잠, 쌍별귀뚜라미(쌍별이), 갈색거저리 유충(고소애), 흰점박이꽃무지 유충(꽃벵이, 굼벵이), 장수풍뎅이 유충(장수애)의 7종이 고시되어 있다. 단백질이 풍부하며 바이오 소재로서도 관심을 모으고 있다.

최근 우리나라에도 외국의 전문 음식점들이 증가하고 있다. 대부분 식품 재료를 해당 국가에서 가져와 만들어 내놓기 때문에 기존의 음식점과는 다소 다른 양상을 보이며, 특히 새로운 식품 재료가 국내로 들어오는 계기가 되고 있다. 그 예로 렌틸콩이나 퀴노아, 아마란스, 테프, 프랙시드, 치아시드 등과 연어, 대게, 바닷가재 등은 물론이고 코코넛오일, 다양한 열대과일, 비트 등 헤아릴 수 없이 많은 종들이 들어와 사용되고 있다. 또한 아직 음식의 형태로는 만들어지지 않았지만 미래 단백질을 제공하기 위한 단백질원으로 배양육, 식물성 단백질, 해조류 및 미세조류 등에 관한 연구가 주의를 끌고 있다. 이렇듯 우리의 식생활 문화는 지속적으로 꾸준히 변화해 가고 있다. 그 수많은 식품 중에서 무엇을, 왜, 어떻게 받아들여야 하는지는 올바른 정보를 바탕으로 스스로 결정해 나가야 할 것이다.

단원정리

- 식생활 문화는 자연환경과 사회적 환경 요인 등에 영향을 받는다.
- 우리 음식 문화는 쌀을 주식으로 사용하며 한상차림을 기본으로 하고 있다.
- 우리 음식의 특징으로는 발효식품과 채소 위주의 반찬, 조미채소를 사용한 양념 등을 꼽을 수 있다.
- 우리 음식 문화는 삼국 시대의 농경 문화를 시작으로, 고려 시대를 거치며 불교 문화가 덧입혀지고 조선 시대에는 유교의 영향을 받았다.
- 우리의 전통 식생활은 조선 시대 중·후반기 때의 것을 기반으로 발달하였다고 한다.
- 향토 음식은 그 지역에서 생산되는 산물로, 그 지역만의 독특한 조리법을 사용하여 만든 음식이다.
- 교통과 통신의 발달, 인터넷 등의 영향으로 전 세계가 글로벌화됨에 따라 세계의 식문화도 변하고 있다.
- 쌀 소비량의 감소와 건강 지향적인 음식 문화는 급속한 식생활 문화의 변화를 가져왔다.
- 1인 가구, 혼밥 및 혼술의 증가로 편의점 문화, 가정간편식, 편의식, 즉석 음식 등이 발달하고 있다.

연습문제

1. 우리 민족의 전통 음식 문화의 특징에 대해 쓰시오.

2. 현재 전통 음식은 조선 시대 식생활을 근간으로 하고 있다. 당시의 의례 음식과 세시풍속에 대해 설명하시오.

3. 우리나라에서 발효식품이 발달한 이유는 무엇이며, 어떤 종류가 있는지 설명하시오.

4. 전라도의 향토 음식에 대해 아는 대로 쓰시오.

5. 패스트푸드의 문제점과 현재 변하는 양상을 설명하시오.

6. 우리 한식의 장단점을 비교하시오.

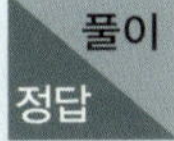

1. 우리 음식 문화는 밥과 국, 반찬을 한상차림으로 차린다. 채소 위주의 반찬과 김치, 장류, 젓갈을 비롯한 발효식품을 사용하고 조미채소로 양념을 하며, 오방색을 주로 사용하였다.
2. 유교의 영향으로 관혼상제를 중시하여 가족 구성원이 태어나서 죽은 다음까지 이어지는 다양한 의식 때마다 의례에 맞추어 음식을 차렸으며, 24절기 중 중요한 절기에는 계절에 맞는 음식을 차려 나누어 먹었다. 그러한 관습들은 지금까지 내려오고 있으나 현대에 오면서 점점 간소해지고 있다.
3. 우리나라는 삼면이 바다로 둘러싸여 있고 갯벌이 발달하여 소금을 얻기 쉬웠다. 소금은 음식을 오래 보관하는 데 없어서는 안 되는 양념이다. 해안에서는 다양한 해산물로 젓갈을 담아 저장하고, 내륙에서는 콩으로 메주를 쑤어 간장, 고추장 등 장류를 담갔다. 이외에도 여러 가지 채소를 소금에 절여 김치 형태로 양념하여 저장하는 등 다양한 발효음식이 발달하였다.
4. 전라도는 맛의 고장으로 알려져 있을 만큼 지역 고유의 맛과 특성을 살린 다양한 향토 음식이 발달하였다. 예를 들어 영광의 굴비, 벌교의 꼬막무침, 전주의 비빔밥, 흑산도 홍어를 이용한 홍어회, 홍어 어시욱, 홍어 삼합 등이 있다.
5. 패스트푸드는 면적이 넓은 나라에서 차를 타고 이동할 때 빠른 시간 안에 먹을 수 있도록 만들어져 영양소의 균형을 고려하지 않은 채 발달한 음식이었으나, 요즈음은 건강을 고려한 재료와 조리법의 선택

등으로 음식의 질을 개선하고 있다.

6. 한식은 음식 재료로 오방색의 채소와 식물성 단백질인 콩 등을 많이 이용하고 젖산세균이 풍부한 김치를 포함하여 다양한 발효음식이 발달하였으며, 조리법도 습열 조리 위주로 지방의 사용량이 적고 날것보다는 안전하게 익힌 음식 들로 영양적 균형이 잘 이루어지고 건강한 조리법으로 만들었다.

참고문헌

구난숙·권순자·이경애·이선영, 세계 속의 음식문화, 교문사, 2018.

김상보, 생활문화 속의 향토음식문화, 신광출판사, 2002.

이효지, 한국의 음식문화, 신광출판사, 2001.

황신혜, 1인 가구의 건강한 식생활을 위한 모바일 앱 디자인, 이화여자대학교 석사학위논문, 2016.

A. Neuberger and F.F. Richards, Mammalian Protein Metabolism, vol. 1. Munro HN, Allison JB ed. Academic Press. pp281-282, 2014.

민속문화관 http://www.cybernk.net/infoText/InfoFolkDetail.aspx?mc=

식품음료신문 http://www.thinkfood.co.kr/news/articleView.html?idxno=79163 2018.

LG 케미토피아 https://blog.lgchem.com/2017/02/08_eating-alone/

헬스조선 http://health.chosun.com/site/data/html_dir/2017/05/23/2017052301895.html

Wetterstrand KA, DNA Sequencing Costs: Data from the NHGRI Genome Sequencing Program (GSP) Available at: www.genome.gov/sequencingcostsdata. Accessed 2019년 2월

CHAPTER 3

에너지 영양소

학습목표

에너지 영양소인 탄수화물, 지질, 단백질의 생리적 기능과 급원 식품 및 섭취기준에 대해 이해하기 위하여 다음의 내용을 다룬다.

1. 탄수화물, 지질, 단백질의 구조적 특성에 대하여 알아본다.
2. 탄수화물, 지질, 단백질의 생리적 기능에 대하여 알아본다.
3. 탄수화물, 지질, 단백질의 급원 식품에 대하여 알아본다.
4. 탄수화물, 지질, 단백질의 섭취기준에 대하여 알아본다.

인체는 성장과 발달, 유지, 활동, 소화·흡수 작용과 체온 조절 등 체내에서 일어나는 여러 가지 대사에 에너지를 필요로 한다. 사람은 식품에 함유된 영양소를 섭취함으로써 에너지를 얻을 수 있다. 식품 중의 다양한 영양소 가운데 에너지를 낼 수 있는 영양소는 탄수화물, 단백질, 지질뿐이다. 여기에서는 이들 3가지 에너지 영양소의 물리 화학적 특성, 생리적 기능 및 주요 급원 식품 등에 대하여 살펴보기로 한다.

1. 탄수화물

1) 탄수화물의 특성

탄수화물은 식물 및 식물성 플랑크톤의 광합성으로 생성된 탄소, 수소, 산소로 구성[$(CH_2O)_n$]된 유기물이며 생물의 가장 기본적인 에너지원이다. 식물은 광합성에 의해 생성한 포도당을 뿌리, 줄기, 열매 등에 포도당과 섬유소 형태로 저장하고, 사람을 비롯한 동물은 식품의 형태로 이를 섭취한다. 탄수화물은 인체가 사용하는 1일 총에너지의 2/3 정도를 공급하는 주된 에너지원일 뿐만 아니라 DNA와 RNA의 구성 성분이며, 소장에서 소화 흡수되지 않는 식이섬유(dietary fiber)는 장내 세균을 활성화시키는 기능을 한다. 반면에 탄수화물의 과량 섭취, 특히 정제된 형태로의 섭취는 비만, 고중성지방혈증, 당뇨 및 대사증후군의 위험을 높인다.

2) 탄수화물의 분류

탄수화물은 구성단위인 당의 잔기 수에 따라 단당류, 이당류, 다당류로 나뉜다.

(1) 단당류

단당류는 더 이상 가수분해되지 않는 탄수화물의 기본 단위로 물에 잘 녹고 단맛을

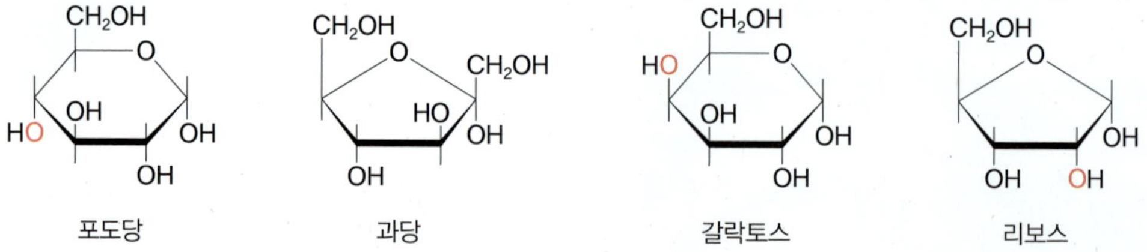

포도당 과당 갈락토스 리보스

그림 3-1 단당류

표 3-1 단당류의 종류와 특성

분류	형태	특징
육탄당	포도당	• 혈당의 급원 • 과일, 꿀 등에 함유되어 있으며 전분의 가수분해 산물
	과당	• 단맛이 가장 강함 • 과일, 채소, 꿀, 고과당 옥수수시럽 등에 함유되어 있음 • 다당류 형태인 이눌린은 돼지감자, 더덕, 도라지, 우엉 등에 함유되어 있음
	갈락토스	• 젖에 함유되어 있는 젖당 성분으로 갈락토스 자체로는 존재하지 않음 • 다당류 형태인 갈락탄은 해조류에 함유되어 있음 • 단백질이나 지질과 결합하여 뇌 조직을 구성
	만노스	• 포도당과 결합한 만난은 다당류 형태로 곤약에 함유되어 있음
오탄당	리보스	• 인산과 결합한 형태로 핵산(RNA)의 기본 틀을 이룸
	데옥시리보스	• 인산과 결합한 형태로 핵산(DNA)의 기본 틀을 이룸
	아라비노스	• 대부분 다당류 형태로 식물의 줄기, 잎, 과피 등의 세포막을 구성
	자일로스	

나타내며, 소화 과정 없이 바로 흡수될 수 있는 특성이 있다. 단당류에 속하는 당으로는 탄소 6개를 가진 포도당, 과당, 갈락토스 등과, 탄소 5개를 가진 리보스, 데옥시리보스 등이 있다. 단당류의 종류와 특성을 그림 3-1과 표 3-1에 나타내었다.

(2) 이당류

이당류는 두 개의 단당류가 글리코사이드 결합(glycosidic bond)으로 생성된 화합물로, 물에 잘 녹고 단맛을 나타낸다. 이당류에는 자당(설탕), 젖당, 엿당이 있다. 자당은 포도당 1분자와 과당 1분자로 구성되었으며 과일, 사탕수수, 사탕무에 많이 함유되어 있다. 젖당은 갈락토스 1분자와 포도당 1분자로 구성되었으며 포유동물의 유즙에 많이 함유되어 있다. 엿당은 포도당 2분자로 구성되었으며 보리가 발아하여 엿기름을 생성

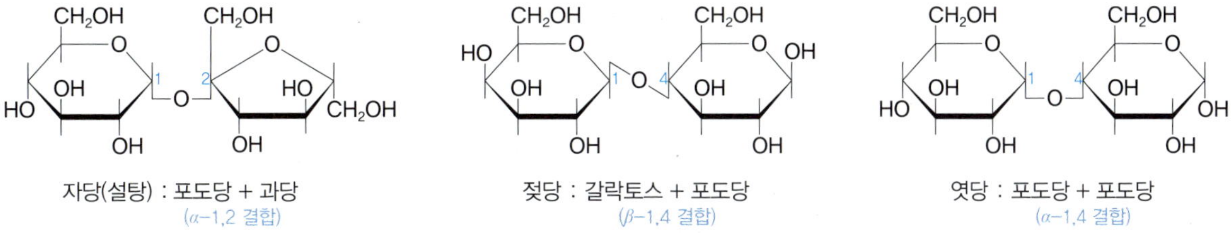

그림 3-2 이당류

할 때 만들어진다(그림 3-2). 이들 이당류는 소화 과정을 통해 각각의 단순당으로 분해된 후 흡수되는데, 각각 고유의 가수분해효소인 엿당가수분해효소(maltase), 자당가수분해효소(sucrase), 젖당가수분해효소(lactase)를 필요로 한다.

올리고당

올리고당류는 3~10개의 단당류로 구성된 화합물로 수용성이며 단맛이 있다. 올리고당은 천연 올리고당인 라피노스, 스타키오스와 합성 올리고당인 아이소말토올리고당, 프럭토올리고당 등이 있으며, 종류에 따라 소화 흡수율이 낮거나 장내세균의 활성화에 도움을 주는 것으로 알려져 있다.

젖당 불내증

젖당분해효소(락테이스)가 적거나 활성이 부족한 경우에 소장에서 분해되지 않은 젖당이 대장의 박테리아에 의해 발효되면서 산과 가스를 생성함으로써 복부 팽만, 설사, 불쾌감, 복통 등이 나타나는 증상을 말한다. 일반적으로 유아보다는 성인, 서양인보다는 동양인에게 더 많이 나타나는 것으로 알려져 있다. 젖당 불내증이 있는 경우 젖당을 제거한 우유나 젖당을 발효시킨 요구르트 등을 이용하는 것이 좋다.

(3) 다당류

다당류는 수십~수천 개의 포도당 중합체로 물에 잘 녹지 않고 단맛이 없으며, 소화 과정을 거쳐 단당류까지 완전히 분해되어야 흡수될 수 있다. 다당류는 포도당 분자의 연결 방식에 따라 전분, 글리코젠, 식이섬유가 있다(그림 3-3).

- 전분 : 곡류, 감자류, 콩류에 저장된 탄수화물로 아밀로스와 아밀로펙틴이 있다. 아밀로스는 포도당이 알파-1,4 글리코사이드 결합에 의해 직선상으로 길게 연결된 구조를 가지며, 아밀로펙틴은 알파-1,4 글리코사이드 결합이 직선상의 포도당 사슬 중간에 알파-1,6 글리코사이드 결합으로 가지를 가진 형태이다. 식품에 따라 아밀로스와 아밀로펙틴의 구성 비율이 다르며 아밀로펙틴이 많을수록 점성을 나타낸다.
- 글리코젠 : 동물의 간이나 근육 중에 저장된 탄수화물로 아밀로펙틴보다 가지가 더 많은 구조이다. 간에 저장된 글리코젠은 혈당을 조절하는 데 사용되며, 근육에 저장된 글리코젠은 근육의 에너지원으로 이용된다.
- 식이섬유 : 포도당이 베타-1,4 글리코사이드 결합에 의해 결합된 구조를 가지고 있으며, 이 결합은 인체가 가지고 있는 소화효소에 의해 분해되지 않기 때문에 체내

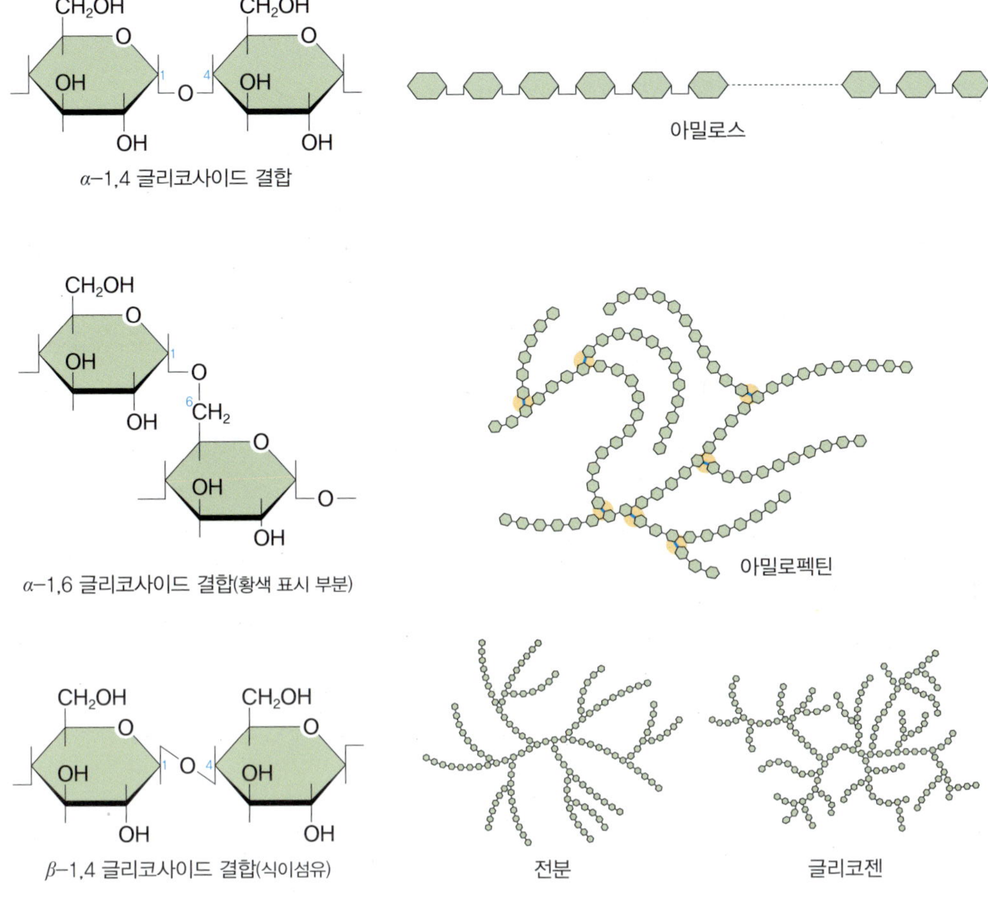

그림 3-3 다당류의 구조

로 흡수되지 않는다. 식이섬유는 보리·현미·곡류 등에 많이 함유되어 있는 셀룰로스·헤미셀룰로스·리그닌 같은 불용성 식이섬유와, 사과·당근·해조류에 많이 함유되어 있는 펙틴·검과 같은 수용성 식이섬유가 있다. 불용성 식이섬유는 장운동을 촉진시켜 변비를 예방하는 효과가 있으며, 수용성 식이섬유는 포도당의 흡수 속도를 늦추고 혈액의 콜레스테롤 농도를 낮추는 효과가 있다. 식이섬유의 생리적 기능에 대한 내용은 11장에서 자세히 다루기로 한다.

3) 탄수화물 영양소의 기능

(1) 에너지 공급

탄수화물의 주기능은 에너지 공급이다. 포도당 1 g은 체내에서 산화되어 4 kcal의 에너지를 제공한다. 한국인의 경우 총에너지의 약 2/3(55~70%) 수준을 탄수화물로 섭취하고 있다. 인체는 혈액 중에 포도당을 일정한 농도(70~110 mg/dL)로 유지하면서 신체 내 기관과 세포에 에너지를 공급한다. 특히 뇌 조직 및 적혈구는 주로 에너지원으로 포도당을 사용하므로 혈액 내에 포도당 농도를 일정하게 유지하는 것은 매우 중요하다. 섭취된 탄수화물의 일부는 간이나 근육에 글리코젠으로 저장되었다가 필요할 때 포도당으로 전환되어 에너지원으로 사용된다. 과량으로 섭취된 잉여 탄수화물은 지방으로 전환되어 지방 조직에 저장된다.

(2) 단백질 절약 작용

탄수화물 섭취가 부족하여 에너지 공급이 충족되지 않으면 인체는 체내의 단백질을 분해하여 필요한 포도당을 공급한다. 따라서 적절한 탄수화물의 섭취는 체내 단백질의 소모를 막을 수 있다.

(3) 케톤증 예방

체내 탄수화물이 부족하여 탄수화물로부터 충분한 에너지를 동원하지 못하면 인체는 지방을 산화시켜 에너지를 확보하는데, 이때 지방은 완전 산화되지 못하고 케톤체를 생성하게 된다. 과다한 케톤체 생성은 혈액의 pH를 낮추어 산증을 유발하며, 이러한 현상은 기아, 만성 알코올 중독과 같이 탄수화물 이용이 어려운 경우에 관찰된다. 따라서 적절한 탄수화물의 섭취는 케톤체 생성을 막을 수 있으며, 케톤증 예방을 위해서는 하루에 최소한 50~100 g의 탄수화물 섭취가 필요하다.

(4) 단맛 제공

단맛은 사람이 보편적으로 좋아하는 맛으로 식품의 수용도를 높여 탄수화물로 충분한 에너지를 얻는 데 기여한다. 단당류와 이당류는 종류에 따라 단맛의 강도가 다르다. 설탕을 1.0으로 볼 때 상대적 단맛의 강도는 과당 1.7, 포도당 0.7, 엿당 0.4, 젖당 0.2이다. 이들 당류는 식품 가공이나 조리법에 따라 감미료로 첨가되기도 하나 과도한 섭취는 당뇨, 비만 등 건강에 부정적인 영향을 미칠 수 있다.

(5) 장 건강 기여

식이섬유는 인체에 소화 흡수되지 않으므로 장 내용물의 부피를 증가시켜 변비나 게실증을 예방하는 작용을 한다. 또한 당, 지방, 콜레스테롤 같은 영양소나 발암 물질과 같은 유해 물질의 흡수를 방해하는 장애물로 작용하여 고콜레스테롤혈증, 관상동맥 질환, 담석증, 대장암 및 직장암을 예방하는 효과가 있다. 과도한 식이섬유의 섭취는 비타민과 무기질의 흡수를 저해할 수도 있으므로 주의해야 한다.

게실증

식이섬유의 섭취량이 부족하면 변의 양이 줄고 변이 장내에 오래 머물게 되면서 수분이 제거된 딱딱한 변을 배설하게 되므로, 배변 시 대장에 압력이 가해져 결장 벽이 주변의 근육 밖으로 돌출되어 여러 개의 작은 주머니(게실)를 형성하게 되는데 이러한 증상을 말한다. 음식 찌꺼기가 쌓여 염증과 통증을 일으키기도 한다.

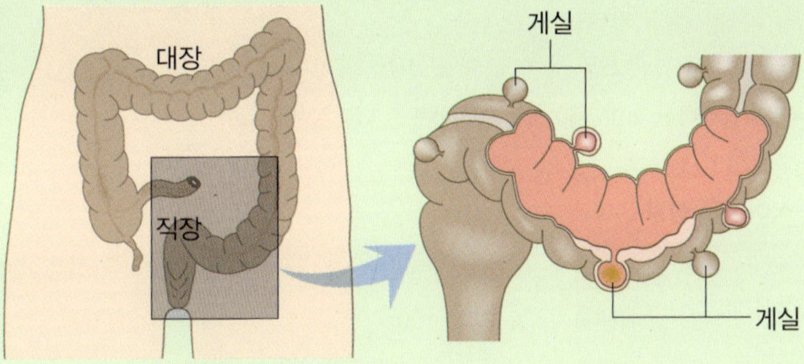

자료 : 보건복지부, 대한의학회

4) 탄수화물의 급원 식품

탄수화물은 대부분 식물성 식품에 전분 형태로 저장된 식품을 섭취함으로써 얻게 되는데, 쌀과 보리 같은 곡류, 감자와 고구마 같은 서류, 밀가루와 그 제품 등이 주된 급원 식품이다. 이외에 채소 및 과일류, 우유 및 유제품, 당류도 탄수화물을 함유하고 있다. 쌀과 보리 같은 곡류는 전분의 함량이 높고(~70%) 수분 함량은 낮아 장기간 저장이 가능한 탄수화물 급원 식품이며, 외피를 제거하지 않은 통곡(whole grain)은 식이섬유 함량이 상대적으로 높다. 채소 및 과일류는 식이섬유 함량이 높고 포도당, 과당 등의 단당류가 많이 함유되어 있다. 식혜나 우유 및 낙농 제품에는 엿당, 젖당과 같은 이당류가 많이 함유되어 있다. 식품 중의 탄수화물과 식이섬유 함량을 표 3-2와 표 3-3에 나타내었다.

표 3-2 식품 중의 탄수화물 함량

식품	목측량	중량(g)	탄수화물(g)	식품 100 g당 탄수화물(g)
쌀밥(백미)	1공기	210	69.7	33.2
건국수(소면)	1대접	90	67.4	74.9
식빵	3조각	100	49.7	49.7
떡(절편)	2조각	100	49.0	49.0
고구마(찐 것)	1개(중)	100	40.9	40.9
시리얼(콘플레이크)	1컵	30	26.4	88.1
찰옥수수(찐 것)	1개(대)	100	25.4	25.4
감자(찐 것)	1개(중)	100	18.2	18.2
설탕(백설탕)	1스푼	10	10.0	100.0
꿀	1스푼	10	8.0	79.7

자료 : 농촌진흥청 국립농업과학원, 2016 제9 개정판 국가표준 식품성분표, 2017.

표 3-3 식품 중의 식이섬유 함량

식품	목측량	중량(g)	식이섬유(g)	식품 100 g당 식이섬유(g)
찰옥수수(생것)	1개(대)	100	13.6	13.6
당근(생것)	1개(대)	150	4.6	3.1
현미밥	1공기	210	3.3	1.6
고구마(찐 것)	1개(중)	100	2.6	2.6
사과	1개(대)	180	2.5	1.4
양배추(생것)	2장	75	1.7	2.3
배추김치	1인분	50	1.5	3.0
쌀밥	1공기	210	1.4	0.7
김(마른 것)	1장	2	0.7	35.0
감자	1개(중)	100	0.7	0.7

자료 : 한국보건산업진흥원, 식이섬유소 분석보고서, 2006.

5) 탄수화물의 섭취기준

(1) 탄수화물 섭취기준

'2015 한국인 영양소 섭취기준'에서 탄수화물에 대한 섭취기준은 평균필요량이나 권장섭취량을 설정하지 않고 에너지 적정비율(acceptable macronutrient distribution range, AMDR)로 설정하였다. 탄수화물의 에너지 적정비율은 총에너지 섭취량 중에서 탄수화물의 적절한 섭취비율을 말한다. 건강한 성인의 탄수화물 에너지 적정비율은 총에너지 섭취량의 55~65% 수준으로 섭취하는 것을 권장하고 있다. 총당류*는 총에너지 섭취량의 10~20%(다만, 첨가당은 10% 이내)를 섭취하도록 권장하고 있다. 한편 식이섬유는 '2015 한국인 영양소 섭취기준'에서 충분섭취량(2g /1,000 kcal)을 설정하였으며, 성인의 경우 식이섬유의 충분섭취량은 남자는 25~30 g/일, 여자는 20~25 g/일이다.

(2) 탄수화물 식품 섭취 시 주의점

첫째, 신체 기관 중 뇌 조직과 적혈구 등에서 사용되는 최소 요구량을 충족시키고, 지방의 불완전 연소에 의한 케톤증을 예방하기 위해서는 하루 100 g 이상의 탄수화물 섭취가 필요하다. 하루 밥 1공기 정도를 섭취하면 충족시킬 수 있는 양이다.

둘째, 에너지 필요량과 글리코겐 저장량을 충족하고도 남는 여분의 탄수화물은 지방으로 전환되어 축적되므로 과도한 탄수화물 섭취는 비만을 야기할 수 있으므로 주의한다.

셋째, 포도당, 과당 등의 단순당과 설탕, 엿당 등의 이당류는 소화 흡수되는 속도가 빨라서 급격한 혈당 상승을 초래할 수 있다. 가공식품에는 설탕과 같은 정제당이 많이 포함되어 있어 혈당을 쉽게 높일 수 있으므로 주의한다.

넷째, 탄수화물 섭취 후 혈당 증가 반응의 정도를 구분할 수 있는 지표로 식품의 혈당지수(glycemic index, GI)와 혈당부하(glycemic load, GL)의 개념이 있다. GI와 GL이 높은 식사는 만성질환의 위험성을 높일 수 있으므로 특히 당뇨와 같은 혈당 조절 장애가 있는 경우 GI나 GL이 낮은 식품을 섭취하도록 한다.

다섯째, 충분한 식이섬유를 섭취하기 위하여 도정된 곡류보다는 통곡류나 통곡류 제품을 이용하도록 한다.

* 총당류 : 식품 내에 존재하거나 또는 식품의 가공, 조리 시에 첨가되는 포도당, 과당, 갈락토스 등의 단당류와 엿당, 젖당, 자당 등의 이당류의 함량을 합한 값(FAO/WHO, 1998)

혈당지수와 혈당부하

혈당지수(glycemic index, GI)

탄수화물의 혈당 상승 효과를 나타내는 상대적 척도로 일정량(50 g)의 탄수화물을 함유한 식품을 섭취한 뒤 2시간 동안의 혈당 변화를, 같은 양의 포도당을 먹고 같은 시간 동안의 혈당 변화와 비교한 상대 수치이다. 혈당지수는 식품 중 탄수화물의 소화 흡수 속도와 관련이 있다. 혈당지수가 낮은 식품일수록 식후 혈당 상승 속도가 상대적으로 낮아 혈당 조절에 유리하다.

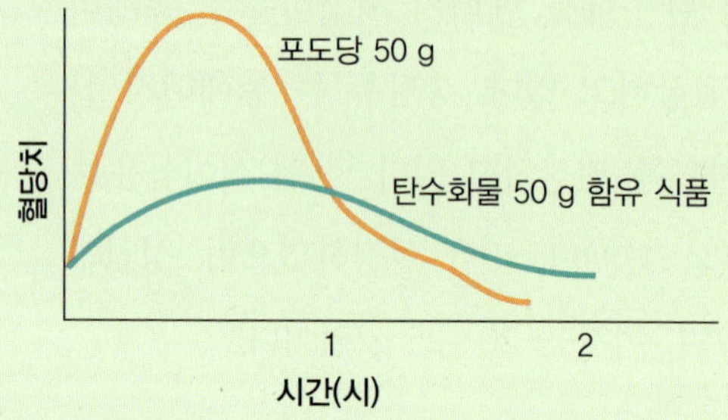

혈당지수	혈당부하
낮음 : 55 이하	낮음 : 10 이하
중간 : 56~69	중간 : 11~19
높음 : 70 이상	높음 : 20 이상

혈당부하(glycemic load, GL)

식품의 혈당지수를 100으로 나눈 후 실제 섭취하는 식품 중의 탄수화물 영양소의 양(g)을 곱한 값이다. 즉, 식품의 혈당지수에 1회 섭취량(또는 실제 섭취량)을 고려한 값이다〔혈당부하 = 혈당지수/100 × 당질(g)〕. 식품마다 1회 섭취량이 다르므로 혈당지수보다 실생활에 유용하게 활용할 수 있다.

예) 사과 1개 섭취 시 혈당부하의 계산

사과 혈당지수 : 40
사과 1개 중 탄수화물 : 15.2 g
혈당부하 = 혈당지수/100 × 당질 (g)
= 40/100 × 15.2 (g)
= 6.08 g

고혈당부하 식품

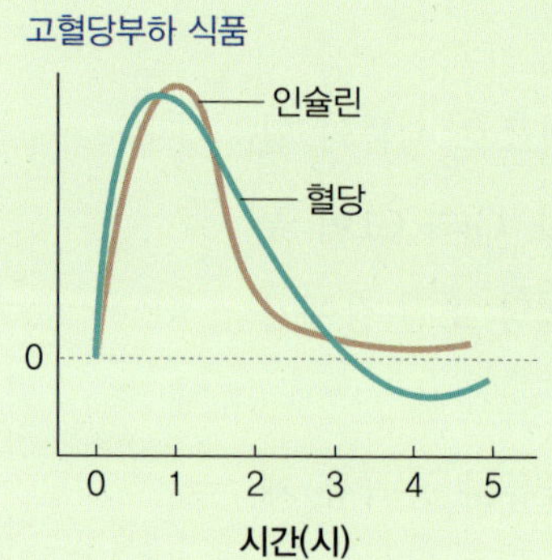

저혈당부하 식품

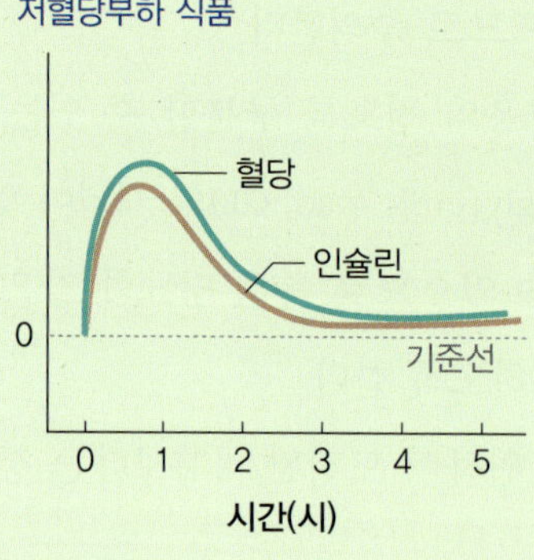

주요 식품의 혈당지수와 혈당부하

식품	혈당지수	혈당부하
사과	40	6
구운 감자	85	26
현미	50	16
당근	92	5
설탕	58	6
오렌지주스	50	13
베이글	72	25
감자칩	54	12
파운드케이크	54	15

2. 지질

1) 지질의 특성

지질은 탄소, 수소, 산소로 구성된 유기 화합물로 물에는 녹지 않고 유기 용매에 녹는 특성을 갖는 물질이다. 상온에서 고체 상태인 것을 지방이라 하고 액체 상태인 것을 기름이라고 한다. 식품이나 인체 내의 지질은 크게 중성지방, 인지질, 콜레스테롤 등으로 분류할 수 있다. 지질은 인체 내에 에너지를 공급 및 저장 역할을 하는 고밀도 에너지원이며, 세포막의 구성 성분과 지용성 비타민의 흡수를 돕는 역할을 한다. 지질은 과다하게 섭취할 경우 비만, 심·뇌혈관계 질환, 이상지질혈증, 고혈압 등의 위험을 증가시킬 수 있다.

2) 지질의 분류

(1) 중성지방

식품과 인체에 저장되는 지방의 95% 이상이 중성지방이며, 글리세롤 한 분자에 지방산 3개가 에스터 결합(ester bond)을 한 구조이다(그림 3-4). 중성지방을 구성하고 있는 지방산의 특성에 따라 물리 화학적 특성, 생리적 기능 및 건강에 미치는 영향이 다르다.

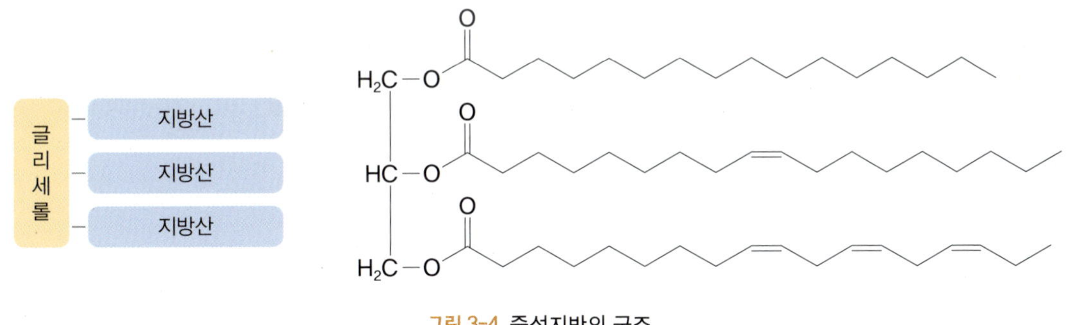

그림 3-4 중성지방의 구조

① 지방산

지방산은 중성지방의 구성 성분으로 탄소 원자가 길게 연결된 사슬에 한쪽 끝에는 카복실기(-COOH)를, 다른 한쪽 끝에는 메틸기(-CH_3)를 가진 구조이다. 탄소 수와 탄소

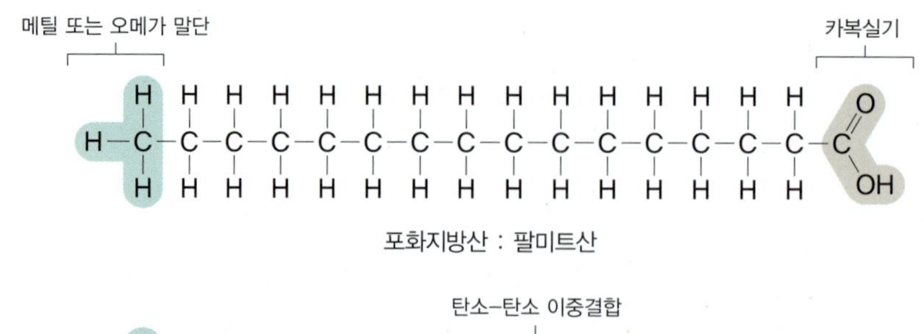

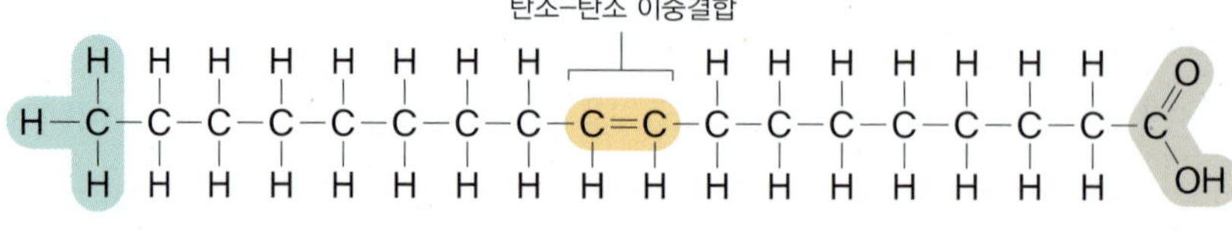

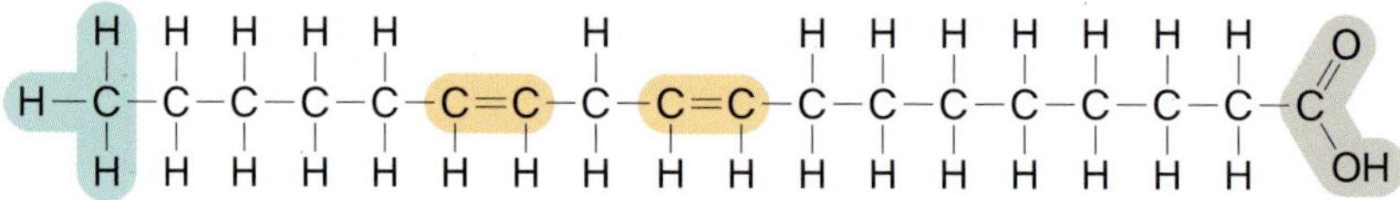

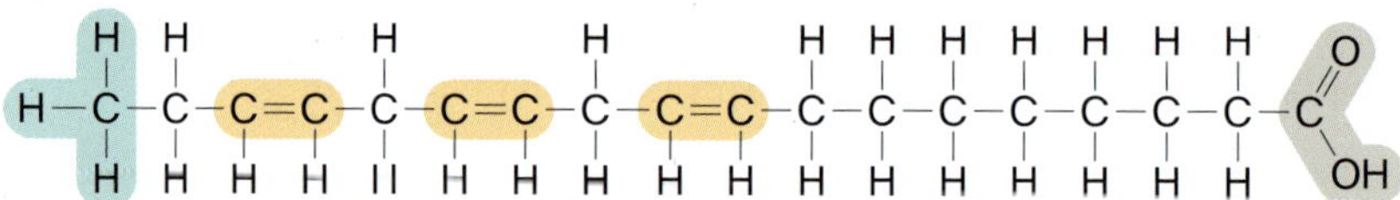

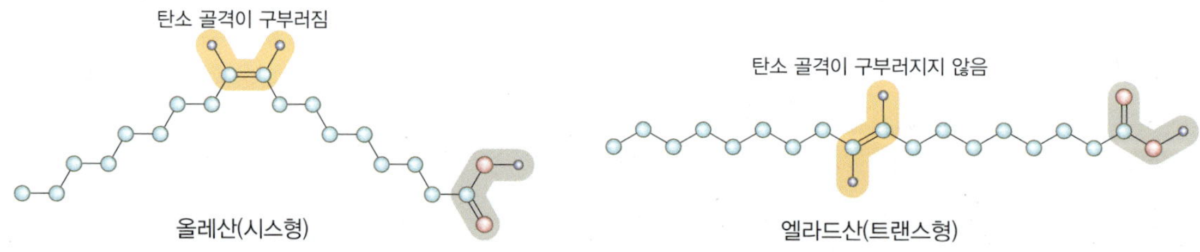

그림 3-5 지방산의 구조적 특성과 종류

사이의 결합 구조의 특성에 따라 물리 화학적 특성과 건강에 미치는 영향이 다르다. 지방산의 구조적 특성과 종류는 그림 3-5와 같다.

② 지방산의 분류 및 특성

- 탄소 수에 따른 분류 : 자연계에는 보통 4~26개의 짝수 개의 탄소로 구성된 지방산이 대부분이다. 탄소 수에 따라 짧은사슬지방산(<10), 중간사슬지방산(10~14),

긴 사슬지방산(≥16)으로 분류하며 탄소 수가 많을수록 녹는점이 높다.

- 이중결합 수에 따른 분류 : 지방산을 구성하는 탄소 사이의 결합이 이중결합 없이 단일결합으로만 구성된 지방산을 포화지방산이라고 하며, 지방산의 탄소 간 결합에 이중결합을 가진 지방산을 불포화지방산이라고 한다. 불포화지방산은 이중결합 수에 따라 이중결합이 한 개인 경우 단일불포화지방산, 이중결합이 2개 이상인 경우 고도불포화지방산이라고 한다. 포화지방산을 많이 함유하는 지방은 녹는점이 낮아 상온에서 고체 상태이고, 불포화지방산을 많이 함유하는 지방은 이중결합 수가 많을수록 녹는점이 낮고 상온에서 액체 상태이며 공기 중에서 쉽게 산화되는 특성이 있다. 포화지방산은 쇠고기, 돼지고기 등 동물성 식품에 많이 함유되어 있으며, 불포화지방산은 콩기름, 옥수수유, 들기름과 같은 식물성 기름이나 등푸른생선 등의 어유에 많이 포함되어 있다. 식물성 기름 중 올리브유는 단일불포화지방산의 구성 비율이 높으며, 코코넛유나 팜유는 식물성 기름이지만 포화지방산의 비율이 높다(그림 3-6).
- 이중결합 위치에 따른 분류 : 이중결합이 메틸기로부터 처음 나타나는 위치에 따라 3번째 탄소에 처음 나타나는 지방산은 n-3(오메가-3) 지방산, 메틸기로부터 6번째 탄소에 처음 나타나는 지방산을 n-6(오메가-6) 지방산이라고 한다. 눈의 망막

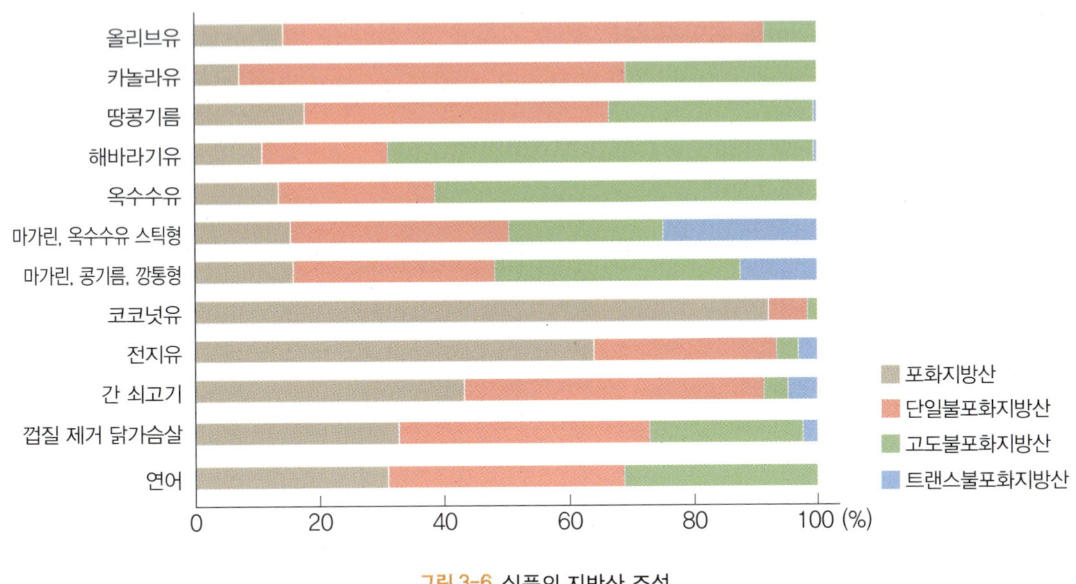

그림 3-6 식품의 지방산 조성

및 신경세포 막에 높은 수준으로 분포하며, 뇌 발달에 중요한 역할을 하는 DHA (docosahexaenoic acid, 22:6n-3)와 혈소판 응집 억제 작용을 하는 것으로 알려진 EPA(eicosapentaenoic acid, 20:5n-3)는 대표적인 n-3지방산으로 등푸른생선 등의 어유에 많이 함유되어 있다.

- 이중결합 구조에 따른 분류 : 이중결합의 구조에 따라 시스(*cis*)와 트랜스(*trans*) 이중결합으로 나뉜다. 대부분 생명체에 의해서 생성되는 지방산은 시스 결합 형태이며, 트랜스 이중결합은 경화유 가공 공정 중에 생성되는데, 마가린, 쇼트닝 및 가공식품에 함량이 높다. 트랜스지방산은 포화지방산과 물리적 성상이 비슷하여 동맥경화 및 심·뇌혈관 질환의 위험률이 높다.
- 체내 합성 여부에 따른 분류 : 불포화지방산 중 체내에서 합성되지 않거나 합성량이 충분하지 않아 반드시 식품으로 섭취해야 하는 지방산을 필수지방산이라 하며, 리놀레산(18:2 n-6), 리놀렌산(18:3 n-3), 아라키돈산(20:4 n-6)이 포함된다. 필수지방산이 부족하면 피부병, 성장 발육 저하, 생식 기능 장애와 같은 증상이 나타날 수 있으므로 특히 성장기에는 충분한 섭취가 필요하다.

(2) 인지질

인지질은 중성지방을 구성하는 3개의 지방산 중 마지막 자리에 지방산 대신 인산기를 가지는 구조이다(그림 3-7). 인지질은 한 분자 내에 친수성기와 소수성기를 모두 가지고 있으므로 서로 섞이지 않는 물과 기름을 잘 섞일 수 있게 하는 유화제 역할을 한다. 인지질은 세포막의 주요 구성 성분으로 특히 뇌와 신경 조직에 함량이 높다. 달걀노른자에 함유된 레시틴이 대표적인 인지질이다.

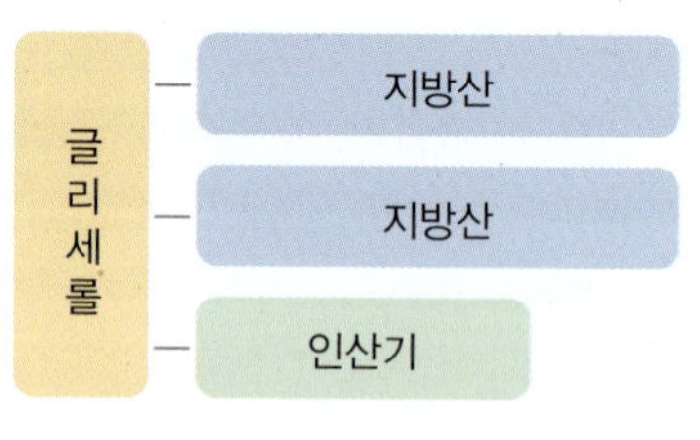

그림 3-7 인지질의 구조

(3) 콜레스테롤

콜레스테롤은 4개의 탄화수소 고리에 수산기(–OH)를 갖는 구조를 갖고 있다(그림 3-8). 콜레스테롤은 세포막의 주요 성분으로 세포막의 유동성 유지, 성호르몬과 쓸개즙산 합성 및 비타민 D의 전구물질 역할을 하며, 뇌와 신경 조직에 많이 분포한다. 콜레스테롤은 동물성 식품에만 함유되어 있으며, 달걀노른자, 동물의 내장이나 간, 새우와 오징어 같은 갑각류에 함량이 높다.

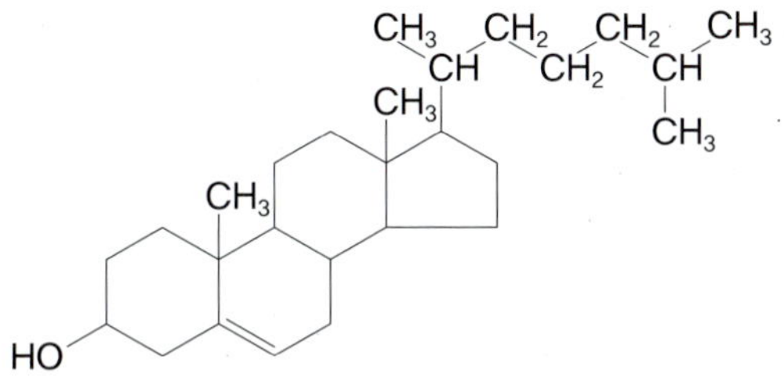

그림 3-8 콜레스테롤의 구조

(4) 혈액 중 지질-지단백질

물에 녹지 않는 지질이 혈액에서 운반되기 위해서는 지단백질(lipoprotein)과 같은 특별한 수송 체계가 필요하다. 지단백질은 중성지방, 콜레스테롤, 인지질과 단백질의 복합체 형태로 킬로미크론(chylomicron), 최저밀도지단백질(very low density lipoprotein, VLDL), 저밀도지단백질(low density lipoprotein, LDL), 고밀도지단백질(high density lipo-protein, HDL)이 있으며, 지단백질의 종류에 따라 고유의 생리적 기능을 한다(그림 3-9, 표 3-4).

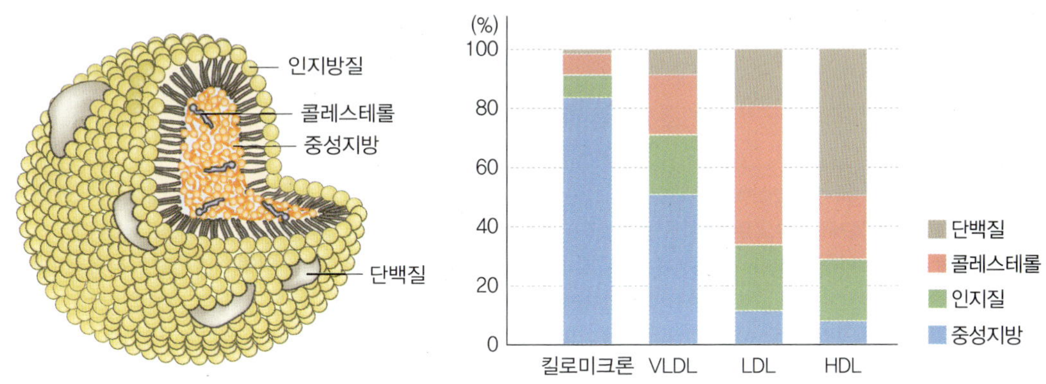

그림 3-9 지단백질의 구조

표 3-4 지단백질의 종류와 특성

지단백질의 종류	특징
킬로미크론 (chylomicron)	• 식품 중의 지질이 소화, 흡수된 후 체내로 운반 • 중성지방 함량이 가장 높음 • 식후에 증가하며, 공복 시에는 관찰되지 않음
최저밀도지단백질 (VLDL)	• 간에서 합성되어 중성지방을 조직으로 운반 • 순환 혈액 중의 지단백질 중 중성지방의 비율이 가장 높음 • 고중성지방혈증
저밀도지단백질 (LDL)	• 조직으로 콜레스테롤을 운반 • 지단백질 중 콜레스테롤 비율이 가장 높음 • LDL-콜레스테롤 농도가 높을수록 심·뇌혈관계 질환의 위험이 높음
고밀도지단백질 (HDL)	• 조직의 콜레스테롤을 간으로 운반 • 단백질의 함량이 높음 • HDL-콜레스테롤 농도가 높을수록 심혈관계 질환의 위험이 낮음(항동맥경화성 지단백질)

3) 지질의 기능

(1) 에너지 공급 및 저장

지방은 체내에서 1 g당 9 kcal의 에너지를 생성하는 농축된 에너지원이다. 지방은 분자 구조상 탄수화물이나 단백질에 비하여 탄소에 대한 산소 비율이 낮기 때문에 체내에서 산화할 때 더 많은 에너지를 낼 수 있다. 체내 지방 조직은 지방이 80% 이상으로 물의 비율이 낮기 때문에 효율적인 에너지 저장 형태로서의 역할을 한다. 과량으로 섭취한 탄수화물이나 단백질은 지방으로 전환되어 체내에 저장된다.

(2) 필수지방산 제공 및 에이코사노이드 전구물질 기능

체내에서 합성되지 않거나 필요량만큼 충분히 합성되지 않는 필수지방산인 리놀레

에이코사노이드(eicosanoid)

탄소 20개로 이루어진 아라키돈산(n-6 지방산) 및 EPA(n-3 지방산)에서 생성되는 화합물로, 주요 에이코사노이드로는 프로스타글란딘, 트롬복세인, 류코트라이엔 등이 있다. 에이코사노이드의 종류 및 생성되는 조직에 따라 매우 다양한 기능을 하는데 주요 생리적 기능은 평활근의 수축 및 이완, 혈액 응고 및 혈전 용해, 면역 기능 등의 작용을 한다. 일부 에이코사노이드는 염증 질환 유발, 혈전 생성, 관절염 유발, 자가면역병 등 부정적인 작용을 하기도 한다. 일반적으로 아라키돈산(n-6)에서 생성되는 에이코사노이드가 EPA(n-3)에서 생성되는 것에 비하여 부작용이 더 큰 것으로 알려져 있다.

산, 리놀렌산, 아라키돈산은 지방 섭취를 통하여 확보할 수 있다. 필수지방산은 평활근의 수축과 이완, 혈액 응고와 혈전 용해 및 면역 작용의 기능을 하는 에이코사노이드(eicosanoid)의 전구물질로 작용한다. 에이코사노이드는 탄소 20개로 된 아라키돈산(n-6 지방산) 및 EPA(n-3 지방산)에서 생성되는 물질이다.

(3) 지용성 비타민의 흡수 촉진

비타민 A, D, E, K 등의 지용성 비타민은 지질에 녹아 있는 상태로 흡수되므로 적절한 수준의 지방이 있는 경우 지용성 비타민의 흡수가 촉진된다.

(4) 맛과 향기, 포만감의 제공

지방은 음식에 독특한 질감과 향미를 주며, 탄수화물이나 단백질에 비하여 위장관 내 머무름 시간이 길어 포만감을 제공한다.

(5) 체온 유지 및 신체 장기 보호

체내 지방은 물에 비하여 열전도율이 낮으므로 체온을 일정하게 유지해 주는 기능을 하며, 주요 장기인 심장, 콩팥, 자궁, 난소, 유방 등을 둘러싸고 있어 외부 충격으로부터 이들을 보호하는 역할을 한다.

(6) 세포막과 신경 조직의 구성 성분

인지질과 콜레스테롤은 세포막과 신경 조직의 주요 구성 성분이다(그림 3-10). 세포막은 인지질의 이중막 구조로 되어 있으며, 세포막에 존재하는 콜레스테롤은 세포막의 유동성을 제공하는 역할을 한다.

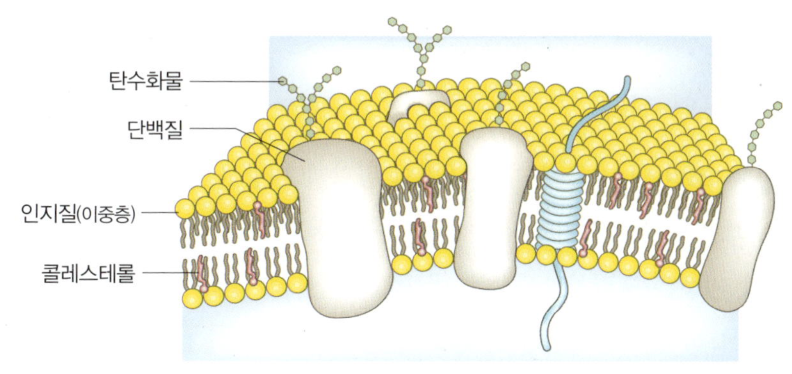

그림 3-10 세포막의 구조

지질과 건강

이상지질혈증

혈액 내 지질이 정상 농도보다 높거나 낮은 상태를 말한다. 이상지질혈증은 각종 만성질환의 위험 요인이 된다.

한국인의 이상지질혈증 진단 기준

구분	농도 (mg/dL)		
	높음	경계	정상
총콜레스테롤	≥ 230	200~229	< 200
LDL-콜레스테롤	≥ 150	130~149	< 129
HDL-콜레스테롤	< 40		≥ 60
중성지방	≥ 200	150~199	< 150

자료 : 한국지질·동맥경화학회, 2015.

동맥경화증

동맥 벽 내면에 지질 성분이 침착되면 이상 조직이 증식하여 동맥 벽의 탄력성이 감소되고 구경이 좁아지는 증상을 말한다. 동맥경화가 더 진행되면 그 부위에 혈전이 생성, 축적되어 혈액의 수송에 영향을 끼친다. 특히 뇌동맥이나 관상동맥의 경화나 혈전 축적에 의한 혈액 수송 차단은 뇌경색이나 심근경색을 야기한다.

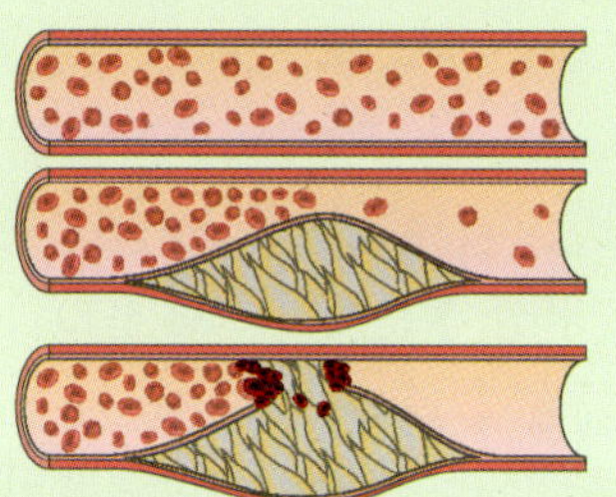

동맥 경화의 진행

4) 지질의 급원 식품

식품의 종류, 조리 및 가공에 따라 지방의 함량과 지방산의 조성은 다양하다(표 3-5). 일반적으로 쇠고기, 돼지고기와 같은 육류는 지방 함량이 높으나 부위에 따라 차이가 있다. 육류의 지방은 포화지방산 함량이 높고, 식물성 식품과 어류는 불포화지방산의 함량이 높다. 특히 등푸른생선이나 심해 어류의 경우 EPA나 DHA와 같은 긴 사슬지방산 함량이 높다. 달걀은 콜레스테롤 함량이 가장 높은 식품 중의 하나이며, 달걀노른자

표 3-5 지질 급원 식품의 지질 함량

식품명	총지질 (g/100 g)	콜레스테롤 (mg/100 g)	P/S*	지방산 %			
				포화지방산	올레산	리놀레산	리놀렌산 등
달걀	11.2	470	0.51	34.1	43.6	13.4	3.8
우유	3.5	11	0.05	54	24.9	2.7	0.5
안심	16.2	70	0.06	42.1	44.2	2.6	0.1
돼지삼겹살	28.3	60	0.25	42.2	42.3	9.7	0.8
닭가슴살	2.4	70	0.59	32.4	41	14.7	3.5
닭다리껍질	14.6	95	0.58	31	43.2	15.2	2.3
소시지	24.8	60	0.24	40.3	44.9	8.4	1.1
마요네즈	72.5	200	3.83	11.1	44.9	33.2	9.4
쌀밥	0.5	0	1.06	34.9	25.2	37.1	1.4
식빵	3.8	0	1.06	24	34.2	31.9	7.9
고등어	16.5	55	1.04	27.6	26.5	1.4	24.4
대구	0.4	60	2.60	22.9	12.7	0.5	54.3

* P/S : poly unsaturated fatty acid / saturated fatty acid

로 만든 마요네즈 또한 콜레스테롤이 많이 함유되어 있다.

5) 지질의 섭취기준

(1) 지질 섭취기준

지질은 총에너지 섭취에 대한 비율로 섭취기준을 제시하고 있다. 건강한 성인의 경우 총지질은 에너지의 15~30% 정도로 섭취하되 포화지방산은 7% 미만, 트랜스지방산은 1% 미만으로 설정되어 있다. 한편 n-6/n-3 지방산 비율은 모유 조성에 근거하여 4~10:1 정도로, 콜레스테롤은 하루 300 mg 미만으로 섭취하도록 설정되어 있다. 우리나라의 지질 섭취기준은 표 3-6에 나타내었다.

(2) 지질 섭취 시의 주의점

첫째, 포화지방산 및 콜레스테롤의 과다 섭취 시 이상지질혈증, 동맥경화 및 심·뇌혈관 질환의 위험이 증가되므로 과다 섭취하지 않도록 주의한다. 일반적으로 육류, 돼지기름과 버터 등의 동물성 유지는 포화지방산 함량이 높다.

표 3-6 우리나라의 지질 섭취기준

구분	섭취기준		
	19세 이상	3~18세	1~2세
총지질	15~30%	15~30%	20~35%
n-6 지방산	4~10%	4~10%	4~10%
n-3 지방산	1% 내외	1% 내외	1% 내외
포화지방산	<7%	<8%	-
트랜스지방산	<1%	<1%	-
콜레스테롤	<300 mg	-	-

둘째, 일반적으로 불포화지방산은 포화지방산보다 건강 위해성이 적으나 n-6 지방산과 n-3 지방산의 생리적 기능이 다르므로 4~10:1 정도 비율로 섭취하는 것이 바람직하다. 콩기름, 올리브유 등의 식물성 유지는 일반적으로 n-6 지방산이 풍부하고, 등푸른생선과 같은 어류의 지방에는 n-3 지방산인 EPA, DHA가 풍부하다.

셋째, 마가린, 쇼트닝 등의 가공유와 이들을 많이 사용하는 제과 및 제빵류에는 트랜스지방산이 포함되어 있어서 과량 섭취 시 동맥경화증 및 심·뇌혈관 질환의 위험이 높아지므로 주의가 필요하다.

3. 단백질

1) 단백질과 아미노산의 특성

단백질은 탄수화물과 지질을 구성하는 탄소, 산소, 수소 외에 질소 및 황을 함유하는 유기 물질로, 인체의 정상적인 성장 발달, 생리적 기능 및 생명 유지에 필요한 아미노산과 질소 화합물의 공급원이다. 아미노산은 단백질의 기본 구성단위로 탄소(C)에 수소(H), 카복실기(-COOH), 메틸기(-NH_2) 및 곁사슬기(-R)가 결합된 기본의 공통 구조를 가

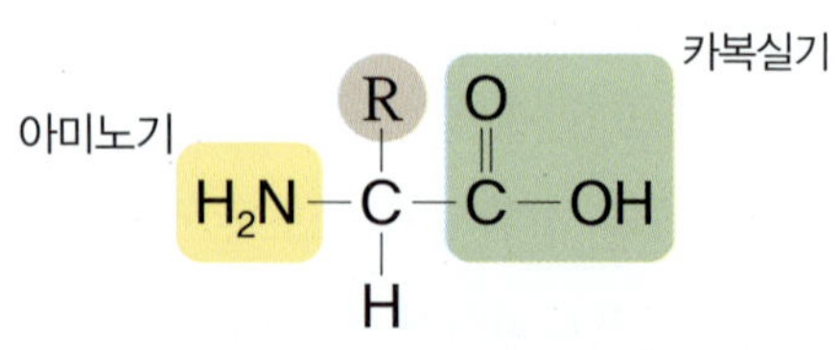

그림 3-11 아미노산의 기본 구조

지며 곁사슬기 종류에 따라 20가지의 아미노산이 있다(그림 3-11). 단백질은 유전 정보에 의하여 20가지의 아미노산이 특정 순서대로 결합되어 만들어진다. 인체는 체내 단백질 합성에 필요한 아미노산을 식품으로 섭취함으로써 확보한다. 단백질을 충분히 섭취하지 않으면 성장 지연, 뇌 기능 감퇴, 성 성숙 지연, 근육 감소증 등의 원인이 된다.

2) 아미노산의 분류

단백질 합성에 필요한 20가지의 아미노산은 체내 합성 여부에 따라 필수아미노산과 비필수아미노산으로 분류한다(표 3-7).

표 3-7 필수아미노산과 비필수아미노산

필수아미노산	비필수아미노산
히스티딘(histidine)	알라닌(alanine)
아이소루신(isoleucine)	아르지닌(arginine)
루신(leucine)	아스파라진(asparagine)
라이신(lysine)	아스파트산(aspartic acid)
메싸이오닌(methionine)	시스테인(cysteine)
페닐알라닌(phenylalanine)	글루탐산(glutamic acid)
트레오닌(threonine)	글루타민(glutamine)
트립토판(tryptophan)	글리신(glycine)
발린(valine)	프롤린(proline)
	세린(serine)
	타이로신(tyrosine)

(1) 필수아미노산

단백질 합성에 필요한 20가지 아미노산 중 인체에서 합성되지 않거나 충분히 합성되지 않아서 반드시 식품으로 섭취해야 하는 아미노산을 말한다. 성인의 경우 페닐알라닌, 발린, 트립토판, 메싸이오닌, 트레오닌, 히스티딘, 아이소루신, 루신, 라이신의 9가지가 해당된다.

(2) 비필수아미노산

단백질을 구성하는 아미노산 중 인체에서 합성이 가능한 아미노산으로, 성인의 경우 세린 등 11가지가 해당된다.

3) 단백질의 질과 상호 보완 효과

식품 중 필수아미노산의 함량과 조성은 식품 단백질의 질을 평가하는 척도로 이용되는데, 필수아미노산의 총 함량이 높은 단백질, 각각의 필수아미노산 함량 비율이 인체 단백질의 필수아미노산 함량 비율과 유사한 단백질, 소화 흡수율이 높은 단백질일수록 양질의 단백질이다. 일반적으로 식물성 단백질보다는 동물성 단백질이 영양적 질이 우수하고, 식물성 단백질 중에서도 곡류 단백질보다는 콩류 단백질이 영양적 질이 더 좋다. 단백질은 성장 발달에 미치는 영양적 특성에 따라 완전단백질과 불완전단백질로 분류할 수 있다.

(1) 완전단백질

필수아미노산을 골고루 함유하고 있어 섭취 시 정상적인 성장과 건강을 유지할 수 있는 단백질을 완전단백질이라고 하며 우유 단백질, 달걀 단백질이 대표적이다.

(2) 불완전단백질

필수아미노산 중 어느 한 가지라도 함유되어 있지 않거나 함량이 매우 낮은 단백질을 말한다. 불완전단백질만을 섭취하는 경우 아무리 많은 양을 섭취하더라도 정상적인 성장이 어렵다. 불완전단백질에 속하는 단백질에는 옥수수 난백실, 밀 단백질 등이 있다.

(3) 단백질의 상호 보완 효과

체내 단백질을 합성하기 위해서는 필요한 아미노산 중 한 가지만 부족해도 체단백질 합성이 되지 않는다. 비필수아미노산은 체내에서 다른 아미노산으로부터 합성이 가능하지만 필수아미노산은 합성이 되지 않거나 인체가 필요로 하는 양보다 부족하므로 식품 단백질로 섭취함으로써 확보해야 한다. 식품에 들어 있는 필수아미노산 중 인체가 필요로 하는 아미노산에 비하여 구성 비율이 가장 낮은 필수아미노산을 제1 제한아미노산이라고 한다. 식품에 따라 제1 제한아미노산은 다르다. 쌀의 제1 제한아미노산은 라이신이고, 콩의 제1 제한아미노산은 메싸이오닌이다. 콩밥의 경우 쌀은 콩에 부족한 메싸이오닌을 보강해 주고, 콩은 쌀에 부족한 라이신을 제공함으로써 단백질의 질을 높일 수 있다(그림 3-12). 이렇게 특정 식품의 제1 제한아미노산을 보완해 줄 수 있는 다른 식품, 즉 부족한 제1 제한아미노산이 풍부한 식품을 함께 섭취함으로써 필수아미노산을 충족시켜 단백질의 질을 높이는 것을 단백질 상호 보완 효과라고 한다.

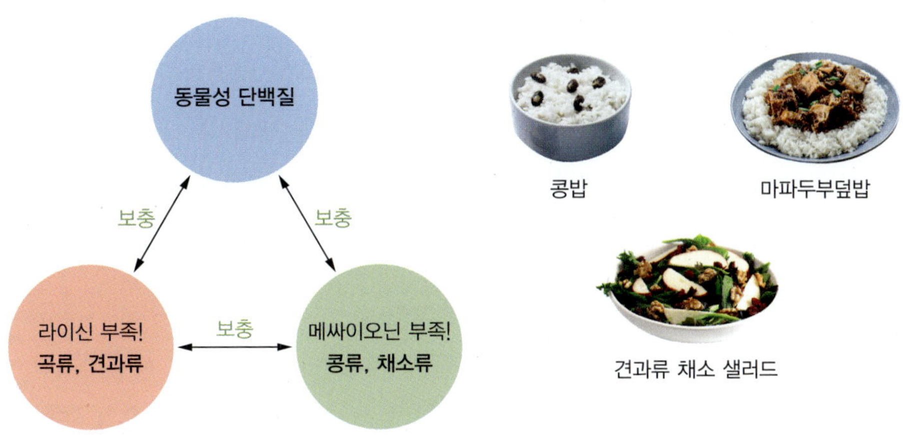

그림 3-12 단백질의 상호 보완 효과

아미노산가

식품에 함유된 필수아미노산 함량을 표준아미노산 구성과 비교하여 식품의 제1 제한 아미노산의 비율을 산출한 값으로, 식품단백질의 질 평가 지표로 이용된다.

$$\text{아미노산가} = \frac{\text{FAO/WHO(1973) 패턴에 의한 제1 제한아미노산의 시료 단백질 중의 함량(mg/g 단백질)}}{\text{FAO/WHO(1973) 패턴의 동 아미노산의 함량(mg/g 단백질)}}$$

- 표준아미노산 구성 : 인체의 필수아미노산 필요량을 기준으로 설정한 값(FAO/WHO 1973)
- 제1 제한아미노산 : 식품에 들어 있는 필수아미노산 중 표준아미노산 구성에 비해 가정 적게 함유된 아미노산

4) 단백질 영양소의 기능

(1) 체 단백질 구성

단백질은 체내 단백질 합성에 필요한 아미노산을 공급하는 역할을 한다. 신체 구성 중 단백질은 약 20%를 차지한다. 체내 모든 단백질은 일정한 수명을 지니며 끊임없이 합성과 분해가 이루어진다. 분해된 아미노산의 일부만 재사용되므로 합성과 분해의 동적 평형 상태를 유지하기 위해서는 식품 섭취를 통한 지속적인 아미노산 공급이 필요하다. 특히 성장기나 질병의 회복기에 있는 경우는 새로운 조직의 형성이 필요하므로 건강한 성인에 비해 필수아미노산이 풍부한 질적으로 우수한 단백질의 충분한 공급이 요구된다.

(2) 효소, 항체, 호르몬 및 생체 대사 조절 물질 합성

단백질은 단백질이나 아미노산 형태로 생체에서 일어나는 생화학반응을 촉매하거나 생체 대사 조절 물질 또는 그 전구물질로서 역할을 한다. 생체 내 대사반응을 촉매하는 효소의 본체가 단백질이며, 생체 내 면역 기능을 하는 항체를 구성한다. 갑상샘호르몬 및 인슐린과 같은 호르몬은 대표적인 아미노산 유도체 호르몬이다.

(3) 에너지 제공 및 포도당 신생합성의 탄소원

대부분 신체에서는 에너지원으로 탄수화물과 지방을 우선적으로 사용하지만 이들 에너지 영양소가 부족한 경우 단백질을 에너지원으로 사용한다. 단백질은 1 g당 4 kcal의 에너지를 발생한다. 단백질은 구성 원소인 질소가 요소 형태로 전환하여 소변을 통해 배출하는데 에너지를 소모하기 때문에 탄수화물과 지방에 비해 비효율적인 에너지원이다.

체내 탄수화물 공급이 부족한 경우 아미노산이 포도당 신생합성**의 탄소원으로 이용된다. 한편 체내 필요한 단백질 합성과 1일 필요 에너지 생성에 사용되고 남은 여분의 아미노산은 지질로 전환되어 체내에 저장된다.

(4) 수분 평형 및 삼투압 유지 역할

혈액 중에 존재하는 단백질인 알부민과 글로불린은 체내 수분의 평형 유지를 돕는 작용을 한다. 체내 세포막 내외의 체액 분포는 전해질과 단백질에 의한 삼투압에 의하여 조절된다. 단백질의 섭취 부족은 혈장 단백질의 감소를 초래하여 세포외액의 삼투압 저하로 수분이 세포 내로 과도하게 유입되어 부종 현상이 유발된다. 즉, 혈액 중 적절한 단백질 농도의 유지는 삼투압을 일정하게 유지하는 역할, 수분 평형을 조절하는 역할을 한다.

5) 단백질의 급원 식품

단백질의 주요 급원 식품은 육류, 어패류, 난류, 콩류, 우유 및 유제품이다(표 3-8). 이들 식품은 필수아미노산이 풍부한 양질의 급원 식품이지만 육류와 우유 및 유제품류는 포화지방산 함량이 높으며, 난류는 콜레스테롤 함량이 높으므로 섭취 시 주의가 필

** 포도당 신생합성(gluconeogenesis) : 육탄당이 아닌 다른 급원, 즉 글리세롤, 피루브산, 젖산 및 아미노산 등을 이용하여 포도당을 합성하는 과정. 간과 콩팥에서 일어난다.

표 3-8 식품 중의 단백질 함량

식품	목측량	중량(g)	단백질(g)	식품 100 g당 단백질(g)"
고등어	1토막(소)	70	14.1	20.2
꽁치	1토막(소)	70	15.9	22.7
닭고기(살코기)	탁구공 1개	60	14.4	24.0
돼지고기(살코기)	탁구공 1개	60	11.9	19.8
쇠고기(살코기)	탁구공 1개	60	11.2	18.6
새우	1/4컵	50	11.0	22.0
굴	1/3컵	80	8.4	10.5
두부	1/5모	80	7.7	9.6
콩(노란콩, 말린 것)	2큰술	20	7.2	36.2
달걀	1개	50	6.2	12.4
우유	1컵	200	6.2	3.1

자료 : 농촌진흥청 국립농업과학원, 2016 제9 개정판 국가표준 식품성분표, 2017.

요하다. 육류, 어패류, 난류는 필수아미노산이 풍부한 양질의 단백질 급원이지만 지방, 특히 포화지방산의 함량이 높으므로 섭취 시 주의해야 한다. 어패류는 육류에 비하여 불포화지방산의 함량이 높고, 소화 흡수가 잘 되므로 소화기관의 기능이 미숙하거나 저하된 유아, 노인 및 환자의 단백질 급원으로 이용이 권장된다. 콩은 종류에 따라 단백질 함량에 차이가 있다. 단백질 급원으로서 콩은 노란 대두나 검정콩을 의미하며, 완두콩이나 강낭콩은 탄수화물 급원 식품으로 간주한다. 따라서 대두로 만든 두부나 된장도 단백질 급원 식품으로 분류된다.

6) 단백질 섭취기준

'2015 한국인의 영양소 섭취기준'에서 성인의 단백질 섭취기준은 평균필요량과 권장섭취량으로 제시되어 있다(표 3-9). 단백질 평균필요량은 건강한 성인(19~29세)이 질소 평형을 유지하기 위해 필요한 필요량을 기준으로 설정하였으며, 단백질 권장섭취량은 남자 65 g/1일, 여자 55 g/1일이다. 성장기와 임신 및 수유기에는 질소 평형 유지뿐만 아니라 성장에 필요한 필요량, 모체의 체중 증가와 태아 발달에 필요한 필요량 및 모유 분비에 필요한 필요량을 고려하여 설정되었다.

표 3-9 한국인의 1일 단백질 섭취기준

연령	평균필요량		권장섭취량	
아동, 청소년, 성인, 노인	남자	여자	남자	여자
6~8 (세)	25	20	30	25
9~11	35	30	40	40
12~14	45	40	55	50
15~18	50	40	65	50
19~29	50	45	65	55
30~49	50	40	60	50
50~64	50	40	60	50
65~74	45	40	55	45
75 이상	45	40	55	45
임신부				
1분기				
2분기		+12		+10
3분기		+25		+30
수유기		+20		+25

자료 : 보건복지부·한국영양학회, 2015 한국인 영양소 섭취기준, 2015.

질소 평형

단백질의 최소 필요량을 산출하는 방법 중의 한 가지로 질소 평형법이 있다. 질소 평형 상태는 질소 섭취량과 배설량이 같은 상태로 체내 단백질량이 유지되는 상태를 말한다. 건강한 성인은 성장 발육이 일어나지 않고 소모된 조직만을 합성하므로 질소 섭취량과 배설량이 같은 질소 평형을 나타낸다. 성장기와 임신부의 경우 새로운 조직 형성으로 체내 단백질량이 증가하므로 질소 섭취량보다 배설량이 적은 양의 질소 평형을 보이는 반면에 기아, 질병, 수술 등으로 체내 단백질이 분해되는 경우는 질소 섭취량보다 배설량이 많은 음의 질소 평형 상태를 나타낸다.

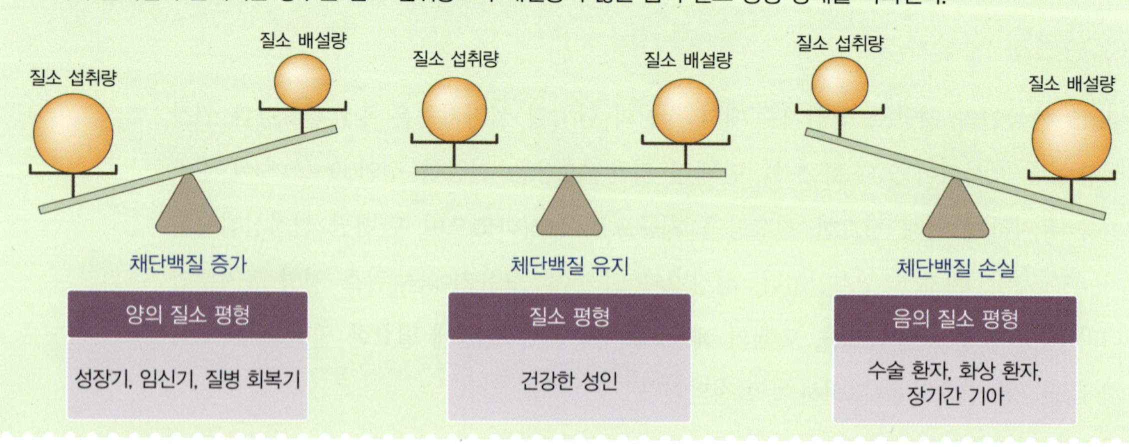

단원정리

- 탄수화물은 당 잔기 수에 따라 단당류, 이당류 및 다당류로 분류한다. 단당류에는 포도당, 과당, 갈락토스가 속하며 이당류에는 엿당, 자당(설탕), 젖당이 있다. 다당류는 수천 개 이상의 포도당이 결합된 것으로 전분, 글리코겐, 식이섬유가 있다.
- 탄수화물이 흡수되기 위해서는 단당류로 분해되어야 하는데 식이섬유는 인체 소화효소에 의하여 가수분해되지 않아 흡수되지 않는 탄수화물이다.
- 탄수화물은 1 g당 4 kcal의 에너지를 내며, 하루 필요 에너지의 2/3를 제공하는 주된 에너지원이다. 충분한 탄수화물 섭취는 단백질을 절약하며, 지방의 불완전 산화로 인한 케톤증을 예방한다. 식이섬유는 변비와 게실증 예방 및 대장암 발병 위험 감소 등 장 건강 유지 기능이 있다.
- 주요 탄수화물 급원은 곡류, 감자류 및 콩류 등에 저장된 전분이며, 과일류와 우유 및 유제품류 등에서는 단당류와 이당류 형태로 섭취한다.
- 탄수화물의 섭취기준은 탄수화물 에너지 적정비율 55~65%, 당류는 에너지 섭취량의 10~20% 수준으로 하되, 첨가당의 섭취는 에너지 섭취량의 10% 이내로 한다. 식이섬유는 충분섭취량으로 12 g/1,000 kcal 섭취를 권장한다.
- 지방산 내 탄소와 탄소 사이의 결합이 단일결합으로만 이루어진 경우 포화지방산, 탄소-탄소의 이중결합을 하나 또는 둘 이상 가지고 있는 지방산을 각각 단일불포화지방산 또는 고도불포화지방산이라고 한다. 트랜스 이중결합은 경화유 제조 과정 중에 생성된다.
- 포화지방산 함량이 높은 육류 지방은 녹는점이 높아 상온에서 고체이고, 불포화지방산 함량이 높은 식물성 유지 및 어유는 녹는점이 낮아 상온에서 액체 상태이다. 트랜스지방산 함량이 높은 마가린과 쇼트닝은 상온에서 고체이며 포화지방산과 유사한 특성을 갖는다.
- 인체 내에서 합성되지 않는 필수지방산은 리놀레산(n-6)과 리놀렌산(n-3)이며, 다양한 생리적 기능을 하는 에이코사노이드의 전구물질이다.

- 지질은 고밀도 에너지원(9 kcal/g)으로 필수지방산 및 생체막의 구성 성분인 인지질 합성에 필요한 지방산을 제공하며, 지용성 비타민의 흡수를 돕고 체온 유지와 신체 보호 기능을 한다.
- 혈액 중 LDL-콜레스테롤 수준이 높으면 동맥경화증 및 심·뇌혈관 질환의 위험이 증가한다.
- 지질의 에너지 적정비율은 15~30%, 포화지방산 및 트랜스지방산의 에너지 적정비율은 각각 7% 및 1% 미만이고 n-6:n-3 지방산은 4~10:1의 비율이며, 콜레스테롤은 1일 300 mg 미만 섭취를 권장한다.
- 생명 현상에 필수적인 기능을 수행하는 단백질은 유전 정보에 의하여 아미노산이 특정 순서대로 결합된 중합체이다.
- 단백질을 구성하는 아미노산 중 체내에서 합성되지 못하는 9가지 필수아미노산은 식사를 통하여 섭취하여야 한다. 영양적으로 질이 낮은 단백질에 부족한 필수아미노산을 보충하거나 그 필수아미노산을 함유하는 단백질을 소량 함께 섭취함으로써 질이 낮은 단백질의 이용 효율이 증가되는 효과를 단백질의 상호 보완 효과라고 한다.
- 단백질의 주요 기능은 체조직 구성, 효소, 항체 및 호르몬 구성, 수분 평형과 삼투압 조절, 에너지 및 포도당 생성의 탄소원 제공 등이다.
- 주요 단백질 급원 식품으로는 육류, 생선류, 난류 및 콩과 두부류 등이 있다. 이들 식품은 양질의 단백질 급원 식품이지만 동시에 포화지방산과 콜레스테롤을 많이 함유하고 있다.

1. 탄수화물에 대한 설명으로 옳은 것을 고르시오.
   ① 포도당, 엿당, 자당은 이당류이다.
   ② 단맛은 자당이 가장 강하고 그 다음은 포도당, 과당의 순이다.
   ③ 글리코겐은 동물성 저장 다당류로 인체의 간과 근육에 저장된다.
   ④ 당의 흡수 속도는 포도당이 가장 빠르고 다음은 과당, 갈락토스 순이다.
   ⑤ 전분은 포도당과 과당의 중합체로 아밀로스와 아밀로펙틴의 혼합물이다.

2. 탄수화물의 기능과 관계없는 것을 고르시오.
   ① 단맛을 제공한다.
   ② 주된 에너지 공급원이다.
   ③ 체내 단백질 소모를 줄인다.
   ④ 단백질의 완전 산화에 도움이 된다.
   ⑤ 과량 섭취된 탄수화물은 지방으로 전환되어 저장된다.

3. 탄수화물 섭취와 관련된 설명 중 옳지 않은 것을 고르시오.
   ① 총에너지 섭취량의 55~65%를 탄수화물로 섭취한다.
   ② 당류 섭취는 에너지 섭취량의 10~20% 수준으로 한다.
   ③ 첨가당의 섭취는 에너지 섭취량의 10% 이내로 한다.
   ④ 식이섬유는 건강에 유익하므로 많이 섭취할수록 도움이 된다.
   ⑤ 케톤증 예방을 위해서는 1일 최소 100 g 이상 섭취가 필요하다.

4. 지질에 대한 설명 중 옳지 않은 것을 고르시오.
   ① 고도불포화지방산은 이중결합 수가 3개 이상인 것을 말한다.
   ② 식품이나 체내에 가장 많이 함유되어 있는 지방은 중성지방이다.
   ③ 콜레스테롤은 식물 조직에서 널리 발견되며, 동물 조직에는 비교적 없다.
   ④ 불포화지방산은 이중결합 수가 많을수록 녹는점이 높고 상온에서 고체 상태로 존재한다.
   ⑤ 카복실기 탄소로부터 3번째 탄소에 처음으로 이중결합이 나타나는 지방산을 오메가 3 지방산이라고 한다.

5. 다음 중 트랜스지방산 함량이 높은 식품을 고르시오.
   ① 팜유 ② 쇼트닝 ③ 들기름
   ④ 상어유 ⑤ 돼지고기 기름

6. 지단백질에 대한 설명으로 옳지 않은 것을 고르시오.
① HDL은 단백질 함량이 가장 높다.
② VDLD은 중성지방의 비율이 가장 높다.
③ 킬로미크론은 간에 지질을 저장하는 저장체이다.
④ LDL 농도가 높은 것은 관상동맥 질환의 위험 요인이다
⑤ 킬로미크론의 농도는 식후에는 높지만 공복 시에는 거의 찾아볼 수 없다.

7. 지질의 생리적 기능으로 옳지 않은 것을 고르시오.
① 1 g당 9 kcal의 열량을 공급한다.
② 인지질은 생체 세포막의 중요한 구성 성분이 된다.
③ 콜레스테롤은 비타민 D와 담즙 및 호르몬의 전구물질이 된다.
④ 지질은 소화 흡수가 잘되므로 소화관 내 머무르는 시간이 짧다.
⑤ 지질은 피하에 저장되어 열 방출을 억제함으로써 체온을 유지한다.

8. 단백질에 대한 설명으로 옳지 않은 것을 고르시오.
① 단백질은 약 16%의 질소(N)를 함유하고 있다.
② 비필수아미노산은 체내에서 합성이 가능하다.
③ 단백질은 아미노산의 조성에 따라 그 질이 결정된다.
④ 단백질 식품의 품질은 함유된 질소의 양에 따라 결정된다.
⑤ 필수아미노산이 충분히 함유된 단백질을 완전단백질이라 한다.

9. 양의 질소 평형이 관찰되는 상태를 고르시오.
① 수술 환자
② 화상 환자
③ 건강한 중년 남성
④ 임신 35주 임신부
⑤ 장기간 기아 상태에 있는 어린이

10. 단백질의 기능이 아닌 것을 고르시오.
① 항체를 형성하여 면역반응에 관여한다.
② 효소로서 생체 내 대사반응을 촉매한다.
③ 세로토닌을 형성하여 신경 전달 작용을 한다.
④ 인슐린을 형성하여 혈당 대사를 조절한다.
⑤ 에스트로겐을 형성하여 생식 기능을 조절한다.

풀이
정답

1. ❸ 포도당은 단당류이다. 단맛이 가장 강한 당은 과당이다. 전분은 수천 개 이상의 포도당이 결합된 다당체이다. 포도당의 결합 구조에 따라 직선상 아밀로스와 가지를 가진 아밀로펙틴이 있다. 글리코젠은 동물 및 인체의 간과 근육에 저장된 저장 탄수화물이다.
2. ❹ 탄수화물 결핍 시 지방이 불완전 산화되어 케톤증(ketosis)을 유발할 수 있다.
3. ❹ 과도한 식이섬유 섭취는 미량 무기질의 흡수를 저해할 수 있다.
4. ❺ 오메가 지방산은 지방산의 메틸기로부터 처음 이중결합이 나타나는 위치를 기준으로 명명한다.
5. ❷ 트랜스 이중결합은 경화유 가공 공정 중에 생성되며 마가린, 쇼트닝 및 가공식품에 함량이 높다
6. ❸ 킬로미크론은 식품 중의 지질이 소화 흡수된 후 간으로 운반될 때의 지단백질로 중성지방 함량이 가장 높다. 식후에 증가하며 공복 시에는 관찰되지 않는다.
7. ❹ 지질은 탄수화물과 단백질에 비하여 위장관 내에 머무름 시간이 길어 포만감을 준다.
8. ❸ 단백질의 질은 필수아미노산의 함량과 조성에 따라 결정된다.
9. ❹ 성장기 어린이나 임신부와 같이 체조직이 증가하는 경우에는 양의 질소 평형 상태를 나타내고, 질병이나 수술, 화상 환자나 장기간 기아 상태의 경우는 음의 질소 평형 상태를 나타낸다.
10. ❺ 세로토닌은 아미노산인 트립토판으로부터 만들어지는 신경 전달 물질이다. 에스트로겐은 스테로이드호르몬 중의 하나이다.

참고문헌

강재헌, 당류 과잉섭취와 비만 등 만성질환과의 연관성 분석 및 당 저감화 모델 개발, 식품의약품안전처 용역연구개발 최종 보고서, 2013.

김명성·권대철·배윤정. 한국인 성인 남녀에서 허리둘레 기준 복부비만에 따른 영양섭취 상태 평가: 2010-2012 국민건강영양조사 자료를 이용하여. J Nutr Health 47(6):403-415, 2014.

김미자·권순자·이선영, 제2형 당뇨환자의 저혈당지수 영양교육이 혈당관리에 미치는 영향, 한국영양학회지 439(1):46-56, 2010.

박민선·서윤석·정영진, 한국 노인 식사의 탄수화물 에너지비에 대한 만성질환 위험도 비교, 2007-2009년 국민건강영양자료 이용, J Nutr Health 47(4): 247-257, 2014.

보건복지부·한국영양학회, 2015 한국인 영양소 섭취기준, 보건복지부, 2015.

송수진·최하늬·이사아·박정민·김보라·백희영·송윤주, 한국인 사용 식품의 혈당지수(Glycemic Index) 추정치를 활용한 한국 성인의 식사 혈당지수 산출, 한국영양학회지 45(1):80-93, 2012.

식품의약품안전처, 가공식품을 통한 당류 섭취량 증가 추세: 2010-2012년 우리 국민의 당류 섭취량 분석 결과 발표, 식품의약품안전처 보도자료, 2014.

신말식·서정숙·권순자·우미경·이경애, 100세 시대를 위한 건강한 식생활, 교문사, 2018.

이미숙·김완수·이선영·현태선·조진아, 리빙토픽 건강한 식생활, 교문사, 2017.

최혜미·김정희·이주희·김초일·송경희, 21세기 영양학, 교문사, 2016.

한국지질·동맥경화학회 치료지침제정위원회, 식품영양위원회 workshop, p.32-45, 2015.

FAO/WHO, Fats and fatty acids in human nutrition: Report of an expert consultation, Rome: FAO; 2010.

World Health Organization/Food and Agriculture Organization of the United Nations/United Nations University (WHO/FAO/UNU), Protein and amino acid requirements in human nutrition. Report of a Joint WHO/FAO/UNU Expert Consultation, WHO Technical Report Series, No 935, 2007.

CHAPTER **4**

비타민, 무기질, 물

학 습 목 표

1. 비타민의 특징을 알아본다.
2. 무기질의 종류와 특징을 알아본다.
3. 물의 체내 기능을 설명할 수 있도록 한다.

1. 비타민

비타민은 에너지를 내지는 않으나 에너지 대사 및 신체 기능에 필수적인 영양소이다. 필수영양소는 체내에서 생성할 수 없거나 충분한 양만큼 생성되지 않아서 반드시 음식 섭취를 통해 공급받아야 하는 영양소이다. 대부분의 비타민은 결핍증으로 인해 발견되었다. 야맹증(비타민 A 결핍), 펠라그라(비타민 B군 결핍; 그림 4-1), 괴혈병(비타민 C 결핍), 구루병(비타민 D 결핍; 그림 4-2) 등이 특정 비타민을 발견하는 데 공헌하였다. 현대의 산업화된 사회에서는 일반적으로 비타민 섭취 부족으로 인한 결핍 증상은 거의 발견되지 않지만, 특정 질환이나 임신, 수유 등으로 생리적 변화가 생겼을 때 비타민 대사의 문제로 결핍이 생기거나, 질환으로 인한 전반적인 섭취량 부족 시에 간혹 결핍 증상이 발견되기도 한다.

비타민 A는 시신경의 발달과 성장 등에 중요하다고 알려져 있다. 반면 흡연자의 비타민 A 추가 섭취는 폐암 발생을 높이기도 한다. 또한 임산부가 비타민 A를 과량 복용할 경우에는 태아에 독성이 나타날 수 있다. 흥미롭게도 비타민 A를 보충제가 아닌 식품을 통해 다량 섭취했을 때는 이러한 부작용이 나타나지 않는다.

비타민 D는 골격계 건강에 필수적인 영양소로 알려져 있다. 비타민 D는 피부의 자외선 노출로 인해 체내 합성될 수 있는 유일한 비타민이며, 실제로 대부분의 비타민 D는 식사보다 자외선 노출로 얻게 된다. 단, 피부색이 짙을 경우 멜라닌 색소에 의해 자외선

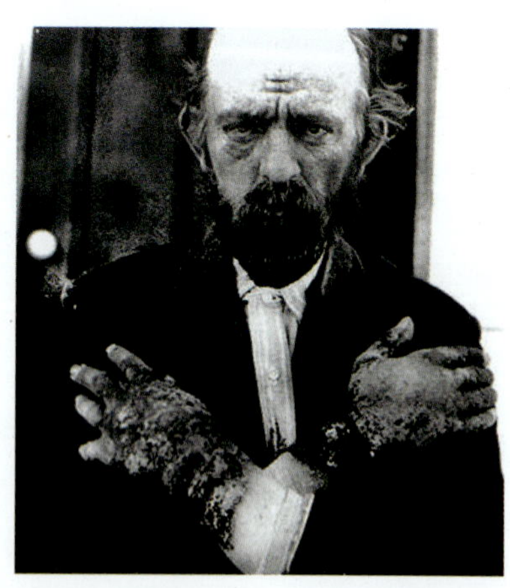

그림 4-1 비타민 B 결핍으로 인한 펠라그라

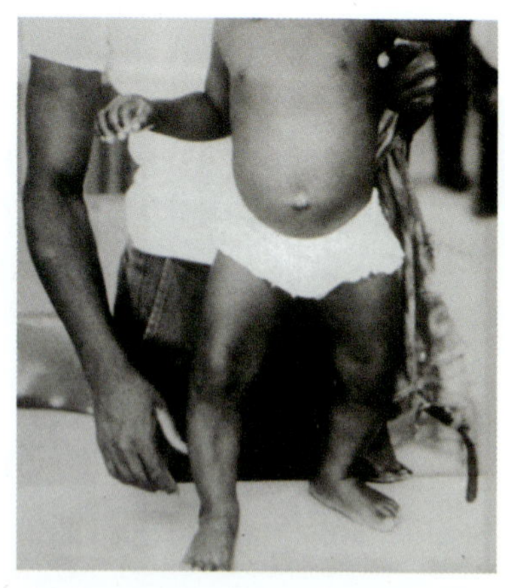

그림 4-2 비타민 D 부족으로 인한 구루병

의 투과가 저해되어 비타민 D 전구물질이 생성되지 못한다. 또 자외선 차단제를 사용하거나 의복으로 자외선을 가릴 경우에도 비타민 D의 합성은 감소한다. 비타민 D가 부족할 경우 영유아는 구루병, 성인은 골연화증이 발생하나 비타민 D를 보충하거나 신체를 자외선에 노출하면 완쾌될 수 있다. 비타민 D를 합성하는 데 필요한 자외선의 파장이 피부암을 일으키는 파장과 비슷하기 때문에 주의가 필요하다. 비타민 D는 골질량(bone mass)을 증가시키는 것으로 알려져 있으며, 최근에는 심혈관계 질환이나 암 예방에 대한 연구가 진행되고 있다. 비타민 D는 버섯, 효모, 노른자위, 등푸른생선, 동물의 간 등 제한된 식품에서 얻을 수 있다.

청소년기와 비타민 D

비타민 D는 성인에서 칼슘 흡수율을 증가시키지만 청소년에게는 오히려 흡수율을 감소시킬 수 있다. 그러나 비타민 D 보충제를 섭취한 청소년들의 뼈 무기질량은 섭취하지 않은 청소년들보다 높았다. 따라서 청소년기에 비타민 D는 칼슘 흡수가 아닌 다른 방법으로 뼈 건강에 영향을 미치는 것으로 생각된다.

비타민 E는 용혈성 빈혈을 억제하나 현대에는 결핍증이 거의 발견되지 않고 있으며 과다 섭취로 인한 독성도 알려지지 않았다.

비타민 K 역시 과다 섭취로 인한 부작용이 보고된 바 없다. 비타민 K는 혈액 응고와 골 대사 관련 단백질을 활성화시키는 보조효소로 필수적이다. 비타민 K는 식물에서 합성되거나 장내 미생물에 의해 합성된다. 우리나라 성인에서 비타민 K 결핍은 거의 발견되지 않으며, 평균 섭취량이 권장섭취량을 훨씬 웃돌고 있다. 단, 항생제를 장기간 복용하는 경우와 장내 미생물이 안정되지 않은 모유 수유 신생아는 비타민 K가 부족할 수 있으므로 비타민 K 보충제를 섭취하거나 주사로 투여받는다.

비타민 B군은 에너지 영양소 대사의 보조효소로 사용되며 부족할 경우 각기병, 신경계 증상, 빈혈 등이 발생할 수 있다. 엽산은 푸른잎채소와 과일에 함유 비율이 높아 붙여진 이름이나, 곡류 등의 절대적 섭취량이 높기 때문에 총 1일 엽산 섭취량의 1/3은 곡류에서 얻고 있다. 엽산은 세포 분열과 성장에 중요하여 임신 초기에 부족할 경우 태아의 신경관 결손 위험이 높아진다. 미국 등에서는 신경관 결손을 예방하기 위해 빵, 국수 등 곡류 식품에 엽산을 강화하고 있다. 엽산은 열에 약하고 수용성이므로 엽산 섭취량을 증가시키기 위해서는 생과일이나 생채소를 섭취하는 것이 가공 과일이나 채소를 먹는 것보다 도움이 된다.

비타민 C는 잇몸, 뼈 조직, 피부 등의 구성 성분인 콜라겐 합성에 중요하며, 부족 시 성인에서는 괴혈병이 발생할 수 있으나, 현대 사회에서 괴혈병은 거의 나타나고 있지 않다. 유아는 비타민 C가 결핍될 경우 관절의 연골과 골격 사이가 벌어지는 골격 이상 증상이 주로 나타난다. 비타민 C는 체내에서 산화방지제로서 기능한다고 알려져 있고 철분 등 무기질의 흡수를 돕는다.

최근에는 비타민 결핍 방지보다는 질환 예방에 대한 비타민의 역할에 대한 연구들이 수행되고 있다. 암이나 심혈관 질환은 과일과 채소를 많이 섭취하는 사람에게서 발생률이 더 낮지만, 비타민 보충제로는 암이나 심혈관 질환이 예방되지 않는다는 사실이 비타민 A, E, C, D 단독 또는 함께 보충한 실험들을 통해 밝혀졌다. 건강한 일반인을 대상으로 한 임상 연구에서는 비타민 C 보충이 감기를 예방하지 않았지만 감기의 지속

표 4-1 주요 비타민의 기능, 결핍증 및 급원 식품

종류	기능	결핍증	급원 식품
비타민 A	성장 발달, 상피세포의 건강, 시력, 면역 기능	감염에 취약, 피부 건조, 안구건조증, 야맹증	간, 우유, 달걀, 녹황색 채소
비타민 D	칼슘 흡수, 뼈의 건강 유지	구루병, 골연화증, 골다공증	청어·고등어·정어리·참치 등 지방이 많은 생선, 간, 난황, 버섯
비타민 E	산화방지	적혈구 용혈 현상, 골격근증	땅콩, 아몬드, 참깨, 콩기름, 참기름
비타민 K	혈액 응고	혈액 응고 지연, 출혈	시금치, 쑥갓 등 푸른잎채소, 김치
티아민	탄수화물 및 에너지 대사에 필요한 효소의 보조효소 역할	식욕 부진, 체중 감소, 무감각, 기억력 감소, 각기병	돼지고기, 간, 현미, 통밀, 콩류
리보플라빈		설염, 구순구각염, 피부염	우유, 달걀, 돼지고기, 쇠고기, 푸른잎채소
니아신		식욕 부진, 허약, 펠라그라	쇠고기, 돼지고기, 연어, 고등어, 멸치
비타민 B_6	단백질 대사에 필요한 효소의 보조효소 역할	빈혈, 경련, 피부염	돼지고기, 쇠고기, 닭고기, 연어, 고등어, 바나나
엽산	아미노산 대사와 DNA 합성	빈혈, 위장 장애, 태아의 신경관 결손	시금치·쑥갓 등 푸른잎채소, 김치, 콩류, 딸기, 참외
비타민 B_{12}	엽산 대사, 신경 조직 유지	악성 빈혈, 신경계 이상	쇠고기·돼지고기·연어·청어 등 동물성 식품
비타민 C	콜라겐 합성, 산화방지	괴혈병, 상처 회복 지연, 빈혈	신선한 과일과 채소

기간을 감소시키거나 증상을 완화시키는 것으로 확인되었다. 정맥을 통한 과량의 비타민 C 투여가 암 치료에 도움이 된다는 연구 결과는 일관되지 않다. 과량의 비타민 E 보충은 오히려 사망률을 높일 수 있으며, 흡연자에게 고용량의 비타민 A를 보충하면 폐암 발생 가능성을 높이므로 주의가 필요하다.

일반적으로 균형 잡힌 식생활을 할 경우 필요한 비타민을 섭취할 수 있어 보충제가 필요하지 않다. 비타민의 과량 섭취로 인한 대부분의 독성 반응은 일반적인 식품 섭취로 일어나지 않으며 주로 보충제 과다 섭취에 의해 일어난다.

임신부 영양 지원 : 모자보건사업

임신 초기에 엽산이 부족하면 태아의 신경관 결손이 일어날 수 있고, 임신 중기부터는 철의 필요량이 임신 전보다 2배 가까이 증가한다. 따라서 우리나라는 임신을 계획하는 여성과 임신 초기 임신부에게 엽산 보충제를, 임신 중기부터는 철 보충제를 무료로 제공한다. 임신 확인서(또는 혼인 관계 증명 서류)와 신분증을 지참하고 거주지 내 보건소를 방문하면 지원받을 수 있다.

2. 무기질

무기질은 에너지를 내지 않으나 생리 기능 조절을 하며, 체구성 성분의 영양소이다. 탄수화물, 지방, 단백질, 비타민은 탄소가 결합되어 있는 유기물인 데 비해 무기질은 탄소와 결합되지 않은, 체내 유기물이 산화된 후에도 잔존하는 회분(ash)이다. 유기질은 부패하거나 산화되어 없어지고 새로 생성되지만, 무기질은 생태계에서 새로 만들어지거나 소실되지 않고 순환한다. 인체를 구성하는 대표적 무기질로는 칼슘, 인, 황, 칼륨, 나트륨, 염소, 마그네슘 등이 있다. 체내에 비교적 소량 존재하는 철, 요오드, 불소, 아연, 셀레늄, 구리, 크롬, 망간, 코발트 등은 생리 기능을 조절하며 부족 시 결핍증이 나타난다.

무기질의 흡수는 함께 섭취하는 식품과 체내 필요량 등에 의해 달라진다. 대부분의 무기질은 소장 내에서 피트산, 옥살산 등과 결합하거나 무기질끼리 결합하여(칼슘과 인, 철과 칼슘 등) 흡수가 저해된다. 반면에 무기질을 환원시키는 산성 물질〔위산, 아스코브산(비타민 C) 등〕은 무기질의 흡수를 증가시킨다. 골격을 이루는 칼슘이나 적혈구의 구성 요소인 철은 성장기에 필요량이 증가하면서 흡수율도 다른 생애주기보다 높다. 철의 경우 체내 저장량이 고갈되면서 그 흡수율이 증가하기도 한다. 한 번에 섭취하는 무기질의 양과 흡수율은 일반적으로 반비례한다. 따라서 무기질을 섭취하더라도 흡수량을 증가시키기 위해서는 한 번에 다량 섭취하는 것보다 소량씩 자주 섭취하는 것이 좋다. 무기질의 흡수율은 또한 무기질의 급원에 따라 다를 수 있는데, 일반적으로 식물성 급원보다는 동물성 급원의 흡수율이 높다. 식물에는 무기질의 흡수를 저해하는 피트산, 옥살산, 식이섬유 등이 있기 때문이다. 또, 철의 경우 헴(heme)과 결합된 헴철이 비헴철보다 흡수율이 10배 높다(각각 17%, 1.7%). 그러나 비헴철을 헴철과 함께 섭취할 경우 비헴철의 흡수율이 증가한다. 칼슘 보충제의 경우, 화학적 형태에 따라 젖산칼슘이 탄산칼슘보다 흡수율이 약간 높으나 큰 차이를 보이지 않으며, 우유 내 칼슘과 칼슘 보충제의 흡수율도 거의 비슷하다.

식품 내 무기질 함량은 자란 환경에 따라 매우 다를 수 있다. 토양 내 셀레늄 함량에 따라 식물 내 셀레늄의 농도는 매우 다르며, 가축이 섭취한 사료 내 셀레늄 함량에 따라 육류 내의 셀레늄 함량이 달라진다.

칼슘(calcium, Ca)은 체내 저장량이 가장 높은 무기질이며, 99%의 칼슘은 뼈와 치아에 존재하고 1%는 혈액, 세포외액, 근육 등에 존재한다. 뼈는 몸의 형태를 유지하고 지지하면서 칼슘을 저장하는 저장고 역할을 한다. 장기간의 칼슘 섭취 부족은 구루병, 골연화증, 골다공증을 유발할 수 있으며 이로 인해 골절 위험이 높아진다. 극심한 칼슘 부족은 테타니와 같은 신경계 질환을 유발할 수 있다. 칼슘은 우유 및 유제품, 뼈째 먹는 생선(멸치, 뱅어) 등에 많이 함유되어 있다. '한국인 영양소 섭취기준' 대비 섭취량이 부족한 대표적인 무기질이 칼슘이다.

인(phosphorus, P)은 체내 무기질 가운데 칼슘 다음으로 많은 양을 차지하고 있으며, 이 중 85%는 칼슘과 결합하여 골격과 치아에 존재한다. 인은 에너지를 내는 ATP, 세포막 구성, 핵산의 구성 요소 등 중요한 여러 생리적 작용에 관여한다. 골격 내 칼슘과 인이 결합해 있는 상태인 하이드록시아파타이트〔hydroxyapatite, $Ca_5(PO_4)_3(OH)$〕의 분자량 비율이 2:1인데, 동물실험에서 비율이 2:1인 것이 뼈 건강에 가장 유익한 것으로 확인되었다. 모유 중 칼슘과 인의 비율이 2:1로 이상적인 비율을 갖추고 있다. 인은 자연계에 널리 분포되어 인 섭취 부족은 거의 발생하지 않는다. 오히려 산업화된 나라에서 가공식품, 콜라 등의 소비가 증가하면서 인 섭취량이 증가하여 과잉 섭취가 우려되고 있다. 인 섭취 증가량에 비해 칼슘 섭취량은 거의 증가하지 않아서 뼈 건강에 유익한 칼슘과 인의 비율이 깨질 뿐 아니라 인을 과량 섭취했을 때 소변으로 칼슘 배출이 증가할 수 있으므로 뼈 건강에 영향을 미칠 수 있다. 영유아기에 인 함량이 높은 조제분유를 섭취하면 저칼슘혈증 및 테타니가 나타날 수 있으므로 장기간의 섭취는 피해야 한다.

마그네슘(magnesium, Mg) 역시 골격과 치아를 구성하는 필수적인 영양소이지만, 칼슘과 인에 비해 구성비율이 낮다. 마그네슘은 에너지 영양소의 대사 및 핵산 대사에 관여하며, 신경을 안정시키고 근육을 이완시킨다. 따라서 마그네슘이 결핍될 경우 근육과 신경에 경련이 일어날 수 있다.

나트륨(sodium, Na, 소듐)은 체내 삼투압 유지, 수분량 유지에 관여하며 체조직의 산·알칼리 평형, 근육과 신경의 정상 활동에 필수적이다. 나트륨 섭취가 부족하면 콩팥에서 배설량을 감소시키고 섭취량이 많을 때는 소변으로 더 많이 배설시켜서 체내 나트륨 평형이 이루어지도록 한다. 나트륨 섭취는 혈압과 양의 상관관계를 가지며, 지나치게 높을 경우 심혈관계 질환의 위험이 높아진다. 한국인은 나트륨 섭취가 전 세계에서 가장 높은 나라 중의 하나였으나 다양한 정책으로 지난 10년간 꾸준히 나트륨 섭취량을 줄여 와 2017년 현재 한국인의 나트륨 1일 평균섭취량은 3,669 mg이다. 현재 세계보건기구(World Health Organization, WHO)와 '한국인 영양소 섭취기준에서는 1,500 mg/일 미만을 섭취하도록 권장하고 있다. 그러나 1,500 mg/일 이하를 섭취했을 때 심혈관계 질환 발병률이나 사망률이 감소한다는 최근 보고는 없어 적절하고 현실적인 나트륨 섭취량에 대한 논의는 계속되어야 한다. 일반적으로 나트륨 결핍은 거의 나타나지 않으나 심한 구토, 설사, 땀을 많이 흘린 후에는 나트륨 보충이 필요할 수 있다.

칼륨(potassium, 포타슘, K)은 대부분 근육 세포에 존재하지만 뼈 건강에도 매우 중요한 영양소이다. 칼륨은 에너지 대사, 세포막의 운반 작용 등을 하며 나트륨과의 상호작용을 통해 신경계와 혈압, 골격근의 기능 유지 등에 관여한다. 칼륨은 소변 중 나트륨 배설을 촉진하기 때문에 혈압을 낮추는 효과가 있다고 알려져 있다.

철(iron, Fe)은 적혈구의 헤모글로빈을 이루는 중요한 영양소로 체내 산소 운반에 매우 중요한 역할을 한다. 또한 세포 분열 시에도 필수적이다. 따라서 철이 결핍될 경우 빈혈이 생기고 세포 분열이 활발하게 이루어지는 손톱, 점막 등에 염증이나 형태 이상이 나타날 수 있다. 철이 부족한 영유아는 지능과 학습 능력 등이 비가역적으로 손상된다. 건강한 산모에게서 태어난 영아는 생후 6개월 동안 성장에 필요한 철을 가지고 태어나지만 그 후에는 이유식을 통해 보충해야 한다. 철은 대부분이 체내에서 재이용되어 출혈이 있는 경우 외에는 손실이 거의 없다. 성장기 어린이, 가임기 여성, 임산부 등은 철 필요량이 높으며 그에 따라 흡수율이 높아진다. 헤모글로빈의 헴과 결합한 헴철은 흡수율이 높으며 주로 육류, 생선, 가금류 등의 동물성 식품에 많이 함유되어 있다. 최근에는 헴철 보충제도 시판되고 있다. 헴과 결합하지 않은 비헴철은 주로 식물성 급원으로 섭취되나 흡수율은 매우 낮다. 철 보충제를 통해 필요한 철을 섭취할 수 있으나 변비 등의 부작용이 있을 수 있다.

채식주의자와 철

육류에 함유된 철분은 함량도 높고 흡수가 잘 되는 헴철의 형태이다. 식물성 철은 흡수율이 매우 낮고 식물 내 피트산, 옥살산, 섬유질 등에 의해 철분 흡수가 방해를 받는다. 따라서 채식주의자는 철의 부족을 예방하기 위해 철분 보충제를 섭취해야 할 수 있다.

아연(zinc, Zn)은 호르몬 활성과 면역 기능에 필수적이다. 아연 결핍증은 일반인에게서는 잘 일어나지 않으나, 질병으로 인해 아연이 부족한 경우 미각 변화, 피부 변화, 면역력 약화 등의 임상 증상이 일어나며 아동들은 성장 지연이 나타날 수 있다. 동물의 경우 임신 중 아연이 결핍될 경우 기형이 유발되기도 한다.

구리(copper, Cu)는 여러 효소의 구성 성분이며 철 운반, 산화방지, 결합 조직의 가교결합 형성 등 다양한 체내 기능에 필수적으로 사용된다. 구리가 부족하면 소장 내로의 철 운반이 감소하며, 효소 기능 저하로 적혈구 성숙이 불완전하여 적혈구가 감소하거나 빈혈을 일으킨다. 상수도관의 구리 함량에 따라 음용수의 섭취가 구리 과다 섭취의 위험 요인이 될 수 있다. 구리의 과잉 섭취 시 복통, 오심, 구토, 설사의 증상이 생길 수 있으며 심할 경우 혼수 및 사망에까지 이를 수 있다.

요오드(iodine, I)의 70~80%는 갑상샘에 존재하면서 갑상샘호르몬의 구성 성분이 된다. 갑상샘호르몬은 조직에서 산소의 소비와 기초 대사를 자극한다. 성장과 발달에도 영향을 미치므로 태아와 어린이에게도 중요하다. 요오드가 부족할 경우 갑상샘 기능 저하증이나 갑상샘종이 생길 수 있다. 한국인은 해조류와 어패류 섭취가 많아 요오드

표 4-2 무기질의 기능, 결핍증, 과잉증 및 급원 식품

종류	주요 기능	결핍증	과잉증	급원 식품
철	헤모글로빈, 미오글로빈의 성분 효소의 구성 성분 면역 기능 유지	철 결핍성 빈혈	혈색소증	육류, 가금류, 어류(흡수 잘됨) 콩류, 강화시리얼, 녹색채소(흡수 잘 안 됨)
아연	효소의 구성 요소 핵산 합성에 관여(성장, 면역 유지) 생체막 구조와 기능 유지	성장 지연, 왜소증, 상처 회복 지연, 식욕 부진	설사, 구토, 면역 기능 저하	패류, 육류, 우유, 요구르트
요오드	갑상샘 호르몬의 성분	갑상샘 기능 저하증	갑상샘 기능 항진증	해조류, 해산물, 요오드 강화 식염
불소	충치 예방 골다공증 방지	충치 유발, 골다공증	불소증, 위장 장애, 치아 반점	해조류, 어류, 자연수
셀레늄	글루타싸이온 과산화효소의 성분 (산화방지 작용)	근육 약화, 성장 장애	구토, 설사	새우, 패류, 어류, 견과류, 통밀

결핍의 가능성이 적다. 내륙에 위치한 곳에서는 소금에 요오드를 강화하여 요오드 부족을 예방하기도 한다.

불소(fluorine, F)는 대부분 골격과 치아와 같이 석회화된 조직에 존재하며, 가장 큰 기능은 충치 예방 및 뼈의 강화이다. 불소는 칼슘과 친화력이 높으며 뼈에 무기질이 축적되는 것을 돕는다. 결핍되면 충치 발생률이 증가하기 때문에 일부 지역에서는 수돗물에 불소를 투입하는 수돗물 불소화 사업을 시행하고 있다. 반면 불소 섭취가 과다할 경우 치아 불소증이 생길 수 있으며, 영구치가 나오기 전에 일어날 경우 위험하다. 불소의 섭취 과다로 인한 다른 부작용에 대한 근거는 아직 약하다.

3. 물

수분(물)은 신체의 약 60%를 차지하는 주요 구성 성분이다. 수분은 영양소를 운반하고 노폐물을 배출시켜 주며 체온 조절에 중요한 역할을 한다. 또한 소변의 용매로서 수용성 독성 물질 및 대사 산물을 배설하는 데 이용되기도 하며, 침(타액)·소화액·점액 등의 윤활 작용을 하기도 한다. 물은 삼투압과 산·염기 평형에 매우 중요하다. 건강한 성인은 매일 약 1,500 mL의 수분을 소변으로 배설함은 물론이고, 500 mL의 수분을 땀, 호흡 등을 통해 느끼지 못하는 사이에 배출한다(이를 불감 손실량이라 함). 일반적으로 수분 섭취량과 배설량은 조절이 되며, 체내 수분 균형이 깨질 경우 갈증을 느끼거나 소변

으로 더 배설이 일어난다. 심한 탈수로 20% 이상의 수분이 손실되면 사망할 수도 있다.

우리나라는 국민 건강 증진을 위하여 「먹는물관리법」(환경부, 시행 2018. 12. 13.)으로 먹는 물의 수질과 위생을 합리적으로 관리하고 있다. '먹는 물'이란 먹는 데에 통상 사용하는 지하수나 용천수 같은 '자연 상태의 물'과, 자연 상태의 물을 먹기에 적합하도록 처리한 '수돗물', '먹는 샘물', '먹는 염지하수', '먹는 해양심층수' 등을 말한다(그림 4-3). 「먹는물관리법」에 의한 "먹는물 수질기준 및 검사 등에 관한 규칙"(환경부령, 시행 2019. 1. 1.)은 크게 6가지 기준을 따른다. 1. 미생물에 관한 기준, 2. 건강상 유해영향 무기물질에 관한 기준, 3. 건강상 유해영향 유기물질에 관한 기준, 4. 소독제 및 소독부산물질에 관한 기준, 5. 심미적 영향물질에 관한 기준, 6. (염지하수의 경우에만 적용하는) 방사능에 관한 기준이 세부적으로 정해져 있다. 일반 가정에서는 수돗물을 불신하여 정수기를 설치하고 이를 통과한 물을 음용하기도 한다. 여기에서 '정수기'란 물리적·화학적 또는 생물학적 과정을 거치거나 이들을 결합한 과정을 거쳐서 먹는 물을 "먹는물의 수질기준"에 맞도록 만드는 기구이며, 유입수 중에 함유된 오염 물질을 감소시키는 기능이 있어야 한다.

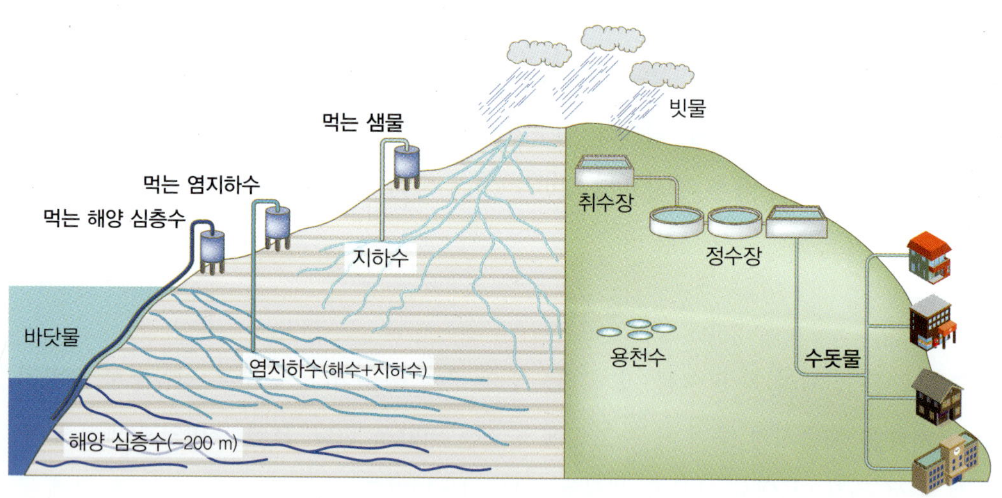

그림 4-3 먹는 물의 여러 가지 유형

단원정리

- 비타민은 체내 합성이 되지 않고 생리활성 기능이 있으며 부족 시 질환이 나타나는 필수적인 영양소이다. 비타민의 종류에는 비타민 A, B군, C, D, E 등이 있으며 그 기능은 각각 다르다.
- 무기질은 체내 구성 성분으로 생리 기능을 조절한다. 칼슘, 인, 마그네슘, 나트륨, 칼륨, 철, 아연, 구리, 요오드, 불소 등이 대표적이다.
- 물은 독성 물질 배설, 윤활 작용, 산·염기 평형, 삼투압 등 체내에서 중요한 기능을 한다. 우리나라에서는 「먹는물관리법」을 통하여 먹는 물의 수질과 위생을 관리하고 있다.
- 먹는 물에는 마시기에 적합한 자연 상태의 물과, 마실 수 있도록 처리한 수돗물, 먹는 샘물, 먹는 염지하수, 먹는 해양심층수가 있다.

연습문제

1. 비타민에 대한 설명으로 옳은 것을 고르시오.
   ① 비타민은 많이 섭취할수록 좋다.
   ② 비타민은 꼭 보충제를 통해 섭취해야 한다.
   ③ 비타민이 부족할 경우 결핍증이 나타날 수 있다.
   ④ 비타민을 섭취하면 에너지가 발생한다.
   ⑤ 대부분의 비타민은 체내에서 생성된다.

2. 비타민에 대한 각각의 설명으로 옳은 것을 고르시오.
   ① 흡연자는 비타민 A 보충제를 섭취하는 것이 좋다.
   ② 비타민 D는 시신경 발달에 필수적이다.
   ③ 비타민 B군은 칼슘 대사의 보조효소로 사용된다.
   ④ 비타민 C는 콜라겐 합성에 필수적이며 부족할 경우 각기병이 나타난다.
   ⑤ 비타민 E와 K는 각각 용혈성 빈혈과 혈액 응고와 관련이 있다.

3. 무기질에 대한 설명으로 옳은 것을 고르시오.
   ① 무기질을 체내에서 사용된 후 분해된다.
   ② 무기질은 신체의 필요량에 따라 흡수율이 달라진다.
   ③ 무기질은 무엇과 같이 먹든지 늘 흡수율은 일정하다.
   ④ 대부분 무기질은 섭취량과 흡수율이 비례한다.
   ⑤ 무기질은 탄소와 결합해 있다.

4. 무기질의 기능에 대한 각각의 설명으로 옳은 것을 고르시오.
   ① 칼슘 섭취의 부족과 인 섭취 과다는 골다공증을 유발할 수 있다.
   ② 마그네슘은 신경 안정과 관련이 없다.
   ③ 나트륨의 섭취는 혈압과 반비례 관계에 있다.
   ④ 칼륨은 소변으로의 나트륨 배설을 방해한다.
   ⑤ 철은 헴철보다 비헴철의 흡수율이 높다.

5. 물에 대한 설명으로 틀린 것을 고르시오.
   ① 체내 수분은 영양소 운반에 관여한다.
   ② 체내 수분은 체온 조절과 독성 물질 배출을 돕는다.
   ③ 소화액의 용매와 윤활 작용을 통해 음식물의 소화 흡수를 돕는다.
   ④ 탈수가 심해도 생명에는 지장이 없다.
   ⑤ 우리나라는 마시는 물은 「먹는물관리법」에 따라 관리된다.

풀이 정답

1. ❸ 비타민은 과량 섭취할 경우 독성이 나타날 수 있으며 건강한 사람은 식사를 통해 필요한 비타민을 섭취할 수 있어서 보충제가 필수적이지 않다. 비타민이 부족할 경우 야맹증, 각기병, 괴혈병, 구루병 등의 결핍증이 나타날 수 있다. 비타민은 에너지를 내는 탄수화물, 지방질, 단백질과는 달리 에너지를 내지 않으나 생리활성을 띠는 영양소이다. 대부분의 비타민은 체내에서 생성되지 않아 식품으로 섭취해야 한다. 단, 비타민 D는 자외선 노출을 통해 생성이 가능하다.
2. ❺ 흡연자가 비타민 A 보충제를 섭취할 경우 오히려 폐암의 위험이 높아진다. 비타민 D는 골격계에 도움을 주고, 비타민 B군은 에너지 대사의 보조효소로 사용된다. 비타민 C는 콜라겐 합성에 필수적이므로 부족할 경우 괴혈병이 나타난다. 비타민 E는 용혈성 빈혈, 비타민 K는 혈액 응고와 관련이 있다.
3. ❷ 무기질은 탄소와 결합한 유기물과 달리 분해되지 않는 원자이고, 체내에서 순환을 하며 재사용된다. 성장기, 임신기, 또는 섭취 부족으로 인해 필요량이 증가할 경우 철, 칼슘 등의 흡수율이 증가한다. 무기질은 산성을 띠는 레몬즙, 식초 등과 함께 먹을 경우 흡수율이 높아지고 피트산, 옥살산, 기타 무기질과 함께 섭취할 경우에는 이들과 결합하여 장 내 흡수되지 못하고 대변으로 배출된다. 대부분의 무기질은 섭취량이 증가할수록 흡수율이 감소하나 총 흡수되는 양은 증가한다.
4. ❶ 칼슘, 인, 마그네슘의 섭취는 뼈 건강과 관련이 있으며, 마그네슘과 칼슘은 신경계와도 관련이 있다. 나트륨 섭취가 증가할수록 혈압도 증가하며, 칼륨은 소변으로의 나트륨 배설을 촉진한다. 철은 비헴철에 비해 헴철의 흡수율이 약 10배 높다.
5. ❹ 체내 수분은 영양소 운반, 체온 조절, 수용성 독성 물질 배출, 소화액의 용매, 윤활 작용 등에 필수적이며, 20% 이상의 수분이 손실되면 사망할 수 있다.

CHAPTER 5

가공식품

학습목표

식품의 영양적 가치, 기호적 가치 및 보존성을 높이기 위한 가공 기술과 가공 방법을 이해하기 위해 다음의 내용을 다룬다.

1. 가공식품의 장점에 대해 알아본다.
2. 가공식품을 제조하기 위한 기술에 대해 알아본다.
3. 농·축·수산 가공식품의 종류와 그 가공 방법에 대해 알아본다.

1. 가공식품의 정의 및 장점

가공식품은 다양한 가공 기술을 통해 식품 재료에 이화학적 변화를 주어 소화와 흡수가 잘되고, 풍미와 외관을 좋게 해서 기호성을 향상시키는 동시에 저장성을 높인 식품이다. 가공식품을 제조함으로써 얻을 수 있는 이점은 다음과 같다. 첫째, 맛과 향기, 조직감 및 외관 등 기호성이 좋아진다. 둘째, 식품 재료 중 소화성이 낮거나 이용할 수 없는 부분이 제거되고 소화와 흡수가 쉬워지며 부족하기 쉬운 영양소 강화로 영양적 가치가 높아진다. 셋째, 선도 유지, 변질 및 부패 방지, 유독 성분의 제거, 살충 및 살균 등이 확보되어 안정성과 안전성이 높아진다. 넷째, 냉동식품, 냉장식품, 건조식품, 통조림 등으로 가공함으로써 저장성이 높아진다. 다섯째, 간편성이 향상되어 조리 시간 및 가사 노동력을 줄여 주는 효과가 있다. 여섯째, 원료의 부피가 줄어들고, 적절한 포장이 이루어짐으로써 운반성이 좋아진다. 운반성의 향상은 물류비 절약은 물론이고 가공식품의 유통을 광범위하게 실행하게 해 준다. 일곱째, 수확하는 자연 식품이 일시에 많이 출하되면 가격이 불안정하고 소비에도 한계가 있으므로 이를 가공함으로써 저장성이 높아져 출하 시기나 유통량을 조절하여 가격을 안정화시킬 수 있다. 대량생산으로 가공 원가를 낮추어 생산자와 소비자에게 경제적 이익을 제공한다. 여덟째, 다양한 가공품을 생산 공급함으로써 가공업자의 이익을 창출할 수 있다.

2. 가공식품을 제조하기 위한 기술

가공식품의 원료는 동식물체로 그 성분이나 조직, 구조가 단순하지 않고 매우 복잡한 물질이다. 원료 자체에 효소가 존재하거나 미생물이 부착되어 있으며, 가공 과정에서 미생물, 효소, 가열, 공기 등의 영향도 받기 쉽다. 이처럼 불안정한 물질을 다루기 때문에 식품 가공 공정은 복잡하고 다양하다. 식품 가공에서 단위조작은 원료의 선별, 세척, 분쇄, 분리, 응집, 혼합, 유화, 성형, 가열, 동결, 농축, 살균 포장 등 매우 다양하다(표 5-1). 이러한 단위조작은 식품의 안전성과 보존성을 높이면서 기호성이나 소화 흡수성을 개선하기 위해 먹을 수 없는 부분을 제거하거나 유용한 성분을 분리하는 전처리 조작과, 형태나 성분을 변형시키는 조작으로 크게 나눌 수 있다.

1) 제거, 분리를 위한 가공 조작

식품 재료에는 가식 부분과 비가식 부분이 있다. 재료에 원하지 않는 흙이나 오물 등의 이물질이 부착, 혼입되어 있기도 하고, 견과류와 채소의 껍질이나 축산물의 뼈 등과 같은 협잡물도 있다. 이러한 경우에는 세척, 박피, 도정, 분쇄, 체질, 뼈 제거 등의 조작으로 불용 부분을 제거해야 한다. 특정 성분만을 이용하고자 할 경우는 추출, 농축, 석출, 증류 등의 조작이 필요하다. 이러한 제거, 분리 가공 조작은 대부분 물리적 단위조작이 활용된다.

표 5-1 식품 가공에 이용되는 기술

구분		기술 명칭		
단위조작		도정 세정 분쇄 체로 치기(사별) 분리 혼합 과립 건조 데치기 탈기 냉장 냉동 해동 여과 한외 여과 역삼투 여과 정밀 여과 전기 투석	증발 농축 증류 탈색 탈취 탈납 유화 결정 침강 침전 압착 압출 추출 초임계 가스 추출 흡수 흡착 탈염소 진공 프라이 캡슐화	마이크로캡슐화 가열 살균 방사선 살균 마이크로파 살균 자외선 살균 소금 절임 설탕 절임 초 절임 배지 및 장치 살균 공기 제균 제열 통기 교반 산소 공급 무균 조작 균주 선별 균주 보관
단위반응	화학적 단위반응	유지의 경화 에스터 교환 탈검 탈산 훈증	훈연 합성 가수분해 약제 살균 표백	흡수 응고 탈염 색소의 발색과 고정 메일라드 반응
	생화학적 단위반응	발효 제국 숙성	자기분해 유전자 조작 세포 융합	조직 배양 생물 반응기

2) 형태, 성분을 변형하기 위한 가공 조작

기호성이나 소화성을 개선하기 위해 가공 재료의 성질이나 형태를 변형시키기도 한다. 이 경우는 재료나 가공 목적에 따라 적합한 가공 조작이 이루어진다. 여러 가지 식품 재료를 이용하여 혼합, 성형하는 가공식품에서는 재료와 성분의 성질에 적합한 압출, 반죽, 유화 등의 기술이 필요하고, 가열 처리로 안정성, 저장성, 기호성 등을 높이려는 식품에서는 그 목적에 알맞은 최적의 가열 처리 조건을 설정하는 것이 중요하다. 미생물이나 효소를 이용해서 유산균 음료, 장류, 술, 식초 등을 제조하는 공정은 원료 성분을 일부분 또는 완전히 변화시키는 조작 과정이다. 최근에는 생물공학의 발전으로 유전자 조작, 세포 융합, 고정화 효소 및 균체 이용 기술 등도 활용되고 있다. 형태나 성분의 변경 조작에는 물리적 단위조작과 화학적 또는 생물학적 조작인 단위반응이 병용된다.

3. 다양한 가공식품

1) 농산 가공식품

(1) 밀가루

밀(wheat, *Triticum aestivum*)은 대부분 제분하여 밀가루로 만든 다음에 빵, 면류, 과자 등으로 가공된다. 밀에는 고유의 단백질인 글루텐(gluten)이 함유되어 있어 물을 넣고 반죽하면 점탄성이 생긴다. 밀가루는 원료 밀의 종류와 제분 정도에 따라 차이를 보이며, 글루텐 함량과 회분의 함량에 따라 분류한다. 밀가루는 회분 함량이 0.5% 이하이면 고급 밀가루로 분류하며, 글루텐의 함량에 따라서는 다음과 같이 분류한다.

- 강력분(strong flour) : 경질 밀을 제분하여 만들고 글루텐 함량은 13% 이상(건부량 기준)이며, 주로 마카로니, 식빵 등을 만드는 데 사용한다.
- 중력분(medium flour) : 중질 밀을 제분하여 만들고 글루텐 함량은 10~13% 범위이며, 제면용으로 적당하다. 국내 및 호주산 밀에서 얻을 수 있다.
- 박력분(weak flour) : 연질 밀을 제분하여 만들고 글루텐 함량이 10% 이하이며, 케이크, 튀김, 과자 등의 제조에 많이 사용한다.

(2) 밀가루 가공품

① 면류

면류에는 면대를 형성하여 잘라서 만드는 선절면(국수, 칼국수 등), 압출기로 압출하여 만드는 압출면(마카로니, 냉면 등), 손이나 기계로 빼서 신장시켜 만든 신연면 등이 있으며, 이외에 즉석면과 건조 증화면이 있다. 즉석면은 밀가루를 주원료로 해서 물, 소금, 면질 개량제를 섞어 면을 만들어 증기로 호화시킨 후 기름에 튀기거나 그대로 건조시킨 제품이다. 수프를 첨가하여 끓는 물에서 2~3분 끓여 식용할 수 있는 즉석성, 간편성을 가진 면류로 라면이 대표적이다. 건조 증화면은 반죽할 때 밀가루의 2~3%에 해당하는 견수(탄산소듐, 탄산포타슘이 주성분)를 혼합하여 건면의 공정에 따라 만든 면이다. 견수를 넣음으로써 글루텐의 탄력성, 신전성이 좋아지고 면의 색이 황색으로 변하며 독특한 향이 난다.

② 빵

빵은 밀가루에 물, 소금 등의 부재료를 넣어 만든 반죽을 이산화탄소(CO_2)가 발생하는 팽창원으로 부풀게 하여 구워서 다공질, 해면상의 조직을 갖게 만든 제품이다. 빵의 원료는 밀가루, 물, 효모, 설탕, 소금, 쇼트닝 등이다. 빵 효모(*Saccharomyces cerevisiae*)는 포도당을 발효시켜 이산화탄소를 발생시키며 반죽을 부풀게 하여 빵을 다공질로 만들고, 발효 시에 알코올, 알데하이드, 케톤, 유기산 등을 생성하여 빵에 독특한 풍미를 준다. 효모 발효에 의해 만든 빵을 발효빵(식빵, 롤빵, 과자빵 등), 베이킹파우더(baking powder, 탄산수소염)를 사용하여 만든 빵을 무발효빵(팬케이크, 비스킷 등)이라고 한다.

(3) 전분당

옥수수, 감자, 고구마 등에서 추출, 정제한 전분을 효소나 산으로 가수분해하여 만든 제품을 전분당이라 한다. 포도당, 맥아당 및 올리고당(물엿)이 대표적이다.

올리고당은 전분을 가수분해하여 포도당을 만드는 과정에서 당화(가수분해)를 중지시켜, 덱스트린(dextrin, 호정)과 당분(포도당, 맥아당)이 일정한 비율로 함유하게 한 것이다. 당화의 정도에 따라 당도나 점도가 달라지며 당화가 많이 된 올리고당일수록 단맛이 강한 반면에 점도는 낮아진다.

(4) 콩류 가공품

① 간장

간장은 대두를 이용하여 고지(koji, 국)를 만들고 소금물을 부어서 발효, 숙성시킨 다음 압착하여 만든 제품이다. 제조 방법을 살펴보면, 우선 증자한 대두에 분쇄 밀을 첨가한 다음 *Aspergillus sojae* 또는 누런 누룩곰팡이(*Aspergillus oryzae*)를 접종하여 고지를 만든다. 고지에 소금물(17~19 Bé, 약 23%)을 부은 다음 온도를 약 28~32℃로 조절한다. 숙성을 돕고 풍미를 좋게 하기 위해 효모나 젖산세균 등도 넣는다. 발효 및 숙성 과정 중에 효소 작용으로 당화된 당분, 단백질 분해로 생성된 펩타이드(peptide) 또는 아미노산 등의 성분이 용출된다. 간장 효모에 의해 알코올, 이산화탄소 및 맛과 관련 있는 유기산도 생성된다. 발효와 숙성이 끝나면 압착, 여과하여 생간장(덧의 약 70~80% 수율)을 얻은 다음 가열(달임)한다. 가열하는 이유는 살균 효과와 미분해 단백질 등을 응고시켜 장을 맑게 하고 향미, 풍미 및 색택이 좋아지도록 하기 위해서이다. 이어서 MSG, 카라멜, 과당 시럽을 첨가하는 등 소비자의 기호에 맞추어 조미한 다음 규조토를 이용해 여과하여 제조한다. 재래식 간장은 콩을 쑤어 띄운 메주를 소금물에 담가 30~40일가량 두어 충분히 우린 뒤에 그 즙액만 떠내어 체로 걸러서 솥에 붓고 달여서 만든다.

재래식과 개량식 간장은 모두 양조간장으로 제조하는 데 시일이 오래 걸리므로 아미노산 간장(화학간장)을 제조하여 판매하기도 한다. 아미노산 간장은 콩가루, 콩깻묵, 땅콩깻묵, 간장비지 등의 단백질 원료를 염산으로 가수분해하여 수산화소듐(sodium hydroxide)이나 탄산소듐(sodium carbonate)으로 중화시켜 얻은 아미노산에 소금으로 간을 맞추고 재래식 간장의 색, 맛, 향기를 내는 첨가물을 첨가하여 만든다. 양조간장보다 제조 시간이 단축되는 장점은 있으나 풍미가 많이 떨어져서 양조간장과 아미노산 간장을 혼합한 혼합간장도 제조되고 있다.

② 된장

개량식 된장은 찐콩과 고지를 섞어 물과 소금을 넣고 일정 기간 숙성시킨 것으로, 숙성 중에 각종 효소에 의하여 단백질과 전분이 분해되어 소화도 잘되고 특유의 맛과 향기가 있는 제품이다. 고지는 쌀, 보리, 콩 등의 곡물에 누런 누룩곰팡이(*Asp. oryzae*), *Asp. sojae*, 흰고지곰팡이(*Asp. kawachii*), *Asp. shirousamii* 및 검은 곰팡이인 *Asp. awamori*,

*Asp. usamii*를 접종하여 만든다. 숙성을 돕고 풍미를 향상시키기 위해 효모와 젖산세균도 첨가한다. 일정 기간 숙성이 되면 화학조미료, 감미료, 보존료를 넣고 혼합, 마쇄하여 제품으로 만든다. 재래식 된장은 간장을 거르고 난 메주에 소금을 치고 계속 숙성해 가면서 식용하기 때문에 간장의 제조 부산물로 생각할 수 있다.

③ 고추장

단백질 원료인 콩과 전분질 원료인 찹쌀이나 보리쌀을 호화한 뒤에 맥아가루(맥아 효소에 의한 당화)와 메줏가루(누룩곰팡이균에 의해 당화와 단백질 분해)로 당화한 다음 고춧가루와 소금을 넣고 숙성시킨 우리나라 고유의 장류 식품이다.

④ 청국장

청국장은 대두에 납두균(*Bacillus subtili* 〈natto〉)을 번식시켜 담근 장류 식품이다. 납두균은 발육 적온이 다른 누룩곰팡이균보다 높고(40~42℃) 글루탐산(glutamic acid)의 폴리펩타이드(polypeptide)와 과당(fructose)의 중합체(polymer)인 프럭탄(fructan)을 성분으로 하는 점질물과 강한 냄새가 나는 특징이 있다.

⑤ 두부

콩 단백질의 주성분인 글리시닌(glycinin)은 묽은 염류 용액에 녹는 성질이 있는데 콩 중에는 인산포타슘(potassium phosphate)과 같은 염류가 있으므로 콩을 마쇄하여 두유를 만들면 여기에 단백질이 녹아 나온다. 두부는 글리시닌 단백질을 70℃ 이상으로 가열한 후 염화마그네슘(magnesium chloride), 염화칼슘(calcium chloride) 등의 응고제를 넣어 응고시켜 만든 제품이다

(5) 채소 가공품

① 침채류

침채류는 채소류를 소금, 장류, 조미료, 식초 중의 한 가지 또는 여러 가지를 섞어 담근, 조리와 저장을 겸한 염장 발효식품이다. 저장 중 미생물, 특히 젖산세균에 의해 독특한 풍미를 나타내며 배추김치, 단무지, 피클(pickle) 등이 이에 속한다.

② 토마토 퓌레

토마토 퓌레(tomato puree)는 익은 토마토를 펄핑(pulping)하여 껍질, 씨 등을 제거한 후 과육과 즙액만으로 이루어진 펄프를 농축한 제품이다.

③ 토마토 페이스트

토마토 페이스트(tomato paste)는 토마토 퓌레를 더욱 농축한 것으로, 반고체에 가까우며 고형분 함량이 25% 이상인 제품이다.

④ 토마토케첩

토마토케첩(tomato ketchup)은 토마토 퓌레에 설탕, 소금, 식초, 각종 향신료를 첨가하여 농축한 후 통조림이나 병조림한 것을 말한다. 사용하는 향신료로는 계피, 마늘, 고추, 양파, 파프리카, 정향, 후추, 올스파이스(allspice), 생강 등이다.

⑤ 건조 채소

건조 채소는 채소를 말려 무게와 부피를 줄여 보존과 수송을 편리하게 하고 연중 사용할 수 있도록 만든 제품으로 건조 제품 특유의 식감과 풍미를 가진다. 건조 전에 대개 데치기(blanching)를 하는데 이는 효소(산화효소 등)를 실활시켜 효소에 의한 변질을 막고 조직을 연화시켜 세척과 건조를 용이하게 하기 위해서이다. 무말랭이, 박고지, 건조양파, 건조당근, 건조도라지 등이 있다.

(6) 과실 가공품

① 잼류

잼(jam)류라 함은 과실류를 당류와 함께 젤리화 또는 시럽화한 것이다. 과실을 미생물에 의해 부패가 일어날 수 없을 정도로 설탕을 넣고 수분을 증발, 농축하여 만든 제품으로, 다량의 당분을 함유하는 저장성이 높은 가공식품이다. 저장성이 높은 것은 당으로 인해 삼투압이 높아져 미생물의 생육이 저해되기 때문이다. 젤리화의 3요소는 펙틴(pectin, 1% 내외), 산(pH 3.2~3.5, 적정 산도 0.27%~0.3%), 당(62~65%)이며, 이 3요소의 비율이 잘 맞아야 젤리화가 잘된다.

- 젤리(jelly) : 과실에서 투명한 과즙을 추출하여 이것을 가당, 농축해서 만든 제품이다. 투명도와 적절한 점도가 필요하다.
- 마멀레이드(marmalade) : 젤리에 과피 또는 과육의 절편을 소량 부유시킨 제품이며, 투명도가 있어야 한다.
- 잼(jam) : 생과로 직접 만들거나 과실 펄프를 만든 다음 가당, 농축하여 만든 제품이다. 젤리나 마멀레이드와는 달리 투명도는 없어도 된다.

② **과일 음료**

과일 음료는 과일을 압착하여 착즙한 것이며, '과일을 주원료로 하여 가공한 것으로 직접 음용하거나 희석하여 음용하는 시럽 및 농축액'이라 정의할 수 있다. 향기와 영양가가 높을 뿐만 아니라 상쾌한 맛을 가진다. 성분 배합 기준을 보면 천연 과즙 음료는 과즙 95% 이상, 과즙 음료는 50~95% 미만, 희석 과즙 음료는 10~50% 미만으로 규정한다. 과일 음료는 제조 상태에 따라 천연 과일주스(천연에서 착즙한 그대로의 농도를 가짐), 농축 과일주스(천연 과즙주스를 농축한 것), 분말 과일주스(농축 과일주스를 분말화한 것) 및 과일 음료(과일주스에 당분이나 향료 등의 첨가물을 넣어 만든 음료)로 분류한다.

일반적인 제조 공정은 원료의 선별 및 세척, 착즙, 여과와 청정, 탈기 및 살균, 밀봉, 냉각 및 포장의 순으로 이루어진다. 과일주스에 혼입된 산소는 휘발성 향미 성분과 유지 성분의 산화로 인한 이미·이취의 발생, 비타민 C의 산화와 색소 파괴, 갈변 및 호기성 균 발생의 원인이 된다. 이를 막기 위해 살균 전에 탈기하고, 탈기 후에는 살균하여 용기에 담는다. 과일주스를 순간 살균한 후에 60℃ 정도로 품온을 유지하면서 무균적으로 살균한 용기에 넣고 밀봉하여 냉각한다. 살균이 끝난 주스를 바로 병조림이나 통조림 하는데, 일단 저장하였다가 산과 당을 조절한 후 포장하기도 한다.

③ **당과**

과실을 당액에서 서서히 가열하여 조직 내로 당을 침투시켜 당도를 높여 건조시킨 제품이다. 주로 사용하는 과일은 감귤류의 껍질, 버찌, 밤, 살구, 파인애플, 사과, 복숭아 등이다.

④ **건조 과실**

과실을 건조시켜 수분을 제거한 것으로, 단맛을 강하게 하는 동시에 독특한 풍미와 저장성을 높인 제품이다. 주로 사용하는 과일은 감, 포도, 사과, 살구, 자두, 무화과, 파인애플 등이다. 건조 과실을 제조할 때는 보통 황 훈증을 하는데 이는 갈변 방지, 유해 미생물의 번식 억제, 그리고 원료의 세포막을 파괴하여 건조가 용이하도록 하기 위함이다. 황 훈증 시 발생하는 아황산가스(SO_2)는 제품에 1,000 ppm(0.1%) 이하로 잔류되어야 한다.

(7) 유지 가공품

① 정제 유지

식용유지의 원료로는 식물성 유지와 동물성 유지가 있다. 식물성 유지로는 콩기름, 유채기름, 팜유(palm oil), 미강유, 코코넛기름(coconut oil), 면실유, 땅콩기름, 올리브유 등이 있다. 동물성 유지로는 쇠기름(beef tallow), 돼지기름(lard), 어유(fish oil) 등이 있다. 이들 원료에서 채취한 유지는 먼지, 섬유질, 단백질, 색소, 인지방질, 유리지방산, 냄새 성분 등의 불순물이 들어 있기 때문에 이들을 제거하기 위한 정제 과정이 필요하다. 일반적인 유지의 추출 및 정제 방법은 다음과 같다.

- 전처리 : 동물성 원료의 경우는 세절, 식물성 원료는 주로 분쇄와 열처리를 시행한다.
- 유지의 채취 : 유지를 채취하는 방법은 용출법, 압착법, 추출법이 있다. 용출법은 원료에 물을 넣지 않고 솥에 넣어 110℃로 가열하면서 기름을 추출하는 건식법과, 물을 이용하여 추출하는 습식법이 있다. 압착법은 식물성 유지 원료에 압력을 가하여 채유하는 방법으로 참기름, 유채기름 등 보통 정제하지 않는 유지의 채유에 한정된다. 추출법은 유지 원료를 휘발성 유기용매로 처리하여 원료 중의 유지 성분을 용해시킨 후 채유하는 방법이다. 추출 용매는 주로 헥세인(hexane, 끓는점 65~69℃)이 많이 사용된다.
- 유지의 정제 : 불용 물질의 제거(desludge), 검제거(degumming), 산제거(deacidification), 표백(bleaching), 탈취(deodorization)의 공정으로 구성된다. 불용 물질의 제거는 착유 시 원료의 조직 등이 혼입되었을 경우 이를 제거하는 공정이다. 검제거 공정은 유지에 들어 있는 인지방질, 단백질, 탄수화물 등의 콜로이드성 불순물인 검질(gum)을 제거하는 것으로, 유지에 물을 가하여 열처리하거나 산을 첨가하면 검질이 팽윤되면서 응고가 일어나는데 이를 원심분리로 제거한다. 산제거 공정은 유리지방산을 제거하는 과정으로 알칼리 산제거법이 많이 이용된다. 알칼리(NaOH, KOH 등) 용액을 일정 비율로 혼합기에 주입하고 60~70℃로 가열하면 기름과 비누 성분이 분리된다. 이어서 10~20%의 뜨거운 물을 가하면 비누가 물에 녹는데 이를 원심분리기로 분리하고 유지는 진공 건조기로 보내어 탈수한다. 표백 공정은 유지에 함유되어 있는 카로테노이드(carotenoid), 엽록소(chlorophyll) 등의 지용성 색소를 제거하는 것으로 물리적 흡착법을 주로 이용한다. 흡착제로는 활성 백토를 주

로 사용하는데 활성탄 등도 일부 병용한다. 색소와 더불어 미량 금속, 비누, 검질도 제거하는 효과를 볼 수 있다. 일반적으로 진공 상태로 70~80℃에서 표백제를 1~2% 첨가하고 다시 감압시켜 110~120℃에서 10~20분간 열처리하여 필터프레스(filter press)로 여과한다. 탈취 공정은 유지에 함유되어 있는 불쾌한 휘발성 물질(저급 지방산, 알데하이드, 케톤, 아민류 등)을 제거하는 과정이며, 진공 수증기 증류법을 가장 많이 이용한다. 이 방법은 감압하에서 트라이글리세라이드(triglyceride)와 냄새 성분 및 유리지방산과의 증기압 차이가 큰 성질을 이용한다. 회분식으로 처리할 경우 유지를 2~20 mmHg의 감압 상태로 220~250℃에서 수증기 증류를 실시하여 냄새 성분을 제거한다.

② 가공 유지

- 경화유 : 경화유는 불포화지방산을 많이 함유하는 유지에 수소를 첨가하여 포화지방산으로 만든 유지이다. 녹는점이 상승하여 상온에서 고체화되고, 유지의 불포화도가 감소하여 산화 안정성이 높아지며, 유지에 가소성과 경도를 부여하여 물리적 성질을 개선한다. 경화유는 식품 산업에 많이 사용하는 마가린과 쇼트닝의 원료로 주로 이용되는데 수소 첨가 과정에서 인체에 해로운 트랜스지방산(*trans*-fatty acid)이 생겨 논란의 여지가 많다.
- 마가린(margarine) : 식용유지에 물과 첨가물을 넣어 유화시킨 후 급냉하여 숙성시켜 만든, 가소성과 유동성을 갖는 버터 유사품으로 유지 성분이 80% 이상인 제품이다. 경화유, 콩기름, 팜유, 면실유 등 원료 유지 80% 이상, 물 또는 발효유 16~18%, 식염 2~3%, 유화제 0.3~0.8%, 소량의 보존료, 산화방지제, 부향제, 착색제, 비타민 등을 첨가하여 만든다.
- 쇼트닝(shortening) : 쇼트닝은 경화유, 돼지기름, 정제 야자기름, 쇠기름, 콩기름, 면실유 등 각종 유지의 혼합물을 그대로 또는 이에 식품첨가물을 가하여 가소성, 유화성 등의 가공성을 부여한 고체상 또는 유동상의 유지를 말한다. 부원료로는 산화방지제와 레시틴, 글리세린지방산 에스터 등의 유화제가 쓰이며, 튀김용에는 소포제로 실리콘 수지가 사용된다.

2) 축산 가공식품

(1) 육가공품

① 육가공의 원리

육가공은 원료용 고기(원료 육)를 용도에 맞게 절단하여 분쇄, 염지, 훈연 및 가열 등의 과정을 거쳐 육제품을 만드는 과정을 말한다. 품질이 일정하고 기호성이 좋은 제품을 만들기 위해서는 원료 육의 특성과 각 공정의 목적 및 효과를 잘 이해해야 한다.

- 염지(curing) : 원료용 고기와 소금 및 기타 첨가물을 혼합하는 공정이다. 염지 재료로는 소금, 아질산염과 질산염, 설탕, 산화방지제, 향신료, 비타민 C, 인산염, MSG 등이다. 소금은 염지에 필수적인 성분으로 맛과 방부성을 부여하고 염용성 단백질을 용출시켜 결착성을 갖게 한다. 아질산염과 질산염은 육색소를 안정시키고 미생물의 성장을 억제하며, 제품의 풍미를 향상시킨다. 인산염은 보수력과 결찰력을 증가시킨다. 기타 성분들은 기호성 향상과 산화방지의 목적으로 첨가한다. 염지 방법은 표면에 염지제를 뿌리거나 문지르는 건염법, 염지액(약 20% 식염수와 염지제의 혼합물)에 원료 육을 담그는 액염법과 주사기로 주사하는 염지액 주사법이 있다.
- 분쇄(grinding) 및 혼합(mixing) : 분쇄는 그라인더 또는 초퍼를 이용하여 덩어리고기를 균일한 크기로 분쇄하는 공정이다. 혼합은 입자 형태로 분쇄된 고기에 물, 소금, 인산염 등의 염지제를 첨가하고 기계적으로 비벼 줌으로써 고기 단백질을 추출시켜 분쇄된 고기를 다시 재결합시킬 수 있게 하고, 부재료 및 향신료들이 고기에 골고루 섞일 수 있도록 하는 공정이다.
- 세절(cutting) 및 유화(emulsifying) : 세절은 고속의 칼날로 고기를 잘게 쪼개 주는 공정이다. 유화는 세절된 원료 육을 지방, 물 등과 같이 정상적인 상태에서는 서로가 섞이지 않는 성분을 기계적으로 혼합하는 공정이다.
- 충전(stuffing) 및 결찰(ligation) : 충전은 혼합기나 사일런트 커터(silent cutter)에서 제조된 혼합 육이나 고기 유화물을 햄 또는 소시지의 형태로 만들기 위해 케이싱(casing)이나 캔 또는 유리병 등의 용기에 집어넣는 공정이다. 결찰은 원료 육을 케이싱에 충전한 후 매듭을 짓는 공정으로, 금속의 클립이나 알루미늄 철사를 이용하여 묶는다.
- 훈제(smoking) : 훈제는 목재를 불완전 연소시켜 발생하는 연기에 어패류나 육류

제품 등을 쐼으로써 독특한 풍미와 보존성을 갖도록 하는 공정이다. 훈제 연기 성분 중에서 폼알데하이드, 페놀, 유기산, 알코올, 크레졸 등에 의하여 항균 효과를 가지게 되며, 페놀 화합물, 카보닐 화합물, 케톤 화합물, 락톤(lactone) 및 피라진(pyrazine)류에 의해 특유의 풍미를 갖게 된다.

- 가열 처리 : 가열 처리함으로써 유해한 미생물을 살멸시키거나 번식을 억제하고 효소를 불활성화하며, 단백질을 응고시키고 풍미를 향상시키며 발색을 좋게 한다.
- 포장 : 포장은 제품의 품질에 나쁜 영향을 미칠 수 있는 물리적, 화학적 또는 생물학적 요인으로부터 제품을 보호하는 공정이다.

② 육가공품의 종류

- 레귤러햄(regular ham) : 레귤러햄은 주로 돼지 뒷다리 부분을 사용하여 절단, 혈교(염지 전에 고기 중에 남아 있는 혈액을 제거하기 위한 공정), 염지, 수침(표면의 소금기를 제거하고 표면과 내부의 소금 농도를 균일하게 만드는 공정), 정형(표면에 묻어 있는 오물이나 응고물을 긁어내고 형태를 다듬는 공정), 건조 및 훈제, 냉각 및 포장의 공정을 거쳐 만든 제품이다.
- 뼈뺀햄(boneless ham) : 뼈뺀햄은 원료 육의 뼈를 제거하고 레귤러햄과 같은 방법으로 제조한 제품이다. 절단, 혈교, 염지 및 수침은 레귤러햄과 동일하다. 수침 후 뼈 제거, 묶기(뼈를 제거한 공간을 메우고 결착력을 좋게 하기 위해 햄 틀에 넣고 압축하거나 면포로 싸서 끈으로 묶는 공정), 훈제, 가열, 냉각 및 포장의 공정을 거쳐 만든다.
- 베이컨(bacon) : 베이컨은 주로 돼지의 옆구리 삼겹살을 염지와 훈제 과정을 거쳐 만든 제품이다. 원료 육을 염지하고 훈제한 다음 방냉시켜 슬라이스하기 쉽도록 동결한 후 슬라이스하여 진공 포장한다.
- 프레스햄(press ham) : 프레스햄은 햄과 소시지의 중간적 특성을 갖는 육제품이다. 적당한 크기로 토막 낸 원료 육과 조미료 및 향신료 등을 혼합하여 케이싱에 압력을 가하여 충전하고 훈연한 다음 가열하여 단백질을 응고시켜 굳힌 제품이다.
- 소시지(sausage) : 소시지는 원료 육을 세절하여 돼지의 복부 지방, 조미료 및 향신료 등을 혼합한 후 케이싱에 넣어 가열이나 훈제 또는 발효시킨 제품이다. 원료 육은 햄이나 베이컨 제조 시 얻어지는 잔육, 기타 축육 또는 내장 육, 돼지의 복부 지방 등을 이용한다. 원료 육을 염지, 세절, 혼합 및 유화, 충전(PVDC 등의 플라스틱 필

름이나 동물의 창자와 같은 천연 케이싱을 이용), 훈제, 가열, 냉각 및 포장의 공정을 거쳐 제조한다.

(2) 유가공품

젖(乳)은 포유동물의 첫 영양 공급원이며 젖샘에서 합성되어 유두를 거쳐 분비되는 자연 식품이다. 단일 식품으로는 여러 가지 영양분이 골고루 들어 있는 거의 완전에 가까운 식품이며 오래 전부터 인류의 식량으로 이용되어 왔다. 유가공이란 여러 동물의 젖을 가공하여 유제품을 만드는 것이나, 현재는 대부분의 유제품이 소의 젖, 즉 우유를 원료로 하고 있다.

① 시유

시유(market milk)는 음용에 사용할 목적으로 살균 처리하여 시판되는 우유를 말한다. 시유를 만들기 위해 수유(受乳) 후 비중 측정, 침전물 측정, 알코올 시험(alcohol test), 산도검사, 지방 함량 측정 등 수유검사를 하고 표준화(탈지유와 크림으로 우유지방 함량을 조절하는 것)한다. 이어서 우유 중 지방입자에 물리적 충격을 가하여 지방입자의 크기를 작게 분쇄하는 균질화 작업을 거쳐 살균 처리 후 충전, 포장하여 시유를 제조한다. 살균 방법에는 62~65℃에서 30분간 살균하는 저온장기간살균법(low temperature long time, LTLT), 70~75℃에서 15초간 살균하는 고온순간살균법(high temperature short time, HTST), 그리고 130~135℃에서 1~5초간 살균하는 초고온순간살균법(ultra high temperature, UHT)이 있다. 시유의 규격을 살펴보면 우유지방은 3.0% 이상, 세균 수는 n=5, c=2, m=10,000, M=50,000, 대장균군은 n=5, c=2, m=0, M=10, 산도는 젖산 기준으로 0.18% 이하이며 인산가수분해효소시험(phosphatase test)에서 음성이어야 한다.

② 가당연유

가당연유(sweetened condensed milk)는 우유에 약 16%의 설탕을 가하여 2.5~3:1로 농축한 제품이다.

③ 무당연유

무당연유(sugar free condensed milk)는 설탕을 가하지 않고 우유를 그대로 2~2.5:1로 농축한 제품으로 가당연유와는 달리 충전, 밀봉 후 살균해야 한다.

④ **분유**

분유(dry milk)는 건조 유제품으로 가볍고 용적이 작아서 다루기가 편하며 보존성이 커서 수송에 편리한 제품이다. 주로 분무 건조를 통해 제조하며 전지분유, 탈지분유, 조제분유 등이 있다.

⑤ **크림**

크림(cream)은 우유를 오랫동안 방치하거나 원심분리할 때 지방이 많은 부분이며, 식품의 성분 규격상으로는 우유지방이 18% 이상인 것을 말한다. 버터, 아이스크림, 제과 및 요리용으로 널리 사용된다. 커피크림은 우유지방 함량이 10~30%, 연한 휘핑크림은 우유지방 함량이 30~36%, 진한 휘핑크림은 우유지방 함량이 36% 이상, 그리고 소성크림은 우유지방 함량이 79~81%이며, 아이스크림 원료나 연속버터 제조 원료 등으로 이용된다.

⑥ **버터**

크림을 천천히 교반(churning)시키면 우유지방입자 막이 파괴되면서 지방이 모여 버터 입자가 형성된다. 이를 한데 모아 반죽하여 물을 분산시키고 유화 상태로 만든 제품이 버터(butter)이다. 원료 크림의 발효 여부에 따라 숙성버터(ripened butter)와 스위트버터(sweet butter)로, 식염의 첨가 여부에 따라 가염버터와 무염버터로 나뉜다. 버터의 제조 방법은 다음과 같다.

- 원료 크림 : 스위트크림(sweet cream, 젖산 발효를 하지 않은 크림), 중화크림(알칼리 첨가로 중화한 크림), 사워크림(sour cream, 젖산 발효시킨 크림)이 있다.
- 원료 크림의 살균 : 위생적으로 안전하고 보존성이 있는 버터를 제조하기 위하여 120~135℃에서 2~3초간 살균한다.
- 교반(churning) : 크림을 교반하여 기계적 충격을 가해 지방입자의 피막을 파괴하여 지방을 융합시키는 공정이다.
- 버터밀크(유장)의 배출과 수세 : 교반이 끝나면 잠시 정치하였다가 버터밀크를 배출하고, 잔존하는 버터밀크와 수분 조절을 위해 2~3회 수세한다.
- 가염 및 연압 : 가염은 풍미와 저장성을 좋게 하기 위해 1~2.5%의 식염을 가하는 공정이고, 연압(working, kneading process)은 버터 입자가 덩어리가 되게 하는 반죽 과정으로 수분 및 버터밀크가 제거된다.
- 충전 및 포장

⑦ 치즈

치즈(cheese)는 우유에 레닛(rennet, 응유효소)을 넣어 카세인과 지방을 응고시켜 얻은 커드(curd)를 덩어리로 만든 다음 세균이나 곰팡이 등으로 숙성시켜 만든 가공식품이다. 치즈의 종류는 수분 함량과 숙성 방법에 따라 분류한다. 특수경질치즈는 수분 함량이 25~30%이므로 매우 딱딱하여 분말 치즈로 이용되며, 세균으로 약 1년간 숙성시켜 만든다. 파르메산치즈(Parmesan cheese)와 로마노치즈(Romano cheese)가 여기에 속한다. 경질치즈는 수분 함량이 30~40%인 치즈이며, 세균으로 최소한 5~6개월간 숙성시켜 만든다. 체더치즈(Cheddar cheese)와 고다치즈(Gouda cheese)는 가스 구멍이 없으나 에멘탈치즈(Emmenthal cheese)는 가스 구멍이 있는 것이 특징이다. 반경질치즈는 수분 함량이 38~45%이며, 세균으로 숙성시킨 브릭치즈(Brick cheese), 림버거치즈(Limburger cheese)와, 곰팡이로 숙성시킨 로케포르치즈(Roquefort cheese), 블루치즈(Blue cheese)가 있다. 연질치즈는 수분 함량이 40~60%로 숙성한 것과 숙성시키지 않는 것(Cottage cheese)이 있다. 특수치즈는 2가지 이상의 자연치즈(natural cheese)를 혼합하여 만든 가공치즈(process cheese)가 대표적이다.

치즈의 제조 방법은 다음과 같다.

- 원료의 검사 및 표준화 : 원료 검사로는 유질검사, 발효시험 및 항생 물질 검출시험 등이 있다. 표준화는 치즈의 주성분이 카세인과 지방이므로 균일한 제품을 얻기 위해 카세인(casein, C)과 지방(fat, F)의 비율(표준비, C/F = 0.7)을 조정하는 것을 말한다.
- 살균 : 72~75℃에서 15초 또는 63~65℃에서 30분 정도 살균한다.
- 발효 : 스타터(starter : *Streptococcus lactis*, *S. cremoris* 등)를 첨가하여 산도가 0.18~0.22%가 될 때까지 약 20분에서 2시간 정도 발효한다. 발효의 목적은 레닛에 의한 응고 작용에 필요한 산도를 갖게 하고 숙성을 순조롭게 하여 풍미를 좋게 하며, 다른 미생물의 번식을 억제하기 위함이다.
- 레닛 첨가 : 산에 의해서도 응고되지만 대부분은 레닛으로 응고한다. 레닛의 최적 온도는 41℃(31~48℃), 최적 pH는 5.35이다. 착색을 위해 0.003~0.012%의 아나토(annatto, 식용 색소)를 첨가하기도 한다.
- 커드의 절단 : 레닛 첨가에 의해 커드가 생성되면 이를 커드 나이프(curd knife)로 경질은 작게, 연질은 크게 절단한다. 절단하는 이유는 커드의 표면적을 넓게 하여

유청(whey)의 배출을 용이하게 하고 가열 시 균일하게 열을 받도록 하기 위함이다.

- 커드의 가열과 교반 : 가열과 교반을 함으로써 유청의 배출이 빨라지고, 커드 조각의 표면에 부드러운 막을 형성하여 지방의 손실을 방지하며 탄력성이 있는 조직이 된다(경질치즈는 38℃, 연질치즈는 31℃).
- 유청 빼기(whey draining) : 여과포를 이용해 유청을 배출시킨다.
- 성형(moulding) 및 압착(pressing) : 커드의 모양이 형성되고 치밀 조직이 된다. 연질치즈는 가압하지 않고 뒤집어 주면서 커드의 무게로 유청을 배출한다.
- 가염 : 치즈의 풍미를 좋게 하고 과도한 발효를 억제하며 잡균에 의한 이상발효를 막기 위해 가염한다. 건염법은 1~2%의 식염을 압착하기 전에 섞는 방법이고, 습염법은 18~24 Bé의 식염수에 48~72시간 동안 담그는 방법이다.
- 숙성 : 10~20℃, 80~95%의 숙성실에서 수 주 또는 수개월 숙성한다(곰팡이, 세균 등 천연 미생물 또는 인위적으로 첨가하는 미생물을 주로 이용).

⑧ 가공치즈

가공치즈(processed cheese)는 두 종류 이상의 치즈를 분쇄하여 유화제 등을 넣고 가열하면서 유화시킨 후에 일정한 모양으로 굳혀서 포장한 제품이다. 아나토 등의 색소를 첨가하기도 한다.

⑨ 크림치즈

크림치즈(cream cheese)는 크림과 우유로 만든 치즈로, 수분 함량이 45% 이상으로 높고 지방 함량도 높아 부드럽다.

⑩ 발효우유

발효우유(fermented milk)는 일반적으로 우유, 산양유, 마유 등과 같은 포유동물의 젖을 원료로 하여 젖산세균이나 효모 또는 이 두 종류의 미생물을 종균으로 하여 발효시킨 유가공품을 말하며, 여기에 향료, 과즙 등을 첨가하여 음용하기 적합하게 만든 것도 포함한다. 발효우유는 최종 발효 산물의 종류에 따라 분류할 수 있는데, 순수하게 젖산세균에 의해 발효된 젖산발효우유(yoghurt, acidophillus 등)와, 젖산세균과 효모에 의해 부분적으로 알코올 발효를 일으켜 만든 젖산-알코올 발효우유(kefir, koumiss 등)가 있다. 이외에도 제조 공정이나 성분 및 성상에 따라 다양하게 분류한다.

3) 수산 가공식품

(1) 수산 냉동품

수산물의 동결 처리 공정은 두 가지 공정으로 나뉜다. 원료 전처리에서 냉동 팬(pan)에 채우기까지의 공정을 동결 전처리 공정이라 하고, 동결 후부터 마무리 공정까지를 동결 후처리 공정이라 한다. 그 제조 공정을 정리하면 다음과 같다.

① 원료 및 선별

원료어는 선도가 양호한 것을 이용하여 크기, 손상 유무 등에 따라 선별한다. 원료의 취급은 어체의 사후경직 시간을 좌우하므로 가능한 한 원료어는 0~5℃의 온도에 보존하되 방치 시간을 최소한으로 단축하고 직사광선을 피해야 한다.

② 세척

원료어는 맑은 물 또는 소독된 바닷물로 충분히 세척하여 어체에 부착된 혈액, 점액, 이물 등을 깨끗이 제거한다.

③ 어체 처리

어종, 용도 및 소비자의 요구에 맞추어 표 5-2와 같이 처리한다.

표 5-2 어체 처리 형태

명칭	형태
Whole(round)	원형 그대로 인 것
Semi-dressed	내장과 아가미를 제거한 것
Dressed	semi-dressed 상태에서 머리를 제거한 것
Pan dressed	dressed 상태에서 지느러미를 제거한 것
Fillet	dressed 상태에서 척추골을 제거하고 두 쪽으로 나눈 것
Chunk	dressed 또는 fillet을 일정한 치수로 절단한 것
Steak	fillet을 2~3 cm 정도의 두께로 절단한 것
Slice	fillet을 steak보다 더욱 얇게 자른 것

④ 세척 및 물 빼기

절단하여 처리된 어체는 세척하여 혈액, 내장, 이물질 등을 깨끗이 제거하고 충분히 물기를 뺀다.

⑤ **팬 담기**panning

처리를 마친 것은 일정량씩 칭량하여 금속제의 냉동 팬에 살쟁임으로 담아 동결하게 된다. 팬에 살쟁임할 때는 어종별 특성을 살려 외관상의 상품 가치를 돋보일 수 있도록 하여야 하며 fillet block 살쟁임 시는 각 단마다 폴리에틸렌 시트를 깔기도 한다.

⑥ **동결**

동결은 접촉식 동결법이나 송풍 동결법을 이용하여 -35～-40℃ 이하에서 급속 동결해야 하며, 동결이 완료된 후 어체의 중심 온도가 적어도 -20℃ 이하인 것을 확인하고 출고해야 한다.

⑦ **팬 빼기**

어체 처리를 마친 어패류를 냉동 팬에 담아 일정한 형상으로 동결한 것을 보통 케이크(cake)라고 하며, 케이크를 팬으로부터 이탈시키는 작업을 팬 빼기(depanning)라고 한다.

⑧ **글레이징**

동결 식품을 냉수에 수 초 동안(약 5초) 담갔다가 건져 올리면 식품에 부착한 수분은 곧 얼어붙어 표면에 얇은 얼음막이 생기는데 이것을 얼음옷(glaze, 빙의)이라 하고, 얼음옷을 입히는 작업을 글레이징(glazing, 빙의 처리)이라고 한다. 글레이징은 동결 식품을 공기와 차단하여 건조나 산화를 막기 위한 보호 처리이다.

⑨ **동결 저장**

완전 포장된 제품은 -18℃ 이하(±2℃)에서 냉동 저장하여야 한다.

(2) 수산 냉동품의 종류

냉동 새우, 냉동 명태, 냉동 다랑어 등과 조리 냉동식품이 있다. 조리 냉동식품은 반조리 또는 완전 조리한 식품을 동결한 것으로 피시스틱(fish stick), 고기파이(meat pie), 크로켓(croquette), 피시버거(fish burger) 등이 있다.

① **피시스틱**

피시스틱(fish stick)은 바로 빙의 처리하여 냉동식품으로 포장하거나, 밀가루 등을 물에 풀은 반죽(battering mix)에 피시스틱을 담가 묻히고 조제 빵가루(breading mix)를 입혀서 동결한 제품이다.

② **피시버거**

어육을 잘게 절단하여 갈아 놓은 것에 식육을 저며서 첨가하거나 또는 축육 이외의 단백질(곡류, 우유, 달걀 단백), 채소를 잘게 썬 것, 부원료, 조미료, 향신료, 결착보강제 등을 첨가하여 성형한 다음 배소(roasting), 증자 또는 튀긴 것을 피시버거(fish burger)라고 한다. 급속 냉동하여 포장한 후 냉동 보관한다.

(3) 수산 건제품

① **소건품**

어패류의 날것을 그대로 또는 간단하게 전처리하여 말린 제품이다. 마른 오징어, 마른 명태, 마른 상어지느러미, 마른 대구, 마른 문어, 마른 다시마, 마른 미역, 마른 김 등이 있다.

② **자건품**

원료를 찐 후에 건조시킨 제품이다. 원료를 찌는 것은 조직 중의 자가소화효소를 파괴하여 효소에 의한 변패를 방지하고 부착 미생물을 사멸시키며, 일부 지방을 제거하여 건조 중 지방 산화를 최소화하고 단백질을 응고시켜 건조가 용이하도록 하는 데 그 목적이 있다. 마른 멸치, 마른 굴, 마른 새우, 마른 전복, 마른 해삼, 마른 패주, 퇴시(堆翅)* 등이 있다.

③ **염건품**

어패류를 염지한 다음 말린 제품이다. 굴비, 염건대구 등이 있다.

④ **동건품**

원료를 자연 저온으로 동결시킨 다음 녹이는 작업을 반복하며 건조시킨 제품이다. 조직이 파괴되어 육질이 스펀지처럼 된다. 명태(북어)와 한천이 대표적인 제품이다.

⑤ **부시節**

주로 붉은살 생선을 찐 후에 수차례의 배건과 천일 건조, 곰팡이 붙이기 등의 공정을 거쳐 건조시킨 제품이다. 특히 가다랑어를 원료로 한 제품을 가쓰오부시라 하여 중요한 조미 소재로 사용한다. 그 외에 고등어, 정어리, 다랑어 등을 원료로 한 제품도 있다. 마지막 공정으로 곰팡이 붙이기를 하면 제품에 수분 및 지방이 제거되고 특유의 향

* 퇴시(堆翅) : 상어 지느러미를 자숙하여 표피와 연골을 제거하고 근사(筋絲)만으로 한 제품

기가 부여되며, 우량 곰팡이에 의해 불량 곰팡이의 번식이 억제되고 제품의 수추출 액즙이 투명해진다.

가다랑어 부시의 제조 공정도는 그림 5-1과 같다. 최종 제품은 나무막대기처럼 딱딱하여 주로 분말상이나 절편상으로 시판되며, 주로 맛국물(다시)을 내는 데 사용한다.

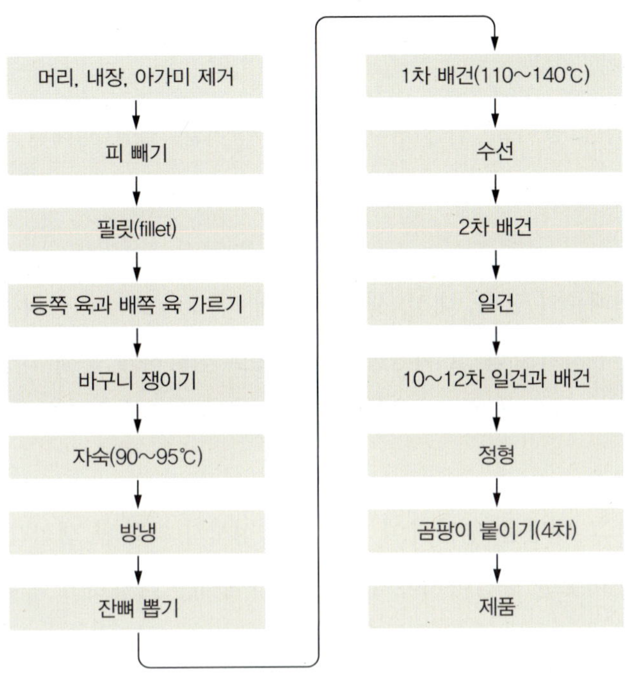

그림 5-1 가다랑어 부시의 제조 공정

(4) 수산 훈제품

훈제품은 목재를 불완전 연소시켜 발생하는 연기에 어패류나 육류 제품 등을 쬠으로써 독특한 풍미와 보존성을 갖도록 한 제품이다. 훈연 중에 일어나는 건조에 의한 수분의 감소, 염지에 의한 소금, 연기 중의 방부성 물질 등에 의하여 보존성이 부여된다. 훈제 방법으로는 냉훈법, 온훈법, 열훈법, 속훈법, 액훈법, 전훈법 등이 있다. 청어 훈제품, 연어 훈제품, 오징어 훈제품 등이 대표적인 제품이다.

(5) 수산 염장품

소금에 절인 제품으로 염장에 의한 세균의 발육은 상당히 억제될 수 있지만 고기 중의 효소 작용은 저지되지 않으며, 염장 중 자가소화가 일어나 육질이 연화되고 맛이 좋아진다. 수산 염장품의 종류는 다음과 같다.

① 염장 어류

염장 고등어, 염장 연어, 염장 송어, 염장 멸치, 염장 명태 등이 있다.

② 염장 해조류와 염장 해파리

염장 해조류는 미역, 다시마 등이 대표적이다.

③ 염장 어란

염장 연어알, 염장 송어알, 염장 숭어알, 염장 청어알, 염장 명태알, 염장 철갑상어알 등이 있다.

④ 젓갈

젓갈은 소형 어패류의 근육, 내장, 생식소 등에 약 20~25% 이상의 소금을 첨가하여 부패를 억제하면서 자가소화 및 미생물의 작용으로 적당하게 분해, 숙성시킨 제품이다. 멸치젓, 새우젓, 오징어젓, 성게젓, 명란젓 등 그 종류가 수백 가지에 이른다.

⑤ 어간장(액젓)

소형 어패류나 그 내장을 염장하여 장기간 숙성시켜 액화된 생선간장을 말한다. 우리나라와 일본을 비롯한 동남아시아의 여러 나라에서는 다양하고 독특한 어간장이 만들어지고 있다. 특히 일본의 숏츠루(shottsuru), 라오스, 캄보디아, 베트남 등지에서 만들어지는 느억 맘(nouc-mam), 필리핀의 파티스(patis)나 바고옹(bagoong), 태국의 남플라(nampla), 구미의 안쵸비 소스(anchovy sauce) 등이 유명하다. 우리나라에서는 젓을 담아서 숙성시킨 다음에 젓국을 떠서 액젓으로 이용하며, 멸치간장(멸장)이 대표적이다.

⑥ 식해

식해(食醢)는 어패류를 염지한 후 쌀밥, 엿기름, 소금, 고춧가루, 그리고 그 밖의 부재료 등과 혼합하여 숙성, 발효시킨 식품이다. 원료어는 동태, 가자미, 도다리, 전어, 조기, 갈치, 오징어 등으로, 젓갈의 원료가 되는 어패류는 모두 이용할 수 있다.

(6) 조미 가공품

조미 가공품은 어패류의 고기 또는 그 건제품에 설탕이나 물엿과 같은 감미료, 글루탐산나트륨 등의 조미료, 생강이나 고추 등과 같은 향신료, 식염, 된장, 간장 등과 같은 조미액을 가하여 조미하는 동시에 수분 활성을 저하시키고 때로는 저장성을 높이기 위하여 자숙하거나 건조시킨 제품이다. 조미 자숙품(까나리, 새우, 조개 조림), 조미 건제품(꽃포, 쥐치포, 맛오징어), 조미 배건품 등이 있다.

(7) 수산 연제품(어묵)

수산 연제품은 어육을 채취하고 수세하여 불순물과 이취를 제거한 다음 소량의 식염을 가하여 고기를 간 후 성형하여 가열 처리한 제품이다. 어육에 2~3% 정도의 소금을 가하여 갈면 염용성 단백질인 액토마이오신(actomyosin)이 용출되어 나와 점조한 고기풀이 된다. 이를 가열하면 점착성이 없어지고 탄력 있는 젤(gel)로 변한다. 이렇게 점조한 고기풀을 가열하여 젤화한 것이 연제품(어묵)이다. 어묵 제품의 가장 큰 특징은 탄력으로 명태, 매퉁이, 조기, 녹새치 등과 같은 흰살 생선은 탄력이 강한 어묵을 만드는 대표적인 어종이다. 반면에 정어리, 고등어, 방어 등과 같은 붉은살 생선으로 어묵을 만들면 탄력이 약하다.

① 연제품(어묵)의 제조 과정

- 어체 처리 : 원료어의 머리, 내장, 지느러미 등을 제거한다. 어종에 따라서는 복막을 제거해야 하는 것도 있다. 혈액이나 기타 부착된 오물은 10℃ 이하의 수돗물로 깨끗이 수세한다.
- 채육(fleshing) : 전처리한 원료어는 채육기를 사용하여 고기만 발라내고 뼈와 껍질, 비늘 등은 분리하여 제거한다.
- 수쇄(水晒, 물바래기) : 채육한 고기를 3~5배 되는 양의 냉수에 2~3회 침지, 교반한 다음 상층액을 제거하는 조작을 반복하는 공정이다. 제품의 색을 희게 하고 탄력을 강하게 하며 보존성을 높이게 된다. 수쇄 과정에서 냄새 성분, 혈액, 색소, 지방, 오물, 껍질, 진액(extract), 수용성 단백질인 마이오겐(myogen, 탄력 저해 인자) 등이 제거된다. 수용성 진액 등 정미 성분이 유실되는 단점이 있다.
- 탈수 : 압착기나 원심탈수기를 주로 사용한다.
- 세절(chopping) : 탈수를 마친 어육에는 작은 뼈, 비늘 등의 이물질이 남아 있다. 이 공정은 초퍼(chopper)를 사용하여 어육과 작은 뼈를 잘게 끊어 주고 비늘 등의 이물질을 제거하는 과정이다.
- 고기갈이(grinding) : 돌확(stone mortar) 또는 사일런트 커터(silent cutter)를 이용하여 어육 조직을 미세하게 파쇄하고, 소금(2~3%), 물, 전분, 그리고 각종 부원료(향

신료, 조미료, 달걀흰자위, 채소, 미림, 유지 등)를 고루 혼화하는 과정이다. 이 공정에서 염용성 단백질이 소금에 의해 용출되어 충분히 수화된다.

- 성형(shaping) : 판붙이어묵은 판에 올리고, 부들어묵은 꼬치에 붙이는 등 원하는 모양으로 성형한다.
- 가열 : 탄력 있는 젤을 형성하기 위해 가열한다. 가열하는 방법은 표 5-3과 같다.

표 5-3 연제품의 가열 방법

가열 방법	가열 매체	가열 온도(°C)	제품 종류
찌는 것(증자)	수증기	80~100	판붙이어묵
삶는 것(탕자)	물	80~95	마어묵, 어육 소시지
굽는 것(배소)	공기	80~180	부들어묵
튀기는 것(유소)	식용유	170~200	튀김어묵

② 냉동 고기풀(냉동 연육)

동결 내성이 약한 원료 육을 효율적으로 이용할 수 있는 방안으로 개발한 제품이다. 수세한 어육에 당류 등의 단백질 변성 방지제를 넣어 동결 내성을 부여한 후 갈아서 동결시킨 것으로, 연제품의 원료로 많이 사용되고 있다. 명태를 이용하여 만든 제품이 주종을 이루고 있다.

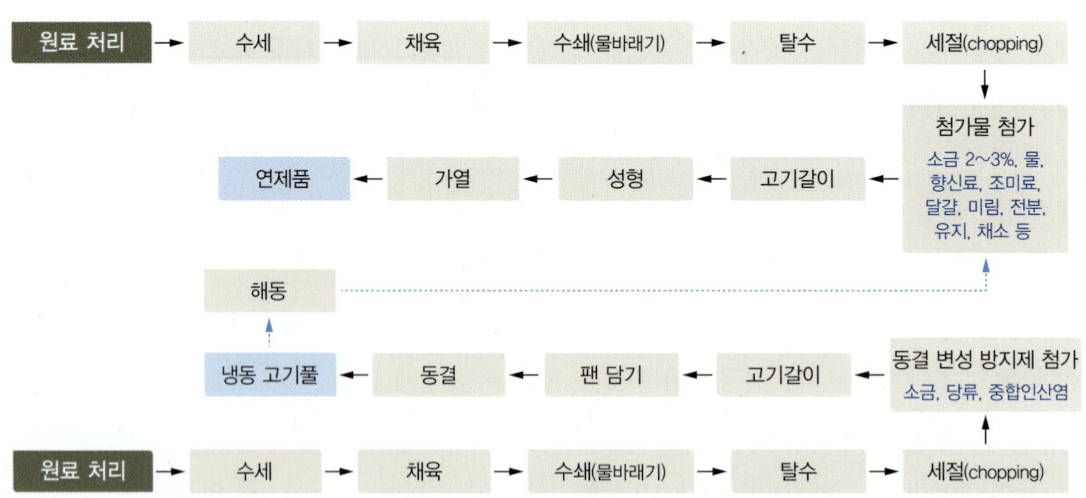

그림 5-2 연제품(어묵)과 냉동 고기풀(냉동 연육)의 제조 공정

냉동 고기풀에는 식염을 사용하지 않은 무염 고기풀과, 식염을 첨가한 가염 고기풀의 2종류가 있다. 무염 고기풀은 어육을 충분히 수세하여 수용성 단백질과 염류를 제거하고 보통 5% 정도의 당류와 0.2% 정도의 중합인산염을 첨가한다. 가염 고기풀은 당류와 소금 2.5%를 첨가하고 중합인산염은 첨가하지 않는다. 당류는 무염 고기풀에 비해 약 2배 정도 많이 첨가하는데 이는 가염 고기풀의 동결 과정에서 액토마이오신의 젤화가 진행되는 것을 방지하기 위해서이다.

연제품과 냉동 고기풀의 제조 공정을 그림 5-2에 나타내었다.

(8) 맛살 제품

맛살은 냉동 고기풀에 새우 또는 게 천연의 맛과 향을 가지는 진액을 첨가하여 게살 또는 새우살의 풍미와 조직감을 갖도록 만든 제품이다. 맛살의 제조 방법은 다음과 같다.

① 고기갈이 및 성형

냉동 고기풀을 해동하여 진액을 첨가하고 고기를 분쇄한다. 고기를 분쇄한 후에 성형기를 이용해 고기풀을 얇은 띠(sheet) 형태로 성형한다(면대).

② 증자 및 배소

면대를 증기로 찌고 송풍기로 냉각시킨다.

③ 섬유상 세절

응고된 면대를 섬유상 세절기로 눌러 섬유상의 결이 쉽게 찢어지는 조직을 갖게 한다.

④ 결속

세절된 면대상의 고기를 막대 모양으로 감으면서 결속한다.

⑤ 색소육 도표

미리 소량의 원료육과 1~2% 정도의 색소를 혼합하여 내포장지에 도포하고, 색소육이 도포된 포장지에 결속된 제품을 감싼다.

⑥ 가열 살균

포장된 것을 88~92℃의 열탕 살균기에 넣고 40~50분간 살균한다. 이때 중심 온도는 85~90℃가 되어야 한다. 살균이 끝나면 곧바로 냉각시키고, 냉장 또는 동결 저장한다.

(9) 해조 가공품

① 식용 해조 제품

식용 해조 제품으로는 마른 김, 조미 김, 마른 미역, 간 미역, 데침 간 미역, 자건 톳, 마른 다시마 등이 있다.

② 해조 공업 제품

- 우무(agar-agar, 한천) : 홍조류(우뭇가사리, 꼬시래기 등)에 함유되어 있는 점질성의 복합 다당류를 추출하여 건조시킨 제품이다. 젤라틴 대용품, 성형제, 보수제, 식품 안정제, 물성 유지제, 미생물의 배지 등으로 사용된다.
- 카라기난(carrageenan) : 진두발, 돌가사리 등의 홍조류에서 추출한 수용성 다당류로 우무에 비해 젤화 능력은 약하나 점성이 강하다. 유제품, 제과, 축육 가공품, 수산 연제품 등의 품질 향상과 화장품, 치약 등의 증점제, 콜로이드 막 형성능 향상 등에 이용된다.
- 알긴산(alginic acid) : 감태, 모자반, 미역 등과 같은 갈조류에서 추출한 산성 다당류이다. 대부분 Ca-염으로 존재하는데 이는 불용이다. 따라서 알칼리염으로 해 주면 물에 용해되어 극히 점조한 용액이 된다. 호료, 아이스크림 안정제, 주스류의 증점제, 식육의 결착제, 연제품의 보형제, 주류의 청정제 등으로 이용된다.

4. 미래의 먹거리, 식용 곤충

유엔 식량농업기구(FAO)는 2050년경 세계 인구가 약 90억 명에 달할 것으로 추정하며 현재보다 두 배 이상의 식량이 필요할 것으로 예상함에 따라 미래 대체 식량으로 곤충을 지목하였다. 곤충은 가축에 비해 사육 면적이 좁아 토지 이용 효율이 높고, 한 번에 수십 개에서 수백 개의 알을 낳으며 1년에 여러 번 세대가 순환되므로 짧은 기간에 대량생산이 가능하다. 또한 1 kg을 생산하는 데 필요한 사료가 육류에 비해 매우 적다는 장점도 있다. 영양적으로도 곤충은 쇠고기, 닭고기 등 기존 주요 단백질원의 대안이라고 생각할 수 있을 만큼 단백질이 풍부하다. 단백질 함유량이 돼지고기보다 높고 쇠고기, 달걀과는 비슷한 정도이다. 뿐만 아니라 혈행 개선 효과가 있다고 보고되어 있는 불포화지방산이 총 지방산 중 70% 이상 차지하고 있으며 칼슘, 철 등의 무기질 함량 또한 높아 영양적 가치가 높은 것으로 평가된다. 환경적 측면에서도 곤충은 대부분의 가축보다 상당히 적은 온실가스(메탄, 이산화질소, 이산화탄소 등)를 배출하기 때문에 친환경적 식품이 될 것이라 예측할 수 있다.

이러한 장점들 덕분에 외국에서는 이미 곤충이 다양한 형태로 식용되고 있다. 동남아시아와 중국뿐만 아니라 많은 개발도상국과 선진국에서도 널리 곤충을 식용으로 이용하고 있다. 네덜란드에서는 'Sligro'라는 곤충 식품 유통회사가 설립되어 식용 곤충을 제조, 판매하고 있으며, 영국, 프랑스, 벨기에, 미국 등 선진국에서도 곤충을 활용한 초콜릿, 쿠키, 술 등을 제조하여 판매하고 있다. 이러한 제품 외에도 다양한 곤충 식품을 판매하는 카페와 레스토랑도 지속적으로 증가하는 추세이다.

현재 우리나라에서 식용이 가능한 곤충은 총 7종이다. 예부터 오랫동안 식용되어 "식품공전"에도 등재된 벼메뚜기, 누에 번데기, 백강잠 등 기존의 식용 곤충과, 최근 농촌진흥청에서 과학적 입증을 통해 새로운 식품 원료로 등록한 갈색거저리 유충, 흰점박이꽃무지 유충, 장수풍뎅이 유충과 쌍별귀뚜라미가 그것이다. 과거에도 벼메뚜기와 누에번데기가 식품으로 등재되어 제조 및 판매를 할 수 있었음에도 단순 조림 및 볶음 외에 특별한 조리법이 없어 소비가 확대되지 않는 등 매우 제한적이었다. 따라서 새롭게 등록한 식용 곤충도 새로운 식품으로 널리 이용되기 위해서는 선호도가 높은 식재료와의 조합은 물론이고 다양한 음식에 재료로 사용할 수 있도록 메뉴를 개발해야 한다. 더불어 기피 식품이 아닌 맛있는 먹을거리라는 개념으로 사람들의 인식이 전환될 수 있도록 다양한 노력도 필요하다.

미래 식량으로 주목받고 있는 곤충을 다양한 식품의 원료로 사용하기 위해서는 우선 안전성이 입증되어야 한다. 야외에서 채집한 곤충의 경우는 먹이와 서식 환경에 대한 파악이 쉽지 않아 안전성을 확보하기가 어렵지만, 실내에서 정해진 사료로 사육할 경우 식용 곤충에 대한 안전성 제어가 가능하다. 또한 안전성과 관련하여 유전 독성 및 일반 독성 평가로 사육된 곤충이 인체에 유해하지 않음을 입증해야 하며, 유해 물질(중금속, 병원성 세균, 곰팡이 독소, 잔류농약 등) 또한 음성이어야 한다.

단원정리

- 가공식품은 다양한 가공 기술을 통해 식품 재료에 이화학적 변화를 주어 소화와 흡수가 잘되고, 풍미와 외관을 좋게 해서 기호성을 향상시키는 동시에 저장성을 높인 식품이다.
- 식품 가공에서 단위조작은 원료의 선별, 세척, 분쇄, 분리, 응집, 혼합, 유화, 성형, 가열, 동결, 농축, 살균 포장 등 매우 다양하다.
- 밀은 대부분 제분하여 밀가루로 만든 다음에 빵, 면류, 과자 등으로 가공된다. 밀가루는 글루텐 함량과 회분의 함량에 따라 분류한다.
- 밀가루 가공품에는 면류, 빵 및 전분당이 있다. 전분당은 전분을 효소나 산으로 가수분해하여 만든 제품으로 포도당, 맥아당 및 올리고당(물엿)이 대표적이다.
- 콩류 가공품에는 간장, 된장, 고추장, 청국장 및 두부가 있다.
- 채소 가공품에는 침채류, 토마토 퓌레, 토마토 페이스트, 토마토케첩 및 건조 채소가 있다.
- 과실 가공품에는 잼류, 과일 음료, 당과, 건조 과실이 있다.
- 유지 가공품으로는 정제 유지와 가공 유지가 있다. 정제 유지는 동식물 원료에서 유지를 채취한 후 불용 물질, 검질 및 산을 제거한 다음 표백과 탈취 공정을 거쳐 정제한 유지이다. 가공 유지로는 경화유, 마가린, 쇼트닝이 있다. 경화유는 불포화지방산을 많이 함유하는 유지에 수소를 첨가하여 포화지방산으로 만든 유지이다. 마가린은 식용 유지에 물과 첨가물을 넣어 유화시켜 만든 제품으로 유지 성분이 80% 이상이다. 쇼트닝은 각종 유지의 혼합물을 그대로, 또는 식품첨가물을 가하여 가소성, 유화성 등의 가공성을 부여한 고체상 또는 유동상의 유지를 말한다.
- 육가공품은 원료 육을 용도에 맞게 절단하여 분쇄, 염지, 훈연 및 가열 등의 과정을 거쳐 만든 제품을 말하며, 햄, 베이컨, 프레스햄 및 소시지가 이에 속한다.
- 유가공품에는 시유, 가당연유, 무당연유, 분유, 크림, 버터, 치즈, 가공치즈, 크림치즈 및 발효우유가 있다. 시유는 음용에 사용할 목적으로 살균 처리하여 시판되는 우유를 말한다. 연유는 농축된 우유이며, 분유는 분말우유를 가리킨다. 크림은 우유를

오랫동안 방치하거나 원심분리할 때 지방이 많은 부분이며, 식품의 성분 규격상으로는 우유지방이 18% 이상인 것을 말한다. 버터는 크림을 교반하여 생성된 지방이다. 치즈는 우유에 레닛(응유효소)을 넣어 카세인과 지방을 응고시켜 얻은 커드를 덩어리로 만든 다음 세균이나 곰팡이 등으로 숙성시켜 만든 가공식품이다. 가공치즈는 두 종류 이상의 치즈를 분쇄하고 유화제 등을 넣어 가열하면서 유화시킨 후에 일정한 모양으로 굳혀서 포장한 제품이며, 크림치즈는 크림과 우유로 만든 치즈이다. 발효우유는 포유동물의 젖을 원료로 하여 젖산세균이나 효모 또는 이 두 종류의 미생물을 종균으로 하여 발효시킨 유가공품을 말한다.

- 수산 냉동품에는 냉동 새우, 냉동 명태, 냉동 다랑어 등과 조리 냉동식품이 있다. 조리 냉동식품은 반조리 또는 완전 조리한 식품을 동결한 것으로 피시스틱, 고기파이, 크로켓 및 피시버거 등이 있다.
- 수산 건제품에는 소건품, 자건품, 염건품, 동건품 및 부시 등이 있다. 자건품은 원료를 찐 후에 말린 제품을 말하며, 동건품은 원료를 자연 저온에서 동결시킨 다음 녹이는 작업을 반복하며 건조시킨 제품이다. 부시는 주로 붉은살 생선을 찐 후에 수차례의 배건과 천일 건조, 곰팡이 붙이기 등의 공정을 거쳐 건조시킨 제품이다.
- 수산 염장품에는 염장 어류, 염장 어란, 젓갈, 어간장 및 식해 등이 있다. 식해(食醢)는 어패류를 염지한 후 쌀밥, 엿기름, 소금, 고춧가루, 그리고 그 밖의 부재료 등과 혼합하여 숙성, 발효시킨 식품이다.
- 조미 가공품은 어패류의 고기 또는 그 건제품에 각종 조미액을 가하여 조미하고 자숙하거나 건조시킨 제품을 말한다. 조미 자숙품(까나리, 새우, 조개 조림), 조미 건제품(꽃포, 쥐치포, 맛오징어), 조미 배건품 등이 있다.
- 수산 연제품(어묵)은 어육을 채취하고 수세하여 불순물과 이취를 제거한 다음 소량의 식염을 가하여 고기를 간 후 성형하여 가열 처리한 제품이다.
- 맛살은 냉동 고기풀에 새우 또는 게 천연의 맛과 향을 가지는 진액을 첨가하여 게살 또는 새우살의 풍미와 조직감을 갖도록 만든 제품이다.
- 해조 가공품으로는 식용 해조 제품(마른 김, 마른 미역 등)과 해조 공업 제품(우무, 카라기난, 알긴산 등)이 있다.

연습문제

1. 가공식품을 제조함으로써 얻을 수 있는 장점에 대해 설명하시오.

2. 전분당에 대해 설명하시오.

3. 젤리(jelly)화의 3요소를 답하시오.

4. 건조 과실 제조 시 황 훈증의 목적에 대해 설명하시오.

5. 치즈 제조 시 가염 공정의 목적에 대해 설명하시오.

6. 가공치즈란 어떤 치즈를 말하는지 설명하시오.

7. 크림에 대해 설명하시오.

8. 가공 유지 중 경화유에 대해 설명하시오.

9. 연제품(어묵)의 제조 공정 중 수쇄(물바래기) 공정에 대해 설명하시오.

10. 수산 가공품 중 부시(節)에 대해 설명하시오.

11. 밀가루는 글루텐 함량으로 분류할 수 있다. 강력분은 글루텐(건부량 기준) 함량이 몇 % 이상인지 보기에서 고르시오.
① 6% ② 8% ③ 10%
④ 13% ⑤ 15%

12. 밀가루 반죽의 점탄성을 나타내는 데 중요한 밀 특유의 단백질을 고르시오.
① 카세인 ② 글리시닌 ③ 액토마이오신
④ 글루텐 ⑤ 마이오겐

13. 콩류 가공품 중 납두균(*Bacillus subtilis*)과 관련이 있는 제품을 고르시오.

① 간장 ② 된장 ③ 고추장
④ 두부 ⑤ 청국장

14. 육가공에서 육색소를 안정시키고 미생물의 성장을 억제하며 제품의 풍미를 향상시키는 염지제를 고르시오.

① 아질산염 ② 소금 ③ 인산염
④ 설탕 ⑤ MSG

15. 각종 유지의 혼합물을 그대로 또는 이에 식품첨가물을 가하여 만든 가공 유지를 고르시오.

① 경화유 ② 마가린 ③ 쇼트닝
④ 마요네즈 ⑤ 드레싱

16. 어체 처리 방법 중 내장과 아가미를 제거한 것을 무엇이라고 하는지 고르시오.

① round ② semi-dress ③ fillet
④ pan dress ⑤ dress

17. 자건품은 원료를 찐 후 건조시킨 제품이다. 다음 중 증자의 목적이 아닌 것을 고르시오.

① 자가소화효소 실활 ② 부착 미생물을 사멸 ③ 지방 산화의 최소화
④ 건조 용이 ⑤ 조직의 수축 방지

18. 해조 다당류 중 물성 유지제 및 미생물 배지 등으로 많이 이용되는 다당류를 고르시오.

① 한천 ② 카라기난 ③ 알긴산
④ 퍼셀라란 ⑤ 라미나린

1. 가공식품의 장점으로는 기호성 향상, 영양적 가치 상승, 안정성 및 안전성 확보, 저장성 향상, 간편성 향상, 운반성 향상, 생산자와 소비자의 경제적 이익 부여, 그리고 가공업자의 이익 창출 등을 들 수 있다.
2. 옥수수, 감자, 고구마 등에서 추출, 정제한 전분을 효소나 산으로 가수분해하여 만든 제품을 전분당이라 하며, 포도당, 맥아당 및 올리고당(물엿)이 대표적이다.
3. 펙틴(pectin, 1% 내외), 산(pH 3.2~3.5, 적정 산도 0.27%~0.3%), 당(62~65%).
4. 황 훈증의 목적은 건조 중 갈변 방지와 유해 미생물 번식 억제, 원료의 세포막을 파괴하여 건조가 용이하도록 하기 위함이다.

5. 가염은 치즈의 풍미를 좋게 하고 과도한 발효를 억제하며 잡균에 의한 이상발효를 억제하기 위함이다.

6. 두 종류 이상의 치즈를 분쇄하여 유화제 등을 넣고 가열하면서 유화시킨 다음 일정한 모양으로 굳혀서 포장한 제품이다.

7. 크림은 우유를 오랫동안 방치하거나 원심분리할 때 지방이 많은 부분이며, 식품의 성분 규격상으로는 우유지방이 18% 이상인 것을 말한다.

8. 경화유는 불포화지방산을 많이 함유하는 유지에 수소를 첨가하여 포화지방산으로 한 유지이다. 녹는점이 상승하여 상온에서 고체화되고, 유지의 불포화도가 감소하여 산화 안정성이 높아지며, 유지에 가소성과 경도를 부여하여 물리적 성질을 개선한다.

9. 채육한 어육을 3~5배 정도 양의 냉수에 2~3회 침지, 교반한 다음 상층액을 제거하는 조작을 반복하는 공정이다. 제품의 색을 희게 하고 탄력을 강하게 하며 보존성을 높인다. 수쇄 과정에서 냄새 성분, 혈액, 색소, 지방, 오물, 껍질, 진액, 수용성 단백질(myogen, 탄력 저해 인자) 등이 제거된다.

10. 주로 붉은살 생선을 찐 후에 수차례의 배건과 천일 건조, 곰팡이 붙이기 등의 공정을 거쳐 건조한 제품이다.

11. ❹ 건부량 기준으로 글루텐 함량이 강력분은 13% 이상, 중력분은 10~13%, 박력분은 10% 이하인 밀가루를 말한다.

12. ❹ 글루텐은 밀가루 특유의 단백질로 밀가루 반죽의 점탄성의 원인 단백질이다. 카세인은 우유 단백질, 글리시닌은 콩 단백질, 액토마이오신과 마이오겐은 동물의 근육 단백질이다.

13. ❺ 청국장은 대두에 납두균을 번식시켜 담근 장류 식품이다.

14. ❶ 소금은 염지에 필수적인 성분이며, 맛과 방부성을 부여하고 염용성 단백질을 용출시켜 결착성을 갖게 한다. 인산염은 보수력과 결찰력 향상을 위해, 그리고 설탕과 MSG는 기호성 향상을 위해 사용하는 염지제이다.

15. ❸ 쇼트닝은 경화유, 돼지기름, 정제 야자유, 쇠기름, 콩기름, 면실유 등 각종 유지의 혼합물을 그대로, 또는 식품첨가물을 넣어 가소성, 유화성 등의 가공성을 부여한 고체상 또는 유동상의 유지를 말한다.

16. ❷ round는 원형 그대로 인 것, dress는 머리와 내장(비늘)을 제거한 것, fillet는 dress를 등뼈를 따라 두텁고 평평하게 제거하여 육편으로 처리한 것, pan dress는 dress에서 지느러미를 제거한 것이다.

17. ❺ 자건품은 원료를 찐 후에 건조시킨 제품이다. 찌는 목적은 조직 중의 자가소화효소를 파괴하여 효소에 의한 변패를 방지하고 부착 미생물을 사멸시키며, 일부 지방을 제거하여 건조 중 지방 산화를 최소화하고 단백질을 응고시켜 건조가 용이하도록 하기 위함이다.

18. ❶ 한천(우무)은 우뭇가사리와 같은 홍조류에서 추출한 해조 다당류로 젤라틴 대용품, 성형제, 보수제, 식품 안정제, 물성 유지나 미생물 배지 등에 많이 이용되고 있다.

참고문헌

고무석 외 7인, 식품과 영양, 도서출판 효일, 2003.

김두진 외 4인, 식품가공저장학, 지구문화사, 1993.

김정숙 외 6인, 식품가공저장학, 지구문화사, 2003.

박영호 외 2인, 수산가공이용학, 형설출판사, 1997.

송계원 외 1인, 축산가공학, 문운당, 1985.

신해헌 외 5인, 식품가공저장학, 지구문화사, 2009.

윤은영, 농업기술 8월호, 2016.

이건순, 웰빙 식생활과 건강, 라이프사이언스, 2018.

주현규, 농산식품가공학, 선진문화사, 1983.

한국식품과학회, 식품과학기술대사전, 광일문화사, 2008.

한국학중앙연구원, 한국민족문화대백과사전, 1991.

CHAPTER 6

기호식품

학 습 목 표

기호식품은 매우 다양하지만 대표적인 차, 커피, 술에 대하여 알아보고자 한다.

1. 기호식품의 제조 과정을 알아본다.
2. 기호식품의 영양 성분과 조성을 알아본다.
3. 기호식품의 섭취가 건강에 미치는 영향을 알아본다.

기호식품이란 인간의 생명을 유지하는 데 필수적인 영양소를 함유한 식품은 아니지만 개인의 취향에 따라 향기와 맛을 즐기기 위한 식품이며 차, 커피, 음료, 술 등 다양한 식품이 있다. 과거에는 개인에 따른 기호에 의존하여 기호식품을 선택하거나 섭취하였지만, 건강을 지향하고 질병을 예방하는 차원의 웰빙(well-being, 참살이) 문화가 확대되면서 기호식품에 대한 정의도 점차 변하고 있다. 즉, 기호식품은 개인의 취향을 만족시켜 즐거움과 행복감을 부여하면서 건강 증진 및 질병 예방에 도움을 주는 식품으로 변천되어 가고 있다. 여기에서는 차, 커피, 술 등을 식품 유형으로 분류하여 이들에 대한 정의, 가공법, 영양 성분 등을 살펴보고, 이들 기호식품이 건강에 미치는 유익한 영향과 해로운 영향에 대하여 알아보고자 한다.

1. 차

차나무는 동백과 나무에 속하는 식물로 티베트, 인도의 북동부, 중국의 남부 지역이 원산지로 알려져 있다. 차는 중국, 인도, 케냐, 스리랑카, 인도네시아에서 주로 생산되는데 중국과 인도에서 전 세계 생산량의 50% 이상을 생산하고 있다. 우리나라는 하동, 산청, 남원 강진, 보성, 지리산, 내장산 등에서 차나무가 재배되고 있다. 차의 재배는 4세기 중반 무렵부터 시작되었고 7세기에는 차를 마시는 풍습이 정착되었으며, 8세기 후반에 재배법과 제차법이 전래되었다고 한다. 차는 제조 과정에 따라 색(color), 맛(taste), 향(aroma)이 달라지는데 이들의 차이가 뚜렷이 나타나는 가공 방법을 크게 6가지로 분류하여 녹차(green tea), 백차(white tea), 황차(yellow tea), 우롱차(oolong tea, 청차), 홍차(black tea), 흑차(pu-erh tea)로 구분한다. 가공 중 차에 많이 함유되어 있는 폴리페놀(polyphenol)이나 카테킨(catechin)등 산화방지제(항산화물질)가 산화효소나 공기 중의 산소와 접촉하여 주로 산화가 일어난다. 산화 정도에 따라 가공 후 찻잎의 색깔이 녹색에서 흑색으로 차이가 난다. 녹차, 백차, 청차, 홍차는 찻잎 색에 따라 붙인 이름이다. 차의 제조 중 산화가 일어나는 것을 예부터 발효라고 하였으나 식품에서 미생물에 의해 식품의 성분이 분해되는 발효식품과는 엄격히 구분되어야 한다. 여기에서는 미생물에 의한 발효와 산화효소나 자동 산화에 의한 산화를 구분하여 제조 공정을 서술하였다.

1) 찻잎 채취

찻잎 수확은 봄부터 가을에 걸쳐 한해에 3~4회 이루어진다. 싹 부분을 포함해서 위에서 3~4번째 잎까지 가위나 기계를 사용해서 채취하며, 일부 고급 제품은 손으로 직접 딴다. 찻잎 채취 시기에 따라서 1번차(5월 초순), 2번차(6월 하순), 3번차(8월 상순)라고 한다. 1번차의 향기가 가장 진하고 맛이 좋은데 이는 아미노산과 아미노산의 일종인 테아닌(theanine)을 많이 함유하기 때문이며, 찻잎을 따는 시기가 늦어질수록 아미노산의 함량은 줄고 반대로 타닌(tannin)이 증가하여 떫은맛과 쓴맛이 강해진다. 이런 성분은 차의 가공법에 따라서도 함량에 변화가 생기므로 차의 종류와 가공 방법에 따라 차 맛은 다양하게 나타난다.

2) 차의 종류

(1) 가공 방법에 따른 분류

차는 많은 종류의 폴리페놀을 함유하고 있으며, 가공 과정 중 세포의 파괴로 이들 성분이 밖으로 노출되면서 세포에 함유되어 있는 폴리페놀산화효소(polyphenol oxidase)에 의해 산화가 촉진된다. 차에 함유되어 있는 폴리페놀 성분은 무색이거나 옅은 색을 띠는데 산화의 진행 정도에 따라 폴리페놀 성분들이 서로 결합하여 다양한 색깔을 띠는 물질을 생성하게 된다. 또한 산화는 차의 향과 맛에 많은 영향을 끼친다. 중국 사람들은 오래전부터 기호에 따라 다양한 종류의 가공 방법을 개발하여 차를 즐겼다.

① 녹차

녹차(green tea)는 찻잎을 수확 후 솥에서 덖거나 증기로 찌는 방법으로 열을 가하여 찻잎에 함유된 산화효소를 파괴하거나 활성을 저해함으로써 폴리페놀의 산화를 막는 한편, 엽록소의 산화를 최소화하여 녹색을 유지한다. 우리나라와 중국은 주로 덖는 방법으로 녹차를 생산하고, 일본에서는 증기를 이용하여 증제차를 제조한다. 증기에 의한 제조법은 덖는 제조법보다 찻잎이 함유한 폴리페놀 성분의 파괴가 적게 일어나 산화방지물질을 더 많이 유지할 수 있다. 반면에 덖는 제조법은 높은 열에 의한 갈변 및 황변 현상으로 품질을 저하시킬 수 있다. 또한 사람이 손으로 직접 덖어 제조하면 자동화된 기계 공정보다 균질한 열처리가 되지 않아 찻잎이 황색을 띠게 되는 경우가 많으나 담백한 맛을 생성한다. 찻잎에 열을 가하는 과정은 산화효소의 활성을 저해하고 향과 맛 성분을 생성하는 주요한 공정이다. 중국, 일본, 인도 등에 수많은 가열 공정이 알려져 있어서 평생 녹차를 마셔도 모든 제조 방법의 녹차를 음용할 수 없다고 한다. 중국은 세계 녹차 총생산량의 70% 이상을 생산하고 있으며, 우리나라는 하동, 보성, 제주도에서 주로 녹차를 생산하고 있다.

② 백차

백차(white tea)는 솜털이 덮인 어린 찻잎을 덖거나 증제하지 않고 그대로 일광 건조 또는 실내에서 건조시킨 후 햇볕이나 열풍으로 2차 건조하여 만든다. 특별한 가공 과정을 거치지 않고 순차적인 건조 공정을 거쳐 제조하기 때문에 제조법이 가장 간단하다. 어린 찻잎의 산화효소 활성은 다른 잎에 비해 높기 때문에 단순한 건조 과정만으로도 폴리페놀의 산화가 약간 일어난다. 백차의 찻잎은 솜털로 인하여 은색의 광택을 내기 때문에 백차라고 부른다. 차 침출액은 옅은 오렌지색을 띠며, 어린 찻잎으로 제조하므로 맛이 달고 신선하며 천연의 차 맛에 가깝다. 여름철에 열을 내리는 작용이 있다고 하여 한방에서는 약제로 사용하기도 한다. 물갈이를 하거나 배탈, 설사 등이 있을 때 백차를 진하게 우려 마시면 도움이 된다.

③ 황차

황차(yellow tea)는 녹차 제조법과 같이 덖는 과정을 통하여 찻잎의 효소를 불활성화(살청)한 후 잎을 잘 비벼서(유념) 바구니에 차곡차곡 채워 3~5년간 숙성한다. 이 기간 동안 찻잎이 습열 상태에서 무르면서 엽록소가 파괴되어 황색으로 변화하고 황차 고유의 색과 맛을 지니게 된다. 퇴적 기간 중 미생물에 의해 어느 정도 발효가 일어난다. 녹차를 저장하는 과정에서 우연히 발견된 황차는 중국 송나라 때에는 하등 제품으로 취급되었으나 차 침출액의 색과 맛으로 인해 지금은 좋은 차로 인정받고 있다. 황차는 찻잎, 차를 우려낸 찻물, 차를 우려낸 후 찻잎의 색이 황색을 띠기 때문에 붙여진 이름이다. 산화 정도가 녹차와 우롱차의 중간에 해당되며, 쓰고 떫은맛을 내는 카테킨 성분이 약 50~60% 감소하여 차의 맛과 향이 순하고 부드러운 것이 특징이다. 또한 퇴적 과정 중의 발효로 탄수화물과 단백질이 분해되어 유리당과 유리아미노산이 증가하여 단맛이 많아져 황차 고유의 맛을 생성한다.

④ 우롱차

우롱차(oolong tea)는 채취한 찻잎을 바구니에 넣고 흔들어 찻잎의 세포를 파괴하여 산화효소를 활성화함으로써 산화를 촉진시킨다. 이로 인해 차의 향기가 생성되고 찻잎의 색깔도 변한다. 이 과정은 옥과 같은 청색을 만든다고 하여 요청(瑤靑)이라 하며, 우롱차는 가공 후 찻잎의 색이 청갈색을 띠어 청차(blue tea)라고도 한다. 요청의 강약에 따라 산화도는 20~70%까지 다양해진다. 산화된 찻잎은 볶는 과정을 거쳐 효소를 불활성화하여 산화를 정지시킨다. 그 후 비비는 과정을 거쳐 건조시킨다. 우롱차는 산화가 미약하게 일어난 녹차와 산화가 많이 일어난 홍차 사이의 차를 말한다. 찻물의 색은 황색이나 홍색을 띠고 배나 사과와 같은 특유의 향미를 가지며 떫은맛 성분인 카테킨의 양이 녹차에 비해 절반 이하이다. 따라서 우롱차는 90℃ 이상의 뜨거운 물에 우려도 떫은맛의 카테킨이 침출되지 않아 뜨겁게 마실수록 제 맛을 음미할 수 있다. 우롱차의 이름은 찻잎 모양이 까마귀와 같이 검고 용처럼 구부러졌다고 하여 붙여졌다고 한다.

⑤ 홍차

홍차(black tea)는 찻잎을 적당히 건조시키고 비비는 과정을 통해 세포벽을 파괴함으로써 함유하고 있는 산화효소의 활성을 극대화하여 산화도가 70% 이상이 된다. 높은 산화로 폴리페놀이 중합체를 형성하여 타닌류의 물질을 생성한다. 타닌은 떫은맛이 강하고 이들의 중합체[테아플라빈(theaflavins) 또는 테아루비딘(thearubidins)]에 의해 우려낸 찻물은 붉은색을 띤다(그림 6-1). 테아플라빈의 생성 과정은 폴리페놀이 1차적으로 효소에 의해 불안정한 중간물질을 생성하고 이 중간물질은 비효소적으로 중합체를 형성한다. 이 중합체들은 혈중 콜레스테롤 농도를 감소시키거나 암세포의 증식을 저해하는 것으로 알려져 홍차가 건강 음료로 부각되고 있다.

홍차는 세계 차 소비량에 80% 이상을 차지하고 있으며 나머지 20%가 녹차, 우롱차, 황차 등이다. 전통적인 홍차 제조는 건조시키고 비비는 과정에서 녹차와 전혀 다른 색, 향기, 맛을 형성하지만 차의 대량생산에는 적합하지 않다. 대량생산되는 홍차는 두 개의 스테인리스강 롤러를 이용하여 짓이김(crush), 찢어짐(tear), 비틀림(curl)의 CTC 공정을 거치며 찻잎의 산화를 유도한다. CTC에 의해 생산된 차는 정통 홍차에 비하여 풍미가 뒤떨어지지만, 열탕에서 침출이 빠르고 찻물의 색이 맑고 밝은 적홍색을 띠는 것이 특징이다. CTC 제조 공정은 음용하기 편리한 티백용 홍차를 제조하는 데 적합하다. 홍

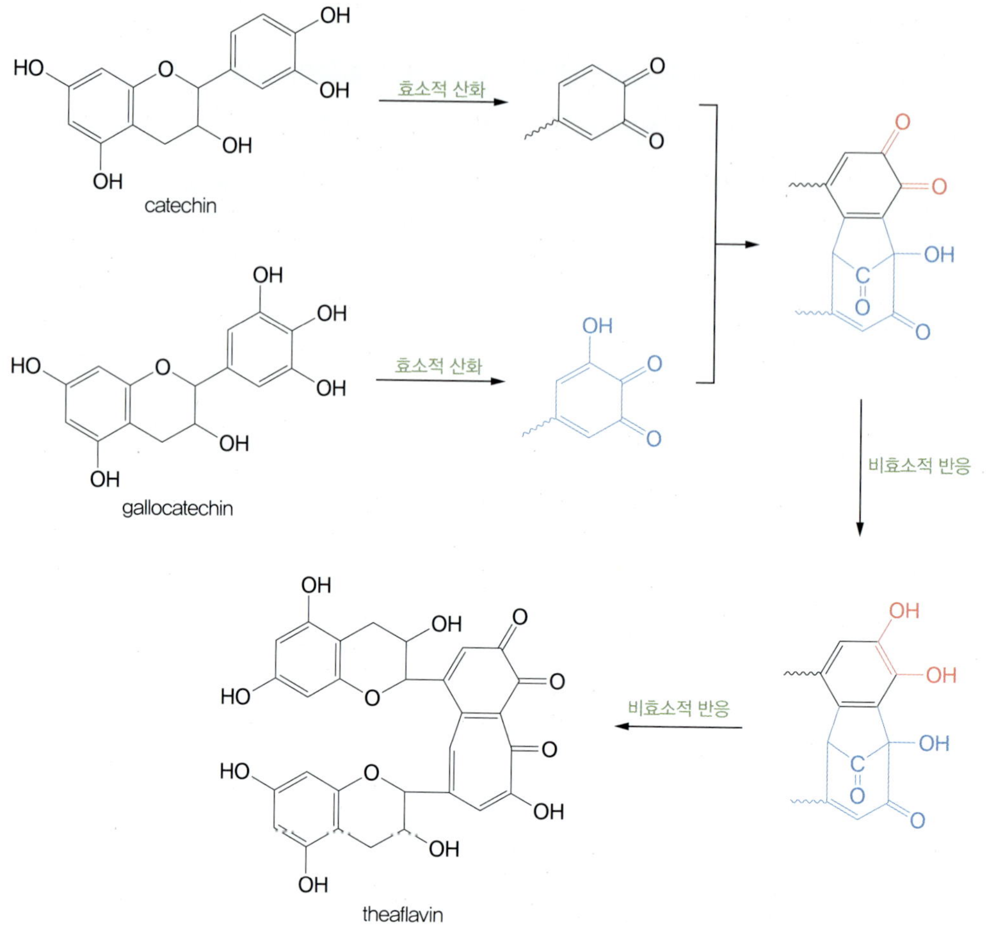

그림 6-1 홍차나 흑차의 붉은 색소인 테아플라빈의 중합체 생성 과정

차의 맛은 산화가 안 된 카테킨과 이들의 산화물인 테아플라빈 등의 성분이 어우러진 떫은맛이다.

⑥ **흑차**(pu-erh tea)

흑차는 6가지로 분류한 차 가운데 미생물에 의한 발효가 가장 많이 진행된 발효차이다. 잘 알려진 보이차가 여기에 속한다. 찻잎을 1차적으로 다듬고 선별하여 쌓아 두거나 물을 뿌려 쌓아 두어 찻잎 자체의 온도와 습도를 높이고, 찻잎에 곰팡이 등 미생물이 발생하도록 하여 2차 발효 공정을 거친다. 발효 기간 중 미생물의 효소에 의하여 차의 산화방지 성분은 산화에 의해 파괴되어 감소하므로 떫은맛이 약화될 수도 있고, 다른 중합체를 생산하여 쓴맛을 증가시킬 수도 있다. 홍차와 유사하게 테아플라빈이나 테아루비딘과 같은 기능성 물질인 새로운 중합체 성분을 생산하기도 한다. 따라서 흑차는 항비만, 항균, 항암, 항당뇨 등에 효과가 있다는 연구가 많이 발표되어 있다. 발효에 의해 생산된 흑차의 색은 윤기 있는 흑색이나 흑갈색을 띠고 향기와 맛은 순하며 부드럽다. 우려낸 찻물의 색은 진한 홍색을 띠며, 오래된 흑차일수록 맛이 부드럽고 순하여 노약자나 어린이도 편하게 마실 수 있다.

그림 6-2 차의 종류

3) 차 종류에 따른 산화방지 성분 함량

차에 다량 함유되어 있는 주요 폴리페놀 성분은 카테킨이다. 카테킨 중 차에 가장 많은 성분은 GC(Gallocatechin), EGCG(Epigallocatechin gallate), EGC(Epigallocatechin) 등이다(그림 6-3). 일반적으로 표 6-1에 나타낸 것과 같이 산화가 적게 일어난 녹차는 홍차

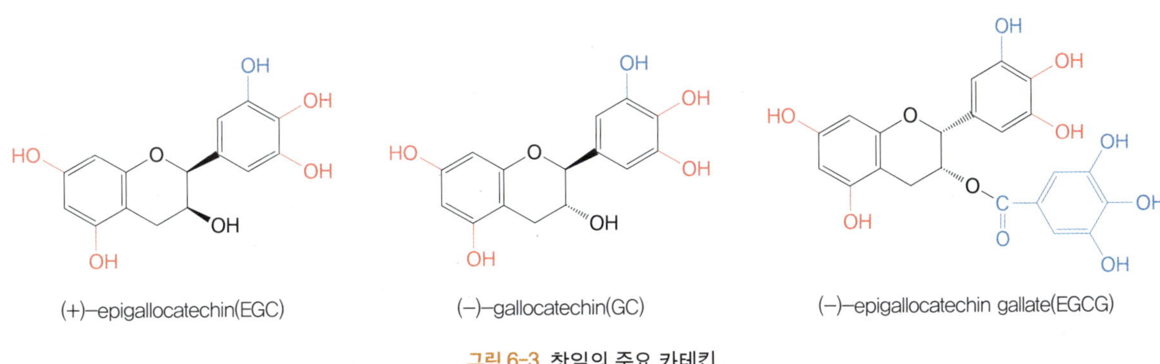

그림 6-3 찻잎의 주요 카테킨

보다 카테킨 함량이 높다. 홍차는 차의 폴리페놀 성분이 산화되어 색소로서 주요한 성분인 테아플라빈과 테아루비딘이 생성되어 이들의 함량이 증가하는 반면에, 산화가 용이한 홍차의 폴리페놀 성분이나 카테킨(EGC와 EGCG)은 감소하여 녹차보다 이들의 함량이 낮은 것으로 나타난다. 생 찻잎의 폴리페놀이나 카테킨은 제조 공정 중 산화에 의해 파괴되어 감소하지만 이들이 다른 산화방지 물질로 전환되어 총 산화방지능은 녹차와 비교할 때 유사하거나 약간 감소하는 정도를 보인다(표 6-1).

표 6-1 차에 따른 상대적 카테킨 및 항산화물질 함량

차 종류		총 폴리페놀	총 카테킨	EGC[1]	EGCG[2]	GC[3]	테아플라빈	테아루비딘	산화방지능
홍차	전통식 제법	22.25	4.62	1.12	1.87	4.88	13.80	11.51	71.52
	CTC[4] 제법	20.65	5.91	0.63	2.82	3.60	11.61	10.30	73.31
	CTC 분말	17.45	3.07	5.47	1.43	3.81	18.75	15.65	71.19
녹차	전통식 제법	27.10	11.06	5.17	4.72	3.26	0.41	5.77	75.64
	CTC 법	26.85	14.93	1.2	6.78	2.45	0.46	5.59	77.22
	CTC 분말	25.70	10.04	4.91	3.11	3.84	1.63	8.38	73.31
우롱차		26.15	9.49	2.31	4.37	3.01	6.81	8.75	74.78
백차		21.30	10.20	1.73	5.53	4.46	0.85	1.75	76.01

1) EGC : Epigallocatechin
2) EGCG : Epigallocatechin gallate
3) GC : Gallocatechin
4) CTC는 홍차나 녹차의 자동화 생성 공정에 의한 차 제조법으로, CTC는 짓이김(crush), 찢어짐(tear), 비틀림(curl)의 약자.

찻잎은 엽록소 외에 플라보노이드나 카로테노이드 등의 색소를 함유한다. 노란색을 띠는 카로테노이드는 산화방지 역할을 하며 베타-카로테노이드와 알파-카로테노이드는 비타민 A의 전구물질이다. 이들 성분 또한 차 제조 공정 중에 가열 또는 산화에 의해 감소된다(그림 6-4).

차 제조 과정 관련 용어

- 위조 : 차의 생잎을 실내 건조나 일광 건조의 방법으로 시들게 하는 과정을 말하며, 홍차나 우롱차의 첫 가공 단계이다. 녹차는 이 공정이 없다.
- 유념 : 찻잎을 비벼 세포의 파괴로 산화효소가 활성화되어 폴리페놀 성분이 산화되는 차의 제조 공정이다.
- 살청 : 굽기, 덖기, 볶기, 찌기 등의 가열 과정을 통하여 찻잎의 산화효소를 파괴하는 과정이다.

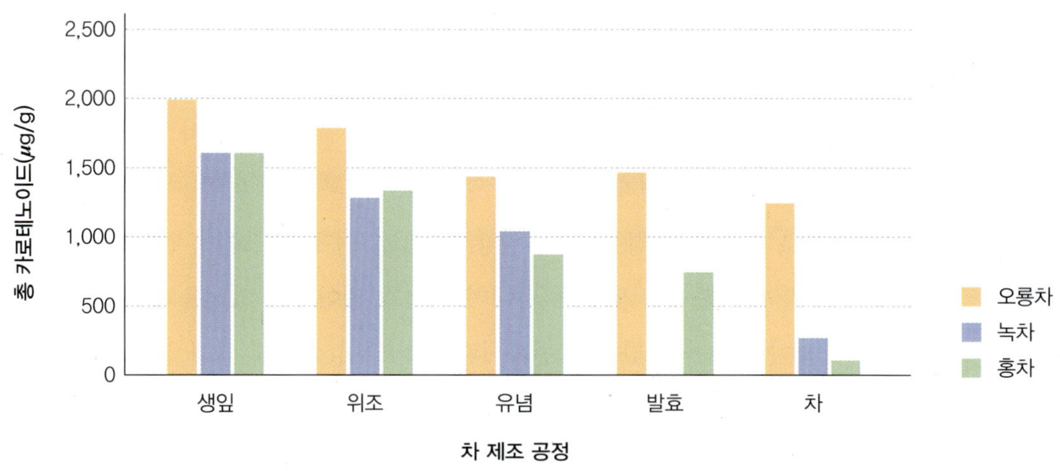

그림 6-4 우룽차, 녹차, 홍차 공정 중 총 카로테노이드의 함량 변화

4) 차의 영양 성분

생 찻잎의 성분을 보면 수분이 약 75~80%이고 나머지는 고형분이다(그림 6-5). 고형분 중 약 40%는 물에 잘 녹는 수용성 물질이고, 나머지 약 60%는 비수용성 물질로 구성되어 있다. 수용성 물질인 카테킨, 아미노산, 카페인, 당류, 미네랄, 수용성 펙틴, 수용성 비타민, 사포닌, 불소, 폴리페놀, 유기산 등은 침출할 때 찻물에 추출되어 차의 색, 맛, 향에 영향을 준다. 반면 유지에 잘 녹는 비수용성 물질로는 카로텐, 지용성 비타민, 엽록소, 지방질, 섬유소, 단백질, 전분 등이 있으며, 이들은 물에 잘 녹지 않아 침출되지

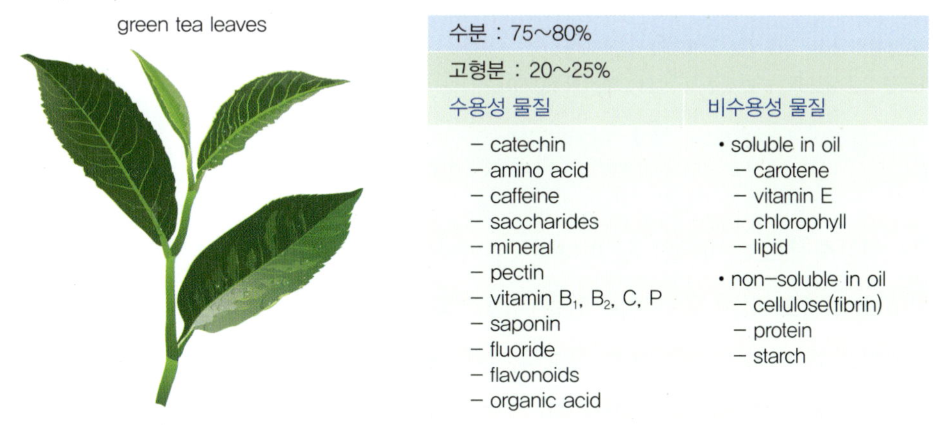

수분 : 75~80%	
고형분 : 20~25%	
수용성 물질	비수용성 물질
– catechin – amino acid – caffeine – saccharides – mineral – pectin – vitamin B_1, B_2, C, P – saponin – fluoride – flavonoids – organic acid	• soluble in oil – carotene – vitamin E – chlorophyll – lipid • non-soluble in oil – cellulose(fibrin) – protein – starch

그림 6-5 생 찻잎에 함유되어 있는 성분

않으므로 침출액에 거의 함유되어 있지 않다.

차를 침출하여 음용할 때 사용하는 물의 온도, 침출 시간, 찻잎의 입자 크기에 따라 침출액에 함유하는 영양 성분의 양은 차이가 난다. 일반적으로 차 성분 중 적은 양만 침출액으로 추출되므로 실제 음용하는 양은 표 6-2와 같이 아주 미량이다. 따라서 차는 주기적으로 꾸준히 섭취했을 때 영양학적으로 인체에 도움이 된다. 카테킨은 차의 주요한 산화방지 성분으로 떫은맛을 내며 산화가 일어나면 타닌을 형성하여 떫은맛이 더 강화되고 차의 색을 다양하게 변화시킨다. 이들이 산화에 의해 분해되면 다양한 향미 성분을 생성하기도 한다. 쓴맛 성분으로 널리 알려져 있는 카페인은 물에 잘 녹으며 이뇨 작용, 강심 작용 등을 한다. 인체에 미치는 영향에 대한 자세한 내용은 뒤의 커피에서 다루기로 한다.

표 6-2 녹차, 홍차, 우롱차의 주요 영양 성분

(단위 : 식품 100 g당)

차		에너지(kcal) 및 일반 성분(g)							미네랄(mg)					비타민(mg)				
		에너지	수분	단백질	지방질	회분	탄수화물	총식이섬유	칼슘	인	철	나트륨	칼륨	A[1]	B_1	B_2	니아신	C
녹차	분말	379	2.8	22.37	2.47	5.45	66.91	40.4	717	279	8.42	23	1471	0	0.929	2.180	2.404	0
	추출액	1.0	99.8	0.02	0	0.03	0.15	0	1	2	0.01	0	33	0	0.023	0.017	0.527	1.61
홍차	티백	311.0	6.2	20.3	2.5	5.4	51.7	38.1	470	320	17.0	3	2000	0	0.1	0.8	10.0	0
	추출액	3.0	99.4	0.2	0.1	0.1	0.2	–	2	1	0.4	2	33	0	0.02	–	0.6	0
우롱차	분말[2]	256.0	5.4	19.4	2.8	5.3	52.2	12.4	310	230	32.4	7	1800	2500	0.13	0.86	5.7	8
	추출액	0	99.8	미량	0	0.1	0.1	–	2	1	미량	1	13	0	0	0.03	0.1	0

–: 수치가 애매하거나 측정되지 않음

1) Retinol 1 μg 또는 retinol로 환산한 값

2) 이 자료는 농촌진흥청 농촌생활연구소, 식품성분표(제7개정판), 2006.

자료 : 2016 제9 개정판 국가표준식품성분표, 농촌진흥청 국립농업과학원, 2017.

5) 차와 건강

차는 영양학적으로 비타민 A, 비타민 C, 비타민 E와 비타민 B군이 풍부할 뿐만 아니라 미네랄 성분도 많이 함유하고 있는 기호식품이다. 특히 비타민 B군 중 엽산은 다른 식품에 비해 많은 양을 함유하고 있으며, 충치 예방에 도움을 주는 불소의 함량도 다른 식품에 비해 월등히 많이 함유되어 있다. 표 6-3과 같이 산화방지 작용에 의한 노화 방지, 혈중 콜레스테롤 및 지방질 상승을 저해하여 동맥경화 예방 등 다양한 기능성을 갖

는 카테킨을 다량 함유하고 있다. 카테킨은 앞서 언급한 것과 같이 차 제조 과정에서 산화가 일어나기도 하고, 다른 카테킨과 서로 결합하거나 분해된다. 이로 인해 색소 물질이 생성되고 떫은맛이나 쓴맛이 감소되거나 증가하기도 한다. 카페인은 이뇨 작용, 수면 장애를 일으키는 것으로 알려져 있는데 일반적으로 커피에 비해 50% 이상 함량이 낮다.

표 6-3 차의 기능성 성분과 생리 작용

성분	생리 작용	용도
카테킨	산화방지, 항돌연변이, 항암, 혈중 콜레스테롤 저하, 혈압 상승 억제, 혈당 상승 억제, 혈소판 응집 작용, 항균, 항바이러스, 충치 예방, 항궤양, 항알레르기	식품 산화방지제, 항균제, 탈취제, 항충치제
플라보놀	모세혈관 저항성 증가, 산화방지, 혈압 강하	탈취제
카페인	중추신경 흥분, 수면 방지, 강심, 이뇨, 항천식 대사 항진	수면 방지제, 두통 감기약, 강심제
다당류	혈당 상승 억제(항당뇨)	
비타민 C	항괴혈병, 산화방지, 암 예방	
비타민 E	산화방지, 암 예방, 항불임	
베타-카로텐	산화방지, 암 예방, 면역반응 증강	산화방지제
감마-아미노산	혈압 상승 억제, 억제성 신경 전달	가바론차
사포닌	항암, 항염증	
불소(F)	충치 예방	
아연(Zn)	미각 이상 방지, 피부염 방지, 면역능 저하 억제	
셀레늄(Se)	항산화, 암예방, 근장애 방지	

6) 차의 음용 및 관리

일반적으로 차는 70℃ 내외로 마실 때에 제 맛이 난다. 찻물은 약수와 수돗물을 정수해 쓰며 끓인 물로 찻주전자와 찻잔을 예열하고, 따를 때에는 잔에 소량씩 돌려가며 2~3회에 나누어 따라 농도를 고르게 한다. 좋은 차는 2~3번 우려낼 때마다 새로운 맛을 낸다. 흑차의 경우 5회째 산화방지 성분의 함량이 가장 높게 침출되었다는 연구도 있다. 차를 우릴 때 사용하는 물은 단물이나 미네랄을 적게 함유하는 것이 좋다. 단물은 차의 고유한 맛을 변화시키지 않으나, 미네랄을 함유하는 센물은 미네랄이 타닌과 결합하여 찻물 위에 막을 형성하기도 하고 쓴맛이 감소하거나 단맛을 내기도 한다. 차에 우유를 첨가하면 타닌과 우유 단백질이 결합하여 쓴맛이 줄어든다. 차를 보관할 때는 밀봉하여 수분과 공기를 차단하고 향기 성분의 손실을 방지하며 햇볕에 노출되지 않도록 하여 산화를 최소화한다.

7) 차의 부작용

『동의보감』에 녹차는 '소화를 돕고 혈압을 내리며 잠을 줄여 준다. 가래를 삭이고 갈증을 없애며, 뱃속을 편안하게 하고 머리와 눈을 맑게 하며, 기운을 상쾌하게 하고 술을 깨게 하며, 식중독을 풀어 주고 치아를 튼튼하게 하며, 기생충을 없애 준다'고 기록이 되어 있다. 그러나 차에 함유되어 있는 산화방지 물질인 EGCG를 고농도로 섭취할 경우 간에 독성을 나타낸다는 연구가 있다. 사람에 따라 녹차가 체질에 맞지 않을 수도 있으므로 체질에 맞추어 섭취해야 한다.

2. 커피

1) 커피의 기원과 역사

커피의 기원에 대해서는 다양한 설이 알려져 있지만 역사적으로 기록되어 있는 것은 10세기 전후 페르시아에서 음용하기 시작하였으며, 15세기 후반에 이슬람 교권에 침투하여 밤 기도 중에 잠들지 않는 약으로 사용되었다고 전해진다. 초기에는 콩을 분쇄하고 우려낸 성분을 사용하였다. 콩을 볶음으로써 향과 맛을 최대로 우려내기 시작한 것은 14세기 이후부터이다. 유럽에는 16세기에 소개되었고 우리나라에는 1895년 을미사변 때 러시아 공사가 커피나무의 열매를 가져오면서 전해졌다. 커피는 남위 25°에서 북위 25° 사이의 열대 및 아열대 지역에서 생산되며, 주요 생산국은 브라질, 베트남, 콜롬비아, 인도네시아, 에티오피아이다.

2) 커피 콩과 볶은 콩의 성분

커피나무는 꼭두서니과 커피속에 속하며 약 40여 종이 알려져 있으나 재배종으로는 아라비카종, 로부스타종, 라이베리아종, 엑셀사종의 4종이 가장 많이 재배된다. 아라비카종이 가장 품질이 우수하다고 알려져 있으며 전 세계 생산량의 70%를 차지한다. 일반적으로 아라비카종은 카페인(caffeine), 탄수화물, 클로로겐산(chlorogenic acid) 함량

그림 6-6 커피나무와 열매

표 6-4 커피 생콩의 주요 성분 조성

(단위 : %)

성분	*Arabica*		*Robusta*		Instant coffee powder
	Green	Roasted	Green	Roasted	
회분	3.0~4.2	3.5~4.5	4.0~4.5	4.6~5.0	9.0~10.0
카페인	0.9~1.2	~1.0	1.6~2.4	~2.0	4.5~5.1
트라이고넬린	1.0~1.2	0.5~1.0	0.6~0.75	0.3~0.6	-
지방질	12.0~18.0	14.5~20.0	9.0~13.0	11.0~16.0	1.5~1.6
총 클로로겐산	5.5~8.0	1.2~2.3	7.0~10.0	3.9~4.6	5.2~7.4
곧은 사슬형 유기산	1.5~2.0	1.0~1.5	1.5~2.0	1.0~1.5	-
올리고당	6.0~8.0	0~3.5	5.0~7.0	0~3.5	0.7~5.2
총 탄수화물	50.0~55.0	24.0~39.0	37.0~47.0	-	~6.5
아미노산	2~0	0	2.0	0	0
단백질	11.0~13.0	13.0~15.0	11.0~13.0	13.0~15.0	16.0~21.0

이 로부스타종보다 적으나 지방, 탄수화물의 함량이 높다. 특히 볶는 과정에 탄수화물, 올리고당, 클로로겐산 등이 많이 감소한다. 이러한 성분 조성은 커피를 볶을 때 색, 맛, 향의 생성에 영향을 주어 커피의 품질을 좌우한다. 트라이고넬린(trigonelline)은 카페인에 비하여 4분의 1 정도의 쓴맛을 내며 볶는 과정에서 50% 이상 파괴되면서 일부는 휘발성 물질로 분해되지만 커피의 향기를 형성하는 데 중요한 성분으로 작용한다.

3) 커피의 로스팅

커피는 원두를 볶는 조건에 따라 향과 맛이 다양하게 나타난다. 낮은 온도에서 볶으면 신맛이 강하고 높은 온도에서 볶으면 쓴맛 성분이 증가하게 된다(그림 6-7). 또한 볶는 과정에서 탄수화물과 단백질은 캐러멜화되므로 볶는 온도와 시간이 증가하면 커피 색깔은 점점 짙은 갈색으로 변화하며 캐러멜향이나 탄 향도 강해져 커피 고유의 향을 생성한다.

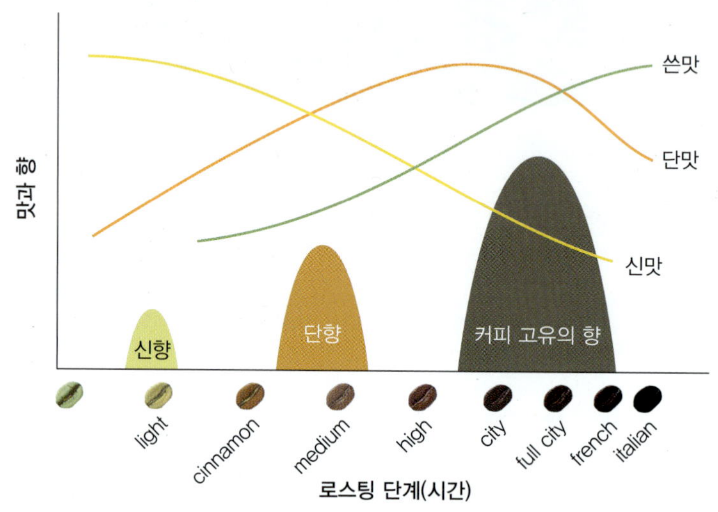

그림 6-7 로스팅 정도에 따른 커피의 맛과 향

4) 커피의 블렌딩

아라비카종은 향미가 풍부하고 카페인 함량이 낮으며 맛은 부드럽고 신맛이 강한 반면, 로부스타종은 구수한 맛이 강하다. 사람마다 커피에 대한 기호가 달라 진한 향을 좋아하거나 신맛이 강하고 약한 쓴맛을 선호하는 등 다양한 취향의 커피가 요구된다. 이러한 요구에 부응하여 커피 원산지, 품종, 로스팅 정도, 가공 방법 등이 다른 두 가지 이상의 커피를 혼합하여, 다양하고 새로운 향과 맛을 만들어 내는 과정을 블렌딩(blending)이라 한다. 예로 인도네시아 커피와 예멘 커피를 혼합하여 만든 모카 자바(Mocha Java)가 유명하며, 커피회사나 전문점마다 독창적인 배합으로 고유의 품질을 창출한다.

5) 커피 추출

맛이 좋은 커피를 만들기 위해서는 신선한 원두, 적정한 분쇄 입자, 정확한 추출 시간 등이 주요한 요소이다. 물의 종류도 커피 맛에 영향을 미치는데 일반적으로 단물을 사용하는 것이 커피 고유의 맛과 향을 추출할 수 있다. 센물의 경우에는 시판 커피용 여과 필터를 사용하면 물의 영향을 줄일 수 있다.

커피 추출에 좋은 물의 성분			
염소(chlorine)	0 mg	총 알칼리 성분	약 40 mg
pH	7	철, 마그네슘, 구리	0 mg
칼슘	30~80 mg	총 용해성 성분	100~200 mg

(1) 인스턴트커피

인스턴트커피는 볶은 커피를 분쇄하여 물로 추출한 후 용액을 동결건조기나 분무건조기를 이용하여 건조시켜 분말이나 입자상으로 만든 것으로, 휴대하거나 사용하기 쉽다. 건조 중 향미 성분의 소실로 향과 맛이 드립커피나 에스프레소에 비해 많이 낮은 편이다. 인스턴트커피의 분말은 수분을 잘 흡수하기 때문에 수분과 공기가 통하지 않도록 밀폐하여 보관해야 한다.

(2) 드립커피

드립커피(drip coffee)는 여과지 위의 커피 분말을 뜨거운 물로 추출하는 방식으로 물에 커피의 향과 맛이 잘 우러나도록 고안된 추출 장비를 사용한다(그림 6-8). 맛과 향이 부드럽고 연하여 미국과 독일에서 즐겨 마신다. 드립커피 침출액을 건조시킨 고형분의 성분 조성을 그림 6-9에 나타내었다. 수용성 탄수화물, 클로로겐산, 회분이 주요 성분이며, 특히 클로로겐산은 산화방지능이 높아 건강에 유익한 성분으로 알려져 있다. 드립식 커피 필터가 개발되면서 다양한 드립커피 추출 장비들이 생산되어 2010년대 이전까지 보편적으로 많이 사용하였으나, 현재는 소형화된 에스프레소 장비가 개발되면서 드립커피의 이용이 감소하는 추세에 있다. 드립커피 기구에 의한 추출 효율은 일반적으로 약 17~23%이며, 중력식 여과 기구가 다른 장비보다 높은 것으로 알려져 있다.

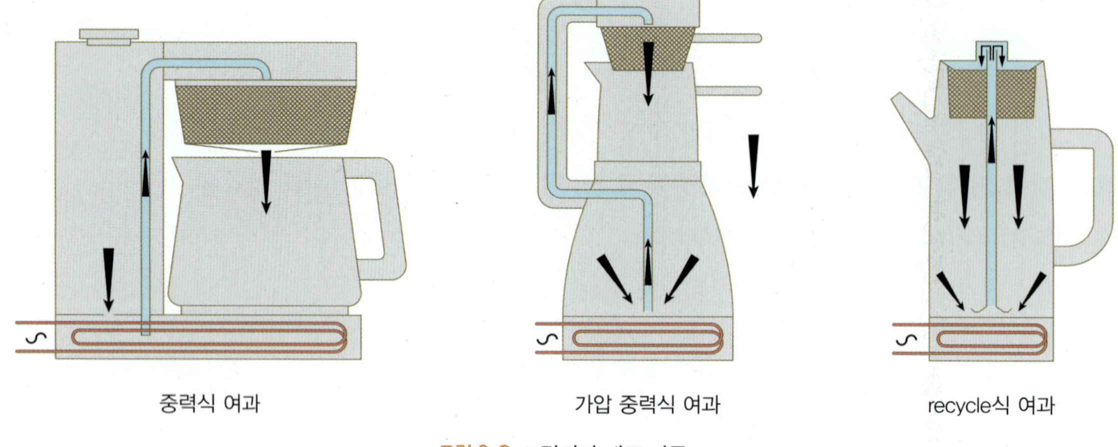

그림 6-8 드립커피 제조 기구

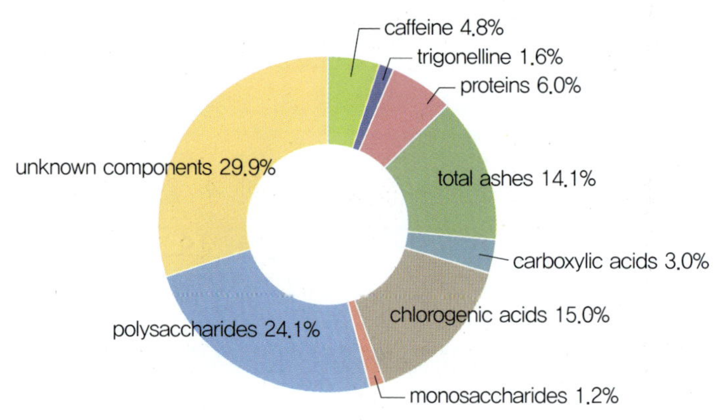

그림 6-9 드립커피 침출액 고형분의 주요 성분 조성

(3) 에스프레소

에스프레소(espresso)는 약 30 mL의 뜨거운 물을 펌프로 가압하여 16~20 g 정도의 신선하고 미쇄하게 분쇄한 커피 분말에서 20~30초 안에 신속히 추출한 것이다. 빠르게 추출한다는 의미에서 에스프레소라고 한다. 높은 압력을 이용하기 때문에 드립커피에서 추출되지 않는 원두의 불용성 오일이 유화 상태로 추출되면서 붉은 갈색의 풍성한 거품 층인 크레마(crema)가 형성된다. 이 오일 층은 추출된 커피 향이 휘발되지 않도록 보호하여 진하면서도 부드러운 커피의 맛과 진한 향을 음미할 수 있다.

6) 에스프레소의 메뉴

(1) 카페 아메리카노

에스프레소를 물로 적당히 희석하여 드립커피와 유사한 맛을 내도록 제조한 커피이다. 유럽에서 미국 관광객을 대상으로 개발하였다.

(2) 카페 라테

라테(latte)는 우유를 뜻하는 이탈리아어이며, 에스프레소에 따뜻하게 데운 우유를 1 : 4 정도의 비율로 섞어 만든 커피가 카페 라테(caffe latte)이다. 라테를 만들 때 우유 거품을 위에 살짝 얹으면 거품이 뚜껑 역할을 하여 온도가 떨어지는 것을 막을 수 있다.

(3) 카페 마키아토

마키아토(macchiato)는 이탈리아어로 '얼룩진'의 뜻이며, 에스프레소를 추출할 때 형성된 크레마에 우유 거품을 얹은 커피가 카페 마키아토(caffee macchiato)이다. 우리나라에서는 보통 에스프레소에 우유를 첨가하거나 많은 양의 우유 거품을 가하여 부드러운 맛을 낸다. 기호에 따라 캐러멜 마키아토나 우유를 많이 첨가하여 라테 마키아토로 즐기기도 한다.

(4) 카푸치노

카푸치노(cappuccino)는 에스프레소에 우유를 넣고 위에 우유 거품을 얹은 후 계핏가루를 뿌려 만든 커피이다. 기호에 따라 초콜릿 가루를 뿌리기도 하고 레몬이나 오렌지의 껍질을 갈아 얹기도 한다.

(5) 카페 콘 파냐

이탈리아어로 콘(con)은 '~을 넣은'의 뜻이고 파나(panna)는 '생크림'을 뜻하므로, 에스프레소에 생크림을 넣은 커피가 카페 콘 파냐(cafe con panna)이다. 카페 콘 파냐에 물로 희석하여 만든 카페 비엔나(cafe vienna)와 유사하지만 쌉쌀한 맛과 향기를 좀 더 즐길 수 있는 커피이다.

(6) 카페 모카

카페모카(caffe mocha)는 에스프레소에 초콜릿 시럽이나 초콜릿 가루를 넣어 초콜릿

그림 6-10 에스프레소 메뉴

맛을 가미한 커피로, 초콜릿 소스 1 mL 정도에 에스프레소와 우유를 1 : 3 정도의 비율로 섞고 크림을 올린 후 땅콩가루나 아몬드로 장식한다.

7) 커피의 영양 성분

커피 원두의 영양 성분 조성과 볶은 후 추출한 커피의 침출액 성분은 다소 차이가 있

표 6-5 커피 종류별 주요 영양 성분

(단위 : 식품 100 g당)

커피	에너지(kcal) 및 일반 성분(g)							미네랄(mg)					비타민(mg)					
	에너지	수분	단백질	지방질	회분	탄수화물	총식이섬유	칼슘	인	철	나트륨	칼륨	A[1]	B_1	B_2	니아신	C
원두(볶은 것)	431	4.6	13.7	13.5	4.5	63.7	–	98	168	4.0	3	2000	0	0.05	0.12	10	0
원두(추출액)	4	98.6	0.2	미량	0.2	0.7	–	2	7	미량	1	65	0	0.07	0.01	0.8	0
가루(무카페인)	351	3.2	11.6	0.2	9.0	76.0	0	140	286	3.8	23	3501	0	0	1.36	28.07	0
인스턴트(가루)	426	1.7	3.59	8.54	2.37	83.8	0.8	115	288	0.39	13	972	0	0.072	–	6.272	0
인스턴트(용액)	48	88.2	0.4	0.3	0.3	10.9	–	14	36	미량	3	113	0	0.35	0.08	0.2	0
캔 커피	38	90.5	0.81	0.12	0.23	8.34	1.0	24	21	0.05	37	69	0	0.009	0.034	0.216	0

1) Retinol 1 μg 또는 retinol로 환산한 값
– : 수치가 애매하거나 측정되지 않음

자료 : 2016 제9 개정판 국가표준식품성분표, 농촌진흥청 국립농업과학원, 2017.

다. 원두의 성분 조성 중 수용성 성분 함량과 볶는 온도에 따라 침출액의 조성이 달라진다. 표 6-5에 나타낸 원두와 추출한 커피가루의 성분 조성은 100 g에 대한 것으로 일반적으로 음용하는 인스턴트 용액이나 드립커피의 조성과는 큰 차이가 있다. 단백질과 탄수화물은 볶는 과정을 거치면서 추출 효율이 향상되어 함량이 증가하는 반면 지방질의 함량은 추출이 잘 되지 않아서 낮아진다. 특히 카페인이나 트라이고넬린과 같은 질소를 포함하는 모든 성분을 단백질로 환산하기 때문에 단백질 함량이 높게 나타난다. 추출 과정에서 사용하는 물의 성질도 미네랄 함량에 영향을 미친다.

8) 카페인이 건강에 미치는 영향

일상생활에서 많이 접하는 음료나 과자 중에 커피, 차, 콜라, 코코아, 초콜릿 등은 카페인을 함유하고 있다(표 6-6). 수많은 연구가 카페인이 건강에 미치는 영향에 대하여 다양한 결과를 보고하였으나 아직은 논쟁의 여지가 있는 결과도 있다. 카페인의 인체에 대한 영향은 평균적인 섭취량에 대한 것으로 개인에 따라 많은 차이가 날 수도 있다.

(1) 유익한 영향

카페인은 신경자극전달물질 등의 생성과 분비를 촉진하여 섭취량이 체중 1 kg당 1~5 mg 정도가 되면 중추신경계를 간접적으로 자극하여 각성 효과가 나타난다. 피로회복,

표 6-6 음료와 약의 카페인 함량*

품목		카페인 함량	품목		카페인 함량
커피	인스턴트(자판기)	26 mg/100 mg	탄산음료	콜라	20 mg/250 mg
	드립커피	64 mg/160 mg		다이어트콜라	30 mg/250 mg
	디카페인 드립	2 mg/160 mg		마운틴듀	40 mg/250 mg
	인스턴트(N사)	47 mg/180 mg		닥터페퍼	36 mg/355 mg
	인스턴트 커피믹스	55 mg/100 mg	차	녹차	32 mg/160 mg
	아메리카노(인스턴트 원두 A사)	54 mg/100 mg		홍차	32 mg/240 mg
	아메리카노(인스턴트 원두 B사)	61 mg/100 mg		아이스티	5 mg/160 mg
	아메리카노(D사)	34 mg/100 mg	코코아 음료(인스턴트)		2 mg/100 mg
	카페 라테(E사)	63 mg/100 mg	초콜릿		21 mg/32 mg
	카페 모카(N사)	30 mg/100 mg	각성제		50~100 mg/1회 분량
	모카 초코(N사)	32 mg/100 mg	감기약		30 mg/1회 분량

* 일반적인 함량으로 제조사, 원두, 품종, 재배지에 따라 함량의 변화가 예상됨

졸음 방지, 집중력과 주의력 향상 등에 효과가 있고 정신이 맑아지며 정보 처리 속도가 10% 정도 빨라진다는 연구 보고가 있다. 세포 내 효소 작용에 영향을 주어 저장된 글리코겐과 중성지방을 분해하여 에너지를 내게 함으로써 기초대사량이 증가하고 근력을 증가시키는데 노약자나 운동량이 많은 사람에게는 효과가 떨어진다.

(2) 부작용

카페인은 일시적으로 세뇨관에서 수분과 나트륨의 재흡수를 방해하여 결과적으로 이뇨 작용을 일으키며 소변에 칼슘 배설량을 증가시키지만 골다공증의 직접적인 원인은 아니다. 다량의 카페인(15 mg 이상/체중 1 kg) 섭취는 불면증, 두통, 신경과민, 불안정 증세를 나타내며 정상적인 일상생활을 하기 힘든 경우도 있다(그림 6-11). 혈압이 높은 사람은 심장 박동이 빨라지고 호흡이 가빠질 수 있어 섭취량을 제한해야 한다. 위에서 염산의 분비를 증가시켜 위염이나 궤양 증세가 있는 사람에게는 속 쓰림을 유발하고 위궤양을 악화시킬 수 있다. 카페인은 생체막 이동이 자유롭기 때문에 임신부가 섭취하였을 경우 태아에게 전달되어 성장 지연이나 저체중아 출산 확률을 높일 수 있다.

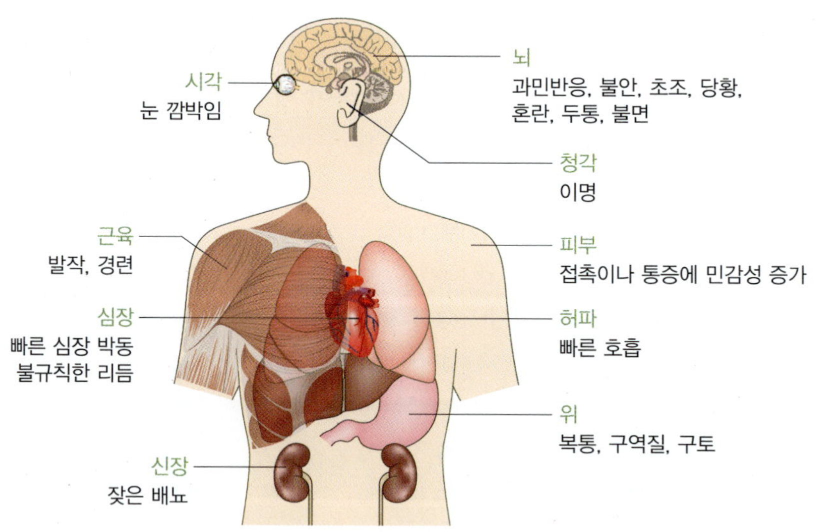

그림 6-11 카페인 과용에 대한 신체적 증상

(3) 일일 최대 권장섭취량

개인차가 크지만 캐나다의 최대 권장량은 표 6-7과 같다. 우리나라 식품의약품안전처의 일일 권장량은 성인과 임산부의 경우 캐나다의 권장량과 동일하고, 어린이와 청소년은 체중 1 kg당 2.5 mg 이하를 권장한다. 또한 고카페인 음료에는 총 카페인 함량, 고카페인 함유 표시, 어린이와 임산부에 대한 주의 문구를 의무적으로 표시하도록 하고 있다.

표 6-7 캐나다 일일 최대 권장섭취량

연령	일일 최대 권장량(mg)	연령	일일 최대 권장량(mg)
4~6	45	청소년	175/70 kg
7~9	62.5	임산부, 수유모*	300 이하
10~12	85	성인	400

* UK Food Standards Agency : 200 mg 이하 권장

3. 술

술은 기원전 5000년 전부터 이집트나 메소포타미아 지역에서 포도주를 빚었다고 하며, 중국에서는 기원전 7000년경에 유사 알코올음료가 만들어졌다는 기록이 있다. 우리나라에서는 1287년 이승휴가 쓴 역사서 『제왕운기』에 실린 고구려의 주몽 신화에 천제의 아들 해모수가 하백의 세 딸을 초대하여 취하도록 술을 마시게 하니 모두 놀라 달아났으나 큰 딸 유화가 해모수에게 잡혀 인연을 맺어 주몽을 낳았다고 전하고 있어 삼국시대에 이미 제조한 것으로 추정할 수 있다. 고려 시대에는 약주, 탁주, 소주의 기본적인 세 가지 술을 모두 만들었다고 하며, 특히 원나라의 몽골군이 주둔했던 개성, 안동, 제주도가 소주의 명산지로 유명하였다. 고려 때 지은 시에 이화주, 화주, 백주, 방문주, 춘주, 천일주, 천금주, 녹파주 등이 등장한다. 우리나라 술은 밀가루로 누룩을 만들고 누룩의 전분가수분해효소를 이용하여 곡류의 전분을 당화시킨 후 효모에 의해 당을 알코올 발효시켜 제조하였다. 술의 종류는 재료와 제조법 등에 따라 매우 다양하게 분류된다. 여기에서는 "식품공전"의 주류에서 분류하는 술의 식품 유형에 따라 살펴보기로 한다.

1) 술의 종류

(1) 탁주

빛깔이 탁하다고 하여 탁주, 막 거른 술이라 하여 막걸리, 집마다 담그는 술이라 하여 가주, 농가에서 즐겨 마신다고 해서 농주 등으로 다양하게 불린다. 탁주는 우리나라뿐만 아니라 일본이나 중국 등 세계적으로 보급되어 있다. 최근에는 탁주 제조법이 많이 개량되고 있지만 일반적인 제조법은 쌀을 증기에 찐 술밥에 동일한 양의 물과 물의 반 정도에 해당하는 누룩을 넣고 잘 저어서 20℃ 정도로 유지하면서 5~10일간 숙성시킨다. 숙성한 술덧을 항아리에 체를 걸쳐 놓고 퍼내어 체에 넣고 물을 부으면서 거칠게 거르면 쌀 알갱이가 부서져서 뿌옇게 흐린 술을 얻게 된다. 숙성한 술덧의 알코올 농도는 15~21%에 이르며, 시판용 탁주는 알코올 농도가 6~8% 정도 되도록 물로 희석하고 감미한 것이다(제성). 탁주의 발효 미생물은 판매·유통 기간 중에도 활성화되므로 제조 후 시간이 경과함에 따라 단맛·신맛·떫은맛 등 다양한 맛으로 변한다. 일반적으로 탁주 고유의 맛을 보기 위해서는 출고된 지 2~3일 이내에 소비하는 것이 좋다. 맛의 변화를 최소화하고 저장 기간을 연장하기 위해 생 막걸리를 살균한 살균 막걸리도 있다.

(2) 약수

약주는 원래 약효가 있는 것이라 인정되는 종류의 술이거나 처음부터 약재나 과실·채소류를 넣고 빚은 술을 뜻하지만, 맑은 술 또는 술의 높임말로도 쓰인다. 시판되는 약주는 약재나 과실·채소류를 넣고 빚은 탁주의 숙성이 끝난 후 술덧을 여과하고 알코올 농도를 조정한 것이며, 감미료 등을 가미한 후 시판하는 것도 있다. 약재로는 인삼, 더덕, 솔잎, 당귀 등 향이 강한 재료와 매화꽃, 봉숭아꽃, 진달래꽃 등을 많이 사용한다. 재발효를 억제시키면 품질의 변화를 감소시킬 뿐만 아니라 저장 기간도 연장할 수 있다. 따라서 약주 제조 시 제성한 후 고온순간(high temperature short time, HTST) 살균법이나 저온살균(Pasteurization)법을 이용하여 살균하기도 한다.

(3) 청주

예전에 청주는 보통 약주 또는 정종으로 알려진 맑은 술로 탁주와 반대되는 개념으로 사용되었으나 현재는 「주세법」에 의해 약주와 청주는 다른 주류 유형으로 분류된다. 청주는 탁주 제조법과 동일하거나 유사하게 알코올 발효를 한 다음 술덧을 여과한 것으로 약주와 달리 발효 과정에서 약재나 과실 등을 사용하지 않는다. 숙성된 술덧은 여과하고 압착기를 사용하여 압착한 후 약 10일 정도 방치하여 침전물을 제거하고 상층액을 활성탄이나 규조토를 이용하여 여과한다. 여과한 술에는 미생물이나 미생물이 분비한 효소가 활성을 갖고 있어서 시간이 지날수록 맛과 향이 나빠지므로 이를 방지하기 위해 열처리로 살균한다. 살균 온도는 높을수록 좋으나 당과 아미노산이 반응하여 갈색을 생성하고 고유의 향미를 해치므로 60~65℃에서 5~15분간 살균한다.

(4) 맥주

맥주는 '엿기름, 호프, 쌀·보리·감자 중 하나 또는 그 이상의 것과 물을 원료로 하여 발효시켜 제성하거나 여과하여 제성한 것'이라 「주세법」에서 정의하고 있다. 호프는 맥주의 독특한 쓴맛과 향을 내고 보존성을 증가시키는 역할을 한다. 맥주의 제조법에는 하면발효와 상면발효가 있다. 하면발효는 하면발효 효모를 사용하여 저온(7~15℃ 정도)에서 발효시키는 방법으로 발효가 끝나면 효모는 가라앉고 알코올 농도가 5~10% 정도로 부드러운 맛과 향이 특징이다. 세계 맥주 시장의 70% 이상을 점유하고 있으며 우리나라와 독일 맥주가 하면발효 방식을 채택하고 있다. 하면발효 맥주로는 라거(Lager), 필스너(Pilsener)가 대표적인 상품이다. 상면발효는 상온(18~25℃)에서 단기간 발효시킬 때 발생하는 이산화탄소의 거품과 함께 액상 표면에 뜨는 효모를 이용하는 발효 방식으로 다양한 향과 깊은 맛, 과일 맛 등을 생성한다. 영국의 에일(Ale), 스타우트(Stout) 등이 이에 속한다. 맥주의 온도가 높으면 쓴맛이 강하고 너무 낮으면 거품이 나지 않으므로 맥주는 4~12℃에 보관하는 것이 좋다.

(5) 과실주

과실주라 함은 과실 또는 과즙을 주원료로 하여 발효시켜 만든 술이다. 과일주의 원료로는 주로 포도나 사과를 이용하여 왔으며, 현재도 포도주(wine)가 과실주 가운데 가장 많이 소비되고 있다. 우리나라의 전통적인 과실주 제조법은 약주를 빚듯이 멥쌀이나 찹쌀과 누룩을 과일이나 과즙과 함께 넣어 빚는다.

① 포도주 제조

포도알을 뭉개서 발효시킨 적포도주와 포도알에서 과즙을 짜내 발효시킨 백포도주가 있다. 발효는 용기에 효모를 넣고 1~4일 후에 시작되며 3~4일이면 최고조에 이른다. 발효시킨 액을 빼고 과피를 압착기로 짜낸 즙액과 섞어서 날씨가 추울 경우 2~3주, 따뜻할 경우에는 7~8일간 주발효를 한다. 발효가 끝나면 통에 가득 채우고 밀폐하여 공기와의 접촉을 막는다. 약 한 달 후 효모나 찌꺼기가 침전되면 새로운 통에 여과시켜 15℃ 정도의 온도에서 저장한다. 백포도주는 2년 정도 지나면 마실 수 있으나 10년 이상 경과해야 좋은 품질의 포도주가 된다. 적포도주는 8~23년이 절정이고 양질의 포도주는 50년 정도까지도 음용이 가능하다.

② 포도주 특징

- 백포도주 : 알코올 도수는 5~16%이며, 빛깔은 투명의 백색, 황금색, 연한 회색 등이 있다. 적절한 식음 온도는 6~12℃이고 쓴맛, 단맛, 신맛, 상큼한 맛이 있다. 단맛이 있어 단포도주(sweet wine)로 구분된다.
- 적포도주 : 알코올 도수는 10~14% 정도이며, 빛깔은 적색, 등적색, 적자색 등이 있는데 오래 숙성된 것일수록 자색에서 등색으로 변한다. 적절한 식음 온도는 14~18℃이고 잔당이 없어 단맛이 없으며(dry wine), 텁텁한 맛, 떫은맛이 있고 다양한 과일 향을 내는 특징이 있다. 적포도주는 산화방지능을 갖는 폴리페놀 물질을 백포도주보다 많이 함유하고 있으며 이 성분들은 심장혈관 질환을 감소시킨다. 발효 중 포도껍질에서 미생물에 의해 레스베라트롤(resveratrol)이 생성된다. 레스베라트롤은 심장을 튼튼하게 한다는 연구 결과가 있으나 아직은 더 많은 검증이 필요하다.

③ 포도주 분류

- 색에 의한 분류 : 적포도주(red wine), 백포도주(white wine), 핑크색인 로제와인(rose wine) 등이 있다.
- 용도에 의한 분류 : 감미가 있는 식전 포도주(appetizer wine), 식사 중에 마시는 식사용 포도주(table wine), 단맛이 짙어 식후에 주로 마시는 디저트와인(dessert wine) 등이 있다.
- 탄산가스 유무에 의한 분류 : 거품이 나지 않는 비발포성 포도주와, 포도주를 2차 발효시켜 거품을 일게 한 샴페인(Champagne) 같은 발포성 포도주가 있다.

(6) 소주

전통적 소주는 증류식으로 탁주를 제조하는 방법과 동일하거나 유사하게 술을 만든 다음 술덧을 증류 장치인 소줏고리로 증류하여 만든다(그림 6-12). 요즘은 희석식 소주

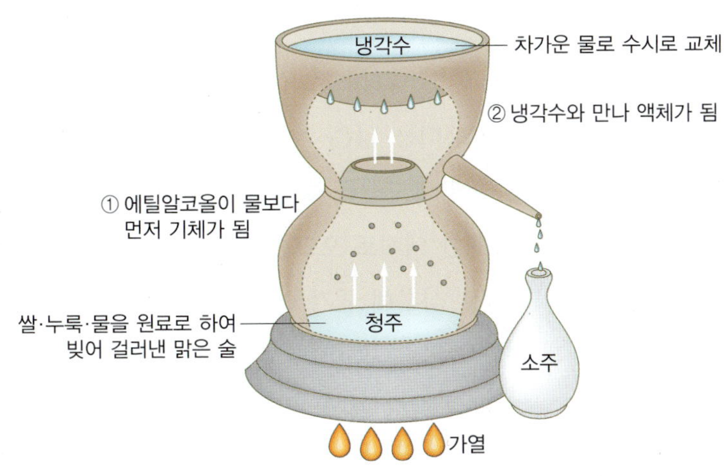

그림 6-12 증류식 소주의 증류 장치(소줏고리)

가 주로 생산되는데 고구마, 옥수수, 당밀 등을 원료로 하여 발효시킨 후 알코올 농도 85% 이상으로 증류한 주정을 사용한다. 이 주정은 소주의 알코올 함량에 따라 적당히 희석한 후 감미료를 첨가하여 단맛을 주고 산도 조절제, 착향료 등을 첨가하여 제조한다. 최근에는 합성 첨가물을 첨가하지 않은 희석식 소주도 판매되고 있다. 보통 제조일자가 마개에 표시되어 있지만 유통기한은 별도로 없다.

(7) 위스키

위스키는 곡물을 엄선하고 보리의 엿기름인 맥아를 주원료로 하여 당화·발효시킨 후 증류 과정을 거친 발효액을 오크통에 넣어 숙성시켜 만든다. 오크통에서 숙성 과정을 거치며 독특한 향과 맛이 생성된다. 맥아를 주원료로 생산한 위스키를 몰트위스키(malt whisky)라 하고, 맥아·호밀·밀·옥수수 등 다양한 곡물이 혼합된 원료로 생산한 위스키는 그레인위스키(grain whisky)라고 하며, 이 두 위스키를 배합한 것이 블렌디드 위스키(blended whisky)이다. 스카치위스키는 스코틀랜드에서 생산되는 위스키의 총칭이다. 미국에서는 이주한 스코틀랜드 사람들이 켄터키주의 버번에서 주로 밀주를 만든 것이 그 시작이다. 당시 옥수수를 주원료로 사용하였기 때문에 지금도 옥수수를 절반 이상 사용한 위스키를 버번위스키라고 한다. 러시아의 보드카는 몰트위스키 종류를 증류하여 95%의 주정으로 만들어 증류수로 40~50% 희석한 것이며, 활성탄 등으로 증류주를 여과시켜 무색, 무취가 특징이다.

(8) 브랜디

브랜디(brandy)는 브랜디와인을 줄인 명칭으로, 불에 태운 포도주(burnt wine)라는 뜻의 네덜란드어에서 유래되었다. 브랜디는 넓은 의미에서는 과실을 양조하여 증류한 술이지만 일반적으로 브랜디라고 하면 포도주를 증류한 술을 가리킨다. 브랜디는 포도주를 두 번 증류하여 얻은 무색 투명한 액체로 오크통에서 숙성시켜 만들며, 알코올 함량이 40% 이상으로 서양에서는 주로 식후에 즐겨 마시는 술이다. 프랑스에서 많이 생산되며 브랜디 중 품질이 세계 제일로 평가되는 코냑(cognac)이 있다. 브랜디의 품질은 포도와 오크통의 품질, 증류 방법 등에 의해 결정된다.

(9) 일반 증류주

일반 증류주라고 하면 주정, 소주, 위스키, 브랜디 등의 증류주를 제외한, 전분질 또는 당분질을 주원료로 하여 발효한 밑술을 증류한 모든 증류주를 말한다. 또는 두 개 이상 증류주를 서로 혼합한 것도 포함한다. 우리나라의 전통 양조 기술을 계승하기 위한 방법의 하나로 다양한 향과 맛을 갖는 민속주로 일반 증류주를 생산하고 있다.

(10) 리큐어

리큐어(liqucur)라고 하면 전분질 또는 당분질을 주원료로 하여 발효시켜 증류한 주류에 인삼, 과실(포도 등 발효시킬 수 있는 과실 제외) 등을 침출시킨 것이거나 발효·증류·제성 과정에 인삼, 과실(포도 등 발효시킬 수 있는 과실 제외)의 추출액을 첨가한 술이다. 발효 전에 약재나 과실을 첨가하여 발효한 약주와는 구분된다. 외국에도 곡류로 발효시킨 술에 감미료나 설탕으로 맛을 내고 과일, 약초류 등으로 향미를 첨가한 혼성주(Liqueur)가 있다.

술 제조 과정 관련 용어

- 입국 : 쌀이나 밀가루를 찐 뒤에 전분을 당으로 변화시켜 주는 백국균 등 곰팡이를 배양한 것.
- 술덧 : 주류의 원료가 되는 재료를 발효의 수단으로 발효시켜 제성하거나 증류하기 전까지의 상태에 있는 재료.
- 밑술(주모) : 효모를 배양·증식한 것으로 당분이 포함되어 있는 물질이며 알코올 발효를 시킬 수 있는 재료.
- 제성 : 양조장에서 술을 빚을 때 알코올 도수를 맞추거나 감미를 하는 마지막 단계.

2) 술과 영양 성분

술에 함유되어 있는 영양 성분은 여과 과정을 거친 술과 증류한 술은 큰 차이를 보인다(표 6-8). 여과한 술에는 단백질, 탄수화물, 무기질, 비타민 등을 함유하고 있지만 증류한 위스키, 브랜디, 소주에는 영양 성분이 거의 없다. 술의 증류 과정에서 알코올, 향미 성분, 물 등 휘발성 물질만 증류되기 때문이다. 따라서 증류주의 칼로리는 신체의 에너지로 거의 사용되지 않는 알코올에 의한 에너지이다. 반면 여과한 술에는 술의 원료에서 나온 영양 성분뿐만 아니라 효모에 함유된 미네랄과 비타민 등의 영양 성분이 함유되어 있다.

표 6-8 주류의 영양 성분 조성

(단위 : 식품 100 g당)

커피	에너지(kcal) 및 일반 성분(g)							미네랄(mg)					비타민(mg)				
	에너지	수분	단백질	지방질	회분	탄수화물	총식이섬유	칼슘	인	철	나트륨	칼륨	A[1)]	B_1	B_2	니아신	C
막걸리(6%)	54	91.2	0.98	0.15	0.09	1.56	0.6	8	15	0.06	3	14	0	0.01	0.03	0.3	0.18
청주(16%)	132	79.9	0.41	0	0.05	4.24	0	4	9	0.02	3	9	0	0	0	0	0
맥주(4.5%)	46	92.0	0.21	0.01	0.12	3.27	0	32	14	0	2	28	0	0	0.02	0.256	0
흑맥주(4.2%)	46	91.6	0.4	미량	0.2	3.6	.2	3	33	0.1	3	55	0	0	0.04	1.0	0
적포도주(12%)	105	86.0	0.2	0	0.2	4.8	–	7	10	0.5	6	52	0	0	0.01	0.1	0
백포도주(12%)	96	87.9	0.2	0	0.2	2.4	–	9	7	0.5	5	46	0	0	0.01	0.1	0
소주(25%)	178	79.6	0	0	0	0	–	0	0	0	0	0	0	0	0	0	0
위스키(40%)	284	60.3	0.03	0	0	0.07	0	0	0	0	0	2	0	0	0	0	0.04
브랜디(43%)	237	66.6	0	0	0	0	0	0	미량	0	4	1	0	0	0	0	0
오가피주(13%)	107	96.2	1.7	미량	0.2	1.9	–	6	31	2.4	14	103	0	0.03	0.03	0.4	0

*Retinol 1 μg 또는 retinol로 환산한 값

–: 수치가 애매하거나 측정되지 않음

자료 : 2016 제9 개정판 국가표준식품성분표, 농촌진흥청 국립농업과학원, 2017.

3) 술과 영양 대사

알코올 섭취 시 단시간에 나타나는 증상과 지속적으로 섭취하였을 때 나타나는 증상이 있다. 에탄올이 갖는 에너지(7.1 kcal/g)는 열로 발산하여 체내의 에너지로는 거의 사용되지 못하기 때문에 빈 칼로리(empty calorie)라고 한다. 다량의 알코올 섭취는 담즙과 지방질분해효소의 분비 이상을 초래하여 지방질이 흡수되지 않으므로 설사를 유발한

다. 또한 지용성 비타민의 흡수를 저해하여 지용성 비타민 A, D, E, K 등의 결핍이 나타날 수 있다. 장기간 알코올을 섭취하면 위, 간, 신장, 뇌 등 신체의 여러 장기에 손상이 생긴다. 알코올 섭취로 장 점막이 손상되면 비타민 B_1, 비타민 B_2, 엽산 등의 흡수가 감소된다. 술을 마시면 소변 양이 증가하여 니아신, 무기질(칼륨, 마그네슘, 아연)의 손실이 일어날 수 있어 비타민과 무기질의 보충이 필요하다. 더불어 알코올 분해에 필요한 비타민 B군이 추가로 필요하다. 단시간에 과량의 술을 마시면 부갑상샘호르몬의 분비 저하로 칼슘 배설이 증가하기도 하고, 만성적인 과음은 비타민 D의 대사 장애로 칼슘 흡수율이 저하되어 뼈가 약해질 수 있다.

4) 알코올이 신체에 미치는 영향

① 단시간 음주의 영향

음주로 인한 단시간에 나타나는 신체에 대한 영향은 개인 체질, 체중, 건강 상태, 심신 상태, 식품 섭취량, 음주 속도 등 여러 가지 요소에 의해 사람마다 다르게 나타나지만, 일반적인 혈중 알코올 농도에 따른 신체에 미치는 영향을 정리하면 표 6-9와 같다.

표 6-9 혈중 알코올 농도와 신체에 나타나는 현상

혈중 알코올 농도(%)	증상
0.03~0.12	기분, 행복감, 도취감 향상
0.09~0.25	진정 작용, 무기력 증대, 균형 감각 상실, 시력 감퇴
0.18~0.30	혼돈, 어눌한 대화, 비틀거림, 현기증
0.25~0.40	지각 마비, 구토, 인사불성, 기억 상실
0.35~0.80	혼수, 사망

*운전면허 정지 : 혈중 알코올 농도 0.03~0.08
운전면허 취소 : 혈중 알코올 농도 0.08 이상

② 만성적 음주가 건강에 미치는 영향

알코올을 만성적으로 섭취할 경우 과량을 섭취하는가, 또는 적당량을 섭취하는가에 따라 건강에 미치는 영향이 다르다. 적당량의 알코올을 주기적으로 음용하면 당뇨 발생의 위험을 감소시키고 혈전 감소와 높은 골밀도를 유지할 수 있다. 그러나 만성적으로 과량 섭취하면 암, 빈혈, 간경화, 만성위염, 췌장염 등의 발병률이 높아지고, 심리적으로 우울증, 환각, 수면 장애 등을 초래할 수 있다(그림 6-13).

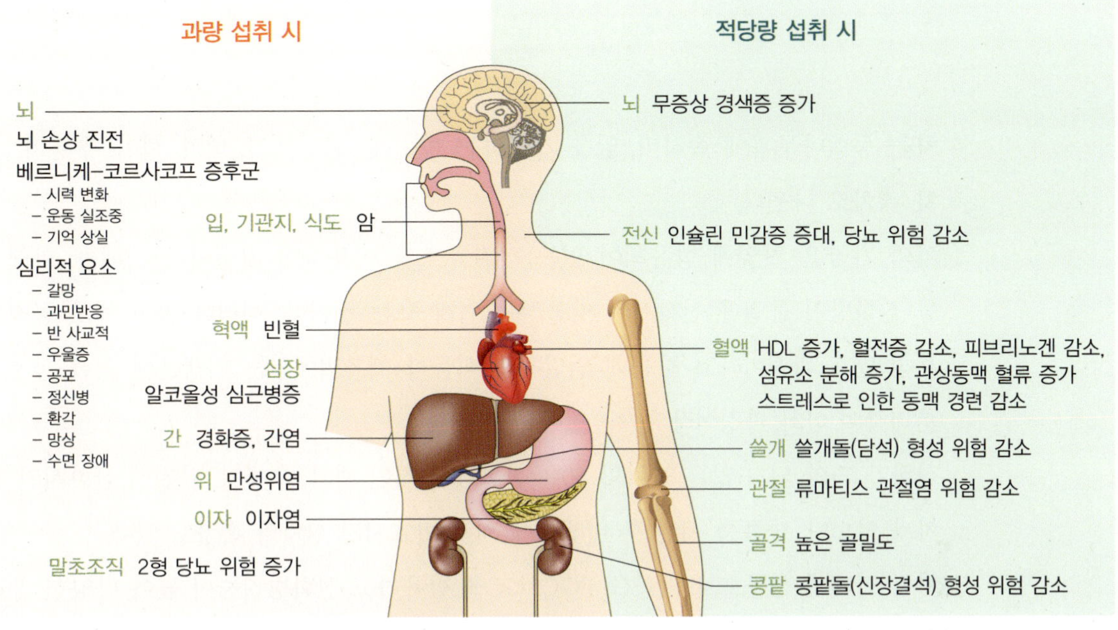

그림 6-13 장기간 알코올 섭취 시 건강에 미치는 영향

단원정리

- 차는 동백나무과에 속하며, 잎을 가공하는 방법에 따라 녹차, 백차, 황차, 우롱차, 홍차, 흑차로 나뉜다.
- 차의 가공은 찻잎에 함유되어 있는 산화효소를 이용하여 찻잎의 폴리페놀, 카테킨 등 산화방지 물질을 산화시켜 맛을 부드럽게 하는 것이다. 이러한 차의 제조 공정을 흔히 발효 과정이라고 하는데 엄밀하게 식품학 제조법에서는 미생물에 의한 공정과 분리하여 산화 과정이라 할 수 있다.
- 산화가 거의 되지 않은 녹차와 50% 산화가 진척된 백차, 우롱차, 완전히 산화시킨 홍차가 있으며, 산화를 시킨 후 미생물에 의해 발효시킨 황차와 흑차도 있다.
- 차는 카테킨 성분으로 EGCG, EGC, GC을 함유하고 산화방지능이 높아 다양한 생리활성 기능을 갖는다. 홍차에서는 이들이 산화한 테아플라빈의 홍색 색소 물질이 생성된다. 또한 차는 다양한 영양 성분, 산화방지 성분, 기능성 성분을 함유한다.
- 커피는 다량의 카페인과 산화방지 성분인 클로로겐산을 함유하고 있다.
- 커피의 향과 맛은 로스팅 온도와 시간에 의해 결정된다. 로스팅 온도는 단시간 볶으면 신맛이 강하고 시간이 늘어날수록 신맛은 줄어들면서 단맛이 증가하며, 최종적으로 쓴맛이 가장 강해진다.
- 커피 원산지, 품종, 로스팅 정도, 가공 방법 등이 다른 두 가지 이상의 커피를 혼합하여 다양하고 새로운 향과 맛을 만들어 내는 과정을 블렌딩이라 한다.
- 진한 커피 침출액인 에스프레소 커피를 사용하여 연하게 희석한 카페 아메리카노, 우유를 섞은 카페 라테, 우유 거품을 얹은 카페 마키아토, 우유·우유 거품·계피를 첨가한 카푸치노 등 다양한 메뉴를 만들고 있다.
- 커피나 차의 카페인은 집중력 향상, 피로회복 등 신체에 유익한 효과도 있지만 과량을 섭취하면 불면증, 두통, 신경과민 등의 부작용도 초래한다.
- 술을 "식품공전"의 식품 유형으로 분류하면 탁주, 약주, 청주, 맥주, 과실주, 소주, 위스키, 브랜디, 일반 증류주, 리큐어 등으로 나뉜다.

- 일반적으로 탁주와 생맥주는 효모가 살아 있어 오래 보관하면 맛이 변한다. 밑술을 증류한 증류주는 소주, 위스키, 브랜디, 일반 증류주가 있으며, 과실주로는 포도주가 가장 많이 생산, 소비되고 이 포도주를 증류한 브랜디가 있다.
- 증류주인 위스키, 브랜디, 소주, 일반 증류주 등은 거의 영양 성분을 함유하고 있지 않는 반면에 탁주, 약주, 청주, 맥주, 포도주 등은 발효 원료에 함유된 영양 성분과 효모가 함유하는 영양 성분을 함유하고 있다.
- 알코올을 적당히 섭취하면 당뇨나 혈액 순환, 골밀도 향상에 도움이 되지만 과량을 지속적으로 섭취하면 우울증, 수면 장애, 간염, 위염, 빈혈, 암 등을 유발할 수 있어 적당히 섭취해야 한다.

연습문제

1. 찻잎의 산화방지 물질이 산화가 거의 일어나지 않은 차를 고르시오.

① 홍차 ② 황차 ③ 녹차
④ 흑차 ⑤ 우롱차

2. 찻잎을 산화시킨 후 발효를 한 발효차를 고르시오.

① 홍차 ② 황차 ③ 녹차
④ 흑차 ⑤ 우롱차

3. 커피의 중요한 산화방지 성분을 고르시오.

① 카페인 ② 클로로겐산 ③ 향기 성분
④ 유기산 ⑤ 트라이고넬린

4. 카페인을 가장 많이 함유하고 있는 식품을 고르시오.

① 코코아 ② 녹차 ③ 콜라
④ 초콜릿 ⑤ 커피

5. 증류주에 해당하는 술을 모두 고르시오.

① 맥주 ② 탁주 ③ 위스키
④ 청주 ⑤ 브랜디

6. 장기간 술을 음용하면 발생하는 증상이 아닌 것을 고르시오.

① 우울증 ② 수면 장애 ③ 빈혈
④ 관절염 ⑤ 위염

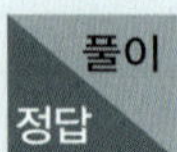

1. ❸ 녹차는 수확 후 산화를 방지하기 위하여 찻잎의 산화효소(polyphenol oxidase)를 솥에서 덖거나 증기로 찌는 가열 방법을 이용하여 불활성화한 후 제조하여 거의 산화가 일어나지 않는다.

2. ❹ 일차적으로 산화가 일어나면 2차적으로 미생물의 효소에 의해 녹차의 성분이 다양하게 변화되어 기능성 물질을 생산한다.

3. ❷ 클로로겐산은 커피의 중요한 산화방지 성분이며 생리활성을 갖는 기능성 물질로 알려져 있다.

4. ❺ 코코아, 녹차, 콜라, 초콜릿, 커피는 모두 카페인을 함유하고 있으나 커피가 가장 많은 카페인을 함유하고 있다(본문 표 6-6 참조).

5. ❸, ❺ 곡류를 원료로 발효시킨 술을 증류한 것이 위스키, 포도주를 증류한 술이 브랜디이다.

6. ❹ 술은 섭취량에 관계없이 장기적으로 마시면 콩팥의 콩팥돌(결석) 형성, 쓸개의 쓸개돌(담석) 형성, 관절에 류마티스 관절염 위험을 감소시킨다(그림 6-13 참조).

참고문헌

농촌진흥청 국립농업과학원, 2016 제9 개정판 국가표준 식품성분표 I, 2017.

농촌진흥청 국립농업과학원, 2016 제9 개정판 국가표준 식품성분표 II, 2017.

농촌진흥청 농촌자원개발연구소, 식품성분표, 2006.

농촌진흥청 농촌생활연구소, 농촌생활과학시험연구보고서, 1983~2006.

A. Moldvaer, Coffee Obsession, Dorling Kindersley Limited, 2014.

Health Canada, It's Your Health-Caffeine. March 2010.

R.J. Clarke·R. Macrae, Coffee, Volumn 1: Chemistry, Elserier Applied Science, 1989.

R.J. Clarke·R. Macrae, Coffee, Volumn 2: Technology, Eserier Applied Science, 1989.

V.R. Preeedy, Tea in Health and Disease Prevention. Elsevier Inc. 2013.

Y. Hara, Green Tea, Health benefits and Application, Marcel Dekker, Inc. 2001.

두산백과사전, https://namu.wiki/w/

위키백과, https://ko.wikipedia.org/wiki/

한국민족문화대백과, http://encykorea.aks.ac.kr/

Wikipedia. https://en.wikipedia/wiki

PART 2

식품의 기능성과 영양

07 파이토뉴트리언트 **08** 체지방 감소와 혈당 조절
09 혈중 중성지방 및 콜레스테롤 개선과 혈압 조절
10 산화방지와 면역 기능, 그리고 암 **11** 프로바이오틱스와 식이섬유

CHAPTER 7

파이토뉴트리언트

학습목표

최근 인구의 급속한 고령화와 생활습관병의 증가로 인하여 식품으로 질병을 예방하고 건강을 증진시킬 수 있도록 고안된 건강기능식품에 대한 관심이 높아지고 있다. 여기에서는 건강기능식품의 효능을 결정하는 생리활성물질인 파이토뉴트리언트(phytonutrient)와 건강기능식품에 대하여 알아본다.

1. 식품의 기능을 이해한다.
2. 생리활성물질을 이해한다.
3. 파이토뉴트리언트를 이해한다.
4. 건강기능식품을 이해한다.

1. 식품의 기능

식품의 기능이란 용어는 일본에서 1980년대 중반 처음으로 기술되었으며, 현재는 전 세계적으로 널리 통용되고 있다. 식품의 기능은 크게 3가지로 나눌 수 있는데 식품의 기본 기능인 생명 유지 수단으로서의 기능인 영양 기능(1차 기능), 미각·취각 응답 기능이 강화된 기호 기능(2차 기능), 그리고 종래 식품의 기능이었던 영양성과 기호성 외에 식품의 생체 방어, 신체 리듬 조절, 노화 방지, 질병 예방 등의 특성을 강조한 생리활성 기능(3차 기능)이다.

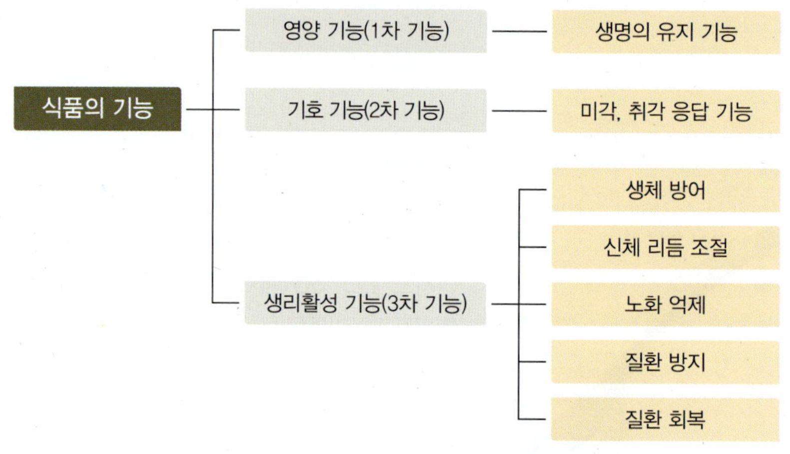

그림 7-1 식품의 기능

사회의 다양화와 고령화로 인하여 현대인은 성인병 및 노인성 질환에 쉽게 노출되어 있는데, 이러한 발병은 건강한 식생활을 통해 예방할 수 있음이 과학적 통계에 의하여 증명되었다. 따라서 식품의 기본적 기능(영양소 공급) 이상으로 건강에 유익한 효과를 제공하는 식품에 대한 관심이 높아지고 있다. 건강기능식품(health functional food)이란 식품의 기능에 기반하여 생체 방어, 신체 리듬 조절 등 식품의 3차 기능에 관계되는 기능을 생체에 대해 충분히 발현할 수 있도록 설계된, 일상적으로 섭취 가능한 식품이라 할 수 있다. 즉, 건강기능식품은 건강인 또는 반건강인이 인체 기능을 유지·개선할 목적으로 섭취하는 식품이다.

2. 생리활성물질

1) 정의

식품 유래의 특정 성분들이 인체 내 세포 분화 등 각종 대사 기능에 작용하여 직간접적으로 생리활성 기능 효과를 나타낸다는 사실들이 밝혀지고 있다. 이러한 성분들을 생리활성물질(bioactive substance)이라 한다. 건강기능식품은 생리활성물질을 주성분으로 하여 건강 증진, 질병 예방 및 치료와 같은 삶의 질 향상을 목적으로 만들었다.

2) 분류

생리활성물질은 당/탄수화물류, 아미노산/단백질류, 지방산/지방질류, 비타민류, 무기질류, 발효 미생물류 및 파이토케미컬 등으로 나눌 수 있다. 식이섬유, 글루코사민, 프럭토올리고당은 대표적인 당/탄수화물류의 생리활성물질이다. 아미노산/단백질류로는 대두 단백, 테아닌 등이 있으며, 지방산/지방질류로는 DHA 및 EPA가 포함되는 오메가-3 지방산과 공액리놀레산(conjugated linoleic acid, CLA)이 있다. 필수영양소인 비타민류와 무기질류도 생명 유지 수단으로 인체 내 대사 조절 기능을 수행하는 동시에 다양한 생리활성을 제공한다. 대표적 발효 미생물류인 프로바이오틱스는 최근 생체 내 다양한 생리활성 능력이 밝혀지면서 각광받는 생리활성물질 중의 하나이다.

구분	예
당/탄수화물류	식이섬유, 글루코사민(키토산), 프럭토올리고당
아미노산/단백질류	대두 단백, 테아닌
지방산/지방질류	오메가-3 지방산(DHA, EPA), 공액리놀레산(CLA)
비타민	카니틴
무기질	칼슘
발효 미생물류	프로바이오틱스
파이토케미칼 (phytochemical)	페놀성 화합물(phenolic compound) : 플라보노이드 터펜류(terpenoid) : 카로테노이드, 사포닌

그림 7-2 생리활성물질 분류

현재까지 많은 생리활성물질이 알려져 있는데 이 중 대부분을 차지하는 것이 파이토케미컬이다. 파이토케미컬은 식물이 외부의 유해 성분으로부터 자신을 보호하기 위해 만들어 내는 2차 대사 물질을 총칭하는 용어이다. 우리에게 잘 알려진 생리활성물질인 카로테노이드류(carotenoids)는 식물이 과다한 햇빛 노출로부터 자신을 보호하기 위해 분비하는 물질이다. 또한 식물들은 곤충의 먹이가 되는 것을 막기 위해 맛을 떨어뜨리는 다양한 글리코사이드(glycoside)를 생성하는데 이들의 섭취 시 높은 생리활성을 나타낸다.

3. 파이토뉴트리언트

1) 정의

파이토케미컬은 섭취 시 다양한 생리활성 능력으로 건강 증진에 지대한 역할을 담당하므로 제7의 영양소라는 의미에서 파이토뉴트리언트(phytonutrient)라고 부른다. 즉, 인체 건강에 잠재적 이익을 가져오지만 필수영양소처럼 인체에서 생성되지 않아 식물로부터 섭취해야 하기에 붙여진 이름이다. 파이토뉴트리언트는 식물이 생리활성 능력을 만들기 위해 오랜 기간 동안 돌연변이와 재조합을 통해 진화되어 온 산물이나. 이러한 파이토뉴트리언트는 적정량을 섭취하여야 인체에 효과적인 생체 조절 능력을 제공하며, 만약 과량을 섭취하면 부작용을 일으킬 수 있다. 예를 들어 마황은 에페드린이라는 생리활성물질로 인해 체지방 감소, 천식 억제에 효과적이라 한약재로 이용되고 있으나, 과량 섭취하면 혈관 수축, 혈압 상승, 불면증 등의 부작용이 발생한다. 또 인삼의 주요 생리활성물질로 알려진 사포닌은 산화방지 작용, 면역력 증진, 피로 개선, 혈행 개선 등 다양한 기능성을 가지고 있지만 과량 섭취할 경우 체내 요오드 결핍을 초래하여 갑상샘 호르몬 생성에 이상을 일으킬 수 있다. 따라서 인체가 생리활성 효과를 발현시키기 위해서는 적절한 양의 섭취가 무엇보다 중요하다.

2) 분류

파이토뉴트리언트는 터펜류(terpenoids), 페놀성 화합물(phenolics), 알칼로이드류(alkaloids), 질소 화합물 및 유기황 화합물로 나눌 수 있다.

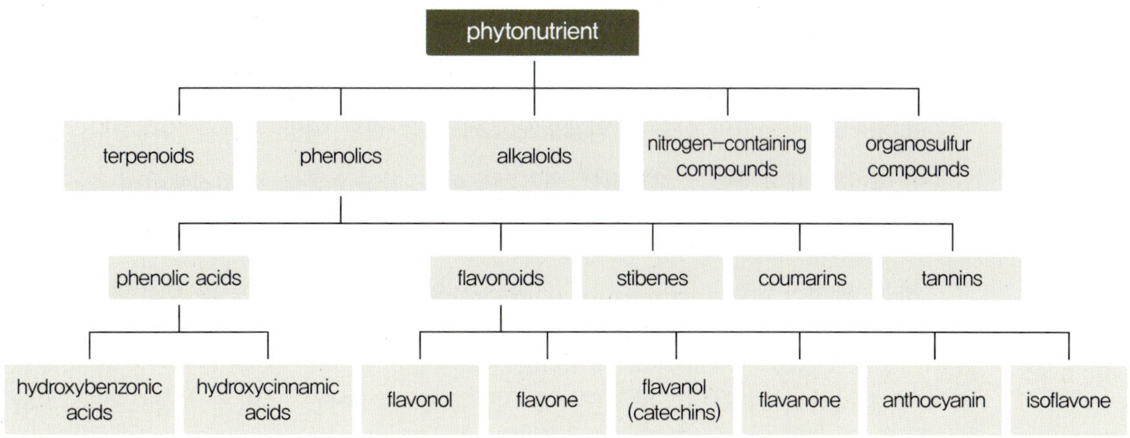

그림 7-3 파이토뉴트리언트의 분류

(1) 터펜류

터펜류는 아이소프렌(isoprene)을 주요 구성 분자로 함유하는 생리활성물질의 총칭이다. 여기에는 카로테노이드, 토코페롤, 토코트라이엔올, 사포닌, 식물스테롤 등이 속한다.

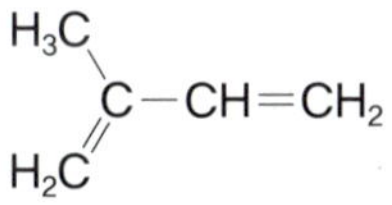

$$H_2C{=}C(CH_3){-}CH{=}CH_2$$

그림 7-4 아이소프렌의 구조

① 카로테노이드

카로테노이드는 탄소 40개가 아이소프렌 단위로 구성된 식물성 화합물의 총칭이며, 베타카로텐, 리코펜, 루테인, 제아잔틴 등이 대표적이다.

- 베타카로텐 : 비타민 A의 전구물질로 식품에 가장 많이 존재하는 카로테노이드이다. 섭취 시 기대되는 생체 내 생리활성으로는 산화방지 활성, 면역력 증강, 동맥경화 감소, 암 예방 효과가 있으며, 주로 당근·시금치·미나리·부추·깻잎·피망·셀러리 등의 녹황색 채소와 김·미역 등의 해조류, 감·살구 등의 황색 과일에 많이 들어 있다.
- 리코펜 : 베타카로텐과 분자량이 같지만 기능기의 구조가 약간 다르다. 이와 같은 작은 구조적 차이에도 리코펜은 베타카로텐과 달리 빨간색을 띠며, 대표적 급원 식

품으로는 토마토, 수박 등이 있다. 리코펜을 섭취하면 산화방지, 항염증, 항균 활성과 함께 전립샘 암 예방 효과, 혈소판 응집 억제 효과, 저밀도지단백질 콜레스테롤(LDL-cholesterol)의 산화를 억제함으로써 심장 질환 예방 효과가 기대된다.

- 루테인과 제아잔틴 : 대표적인 카로테노이드 알코올류로 이성질체이며, 안구에 상이 맺히는 황반부에 존재하는 주요 색소이다. 이들은 안구에서 빛에 의하여 발생하는 활성산소종(reactive oxygen species)을 제거함으로써 눈을 보호해 주는 역할을 한다. 인체는 노화로 인해 황반색소가 감소하게 됨으로써 황반변성이나 백내장에 걸리기 쉬워지므로 눈 건강 유지를 위해서는 이들 성분을 식품으로 섭취하는 것이 건강 유지에 도움이 된다. 루테인의 주요 급원 식품으로는 시금치, 쑥, 케일, 브로콜리 등 녹색채소와 달걀노른자, 옥수수, 단호박, 감귤류, 덜 익은 콩류가 있다.

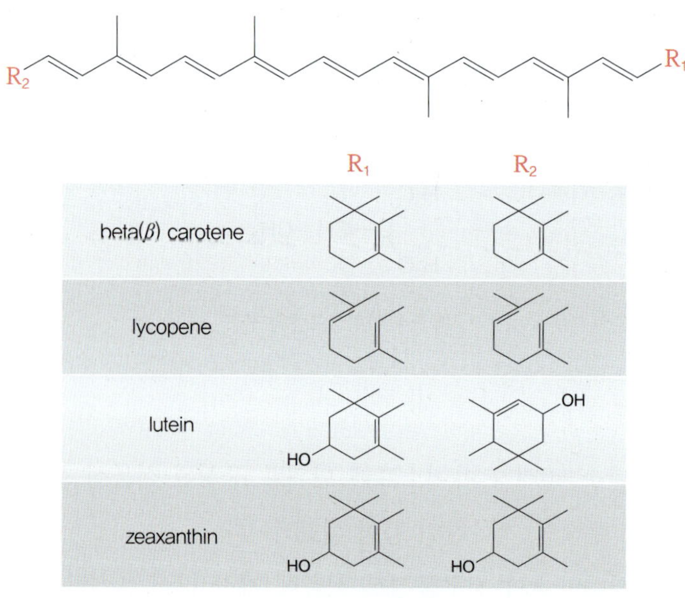

그림 7-5 카로테노이드 구조

② **토코페롤과 토코트라이엔올**

토코페롤과 토코트라이엔올은 지용성 비타민으로 체내의 원활한 혈액 순환에 도움을 준다. 또한 하이드록실기의 수소 공여 능력에 의하여 자유라디칼(free radical)을 제거하는 산화방지 작용을 하는데, 특히 세포막에서 활성산소종에 의한 세포 손상을 억제하여 지방질과산화를 저해하는 천연 지용성 산화방지제이다. 이들은 각각 4개의 이성질체가 존재하며, 산화방지 활성이 가장 높은 이성질체는 알파-토코페롤이다. 토코페롤과 토코트라이엔올은 옥수수기름, 올리브유 등의 식물성 기름과 호두, 아몬드, 땅콩 등의 견과류에 함유되어 있다.

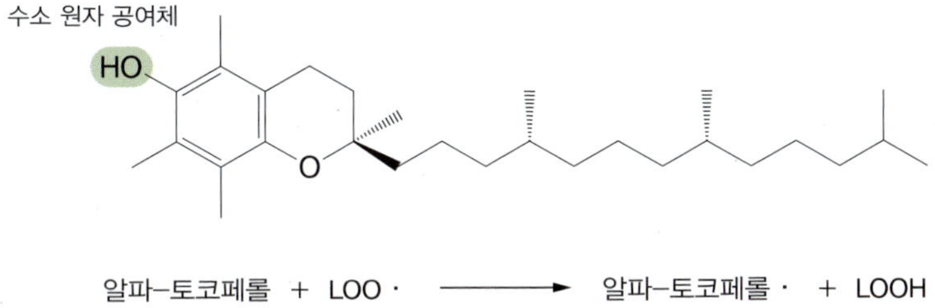

수소 원자 공여체

HO

O

알파-토코페롤 + LOO· ⟶ 알파-토코페롤· + LOOH

그림 7-6 알파-토코페롤 구조 및 산화방지 작용

③ **사포닌**

사포닌은 글리코사이드를 함유하고 있으며 물속에서 비누처럼 거품을 내는 성질이 있다. 주요 급원 식품으로는 인삼, 더덕, 도라지, 칡, 마늘, 양파, 콩, 감초, 은행, 영지버섯 등이 있다. 사포닌의 주요 생리활성으로는 산화방지 작용, 기억력 개선, 혈행 개선, 피로 개선, 면역력 증진, 간 기능 증진, 암 예방 효과와 함께 쓸개즙산의 재흡수를 저해하여 혈중 콜레스테롤을 억제하는 효과가 있다.

인삼의 사포닌은 다른 식물의 사포닌과 구분하여 진세노사이드(ginsenoside)라고 한다. 인삼에는 3~6%의 진세노사이드가 함유되어 있다. 홍삼은 인삼을 찌는 증삼 과정을 거친 후 수분 함량을 14% 이하로 건조시켜 만든다.

④ **식물스테롤**

식물스테롤은 트라이터펜류(triterpenoid)로 콜레스테롤과 구조가 유사하며, 섭취 시 소장에서 콜레스테롤의 흡수를 방해하여 혈액 내 콜레스테롤과 저밀도지단백질 콜레스테롤의 농도를 낮추는 효과가 있다. 따라서 심장 질환 예방에 대한 효과가 기대된다. 현재 200여 종의 식물스테롤이 존재하는데 이 중 대표적인 베타-시토스테롤은 전립샘 비대증을 예방하는 생리활성을 가진 것으로 알려져 있다. 급원 식품으로는 식물성 기름, 견과류, 아보카도 등이 있다.

(2) 페놀성 화합물

페놀성 화합물도 식물이 외부의 유해 성분으로부터 자신을 보호하거나 빛의 흡수, 경쟁 관계 식물의 성장 억제, 꽃가루 확산 곤충의 유인 또는 질소 고정 박테리아와 공생 관계 촉진 등의 역할을 하는 2차 대사 물질이다. 페놀성 화합물은 페놀링을 가진 식물성 화합물의 총칭으로 플라보노이드(flavonoid)계, 페놀산(phenolic acid)류, 스틸벤(stilbene)류, 쿠마린(coumarin)류, 타닌(tannin)류로 나눌 수 있다.

① 플라보노이드

플라보노이드는 과일, 채소, 곡류에서 쉽게 찾아볼 수 있는 페놀성 화합물로 기본 구조가 탄소 수 6-3-6으로 구성된 생리활성물질의 총칭이다. 플라보노이드라는 용어는 그리스어에서 유래된 것으로 황색 색소라는 의미이며, 자연계에 6,000 종류 이상이 존재하는 가장 종류가 많은 페놀성 화합물 그룹이다. 플라본(flavone), 아이소플라본(isoflavone), 플라본올(flavonol), 플라바논(flavanone), 안토사이아닌(anthocyanin), 카테킨(catechin)이 여기에 속한다.

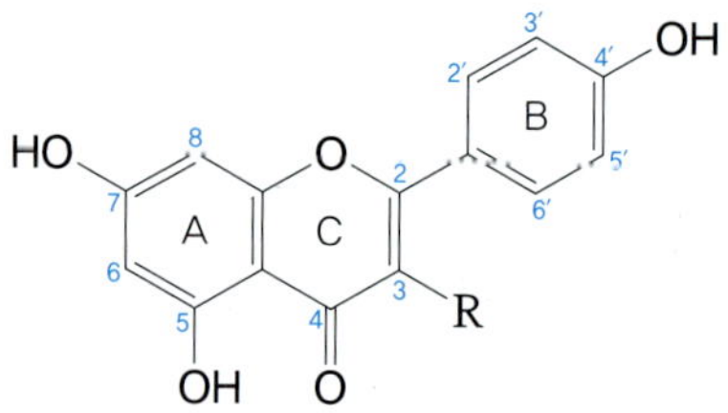

그림 7-7 플라보노이드의 기본 구조

이들은 산화방지 활성, 항염 활성, 간 보호 활성, 항암 활성, 항바이러스 활성, 면역 증진, 심장 질환 예방 등 다양한 생리활성을 보유하고 있다. 플라보노이드의 강한 산화방지 작용은 자유라디칼의 생산 억제 및 소거, 금속 착화물의 형성, 생체 내 초과산화물제거효소(superoxide dismutase, SOD), 카탈레이스(catalase) 등 효소 산화방지제 및 글루타싸이온(GSH) 등 비효소 산화방지제의 향상 또는 잔틴산화효소(xanthine oxidase)의 저해 메커니즘에 기인한다.

호흡으로 인체에 흡수되는 산소의 약 2~4%는 화학적 반응성이 큰 불완전한 상태로 체내에 존재하게 된다. 이러한 활성산소종은 세포 내에 적정량이 존재하면 세포 간 신호 전달, 항상성 등 다양한 생리적 기능을 나타내나, 과도하게 생산되면 체내 산화방지 체계의 불균형을 초래하여 산화스트레스(oxidative stress) 환경이 조성된다. 이로 인하여 지방질과산화, 효소의 불활성화, DNA 손상 등이 유발되어 인체는 노화, 당뇨, 동맥경

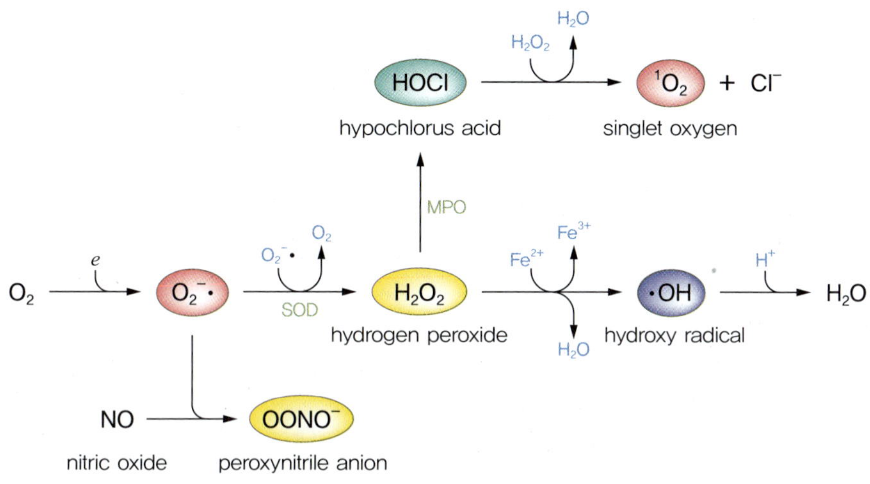

그림 7-8 체내 활성산소종의 생성

표 7-1 활성산소종의 분류

라디칼형 활성산소종	비라디칼형 활성산소종
초과산화물 라디칼($O_2^-\cdot$)	일중항산소($^1O_2$)
하이드록시 라디칼(OH•)	하이포염소산(HOCl)
산화질소(NO•)	과산화수소(H_2O_2)
알콕시 라디칼(RO•)	과산화아질산염($OONO^-$)
과산화라디칼(ROO•)	오존(O_3)

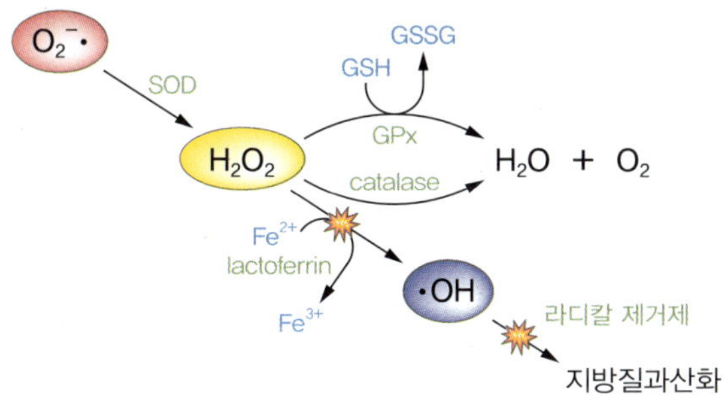

그림 7-9 체내 산화방지 작용

화, 암, 심혈관계 질환, 알츠하이머 등이 발생하게 된다. 산화스트레스는 활성산소종의 생성을 억제하거나 과도한 활성산소종을 소거하는 산화방지 활성에 의하여 완화된다.

- 플라본 : 4번 위치에 산소가 이중결합된 화합물이며, 대표적 생리활성물질로는 아피게닌(apigenin), 루테올린(luteolin) 등이 있다. 아피게닌은 산화방지 활성, 항염 활성 및 항암 활성을 가진 황색 색소이며, 최근 차로 많이 마시는 카모마일, 파슬리, 셀러리 등에 다량 존재한다. 루테올린도 아피게닌과 유사한 생리활성을 갖는 플라본으로 카모마일, 파슬리, 셀러리 등과 함께 브로콜리, 타임, 미나리, 로즈마리에도 함유되어 있다.

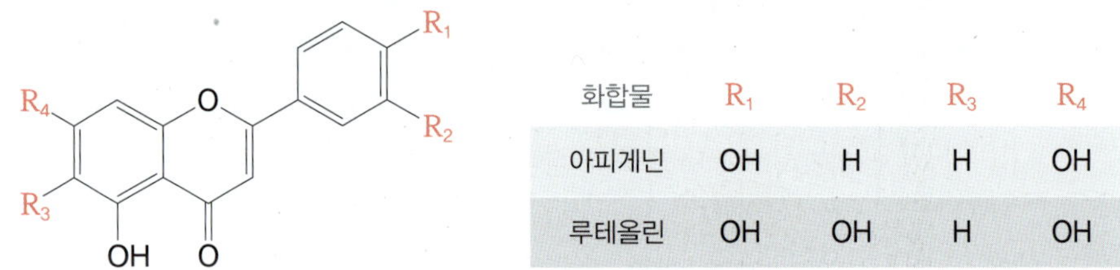

화합물	R_1	R_2	R_3	R_4
아피게닌	OH	H	H	OH
루테올린	OH	OH	H	OH

그림 7-10 플라본의 구조 및 생리활성물질

- 아이소플라본 : 플라본의 구소적 이싱질제로 B고리가 2번 위치가 아닌 3번 위치에 자리하는 생리활성물질이며, 콩과 식물류에 다량 존재하는 황색 색소이다. 아이소플라본은 식물성 에스트로겐(estrogen)으로, 유방암 세포의 경우 증식을 위해 여성 호르몬인 에스트로겐이 필요한데 인체 내 에스트로겐 수용체(receptor)에 에스트로겐과 경쟁적으로 결합함으로써 암세포 증식을 억제하고 정상 세포의 분열을 촉진하여 유방암 세포 활성을 저해하는 생리활성이 있다. 또한 혈중 에스트로겐의 농도가 저하되면 골다공증이 발생하는데 아이소플라본이 인체 내에서 식물성 에스트로겐 효능을 내므로 골다공증 예방 효과가 있다. 이외에도 산화방지 작용, 전립샘 암세포

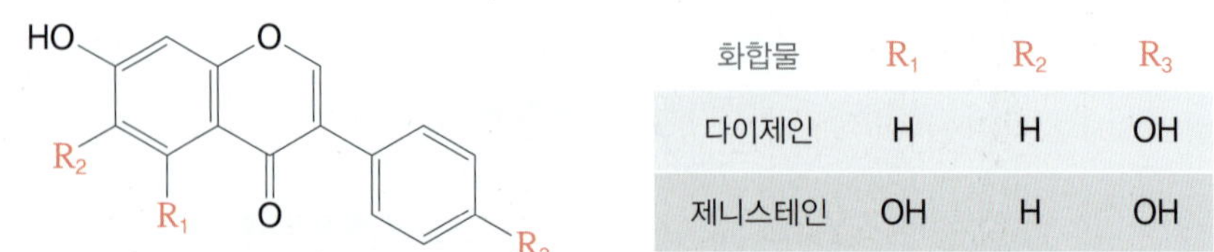

화합물	R_1	R_2	R_3
다이제인	H	H	OH
제니스테인	OH	H	OH

그림 7-11 아이소플라본의 구조 및 생리활성물질

의 성장 억제, 면역 증진, 혈압 상승 억제 효과 등의 생리활성을 나타낸다.

아이소플라본의 대표적 생리활성물질로는 다이제인(daidzein)과 제니스테인(genistein)이 있다. 다이제인은 식물성 에스트로겐의 효능에 의한 생리활성 이외에도 혈중 콜레스테롤 및 심장 질환 저하 효과가 있다. 제니스테인은 혈관 형성 억제제(angiogenesis inhibitor)로서의 생리활성을 가지고 있어 암 세포 억제 효과가 있다.

- 플라본올 : 3번 위치에 하이드록실기를 가지고 있으며, 대표적 생리활성물질인 퀘세틴(quercetin)은 자연계의 플라보노이드 중 양적으로 가장 많으며 산화방지, 항염, 항암, 항알러지 활성과 콜레스테롤 억제 효과가 있다. 퀘세틴이 다량 함유되어 있는 식품으로는 케이퍼(caper), 양파껍질, 사과, 배, 자두, 포도, 케일, 부추, 적포도주 등이 있다.

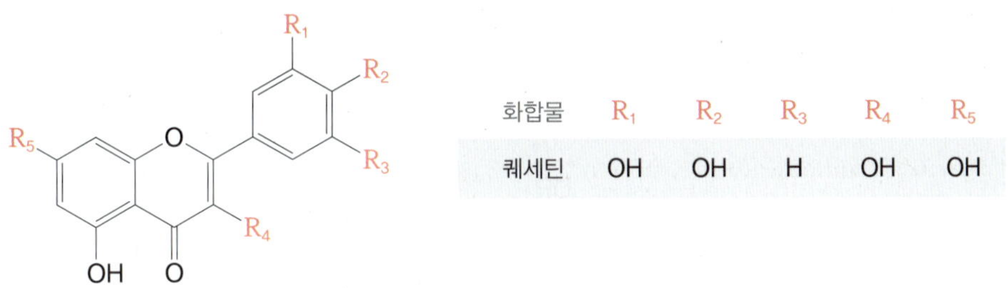

화합물	R_1	R_2	R_3	R_4	R_5
퀘세틴	OH	OH	H	OH	OH

그림 7-12 플라본올의 구조 및 생리활성물질

- 플라바논 : 감귤류에 다량 함유되어 있는 생리활성물질이다. 대표적 플라바논 생리활성물질인 헤스페리딘(hesperidin)은 오렌지, 귤, 레몬, 라임, 자몽, 유자 등에 다량 존재하며, 산화방지 작용, 혈관 강화 작용, 혈중 콜레스테롤 억제 효과, 심장병 예방 효과 등의 생리활성을 나타낸다.

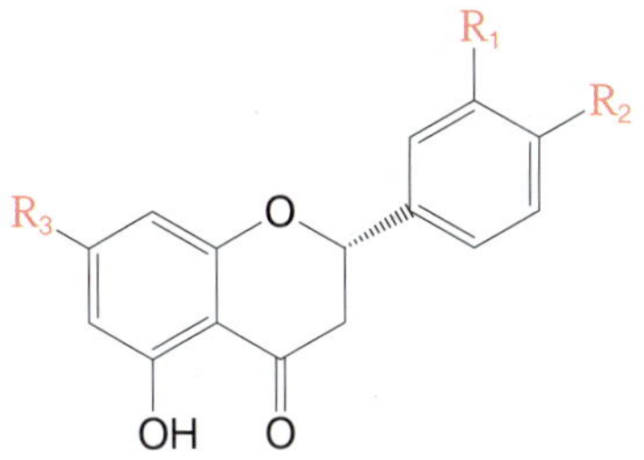

화합물	R_1	R_2	R_3
헤스페리딘	OH	OMe	ORut

그림 7-13 플라바논의 구조 및 생리활성물질

• 안토사이아닌 : 식물 세포의 수액에 존재하는 수용성 색소로 pH의 변화에 따라 붉은색, 분홍색, 보라색, 청색, 검은색 등을 나타낸다. 비당질 성분인 안토사이아니딘(anthocyanidin)과 글리코사이드로 구성되어 있으며 안토사이아니딘의 3번과 5번 위치에 하이드록실기를 가지고 있다. 블루베리, 아사이베리, 크랜베리, 라즈베리, 블랙베리, 아로니아, 블랙커런트 등의 베리류에 다량 함유되어 있으며 체리, 검정쌀 등도 좋은 급원 식품이다. 눈의 망막에 있는 감광세포에 들어 있는 색소 단백질인 로돕신은 농도가 떨어지면 시력 저하 및 각종 안질환에 걸리기 쉬운데 안토사이아닌은 로돕신의 재합성을 촉진시켜 눈 건강에 도움을 준다. 이외에도 안토사이아닌은 산화방지 작용, 항염 활성, 혈당 조절, 기억력 증진, 운동 수행 능력 향상, 근육 기능 개선 및 심혈관 질환 예방 효과 등의 생리활성을 나타낸다. 식품의 가공 및 저장 과정에서 안토사이아닌이 쉽게 파괴되는데, 파괴 속도는 온도, pH, 당 농도, 아스코브산 농도가 높아질수록 빨라진다.

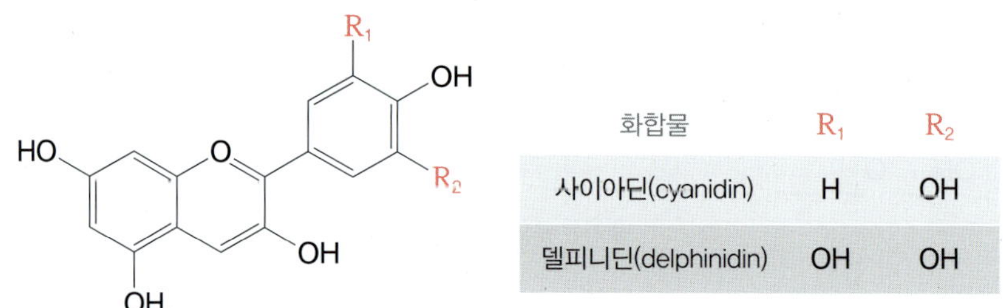

화합물	R_1	R_2
사이아딘(cyanidin)	H	OH
델피니딘(delphinidin)	OH	OH

그림 7-14 안토사이아닌의 구조 및 생리활성물질

• 카테킨 : 녹차의 주요 생리활성 성분인 카테킨은 구조적으로 3번 위치에 하이드록실기를 가지고 있는 플라바놀(flavanol)의 총칭이다. 카테킨은 특유의 떫은맛을 나

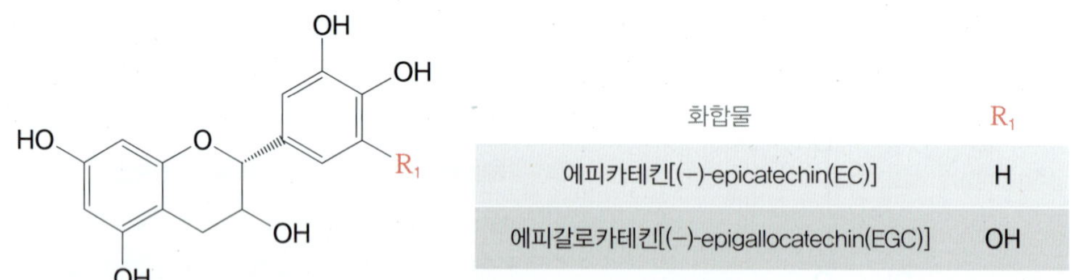

화합물	R_1
에피카테킨[(−)-epicatechin(EC)]	H
에피갈로카테킨[(−)-epigallocatechin(EGC)]	OH

그림 7-15 카테킨의 구조 및 생리활성물질

타내며, 주요 급원 식품으로는 녹차 이외에 홍차, 코코아, 포도, 적포도주, 다크초콜릿 등이 있다. 주요 생리활성으로는 산화방지 작용, 혈압 저하, 체지방 감소 효과, 항암 효과 및 심장 질환 억제 효과가 있다.

② 페놀산류

페놀산류는 페놀 고리와 카복실기를 가진 탄소 수 6-1(하이드록시벤조산, hydroxybenzoic acid) 또는 6-3(하이드록시시남산, hydroxycinnamic acid)으로 구성된 생리활성물질의 총칭이다. 하이드록시벤조산 중 대표적 생리활성물질은 엘라그산(ellagic acid)이며, 하이드록시시남산계 주요 생리활성물질로는 카페산(caffeic acid)과 페룰산(ferulic acid) 등이 있다.

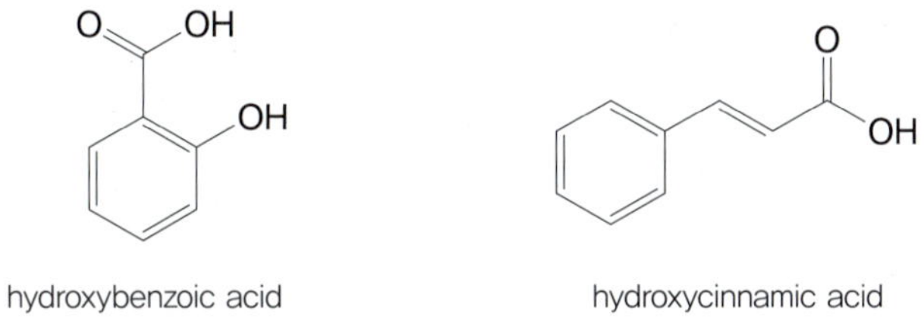

그림 7-16 하이드록시벤조산류와 하이드록시시남산류의 기본 구조

엘라그산이 다량 함유되어 있는 식품으로는 딸기, 석류, 라즈베리, 블랙베리, 크랜베리, 구아바 등이 있다. 산화방지 효과가 뛰어나며 항염, 항피로, 항바이러스, 항암 활성 등의 생리활성을 나타낸다.

페룰산은 쌀, 밀, 보리 등 곡류 겉질에 다량 존재하며 포도, 시금치, 파슬리에도 함유되어 있다. 페룰산의 생리활성으로는 산화방지, 항염, 항균, 항혈전, 항당뇨, 항암 활성과 면역 증진 및 운동 수행 능력 향상 효과가 있다. 카페산의 주요 급원 식품으로는 타임, 스피어민트, 해바라기 씨, 커피 등이 있으며 생리활성으로는 산화방지, 항염, 항암 활성과 면역 증진 및 간 보호 효과가 있다.

③ 스틸벤류

스틸벤류는 페놀성 화합물로 기본 구조가 탄소 수 6-2-6으로 구성된 생리활성물질의 총칭이며, 대표적인 생리활성물질로는 레스베라트롤(resveratrol)이 있다. 레스베라트롤은 식물이 세균 또는 곰팡이에 감염되었을 때, 항생 작용으로 스스로를 보호하기 위해

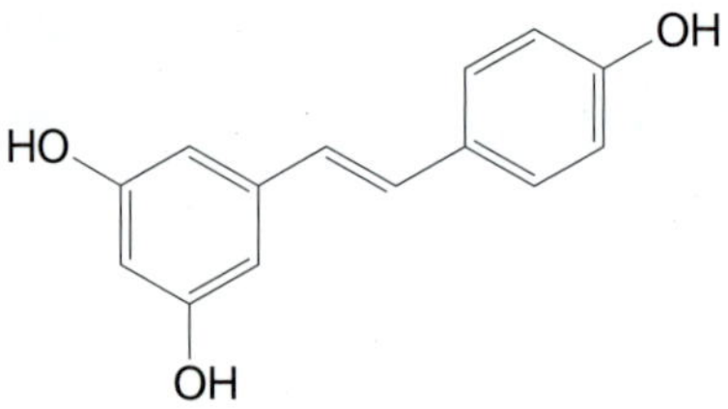

그림 7-17 레스베라트롤

서 만들어 낸 2차 대사 물질로 포도, 블루베리, 크랜베리, 땅콩, 적포도주 등에 많이 들어 있는 것으로 알려져 있다.

사람들이 레스베라트롤의 생리활성에 관심을 갖게 된 계기는 '프렌치 패러독스(French Paradox)'와 밀접한 관련이 있다. 1991년 미국의 한 TV 방송에서 프랑스 사람들은 다량의 지방질과 콜레스테롤이 함유된 음식(치즈, 버터, 달걀, 고기)을 먹어도 그보다 건강식을 유지하는 미국인보다 심장 질환 발병률이 낮다고 보도하며, 그 원인으로 적포도주를 음식과 같이 마시기 때문일 것이라 추정하였다. 포화지방이 다량 함유된 음식이지만 적포도주와 함께 제공되는 '지중해식 식단(Mediterranean diet)'이 심장 질환의 발병률을 낮췄다고 하여 이를 프렌치 패러독스라고 한다. 이로부터 적포도주의 기능 성분에 대한 연구가 왕성하게 진행되었으며 심장 질환의 억제 효능을 가진 생리활성물실로서 레스베라트롤의 역할이 밝혀졌다. 적포도주에는 레스베라트롤 외에도 많은 페놀성 화합물들이 함유되어 있어 적포도주에 다양한 기능성을 부여한다고 볼 수 있다.

이러한 페놀성 화합물은 적포도주와 백포도주에 비슷한 양으로 들어 있을까? 그렇지는 않다. 실제로 적포도주에 6배나 많은 페놀성 화합물이 들어 있다. 적포도주에 들어 있는 페놀성 화합물 중 함량이 높은 화합물로는 플라보노이드에 속하는 퀘세틴과 카테킨이다. 이들의 생체 이용률은 비교적 높은 편이며, 이들 중에서는 레스베라트롤의 이용률이 다소 낮다. 레스베라트롤은 심장 질환 억제 효과 외에도 산화방지 작용, 항염 활성, 항균 활성, 항바이러스 활성, 혈소판 응집 억제 효과, 콜레스테롤 합성 저해 효과, 암 예방 효과 등의 생리활성이 있다.

④ 타닌류

타닌류는 다가 페놀성 화합물로 식물의 색깔과 떫은맛을 내는 인자이다. 구조적으로 많은 수의 하이드록실기를 가지고 있어 다당류, 단백질, 알칼로이드 등의 거대분자들과

가역적으로 결합할 수 있다. 이들은 화학적으로 가수분해가 가능한 것과 축합되어 불가능한 것으로 나눌 수 있다. 산, 알칼리 또는 효소 작용에 의하여 가수분해되는 타닌류에는 갈산 또는 헥사하이드록시다이펜산(hexahydroxydiphenic acid)의 다중 에스테르가 있으며 분자량이 500~3,000이다. 이에 반하여 가수분해가 불가능한 타닌류는 프로안토사이아니딘(proanthocyanidin)이라 하며 분자량은 20,000 이하이다. 주요 급원 식품으로는 밤, 도토리, 감, 계피, 포도 씨, 차 등이 있다. 타닌류는 치아의 에나멜 형성을 도와 충치 예방 효과가 있으며 산화방지, 항염, 항암 활성 및 면역 증진, 해독 작용 등의 생리활성이 있다.

(3) 유기 황 화합물

유기 황 성분을 함유하고 있는 파이토뉴트리언트의 총칭으로 설포라판(sulforaphane)과 알릴 화합물(allyl compound) 등이 있다.

① 설포라판

설포라판은 아이소싸이오사이아네이트(isothiocyanate, −N=C=S)기를 가지고 있는 유기 황 성분으로 강한 산화방지 활성을 나타내며, 대장암, 유방암, 피부암, 폐암 등의 발병 위험도를 감소시켜 준다. 설포라판은 위암의 원인이 되는 만성위염을 일으키는 헬리코박터 필로리균(*Helicobacter pylori*)의 활성을 억제하는 효과가 있다. 이외에도 항염 활성, 면역 증진, 혈당 저하 등의 생리활성을 나타낸다. 주요 급원 식품은 양배추, 배추, 브로콜리, 꽃양배추, 케일 등의 십자화과 채소들이다. 설포라판은 브로콜리, 꽃양배추 등의 어린 새싹에 더 많이 들어 브로콜리 싹에 브로콜리보다 20배나 많이 함유되어 있다.

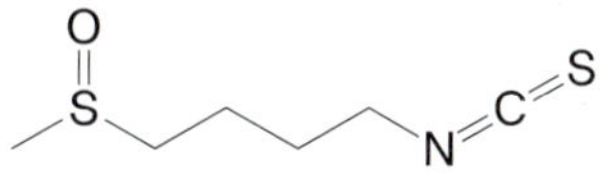

O S N C S

그림 7-18 설포라판

② 알릴 화합물

알릴 화합물도 유기 황을 함유하고 있는 생리활성물질로 알리신 등 여러 유기 황 화합물이 여기에 속한다. 이들은 황화알릴(diallyl sulfide) 성분을 함유하고 있으며 독특한 향미를 가지고 있다. 황화알릴 성분은 항균 작용이 있으며 위장 내에서 헬리코박터 필로리균의 생육을 억제하는 생리활성이 있다. 이 활성으로 인하여 질산염이 아질산염으로 전환되는 것이 저해되어 나이트로화 반응이 억제됨으로써 발암 물질인 나이트로소(*N*-nitroso) 화합물의 생성을 낮추어 위염, 위암 등 위장 질환의 발병 위험률이 낮아진다. 또한 체내 콜레스테롤 생합성을 억제하여 심장 질환 예방 효과가 있으며, 혈압 저하, 산화방지 활성, 항바이러스 활성 등의 생리활성이 있다. 주요 급원 식품으로는 파속(*Allium*)에 속하는 마늘, 파, 양파, 부추 등이다.

4. 건강기능식품

1) 정의

최근 우리나라는 경제 수준의 향상으로 수명이 늘어나면서 고령사회로 전환되었으며, 식단의 서구화와 더불어 급격한 사회 변화로 인한 스트레스, 운동 부족 등으로 인하여 성인병이 만연하고 있다. 이에 사람들은 질병 예방 차원에서 건강에 대한 관심이 높아지고 있어 식품의 3차 기능인 생리활성 기능에 초점을 맞춘 식품에 대한 요구가 늘고 있다. 이러한 요구에 부응하여 질병 치료를 주목적으로 하는 의약품과는 달리 건강인 또는 반건강인에 대하여 인체의 기능을 유지·개선할 목적으로 섭취하는 식품인 건강기능식품이 제정되었다. 건강기능식품이란 '인체에 유용한 기능성을 가진 원료 또는 성분으로 제조·가공한 식품'으로 「건강기능식품에 관한 법률」로 정한 식품이다. 여기에서 기능성은 '인체의 구조 및 기능에 대하여 영양소를 조절하거나 생리학적 작용 등과 같은 보건 용도에 유용한 효과를 얻는 것'을 의미한다. 「건강기능식품에 대한 법률」은 2000년 11월 29일에 '국민건강증진을 위한 건강기능식품에 관한 법률안'이 국회에서 발의되어 입법이 추진된 후 수차례의 심의, 토론 및 공청회를 거쳐 2002년 8월 26일에 공포되어 2004년 1월 26일부터 시행되고 있다.

2) 건강기능식품 원료

건강기능식품 제조에 사용되는 원료는 기능성 원료, 영양소, 기타 원료의 3가지로 나눌 수 있다.

(1) 기능성 원료

기능성 원료란 기능성을 가진 생리활성물질로 다음과 같은 제조 방법으로 만들어진 원료를 말한다.

- 동물, 식물, 미생물을 물리적 방법으로 가공한 것.
- 물, 주정 등으로 추출한 것.
- 추출물을 정제한 것.
- 정제물과 동일하게 합성한 것.
- 이들의 복합물.

기능성 원료를 제조할 때 사용될 수 있는 추출 용매로는 물과 주정 외에 헥산, 아이소프로필알코올, 메틸알코올, 아세트산에틸, 아세톤으로 제한되어 있다.

(2) 영양소

비타민, 무기질, 식이섬유, 단백질, 필수지방산이 이에 해당되며, 제조 시 일일섭취량이 권장섭취량 기준치의 30% 이상 공급되어야 한다.

(3) 기타 원료

기능성을 표시하지 않고 사용되는 건강기능식품을 구성하는 원료 또는 성분을 의미한다. 영양소 및 기능성 원료를 기타 원료로 사용하고자 한다면 이들을 유효 함량 미만으로 사용하여야만 한다.

3) 건강기능식품 원료 인정 방법

건강기능식품 원료로 인정을 받는 방법은 크게 고시형 원료와 개별인정형 원료로 분류할 수 있다. 건강기능식품에 사용되는 모든 기능성 원료는 제조 기준, 규격, 안전성과 기능성에 관한 근거 자료를 사전에 검토, 인정받아 사용하여야 한다.

(1) 고시형 원료

식품의약품안전처장이 그 기준 및 규격을 정하여 고시하는 원료로 "건강기능식품공전"에 등재되어 있어 누구나 사용할 수 있는 원료이다. 영양소 및 일부 기능성 원료가 여기에 포함된다.

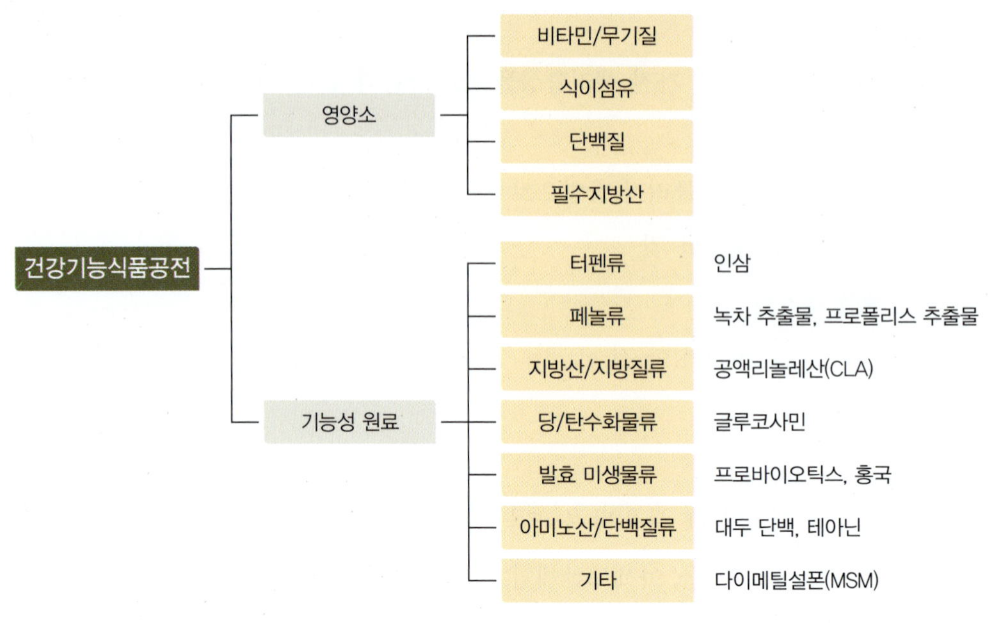

그림 7-19 고시형 원료

(2) 개별인정형 원료

원료가 "건강기능식품공전"에 등재되어 있지 않아 식품의약품안전처장이 개별적으로 인정하는 원료로, 영업자(제조업자 또는 수입업자)가 해당 원료의 제소 기준, 규격, 안전성, 기능성에 관한 자료를 제출하여 식품의약품안전처의 검사를 거쳐 인정받은 원료이다. 이렇게 개별인정형 원료로 인정받은 영업자만이 그 원료를 제조 또는 판매할 수 있다. 개별인정형 원료는 일정 조건이 충족되면 고시형 원료로 전환되는 것을 원칙으로 한다. 고시형 원료로 전환 조건은 다음과 같다.

- 인정 후 3년 경과.
- 인정 업체 3분의 2 이상이 공전 등재 요청.

이들 조건에 부합된다고 하더라도 영업자가 자료 보호를 요청할 때는 최대 5년까지 유예기간을 부여할 수 있다.

4) 건강기능식품 원료의 기능성 구분

건강기능식품 원료의 기능성은 영양소 기능, 생리활성 기능 및 질병 발생 위험 감소

기능의 3가지로 구분할 수 있다.

(1) 영양소 기능

영양소 기능은 인체의 성장, 증진 및 정상적인 기능 유지에 필요한 영양소의 생리학적 작용을 의미한다. 이 기능은 대학 교재에 알려져 있는 정도의 근거 수준을 사용하며, 영양 권장량이 있는 영양소에 한한다.

(2) 생리활성 기능

생리활성 기능은 인체의 정상 기능 또는 생물학적 활동과 관련하여 유지 또는 향상시키는 기능이다. 이 기능으로 인정받기 위해서는 기반 연구 자료(세포 연구 및 동물 연구)를 통해 효과 또는 메커니즘을 추측할 수 있어야 하며, 일관성 있는 바이오마커의 개선 효과가 1건 이상 인체 적용시험으로 확보되어야 한다. 또한, 추측 제안 메커니즘과 관련한 생리활성 관련 바이오마커가 1개라도 기반 연구시험과 인체 적용시험에서 일관성 있게 확인되어야만 한다.

(3) 질병 발생 위험의 감소 기능

질병 발생 위험의 감소 기능은 전반적인 식생활의 건전성을 유지하면서 기대할 수 있는 질병 발생 위험을 감소하는 작용을 의미한다. 이 기능은 의약품의 질병 치료, 예방 또는 증상 완화와는 확실히 구분되어야 하며, 과학적 합의(significant scientific agreement)에 이를 수 있을 정도로 높은 수준의 근거 자료가 요구된다. 과학적 합의란 원료와 기능성 간의 상관성이 새로운 과학에 의해 뒤집어지지 않을 정도의 수준을 뜻하는 것으로, 관련 분야 전문가들의 만장일치에 가까운 합의 수준을 의미한다. 따라서 기반 연구 자료를 통해 효과 또는 메커니즘이 명확하게 입증되어야 하고, 일관성 있는 질병 관련 바이오마커의 개선 효과가 다수의 인체 적용시험으로 확보되어야 한다. 현재까지 질병 발생 위험의 감소 기능으로 인정된 기능성과 원료는 표 7-2와 같다.

표 7-2 질병 발생 위험의 감소 기능 원료

기능성	기능성 원료
충치 발생 위험 감소에 도움	자일리톨
골다공증 발생 위험 감소에 도움	칼슘, 비타민 D

5) 개별인정형 원료의 기능성

고시되지 않아 제조 기준, 규격, 안전성과 기능성에 관한 자료를 제출한 후 심의를 거쳐 원료로서 인정받은 개별인정형 원료의 기능성은 33가지로 표 7-3과 같다.

표 7-3 개별인정형 원료의 기능성

번호	기능성	
1	간 건강	간 건강에 도움
		알코올성 손상으로부터 간 보호에 도움
2	갱년기 남성 건강	갱년기 남성의 건강에 도움
3	갱년기 여성 건강	갱년기 여성의 건강에 도움
4	과민피부 상태 개선	면역 과민반응에 의한 피부 상태에 개선을 도움
5	관절/뼈 건강	관절 건강에 도움
		뼈 건강에 도움
6	기억력 개선	기억력 개선에 도움
7	긴장 완화	스트레스로 인한 긴장 완화에 도움
8	눈 건강	눈의 피로도 개선에 도움
		눈 건강에 도움
9	면역 기능 개선	면역력 증진에 도움
		과민면역반응 완화에 도움
10	배뇨 기능 개선	방광에 의한 배뇨 기능 개선에 도움
11	수면 질 개선	수면의 질 개선에 도움
12	어린이 성장 발육	어린이 키 성장에 도움
13	여성 질 건강	젖산세균 증식을 통한 여성 질 건강에 도움
14	월경 전 상태 개선	월경 전 변화에 의한 불편한 상태 개선
15	위 건강/소화 기능	헬리코박터균 증식 억제 및 위 건강에 도움
		위 불편감 개선에 도움
15	위 건강/소화 기능	위 점막을 보호하여 위 건강에 도움
		담즙 분비를 촉진하여 지방 소화에 도움
16	요로 건강	요로 건강에 도움
17	운동 수행 능력	운동 능력 향상에 도움
		지구력 증진에 도움
18	인지 능력 향상	인지 능력 개선에 도움
19	장 건강	장내 유익균 증식 및 유해균 억제에 도움
		면역을 조절하여 장 건강에 도움

(계속)

번호	기능성	
19	장 건강	배변 활동 원활에 도움
20	전립샘 건강	전립샘 건강 유지에 도움
21	정자 운동성	정자 운동성 개선에 도움
22	체지방 감소	체지방 감소에 도움
23	치아 건강	충치 발생 위험 감소에 도움
24	칼슘 흡수 촉진	칼슘 흡수에 도움
25	피로 개선	피로 개선에 도움
26	피부 건강	자외선에 의한 피부 손상, 피부 건강을 유지하는 데 도움
		피부 보습에 도움
27	항산화(산화방지)	산화방지에 도움
28	혈당 조절	식후 혈당 상승 억제에 도움
29	혈압 조절	높은 혈압 감소에 도움
30	혈중 중성지방 개선	혈중 중성지방 개선에 도움
31	혈중 콜레스테롤 개선	혈중 콜레스테롤 개선에 도움
32	혈행 개선	혈행 개선에 도움
33	근력 개선	근력 개선에 도움

6) 기능 성분과 지표 성분

건강기능식품은 제품의 기능성을 일정하게 재현하여야 한다. 이를 위하여 제품 제조 시 원료를 표준화하여 관리하는 것이 필수적인데, 그 지표가 기능 성분과 지표 성분이다. 기능 성분은 성분 자체가 순도 높게 존재하여 기능성을 나타내거나, 이러한 기능 성분이 일정 수준 이상으로 함유된 원료가 기능성을 나타내는 것이 확인된 성분을 말한다. 코엔자임 큐텐(coenzyme Q_{10}), 루테인, 글루코사민 등이 기능 성분에 속한다. 지표 성분은 기능 성분 이외에 제조 공정의 표준화를 관리할 수 있고, 원재료의 사용 여부를 확인할 수 있는 성분으로 인삼과 홍삼의 Rg1, Rb1, 로르산 등이 여기에 속한다.

7) 건강기능식품의 제품 형태

"건강기능식품공전"에 고시된 제형은 정제, 캡슐, 액상, 분말, 과립, 환, 편상, 페이스트, 시럽, 겔, 젤리, 바의 12가지 형태이다. 이와 같은 제형은 제품의 개별 인정을 받을 필요가 없고 식품의약품안전처 지방청에 신고만 하면 된다. 단, 최종 제품의 제조 시 기능성 원료의 특성이 변화될 수 있는 추출, 정제, 발효 등의 제조 가공을 해서는 안 된다. 고시된 제형이 아닌 일반식품 또는 식사를 대신할 수 있는 식품 유형은 식품의약품안전처장의 제품 개별 인정이 필요하다.

단원정리

- 식품의 기능은 1차 기능인 영양 기능, 2차 기능인 기호 기능, 3차 기능인 생리활성 기능으로 나뉜다.
- 생리활성물질은 인체 내 세포 분화 등 각종 대사 기능에 작용하여 직간접적으로 3차 기능 효과를 나타내는 식품 유래의 특정 성분으로, 당/탄수화물류, 아미노산/단백질류, 지방산/지방질류, 비타민류, 무기질류, 발효 미생물류 및 파이토케미컬로 분류한다.
- 파이토뉴트리언트는 식물이 외부의 유해 성분으로부터 자신을 보호하기 위해 만들어 내는 2차 대사 물질이며, 섭취 시 다양한 생리활성 능력으로 건강 증진에 지대한 역할을 담당하기 때문에 제7의 영양소라고 불린다.
- 파이토뉴트리언트는 터펜류, 페놀성 화합물, 유기 황 화합물, 알칼로이드류, 질소 화합물로 분류한다.
- 산화방지 활성이란 과도하게 생산된 활성산소종의 생성을 억제하거나 소거하는 능력이다. 체내 활성산소종이 과생산되면 산화스트레스 환경을 유발하여 지방질과산화, 효소의 불활성화, DNA 손상 등을 초래하게 되므로 다양한 질환을 일으킨다.
- 건강기능식품이란 '인체에 유용한 기능성을 가진 원료 또는 성분으로 제조·가공한 식품'으로 「건강기능식품에 관한 법률」로 정한 식품이다.
- 건강기능식품의 원료로는 기능성 원료, 영양소, 기타 원료가 있으며, 건강기능식품 원료로 인정하는 방법은 고시형과 개별인정형이 있다. 건강기능식품 원료의 기능성은 영양소 기능, 생리활성 기능, 질병 발생 위험의 감소 기능으로 나뉜다.
- 건강기능식품의 제조 시 원료를 표준화하여 관리하는 것이 필수인데, 그 지표가 기능 성분과 지표 성분이다.

연습문제

1. 식품의 기능 중 3차 기능을 고르시오.

① 감각 기능 ② 영양 기능 ③ 생리활성 기능
④ 기호 기능 ⑤ 의약 기능

2. 식물이 외부의 유해 성분으로부터 자신을 보호하기 위해 만들어 내는 2차 대사 물질로 제7의 영양소라고도 불리는 것을 고르시오.

① 뉴트라슈티컬 ② 파이토뉴트리언트 ③ 알칼로이드
④ 카로테노이드 ⑤ 식물스테롤

3. 플라보노이드 중 양적으로 가장 많이 존재하는 퀘세틴(quercetin)이 대표적 생리활성물질인 플라보노이드 종류를 고르시오.

① 플라본올 ② 아이소플라본 ③ 플라본
④ 카테킨 ⑤ 플라바논

4. 활성산소종의 생성을 억제하거나 과도한 활성산소종을 소거하는 생리활성을 고르시오.

① 항염 활성 ② 항암 활성 ③ 항균 활성
④ 산화방지 활성 ⑤ 항바이러스 활성

5. 인체에 유용한 기능성을 가진 원료 또는 성분으로 제조·가공한 식품을 고르시오.

① 가공식품 ② 우주식품 ③ 건강 지향 식품
④ 간편식품 ⑤ 건강기능식품

6. 다음 중 기능성 원료가 아닌 것을 고르시오.

① 동물, 식물, 미생물 기원의 재료를 물리적 방법으로 가공한 것
② 광물 중 기능성이 확인된 것
③ 식물의 정제물
④ 동물 기원의 정제물을 동일하게 합성한 것
⑤ 식물을 주정으로 추출한 것

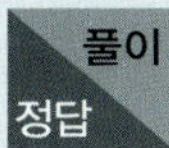

1. ❸ 3차 기능은 생리활성 기능을 말한다.
2. ❷ 파이토뉴트리언트는 제7의 영양소라고도 하며, 인체 건강에 잠재적 이익을 주지만 필수영양소처럼 인체에서 생성되지 않아 식품으로 섭취해야만 하는 식물의 2차 대사 물질이다.
3. ❶ 퀘세틴(quercetin)은 플라본올의 대표적 생리활성물질로 3번 위치에 하이드록실기를 가지고 있으며, 주요 급원 식품으로는 케이퍼(caper), 양파껍질, 사과, 배, 자두, 포도, 케일, 부추, 적포도주 등이 있다.
4. ❹ 산화방지 활성이란 과도하게 생산된 활성산소종의 생성을 억제하거나 소거하는 능력이다.
5. ❺ 건강기능식품이란 '인체에 유용한 기능성을 가진 원료 또는 성분으로 제조·가공한 식품'으로 「건강기능식품에 관한 법률」로 정한 식품이다.
6. ❷ 기능성 원료는 동물·식물·미생물을 물리적 방법으로 가공한 것, 물·주정 등으로 추출한 것, 추출물을 정제한 것, 정제물과 동일하게 합성한 것 또는 이들의 복합물이다

참고문헌

김미리·김정희·김미라·강명화·이명숙·송효남·박은주·이정민, 건강에 도움이 되는 기능성식품, 파워북, 2015.

박현진 외, 와인의 향기, 백산출판사, 2016.

식품의약품안전처. 건강기능식품의 기준 및 규격, 2018.

신말식·최은옥·김정인·이경애·현태선·권종숙, 이해하기 쉬운 식품과 영양, 파워북, 2016

이형주·장해동·이기원·이홍진·강남주, 기능성식품학, 수학사, 2011.

일본 문부성, 식품기능의 계통적 해석과 전개, 일본 문부성 특정연구사업 보고서, 1986.

최혜미 외, 교양인을 위한 21세기 영양과 건강 이야기, 라이프사이언스, 2016.

홍윤호, 식품생리활성물질 과학, 전남대학교출판부, 2009.

Erich Grotewold, The science of flavonoids, Springer, 2008.

Jeffrey Hurst, Methods of analysis for functional foods and nutraceuticals, CRC Press, 2002.

Kayoko Shimoi et al., Intestinal absorption of luteolin and luteolin 7-O-[beta]-glucoside in rats and humans. FEBS Letters. 438, 220-224. 1998.

López-Lázaro, Distribution and biological activities of the flavonoid luteolin, Med Chem. 9, 31-59. 2009.

위키백과 https://ko.wikipedia.org/wiki

CHAPTER 8

체지방 감소와 혈당 조절

학습목표

1. 식생활과 연관 깊은 체지방과 혈당 증가에 따른 건강 문제 및 이와 관련된 건강기능식품에 대해 알아본다.
2. 체지방 증가에 따른 발생 위험 질병을 설명하고 체지방 감소 건강기능식품 원료를 설명할 수 있다.
3. 인체의 혈당 조절 메커니즘을 이해한다.
4. 체지방 감소와 혈당 조절에 도움을 주는 건강기능식품 원료를 설명할 수 있다.

1. 체지방 감소

1) 체지방과 비만

비만(obesity)이란 단순하게 체중이 증가하는 것을 의미하는 것이 아니라 지방세포의 비정상적인 증가로 과다하게 체지방이 늘어난 상태이다. 비만을 판단하는 기준으로는 전 세계적으로 가장 널리 사용되는 세계보건기구(World Health Organization, WHO)의 신체질량지수(Body Mass Index, BMI, kg/m²)가 있지만, 이는 체지방량을 정확히 반영하지 못하기 때문에 적절한 기준을 제공하지 못한다는 지적을 받는다. 이와 관련하여 신체질량지수보다 허리둘레와 키의 비율(Waist-to-HeighT Ratio, WHtR) 또는 허리와 엉덩이 비율(Waist-to-Hip Ratio, WHR)이 복부비만을 판단하고 건강 상태를 평가하기에는 더 적절하다는 주장이 있다.

한국에서는 비만 판단 기준을 동반 질환 위험도와의 관계를 고려하여 신체질량지수가 25 kg/m² 이상, 복부비만은 허리둘레가 남자 90 cm 이상, 여자 85 cm 이상일 경우로 정의하고 있다(표 8-1). '2016년 국민건강통계'에 의하면 우리나라 만 19세 이상에서 34.8%가 신체질량지수 25 이상이며, 이는 2005년 30%를 넘은 이후 지속적으로 증가하는 추세라고 발표하였다.

비만은 원인에 따라 일차성 비만과 이차성 비만으로 나뉜다. 단순성 비만이라고도 하는 일차성 비만에서 체지방 증가를 유발하는 요인은 에너지 섭취와 소비의 불균형으로 연령, 인종, 사회·경제적 요소, 유전, 신경 내분비 변화, 장내 미생물, 환경 화학 물질, 독

표 8-1 한국인에서 신체질량지수와 허리둘레에 따른 동반 질환 위험도

분류*	신체질량지수 (kg/m²)	허리둘레에 따른 동반 질환의 위험도	
		<90 cm(남자), <85 cm(여자)	≥90 cm(남자), ≥85 cm(여자)
저체중	<18.5	낮음	보통
정상	18.5~22.9	보통	약간 높음
비만 전 단계	23~24.9	약간 높음	높음
1단계 비만	25~29.9	높음	매우 높음
2단계 비만	30~34.9	매우 높음	가장 높음
3단계 비만	≥35	가장 높음	가장 높음

*비만 전 단계는 과체중 또는 위험 체중으로, 3단계 비만은 고도 비만으로 부르기도 함

자료 : 대한비만학회, 비만진료지침, 2018.

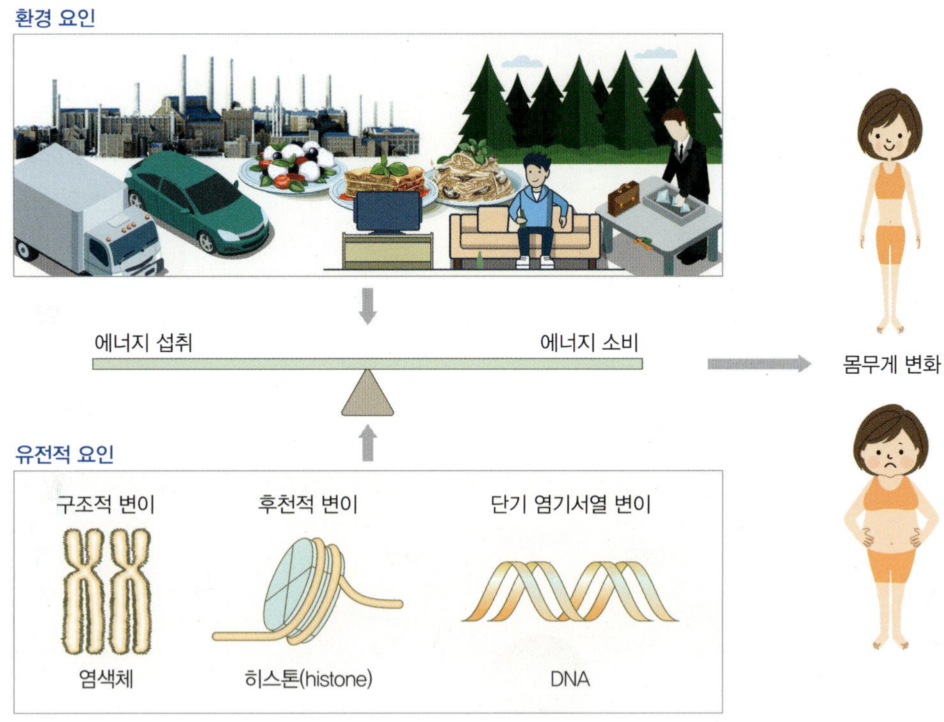

그림 8-1 체지방 증가 원인

소 등의 유전적 및 환경적 요인이 함께 작용한다. 산업화와 기계화로 인한 활동 감소, 에너지 밀도가 높은 음식 섭취 등이 특징적인 환경에 개인의 취약한 유전자형이 더해져 만성적인 비만이 유발될 수 있다(그림 8-1). 이차성 비만은 특정 질환(유전 질환, 선천성 질환, 신경 내분비계 질환, 정신 질환) 또는 약물 등에 의해 유발되며 차지하는 비율은 낮다.

2) 과도한 체지방 축적에 따른 건강 이상

섭취량에 비해 소모하는 열량이 적어 에너지 불균형으로 과도한 체지방 축적이 일어나게 되면 이상지질혈증, 고혈압, 제2형 당뇨병, 심혈관 질환의 발병 위험 상관관계가 높아진다. 비만에 의한 질병 발생의 병태생리학적 메커니즘은 지방 조직의 과도한 지방 축적에 따른 렙틴(leptin)*, 레시스틴(resistin), 염증성 사이토카인(pro-inflammatory

*렙틴(leptin) : 지방 조직에서 분비되며 시상하부의 수용체에 작용하여 식욕을 억제하고 체내 대사를 증진시키는 호르몬. 그러나 비만 상태에서는 높은 농도의 렙틴이 지속적으로 자극을 받아 저항성이 나타나 정상적으로 작동하지 못하여 식욕이 억제되지 않는다.

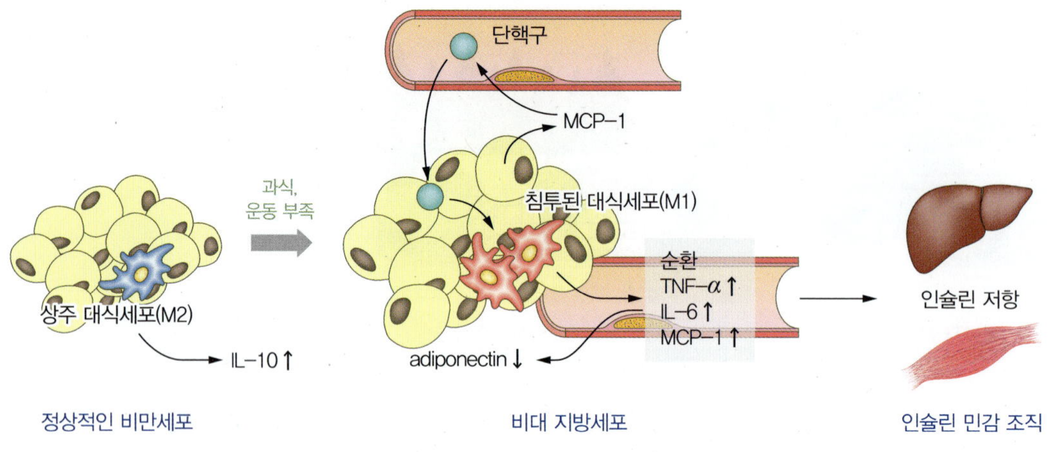

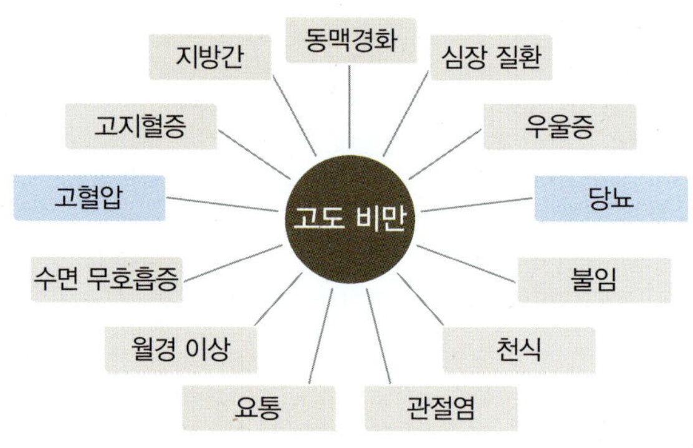

그림 8-2 비만에 따른 건강 문제

비만 상태에서 지방세포가 분비하는 MCP-1(Monocyte Chemoattractant Protein-1)에 의하여 지방세포로의 대식세포(macrophage) 유입 증가가 활성화된다. 유입된 대식세포의 활성화로 염증성 사이토카인의 분비가 가속화되어 인슐린 저항성, 염증, 동맥경화성 변화에 따른 심혈관 질환 등을 유발하게 된다.

cytokines) 등의 분비가 주요 원인으로 설명되고 있다. 이러한 지방세포 분비 물질 증가는 주변 조직에도 영향을 미치게 되어 인슐린 저항성 유발, 염증, 동맥경화성 변화에 따른 심혈관 질환 등을 유발하게 된다(그림 8-2).

따라서 비만의 정도가 심할수록 대사증후군(metabolic syndrome)의 빈도가 증가한다. 복부 비만, 고혈압, 혈당 장애, 고중성지방, 낮은 HDL콜레스테롤의 5가지 증상(표 8-2) 가운데 3가지가 한꺼번에 나타나는 증상을 대사증후군으로 정의하며, 여러 가지 신진대사와 관련된 질환이 함께 동반된다는 의미에서 붙여진 이름이다. 대사증후군은 심장병 및 당뇨병의 발병 위험을 높이고, 이로 인한 사망률도 높아지기 때문에 임상적으로 매우 중요하다. 여러 환경적 또는 유전적 요인들의 조합으로 나타나기 때문에 대사증후군의 병태 생리는 아직 명확하지 않은 부분이 있어서 비만과 인슐린 저항성 병태 생리를 중심으로 설명되고 있다.

표 8-2 대사증후군의 진단 기준

위험 인자	세부 내용
복부비만	허리둘레 남성 90 cm, 여성 85 cm 이상
고중성지방혈증	150 mg/dL 이상(또는 고지혈증약 복용)
저HDL-콜레스테롤혈증	남성 40 mg/dL, 여성 50 mg/dL 미만(또는 고지혈증약 복용)
고혈압	130/85 mmHg 이상(또는 혈압약 복용)
고혈당	공복 혈당 100 mmHg 이상(또는 당뇨약 복용)

3) 체지방 감소 관련 기능성 원료

체지방 감소에 관련된 기능성 원료는 체내에 과도하게 체지방을 가진 사람이 기능성 원료를 섭취함으로써 체지방 합성이 저해되거나 분해가 촉진되어 체지방량이 감소하는 것을 의미한다. 현재 식품의약품안전처에서 인정한 고시형 및 개별인정형 기능성 원료는 표 8-3과 같다. 여기에서는 고시형 기능성 원료에 대하여 설명하기로 한다.

표 8-3 체지방 감소 관련 기능성 원료

고시형 기능성 원료	개별인정형 기능성 원료	
공액리놀레산 가르시니아 캄보지아 껍질 추출물 녹차 추출물 키토산	히비스커스 등 복합 추출물 그린마테 추출물 대두배아추출물 등 복합물 중쇄지방산 함유 유지 식물성유지 디글리세라이드 클레우스포스폴리 추출물 깻잎 추출물 L-카르니틴타르트레이트 레몬밤 추출물 혼합분말 서목태(쥐눈이콩) 펩타이드 복합물 키토올리고당	마테 열수추출물 돌외 잎 주정추출분말 핑거루트 추출분말 락토페린(우유정제 단백질) 미역 등 복합 추출물(잔티젠) *Lactobacillus gasseri* BNR17 발효식초석류 복합물 보이차 추출물 와일드망고 종자 추출물 그린커피빈 추출물 풋사과 추출 폴리페놀

자료 : 식품의약품안전처, 건강기능성식품의 기능성 원료 인정현황, 2016

(1) 공액리놀레산

공액리놀레산(conjugated linoleic acid, CLA)은 불포화지방산의 일종으로 리놀레산(linoleic acid)으로부터 미생물에 의하여 합성되는 중간 대사산물이기 때문에 육류나 우유, 치즈, 버터 등에 주로 함유되어 있다. 건강기능식품에서의 공액리놀레산은 대부분 홍화씨를 원료로 화학적 방법으로 변형 및 합성한 제품이다(그림 8-3). 공액리놀레산은 지방세포의 지단백질라이페이스(lipoprotein lipase, LPL)의 활성을 억제시켜 지방산 유리 및 지방세포로의 유입을 감소시키고, 카니틴 아실기전달효소(carnitine acyl transferase, CPT)의 활성은 증가시켜 지방산 산화를 유도하여 결과적으로 체지방 감소의 효능이 있다고 인정받은 원료이다. 일일섭취량은 1.4~4.2 g이지만 영·유아, 임산부는 섭취를 주의해야 한다.

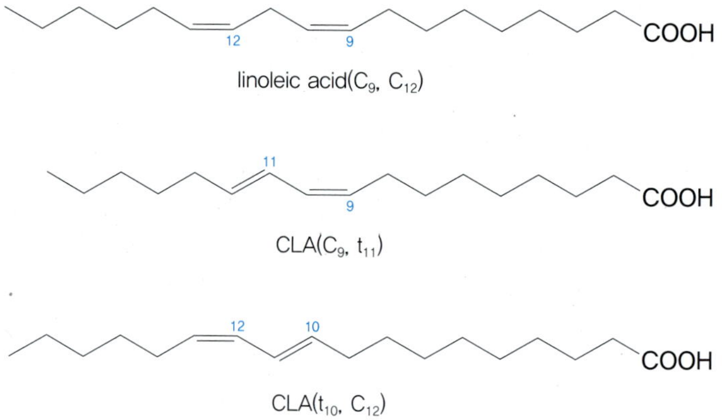

COOH
12 9
linoleic acid(C_9, C_{12})

11
COOH
9
CLA(C_9, t_{11})

12 10
COOH
CLA(t_{10}, C_{12})

그림 8-3 리놀레산과 공액리놀레산

(2) 가르시니아 캄보지아 껍질 추출물

인도 남서부에 자생하는 가르시니아 캄보지아 열매(그림 8-4)에 10~30% 함유되어 있는 유기산의 일종인 하이드록시시트르산(hydroxycitric acid, HCA) 성분이 체중 조절 효능을 나타내 가르시니아 캄보지아 껍질 추출물이 고시형 기능성 원료로 인정받았다. HCA은 탄수화물이 지방으로 전환될 때 필요한 ATP-citrate lyase의 활성을 억제하고 지방 생합성을 감소시키는 효능이 있다. 일일섭취량은 750~2,800 mg이며, 임산부와 수유기 여성은 섭취를 피하는 것이 좋다.

그림 8-4 가르시니아 캄보지아

(3) 녹차 추출물

녹차(green tea)는 국내외에서 널리 애용되며, 간편하게 마실 수 있는 대표적인 차이다. 체지방 감소뿐만 아니라 산화방지, 기억력 개선, 혈중 콜레스테롤 개선에 도움을 줄 수 있다고 하여 기능성 원료로 인정받았다. 녹차 성분 중 카테킨이 열 생성, 지방산 산화를 유도하여 체중 조절 작용을 할 수 있지만, 초조감, 불면 등을 나타낼 수 있으므로 주의가 필요하다. 최근 2017년 건강기능식품 재평가 결과, 녹차 추출물의 카테킨을 구성하는 성분 중 하나인 에피갈로카테킨갈레이트(epigallocatechin gallate, EGCG)가 섭취자의 상태와 섭취량에 따라 간 독성을 유발할 가능성이 있다는 보고가 있어 EGCG 일일섭취량을 300 mg 이하로 설정, 적용하였다.

(4) 키토산

키토산(chitosan)은 갑각류의 껍질에 존재하는 키틴(chitin)의 아세틸기가 제거(deacetylation)된 것(그림 8-5)으로 지방산과 결합할 수 있는 특징이 있다. 따라서 체내 지방 흡수를 억제하여 체지방 조절에 도움을 주는 기능성 원료로 인정받았다. 일일섭취량은 키토산으로 3.0~4.5 g이며 새우에 알레르기가 있는 사람은 섭취에 주의해야 한다.

건강기능식품의 섭취는 체지방 감소에 도움을 줄 수 있을 뿐으로, 비만약과 같은 의약품의 효과를 기대해서는 안 되며 섭취량을 주의하여 복용하도록 한다. 건강기능식품 섭취와 함께 운동과 식단 조절을 병행하여야 건강하고 정상적인 체중을 효과적으로 유지할 수 있다.

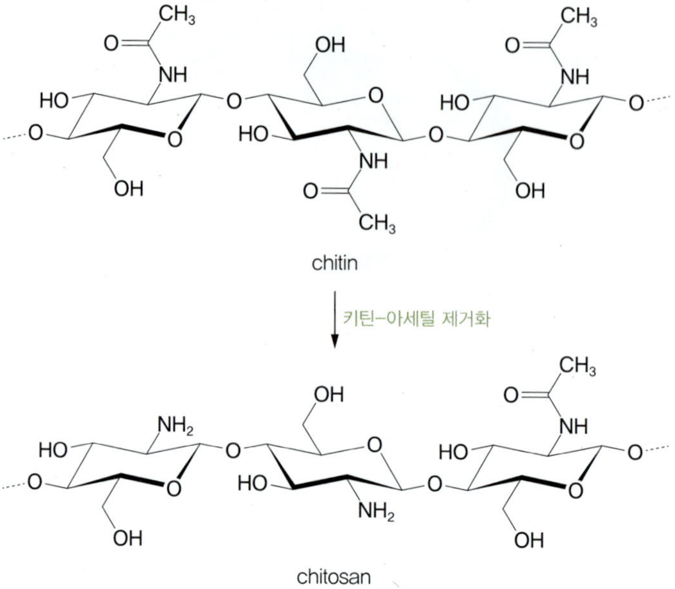

chitin

키틴-아세틸 제거화

chitosan

그림 8-5 키틴과 키토산

2. 혈당 조절

1) 혈당 조절

혈당이란 온몸을 흐르는 혈액에 포함되어 있는 포도당으로 인체의 에너지 공급과 정상적인 기능 유지를 위하여 일정 수준(80~120 mg/100 mL)으로 유지되어야 한다. 혈당은 인체의 가장 효과적인 에너지원이며, 특히 적혈구와 뇌세포는 포도당만을 에너지원으로 사용하기 때문에 매우 중요한 에너지원이다. 인슐린, 글루카곤, 에피네프린, 코티솔 등 여러 호르몬과 효소에 의해 혈당의 항상성이 유지되지만, 혈당을 감소시키는 호르몬은 인슐린이 유일하므로 인슐린 분비가 정상적으로 이루어지지 않거나 인슐린의 기능이 저하되면 혈당이 감소되지 못한다. 식후 높아진 혈당은 이자의 베타세포(β cells)에서 인슐린 분비를 자극하고 분비된 인슐린은 간, 근육 및 지방 조직으로 당을 이동시키거나 저장하도록 유도하여 혈당을 낮춘다. 공복 시간에 혈당이 낮아지면 이자의 알파세포(α cells)에서 글루카곤 분비를 자극하여 간에서 포도당 생성(gluconeogenesis)을 유도하므로 혈액으로 당을 이동시켜 혈당을 높인다(그림 8-6). 이러한 혈당 조절에서 인슐린이 정상적으로 작동을 하지 않으면 혈당 조절에 실패하게 된다.

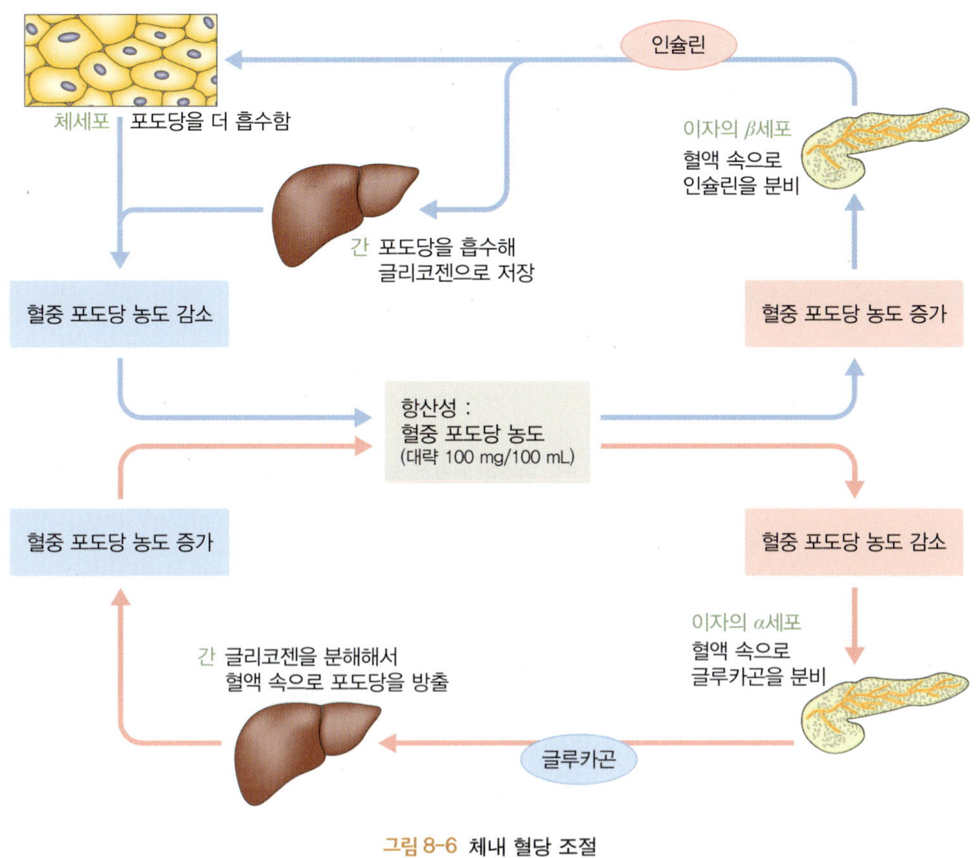

그림 8-6 체내 혈당 조절

2) 혈당 조절 이상에 따른 건강 이상

생리적 인슐린 농도에서 인슐린 작용이 정상보다 저하된 대사적 상태를 인슐린 저항(insulin resistance)이라고 한다. 이는 유전적 요인과 다양한 환경적 요인(연령 증가, 과도한 에너지 섭취, 비만도 증가, 활동 감소 등)에 의해 일어날 수 있으나, 너무 다양한 요인이 작용하기 때문에 명확한 요인은 밝혀지지 않았다. 식후에 인슐린은 이자의 베타세포에서 분비되어 말초 조직으로 포도당 이동(glucose uptake)을 촉진하고(그림 8-7) 간에서 포도당 생성을 억제하여 혈당을 조절한다. 인슐린 저항은 인슐린이 부족하지 않은 상태에서 이러한 인슐린 작용이 감소된 상태를 의미한다. 이러한 인슐린 저항이 일어난 상태에서는 높아진 혈당이 인체 시스템에 다양한 영향을 끼쳐서 조직의 손상을 유발한다. 인슐린은 주로 탄수화물 대사에 관여하므로 탄수화물 대사에 영향을 미치는 것이 기본적인 문제이고, 이로 인해 체내의 모든 영양소 대사가 영향을 받는 총체적인 대사상

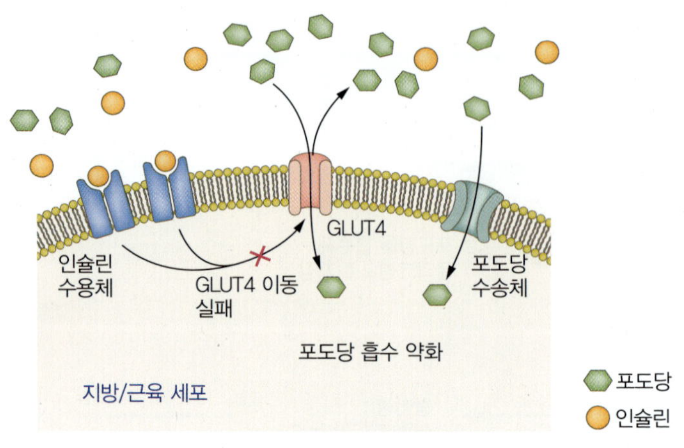

그림 8-7 인슐린 저항성 유발

의 질병에 관여한다고 할 수 있다.

비정상적으로 혈당이 높아진 질환을 당뇨병(diabetes)이라 한다. 전형적인 증상으로는 체중 감소, 다뇨증, 다음 다갈증, 다식증이 나타나며, 이를 치료하지 않으면 다른 합병증을 유발할 수 있다. 급성 합병증으로는 당뇨병 케톤산증, 고혈당성 고삼투성 비케톤성 혼수 등이 있고, 만성 합병증으로는 당뇨병성 망막병증, 당뇨병성 신증 등의 미세혈관병증(microangiopathy) 또는 심혈관계 합병증(죽상동맥경화증, 뇌졸중, 심근증)인 대혈관병증(macroangiopathy), 말초신경, 자율신경, 뇌신경 장애를 일으키는 신경병증(neuropathy)이 있다. 당뇨병 진단 기준은 12시간 공복 후의 혈당을 측정하여 혈장 포도당 농도가 126 mg/dL 이상이면 당뇨병으로 진단한다(표 8-4).

표 8-4 혈당 측정을 통한 당뇨병 진단 기준

구분	진단 기준
정상 혈당	• 공복혈당 < 100 mg/dL 당부하 후 2시간 혈당 < 140 mg/dL
당뇨병	• 공복혈당 ≥ 126 mg/dL • 당뇨 증상(다음, 다뇨, 체중 감소) + 보통 혈당 ≥ 200 mg/dL • 75 g 경구 당부하검사 후 2시간 혈당 ≥ 200 mg/dL • 당화혈색소 ≥ 6.5%
당뇨병 위험군	• 공복혈당 장애 : 100 mg/dL ≤ 공복혈당 < 126 mg/dL • 내당능 장애 : 140 mg/dL ≤ 당부하 2시간 혈당 < 200 mg/dL • 5.7% ≤ 당화혈색소 < 6.5%

자료 : 대한당뇨병학회, 대한당뇨병학회 진료지침, 2011.

3) 혈당 조절 관련 기능성 원료

혈당 조절에 도움을 줄 수 있는 원료의 기능성 내용 인정 범위는 당뇨 전 단계, 즉 내당능 장애나 공복혈당 장애가 있는 사람이 기능성 원료를 섭취함으로써 공복혈당 감소나 식후 혈당 감소에 도움이 되는 것을 의미한다. 그러나 혈당이나 합병증을 조절해야 하는 환자는 대상에 해당되지 않는다. 현재 식품의약품안전처에서 인정한 고시형 및 개별인정형 기능성 원료는 표 8-5와 같다.

표 8-5 혈당 조절 관련 기능성 원료

고시형 기능성 원료	개별인정형 기능성 원료
구아검/구아검 가수분해물 귀리 식이섬유 대두 식이섬유 밀 식이섬유 옥수수 겨 식이섬유 호로파 종자 식이섬유 난소화성 말토덱스트린 이눌린/치커리 추출물 구아바잎 추출물 바나바잎 추출물 달맞이꽃종자 추출물	L-arabinose nopal 추출물 계피 추출분말 동결건조 누에 분말 마 주정추출물 상엽 추출물 서목태(쥐눈이콩) 펩타이드 복합물 솔잎 증류 농축액 실크단백질 효소가수 분해물 알부민 인삼 가수분해 농축액 지각상엽 추출 혼합물 콩 발효 추출물 타가토스 피니톨 홍경천 등 복합추출물 히드록시프로필메틸셀룰로오스

자료 : 식품의약품안전처, 건강기능성식품의 기능성 원료 인정현황, 2016

(1) 구아검/구아검 가수분해물

콩과에 속하는 구아(Guar, 그림 8-8)의 종자 배유 부분을 분쇄하거나 추출하여 고분자 다당류인 갈락토마난을 가수분해하여 식용하는 원료이다. 식후 혈당 상승 억제뿐만 아니라 콜레스테롤 개선, 원활한 배변 활동에 도움을 주는 원료로 인정받았다. 일일섭취량은 구아검 또는 구아검 가수분해물로 15~27 g이다.

(2) 귀리, 대두, 밀, 옥수수 겨, 호로파 종자 식이섬유

귀리, 대두, 밀, 옥수수 겨, 호로파(fenugreek) 종자(그림 8-9)에서 분리한 식이섬유

그림 8-8 구아

(dietary fiber)는 식후 혈당 상승 억제의 기능성을 인정받았다. 일일섭취량은 귀리 식이섬유로 0.8 g 이상, 대두 식이섬유로 10~60 g, 밀 식이섬유로 6~36 g, 옥수수 겨 식이섬유로 10 g, 호로파 종자 식이섬유로 12~50 g이며, 액상을 제외한 건강기능식품은 반드시 충분한 물과 함께 섭취해야 한다.

그림 8-9 호로파와 그 종자

(3) 난소화성 말토덱스트린

난소화성 말토덱스트린(indigestible maltodextrin)은 옥수수 전분을 열과 효소로 처리해 얻은 수용성 식이섬유이다. 현재 난소화성 말토덱스트린은 식후 혈당 상승 억제에

식이섬유와 혈당

식이섬유는 당의 흡수 지연, 포만감으로 인한 섭취량 감소를 통하여 혈당의 수치 조절을 돕는다. 식이섬유를 충분히 섭취하면 당뇨병 발병 위험도가 낮다고 연구 보고된 바 있다.

도움을 줄 수 있을 뿐만 아니라 혈중 중성지방 개선, 배변 활동 원활에 도움을 줄 수 있음으로 기능성 원료로 인정받았다. 식후 혈당 상승 억제에 도움이 되기 위한 일일섭취량은 난소화성 말토덱스트린 식이섬유로 11.9~30 g이며, 액상을 제외한 건강기능식품은 반드시 충분한 물과 함께 섭취해야 한다.

(4) 이눌린/치커리 추출물

치커리 또는 기타 국화과 식물(*Chicorium intybus*)을 추출, 정제하여 제조하며, 이눌린을 얻는 원료로는 식이섬유 90% 이상인 원료를 사용한다. 이 원료 또한 혈당 상승 억제에 도움을 줄 수 있을 뿐만 아니라 혈중 콜레스테롤 개선, 배변 활동 원활에 도움을 주는 원료로 인정받았다. 일일섭취량은 이눌린/치커리 추출물 식이섬유로 7.2~10 g이다.

(5) 구아바 잎 추출물

구아바(Guava, *Coommon Guava*)는 포도과에 속하는 식물(그림 8-10)로, 옛날 잉카인이 고산 지대에서 기르고 즐겨먹었던 과일이다. 구아바 잎에 포함된 폴리페놀이 식후 혈당 상승 억제에 도움을 줄 수 있다고 인정받았다. 구아바 잎 물 추출물이 간세포에서의 당 흡수(glucose uptake)를 증가시켜 혈당을 낮추며, 그 기능 성분으로 퀴세틴(quercetin)이 제안된 바 있다. 구아바잎 추출물의 일일섭취량은 총 폴리페놀로 120 mg이다.

그림 8-10 구아바

(6) 바나바 잎 추출물

바나바 잎(그림 8-11) 추출물은 열대 천연 바나바 잎에서 주정 추출하여 농축 건조시켜 만든 것이다. 코로솔산(corosolic acid) 등이 다량 함유되어 있으며 이 성분으로 식후 혈당 상승 억제에 도움을 줄 수 있으므로 기능성 원료로 인정받았다. 동물시험 및 인

그림 8-11 바나나 잎

체시험(내당증, 제2 당뇨병 환자 대상)을 통해 혈당 조절에 대한 기능성이 검증되었으며, 포도당 운반체인 GLUT4를 세포막으로 이동시켜 포도당의 세포 내 유입을 유도하는 것으로 알려져 있다. 일일섭취량은 코로솔산으로 0.45~1.3 mg이다.

(7) 달맞이꽃 종자 추출물

달맞이꽃 종자 추출물은 달맞이꽃(*Oenothera biennis* L., 그림 8-12)의 종자를 압착하거나 또는 헥산을 이용해 지방을 제거한 후 60%의 주정으로 추출 및 농축하여 만든다. 폴리페놀과 펜타-오-갈로일-베타-디-포도당(penta-o-galloyl-beta-D-glucose)을 지표 성분으로 하여 표준화되어 있다. 달맞이꽃 종자 추출물은 알파 글루코시데이스(α-glucosidase)의 활성을 저해하여 전분의 소화와 흡수를 낮춰 식후 혈당 상승 억제의 효능을 인정받았다. 일일섭취량은 달맞이꽃 종자 주정 추출물로 200~300 mg이다.

그림 8-12 달맞이꽃

이러한 식후 혈당 상승 억제에 도움이 되는 건강기능식품 원료들은 당뇨병의 치료 및 예방에 사용될 수 없으므로 당뇨병 치료가 필요한 경우에는 의사와 상담해야 한다. 또한 당뇨병 영양 교육자는 이러한 건강기능식품과 관련하여 과학적 근거를 토대로 올바른 정보를 제공하고 바람직한 방향으로 유도하며, 건강기능식품 섭취로 인한 부작용에 노출되는 위험을 줄이도록 조언해야 한다.

단원정리

- 지방세포의 비정상적인 증가로 체지방이 과다하게 축적된 상태를 비만이라 하며, 유전적 또는 환경적 요인에 의해 에너지 섭취와 소비의 불균형으로 인해 일어난다. 이는 이상지질혈증, 고혈압, 제2형 당뇨병, 심혈관 질환의 발병 위험을 높이며, 비만의 정도가 심할수록 대사증후군의 발병 빈도를 높인다.
- 체지방 감소에 도움을 줄 수 있는 건강기능식품의 고시형 원료는 공액리놀레산, 가르시니아 캄보지아 껍질 추출물, 녹차 추출물, 키토산이 있다.
- 인슐린, 글루카곤, 에피네프린, 코티솔 등 여러 호르몬과 효소에 의해 혈당이 조절되는 데 비해 식후의 높아진 혈당 감소는 유일하게 인슐린이 작용한다. 따라서 인슐린 분비가 정상적으로 이루어지지 않거나 기능이 저하되면 높아진 혈당이 낮아지지 못한다.
- 식후 높아진 혈당 조절에 도움을 줄 수 있는 건강기능식품의 고시형 원료는 구아검/구아검 가수분해물, 귀리 식이섬유, 대두 식이섬유, 밀 식이섬유, 옥수수 겨 식이섬유, 호로파 종자 식이섬유, 난소화성 말토덱스트린, 이눌린/치커리 추출물, 구아바 잎 추출물, 바나바 잎 추출물, 달맞이꽃 종자 추출물이다.

연습문제

1. 체지방의 과도한 축적으로 인체에 나타날 수 있는 문제점을 설명하고 체지방 감소에 도움이 되는 고시형 기능성 원료에 대해 설명하시오.

2. 혈당 조절에 실패하였을 때 나타날 수 있는 증상을 설명하시오.

1. 과도한 체지방 축적에 따른 비만 발생은 이상지질혈증, 고혈압, 제2형 당뇨병, 심혈관 질환의 발병 위험을 높이며, 비만의 정도가 심할수록 대사증후군의 발병 빈도를 높인다. 체지방 감소에 도움을 줄 수 있는 건강기능식품의 고시형 원료는 공액리놀레산, 가르시니아 캄보지아 껍질 추출물, 녹차 추출물, 키토산이 있다.

2. 인슐린의 분비가 정상적으로 이루어지지 않거나 기능이 저하되면 높아진 혈당이 감소되지 못하여 정상보다 높은 혈당 수치가 유지되어 당뇨병이 발병한다. 혈당이 높아지면 다양한 합병증이 나타날 수 있다. 급성 합병증으로는 당뇨병 케톤산증, 고혈당성 고삼투성 비케톤성 혼수 등이 있으며, 만성 합병증으로는 당뇨병성 망막병증, 당뇨병성 신증 등의 미세혈관병증 또는 심혈관계 합병증인 대혈관병증, 말초신경, 자율신경, 뇌신경 장애를 일으키는 신경병증 등이 있다.

참고문헌

김미리·김정희·김미라·강명화·이명숙·송효남·박은주·이정민, 건강에 도움이 되는 기능성 식품, 파워북, 2015.

대한당뇨병학회, 당뇨병 진료지침, 대한당뇨병학회, 2011

대한비만학회 진료지침위원회, 2018 비만진료지침, 대한비만학회, 2018.

식품의약품안전처, 건강기능성식품의 기능성 원료 인정현황, 식품의약품안전처, 2016.

식품의약품안전처, 건강기능식품 기능성 평가 가이드, 식품의약품안전처, 2012.

이종호·김은미·박유경·박은주·성미경·손정민·신동엽·신민정·이홍미·한성림, 임상영양치료를 위한 병태생리학, 교문사, 2013.

A. Agatha·van der Klaauw·I. Sadaf Farooqi, The Hunger Genes: Pathways to Obesity. *Cell*. 2015.

G.M. Reaven, Pathophysiology of insulin resistance in human disease, *Physiological reviews*, 1995.

S. Hirai·N. Takahashi·T. Goto·S. Lin·T. Uemura·R. Yu·T. Kawada, Functional Food Targeting the Regulation of Obesity-Induced Inflammatory Responses and Pathologies. *Mediators of Inflammation*. 2010.

S.S. Gropper·J.L. Smith·J.L. Groff, Advanced Nutrition and Human Metabolism, WADSWORTH, 2017.

CHAPTER 9

혈중 중성지방 및 콜레스테롤 개선과 혈압 조절

학습목표

1. 심혈관 질환의 원인과 관련된 인자들을 알아본다.
2. 중성지방 및 콜레스테롤 대사, 혈압 조절 메커니즘을 이해한다.
3. 혈중 중성지방 및 콜레스테롤 개선, 혈압 조절에 도움을 주는 건강기능식품의 원료를 설명할 수 있다.

1. 혈중 중성지방 및 콜레스테롤

1) 중성지방 및 콜레스테롤 대사

식이로 흡수한 지방질 중 약 90%는 중성지방이고 10%가 콜레스테롤 인지질 및 유리지방산 등이다. 섭취한 지방질은 소장에 콜레스테롤 에스터레이스, 포스포라이페이스, 췌장 라이페이스에 의해 각각 분해된 후 마이셀(micelle)을 형성하여 장세포로 흡수된다. 장세포로 들어온 지방질들은 창자 세포 안에서 다시 중성지방, 콜레스테롤 에스터, 인지질로 재합성된다. 재합성된 지방, 콜레스테롤, 인지질, 지용성 비타민 등이 지단백질인 킬로미크론(chylomicrons)을 형성하여 apoB-48이 결합되어 림프를 통해 간으로 이동하게 된다. 간으로 이동하는 과정에서 HDL(high density lipoprotein)로부터 apo C를 받아 지단백질 라이페이스(lipoprotein lipase, LPL) 활성이 자극되어 지단백질을 분해하여 지방산을 세포 내로 전달하며, 킬로미크론에서 킬로미크론 잔여물(chylomicron remnant)을 생성하여 간으로 이동한다. 간에서는 킬로미크론 잔여물을 통해 전달받은 지방 콜레스테롤과 간에서 생합성한 지방 콜레스테롤 등을 포함하여 초저밀도지단백질(very low density lipoproteins, VLDL)을 합성하여 apo B100을 결합한 후 혈액으로 이동한다. VLDL 또한 HDL로부터 apo C를 받아 지단백질라이페이스 활성을 자극시켜 지방산을 세포 내로 전달하고, 중성지방의 비율이 줄어들면서 VLDL이 LDL(low density lipoproteins)로 변환된다. LDL은 근육, 간 또는 다른 조직 세포 안으로 이동하여 콜레스테롤을 전달한다. HDL은 간에서 합성되고 apo A를 결합하여 혈액으로 분비되며 apo A가 LCAT(Lecithin cholesterol acyltransferase) 활성을 자극시켜 콜레스테롤을 HDL 안으로 이동시켜 조직 내 콜레스테롤 농도를 낮춘다(그림 9-1).

혈중 총 콜레스테롤 수치는 식사로 섭취하는 외인성 조절 대사와 조직 내에서 합성하는 내인성 조절 대사의 상호 조절 메커니즘에 따라 일정 범위로 항상성을 유지한다. 콜레스테롤의 분해는 간에서 글리신, 타우린, 글루쿠론산, 황산염과 결합하여 쓸개즙으로

아포단백질(apo, apoprotein)

지단백질의 단백질 부분으로 각 아포단백질은 기능이 다르기 때문에 어떤 아포단백질을 지니고 있느냐에 따라 지단백질의 기능이 달라진다.

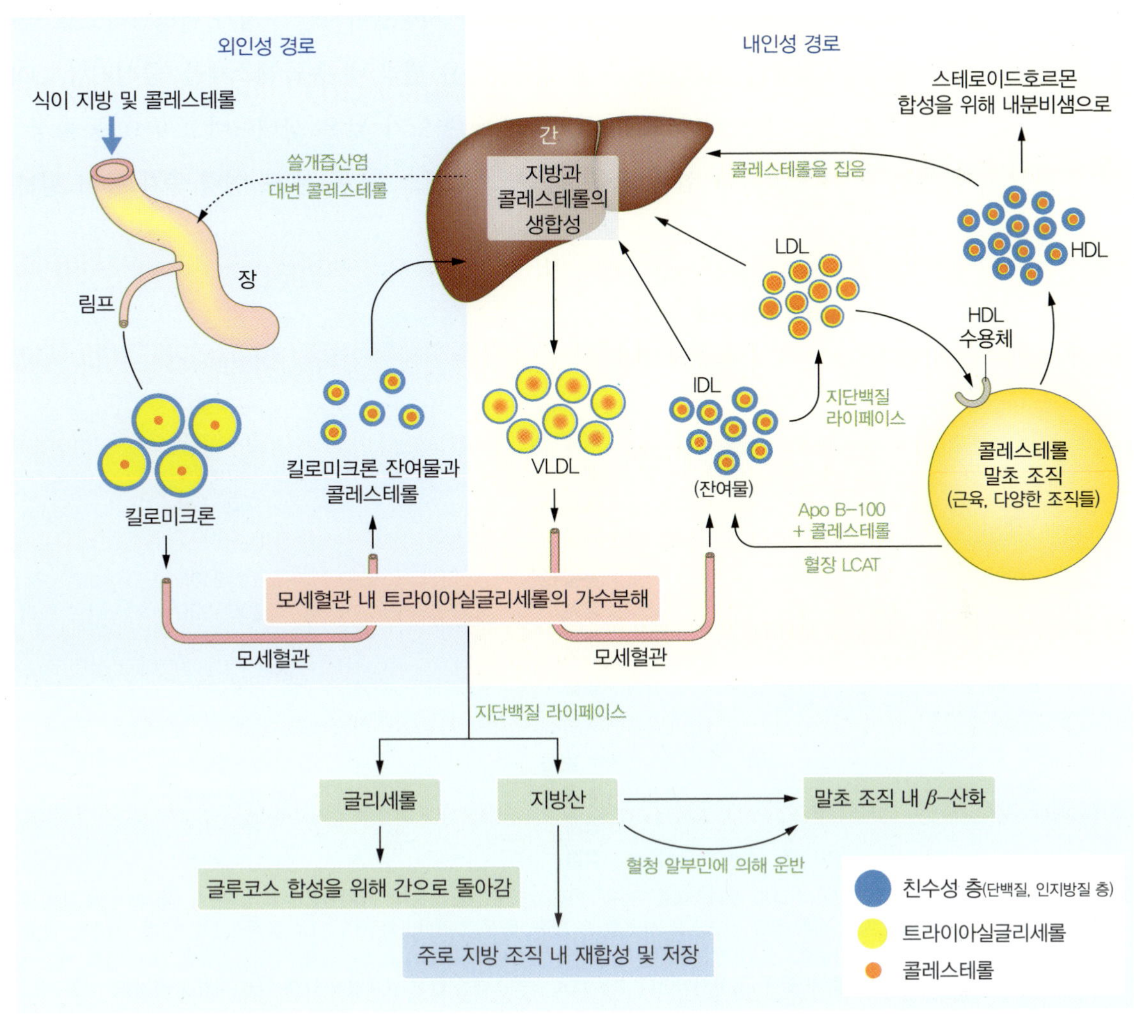

그림 9-1 식이 지방 및 콜레스테롤 대사

분비된다. 약 95%의 쓸개즙산은 장에서 재흡수되어 장간순환(enterohepatic circulation)으로 재사용되고, 나머지는 대변으로 배설되므로 장간순환을 억제하면 혈액 내 콜레스테롤 양을 조절할 수 있다. 따라서 쓸개즙산의 재흡수 억제를 통하여 혈중 LDL 콜레스테롤의 감소 효과를 나타낼 수 있다.

2) 높은 혈중 중성지방 및 콜레스테롤에 의한 건강 이상

콜레스테롤은 세포막, 뇌 및 신경세포, 쓸개즙의 중요한 성분이며, 중성지방은 신체 대사 과정의 에너지를 제공하기 때문에 중요한 지방질이지만 수치가 비정상적으로 높아지면 이상지질혈증을 일으킨다. 이상지질혈증은 혈액 내 총콜레스테롤, 중성지방, LDL-콜레스테롤 농도가 높거나 HDL-콜레스테롤 농도가 낮은 상태이며(표 9-1), 동물성 지방 섭취, 탄수화물 과다 섭취, 음주, 흡연, 스트레스, 운동 부족, 연령 증가 등이 원인으로 꼽힌다.

표 9-1 이상지질혈증 진단 기준

분류		기준 (mg/dL)
LDL 콜레스테롤*	매우 높음	≥ 190
	높음	160~189
	경계	130~159
	정상	100~129
	적정	< 100
총콜레스테롤	높음	≥ 240
	경계	200~239
	적정	< 200
HDL 콜레스테롤	낮음	≤ 40
	높음	≥ 60
중성지방	매우 높음	> 500
	높음	200~499
	경계	150~199
	적정	< 150

* 이상지질혈증 진단의 LDL 콜레스테롤 '높음' 기준의 경우 치료지침의 저위험군(주요 심혈관계 위험 요인 1개 이하) 환자에서 약물 치료 시작 권장 기준으로 사용할 수 있음. 중등도 위험군의 경우 LDL 콜레스테롤 '경계' 기준을 약물 치료 시작 권장 기준으로 사용할 수 있음. 고위험군 환자의 경우 LDL 콜레스테롤 '정상' 기준을 약물 치료 시작 권장 기준으로 사용할 수 있음. 초고위험군의 경우 LDL 콜레스테롤 값에 관계없이 약물 치료 시작을 권장함

이상지질혈증은 대부분 특별한 증세를 보이지 않지만, 혈액 내에 콜레스테롤이 과도해지면 동맥벽에 침착되어 혈관 안지름이 좁아져 혈액의 흐름이 원활하지 못한 상태인 동맥경화를 일으킬 수 있다(그림 9-2). 동맥경화증이 생기면 심근경색과 같은 심혈관 질

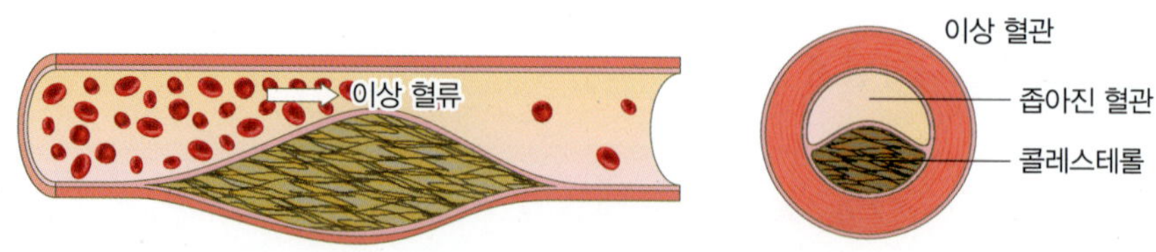

그림 9-2 고콜레스테롤에 의한 동맥경화 발병

환과 중풍, 뇌졸중, 뇌경색과 같은 뇌혈관 질환의 유발 가능성이 높아지기 때문에 이상지질혈증은 심·뇌혈관 질환의 발생 및 악화에 기여하는 주요 위험 인자 중의 하나이다. 따라서 이러한 심·뇌혈관 질환의 병태 생리가 알려짐에 따라 이상지질혈증 관리의 중요성이 강조되고 있다.

3) 혈중 중성지방 개선 관련 기능성 원료

중성지방의 체내 이동, 중성지방의 합성 및 분해, 혈중 중성지방 변화, 지방의 소화 흡수, 내장비만 및 염증 지표 등을 관찰하여 인정된 '혈중 중성지방 개선에 도움'을 주는 기능성 원료를 표 9-2에 나타내었다.

표 9-2 혈중 중성지방 개선 관련 기능성 원료

고시형 기능성 원료	개별인정형 기능성 원료
EPA 및 DHA 함유 유지 난소화성 말토덱스트린 정어리 정제어유	글로빈 가수분해물 대나무잎 추출물 식물성 유지 디글리세라이드 정제 오징어유

자료 : 식품의약품안전처, 건강기능성식품의 기능성 원료 인정현황, 2016

(1) EPA 및 DHA 함유 유지

꽁치, 정어리, 참치, 고등어 등 등푸른생선에 함유되어 있는 오메가-3 불포화지방산인 EPA(eicosapentaenoic acid)와 DHA(docosahexaenoic acid)는 혈중 중성지방 개선과 혈행 개선에 도움을 줄 수 있는 기능성 원료이다. 중성지방 합성에 관여하는 유전자의 발현을 조절하고 킬로미크론 대사 조절을 통해 혈중 중성지방 수치를 조절한다. 일일섭취량은 DHA와 EPA의 합으로 0.5~2 g이다.

(2) 정어리 정제어유

DHA와 EPA가 풍부한 정어리(sardine, 그림 9-3)를 정제한 원료로 혈중 중성지방과 혈행 개선에 도움을 줄 수 있는 기능성 원료로 인정되었다. 일일섭취량은 DHA와 EPA의 합으로 0.5~2 g이다. 항응고제 또는 고혈압 치료제는 복용할 경우 섭취에 주의해야 하고, 혈액 응고가 저해될 수 있으므로 수술 전에는 섭취를 금하도록 한다. 또한 아스피린에 과민반응을 나타내는 사람, 임산부와 수유부는 섭취에 주의해야 한다.

그림 9-3 정어리

4) 혈중 콜레스테롤 개선 관련 기능성 원료

혈중 콜레스테롤 조절 기능성이란 체내 콜레스테롤 수준을 적절한 범위로 조절하여 혈액과 조직(특히 혈관)에 콜레스테롤이 축적되지 않게 하는 것을 의미한다. 따라서 총 콜레스테롤, LDL-콜레스테롤 등의 개선 효과를 필수적으로 확인해야 '혈중 콜레스테롤 개선에 도움'을 줄 수 있는 기능성 원료로 인정된다. 이러한 기능성을 인정받은 원료를 표 9-3에 나타내었다.

표 9-3 혈중 콜레스테롤 개선 관련 기능성 원료

고시형 기능성 원료	개별인정형 기능성 원료
스피루리나	대나무 잎 추출물
녹차 추출물	보리 베타글루칸 추출물
클로렐라	보이차 추출물
감마리놀렌산 함유 유지	사탕수수 왁스알코올
레시틴	식물스타놀에스테르
식물스테롤/식물스테롤 에스테르	씨폴리놀 감태 주정추출물
구아검/구아검 가수분해물	아마인
글루코만난(곤약, 곤약만난)	알로에 복합추출물
귀리 식이섬유	알로에 추출물
대두 식이섬유	적포도 발효농축액
옥수수 겨 식이섬유	홍국쌀
차전자피 식이섬유	창녕양파 추출액
이눌린/치커리 추출물	
키토산/키토올리고당	
홍국	
대두 단백	
마늘	

자료 : 식품의약품안전처, 건강기능성식품의 기능성 원료 인정현황, 2016

(1) 스피루리나

스피루리나는 사이아노박테리아(남세균)의 일종이다(그림 9-4). 예부터 아프리카와 멕시코의 원주민이 먹어 왔으며, 1940년 이후 영양소 조성과 영양학적 기능을 연구한 후 전 세계의 주목을 받고 있다. 스피루리나는 소화기관에서 콜레스테롤 흡수를 방해하는 식물성 스테롤의 함량이 높아 혈중 콜레스테롤 개선 기능성 원료로 인정받았으며, 피부 건강과 산화방지에 도움을 줄 수 있는 기능성 원료로도 인정받았다. 일일섭취량은 총 엽록소로 40~150 mg이다.

그림 9-4 스피루리나

(2) 클로렐라

클로렐라는 녹조류에 속하는 단세포 생물로 플랑크톤의 일종이다(그림 9-5). 영양소가 풍부해 제1차 세계대전 때부터 식량 자원으로 이용하는 연구 개발이 시작되었으나 맛과 소화 문제를 해결하지 못해 식품 개발로 이어지지는 못했지만 다양한 기능성을 발견하여 세계적 관심을 받았다. 클로렐라에 함유된 엽록소가 혈중 콜레스테롤 수치를

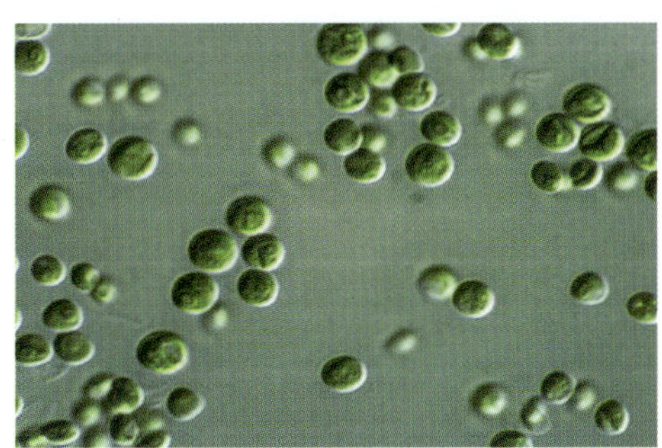

그림 9-5 클로렐라

낮춰 기능성 원료로 인정받았으며, 피부 건강, 산화방지, 면역력 증진에 도움을 주는 기능성도 인정되었다. 일일섭취량은 총 엽록소로 125~150 mg이다.

(3) 감마리놀렌산 함유 유지

오메가-6 지방산의 일종으로 리놀레산(linoleic acid)이 체내에 흡수되어 합성할 수 있으며 식물성 유지에서 많이 발견된다. 감마리놀렌산(gamma-linolenic acid, GLA)은 혈중 콜레스테롤의 개선뿐만 아니라 혈행 개선에 도움을 줄 수 있는 기능성 원료로 인정받았으며, 일일섭취량은 감마리놀렌산으로 240~300 mg이다.

(4) 레시틴

달걀노른자위 속 레시틴이 콜레스테롤 흡수를 방해하여 혈중 콜레스테롤 상승을 막는다고 제안되어 혈중 콜레스테롤 개선 기능성 원료로 인정받았다. 인지질(아세틸 불용물) 또는 포스파티딜콜린이 기능 성분이며, 대두 레시틴은 100 mg/g 이상, 난황 레시틴은 600 mg/g 이상 함유된 원료이어야 한다. 일일섭취량은 레시틴으로 1.2~18 g이며, 대두나 노른자위에 알레르기를 나타내는 사람은 섭취에 주의해야 한다.

(5) 식물스테롤/식물스테롤 에스테르

식물스테롤(plant sterol, phytosterol)은 견과류, 과일 및 채소 등에서 발견되는 스테롤로 콜레스테롤과 비슷한 구조를 가지고 있어 콜레스테롤 흡수를 경쟁적으로 저해시킬 수 있다. 일일섭취량은 식물스테롤로 0.8~3 g, 식물스테롤 에스테르로 1.28~4.8 g이다.

(6) 글루코만난(곤약, 곤약만난)

곤약에서 얻는 글루코만난은 D-글루코스와 D-마노스를 주요 구성 성분으로 하는 수용성 식이섬유로 곤약만난이라도 한다. 글루코만난을 섭취하면 LDL 콜레스테롤 수치를 낮춰 혈중 콜레스테롤 개선에 도움을 줄 뿐 아니라 배변 활동 원활에도 도움을 줄 수 있어 기능성 원료로 인정받았다. 일일섭취량은 글루코만난 식이섬유로 2.7~17 g이며 반

식이섬유와 콜레스테롤

수용성 식이섬유는 소장에서 콜레스테롤과 결합하여 몸 밖으로 배출시키기 때문에 콜레스테롤의 재흡수를 막아 혈중 콜레스테롤 수치를 낮추는 역할을 한다.

드시 충분한 물과 함께 섭취해야 한다.

(7) 홍국

홍국(紅麴, Red yeast rice)은 쌀에 홍국균(*Monascus pilosus*)을 이용하여 붉게 발효시킨 누룩이다(그림 9-6). 1970년대 말에 홍국의 콜레스테롤 수치 저하 기능이 확인되었고, 관련 성분이 모나콜린 K라는 사실을 발견하였다. 이러한 연구 결과를 바탕으로 혈중 콜레스테롤 개선에 도움을 줄 수 있는 기능성 원료로 인정되었다. 일일섭취량은 모나콜린 K로 4~8 mg이다.

그림 9-6 홍국

(8) 대두 단백

대두 단백은 대두(콩)에서 탄수화물, 지방을 제거한 후 단백질 부분만 분리, 정제하여 식용에 적합하도록 제조한 원료이다. 인체 적용시험에서 대두 단백의 섭취가 LDL 콜레스테롤을 낮추고 HDL 콜레스테롤을 증가시킨다는 결과가 나와 혈중 콜레스테롤 개선에 도움을 줄 수 있는 기능성 원료로 인정하였다. 일일섭취량은 대두 단백으로 15 g 이상이며, 대두 단백 알레르기를 나타내는 경우 섭취에 주의해야 한다.

(9) 마늘

인체 적용시험 연구에서 마늘 분말 섭취가 혈중 총콜레스테롤을 유의성 있게 감소시키는 결과를 보임으로써 2015년부터 식품의약품안전처에서 혈중 콜레스테롤을 개선하는 데 도움을 줄 수 있는 건강기능식품의 원료로 인정하고, 알리인(alliin)을 원료의 표준화를 위한 지표 성분으로 선정하였다. 일일섭취량은 마늘 분말로 0.6~1.0 g이다.

2. 혈압 조절

1) 혈압 조절

혈압이란 심장이 혈액을 내보낼 때 발생하는 압력으로 혈관 벽에 작용하는 압력이다. 인체의 혈압은 여러 시스템이 서로 연관되어 조절되며, 크게 체액성 조절, 신경성 조절, 호르몬성 조절로 분류할 수 있다. 신경성 조절은 부교감신경과 교감신경에 의해 조절되며 거의 모든 혈관에 분포하여 혈류량을 조절한다. 신경성 조절이 심장 반사의 발현 시간이 가장 짧고, 감정에 의한 혈압 변화가 여기에 속한다. 체액성 조절은 혈액량을 조절하여 혈압을 조절하는 메커니즘으로 레닌-앤지오텐신-알도스테론계통(renin-angiotensin-aldosterone system, RAAS)에 의해 나트륨과 물의 재흡수를 조절하여 혈압과 세포외액의 부피를 조절한다. 또한 호르몬 조절에서는 에피네프린, 노에피네프린 등에 의해 혈관 수축, 항이뇨호르몬 변화로 혈압을 조절할 수 있다(그림 9-7).

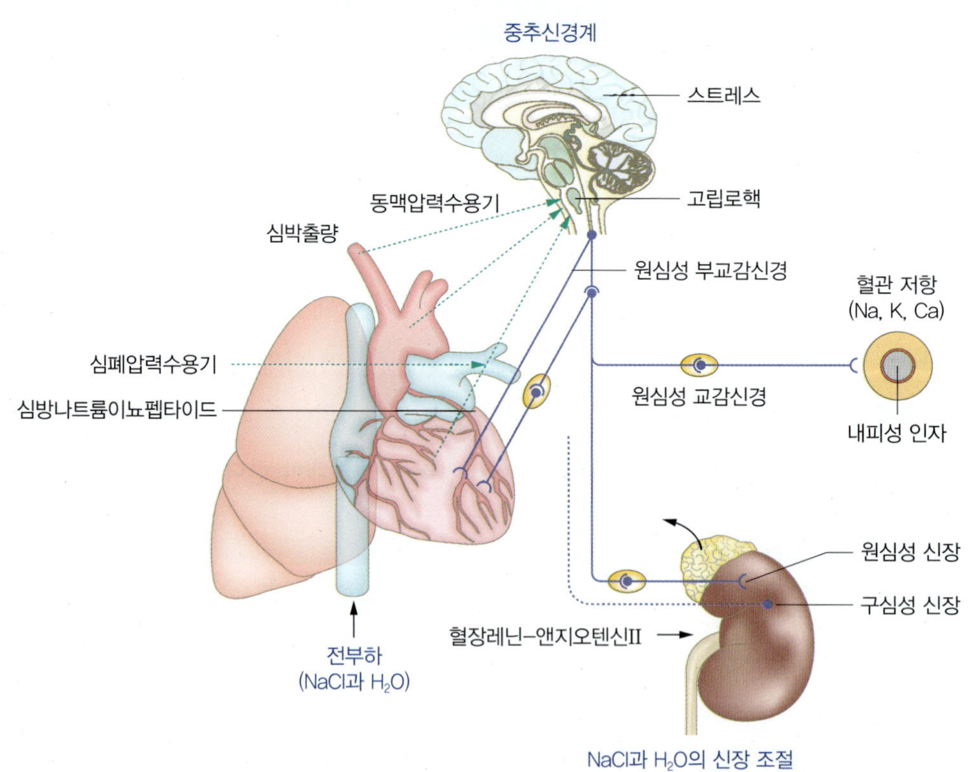

그림 9-7 혈압 조절

2) 혈압 조절 이상에 의한 건강 이상

정상 혈압은 수축기혈압 100~140 mmHg에 이완기 혈압 60~90 mmHg이며, 혈압이 지속적으로 140/90 mmHg 이상일 때 고혈압으로 진단한다. 고혈압은 90% 이상이 본태성으로 정확한 원인을 알 수 없는 경우가 대부분이고, 5~10%가 원인이 명확한(질병, 임신 등에 의한) 이차성 고혈압이다. 본태성 고혈압의 원인은 가족력, 고령, 비만, 스트레스, 식습관, 운동 부족, 음주/흡연 등이다. 고혈압은 뇌질환, 심장 질환, 신장 장애 등 다양한 질환의 원인이 될 수 있으며(그림 9-8), 한번 발병되면 완치가 어려우므로 평소 식사 및 생활습관을 통한 혈압 관리가 중요하다.

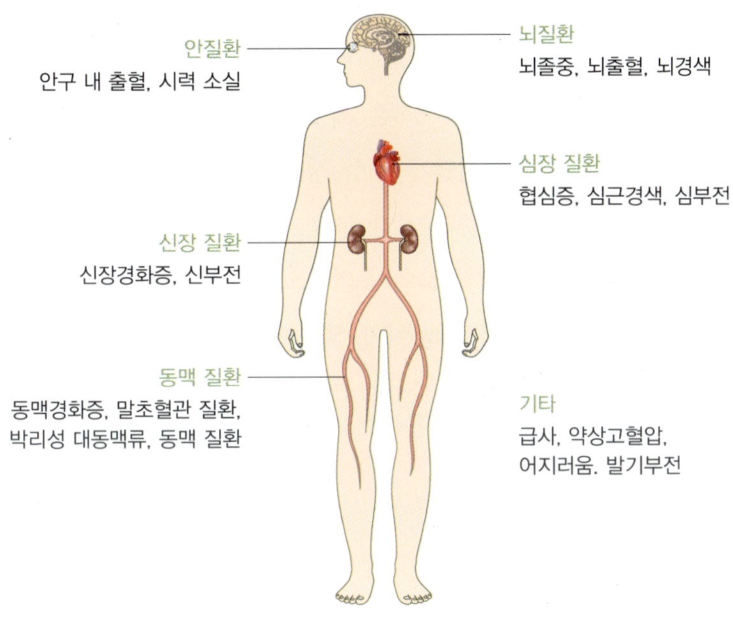

그림 9-8 고혈압 관련 질환

자료 : http://www.zanidip.co.kr

3) 혈압 조절 관련 기능성 원료

혈압, 혈압 조절 관련 호르몬, 내피 유래 혈관 이완 인자, 심장 및 신장 기능을 확인하여 혈압 조절의 기능성을 평가하고 있다. '높은 혈압 감소에 도움'을 주는 기능성 원료를 표 9-4에 나타내었다.

표 9-4 혈압 조절 관련 기능성 원료

고시형 기능성 원료	개별인정형 기능성 원료
코엔자임Q_{10}	L-글루타민산 유래 GABA 함유 분말 가쯔오부시 올리고펩타이드 나토균 배양분말 서목태(쥐눈이콩) 펩타이드 복합물 연어 펩타이드 올리브 잎 추출물 정어리 펩타이드 카제인 가수분해물 포도씨 효소분해 추출분말 해태 올리고펩티드

자료 : 식품의약품안전처, 건강기능성식품의 기능성 원료 인정현황, 2016

(1) 코엔자임Q_{10}

코엔자임Q_{10}(coenzyme Q_{10}, ubiquinone)은 세포의 기능을 유지하기 위해 필요한 대사물질이며, 미토콘드리아에서 전자전달계 구성 성분으로 에너지 생성에 필수적이다. 코엔자임Q_{10} 섭취는 혈압이 정상 수준인 성인에서는 혈압의 변화를 보이지 않지만 혈압이 높은 성인은 수축기혈압 및 이완기혈압이 유의적으로 감소하였다는 보고가 있다. 일일 섭취량은 코엔자임Q_{10}으로 90~100 mg이며, 영유아, 임산부는 섭취를 삼가야 하고 스타틴 계열과 와파린 계열의 의약품을 복용하는 환자는 섭취에 주의해야 한다.

단원정리

- 콜레스테롤은 세포막, 뇌 및 신경세포, 쓸개즙의 중요한 성분이며, 중성지방은 신체 대사 과정의 에너지를 제공하는 중요한 지방질이지만 비정상적으로 높아지면 이상지질혈증이 발생하고 이는 심·뇌혈관 질환의 위험 인자이다.
- 혈중 콜레스테롤 개선에 도움을 줄 수 있는 고시형 기능성 원료는 스피루리나, 녹차 추출물, 클로렐라, 감마리놀렌산 함유 유지, 레시틴, 식물스테롤/식물스테롤 에스테르, 구아검/구아검 가수분해물, 글루코만난(곤약, 곤약만난), 귀리 식이섬유, 대두 식이섬유, 옥수수 겨 식이섬유, 차전자피 식이섬유, 이눌린/치커리 추출물, 키토산/키토올리고당, 홍국, 대두 단백, 마늘이다. 혈중 중성지방 개선에 도움을 줄 수 있는 고시형 기능성 원료는 EPA 및 DHA 함유 유지, 난소화성 말토덱스트린, 정어리 정제어유이다.
- 심장이 혈액을 내보낼 때 발생하는 압력에 의해 혈관 벽에 작용하는 압력인 혈압은 140/90 mmHg 이상일 때 고혈압으로 진단되며, 고혈압은 뇌질환, 심장 질환, 신장 장애 등의 원인이 된다.
- 혈압 조절에 도움을 줄 수 있는 고시형 기능성 원료에는 코엔자임Q_{10}이 있다.

연습문제

1. 콜레스테롤의 분해 및 배설 메커니즘에 대해 설명하고, 혈중 콜레스테롤 개선에 도움을 줄 수 있는 고시형 기능성 원료를 설명하시오.

2. 혈압 조절의 기능성을 평가하기 위해 확인할 수 있는 바이오마커가 무엇인지 답하시오.

풀이 정답

1. 콜레스테롤은 간에서 글리신, 타우린, 글루쿠론산, 황산염과 결합하여 쓸개즙으로 분비되는데 이는 약 95%가 장에서 재흡수되어 장간순환으로 재사용되고, 나머지는 대변으로 배설된다. 따라서 장간순환을 억제하면 혈액 내 콜레스테롤 양을 낮출 수 있다. 혈중 콜레스테롤 개선에 도움을 줄 수 있는 고시형 기능성 원료는 스피루리나, 녹차 추출물, 클로렐라, 감마리놀렌산 함유 유지, 레시틴, 식물스테롤/식물스테롤 에스테르, 구아검/구아검 가수분해물, 글루코만난(곤약, 곤약만난), 귀리 식이섬유, 대두 식이섬유, 옥수수 겨 식이섬유, 차전자피 식이섬유, 이눌린/치커리 추출물, 키토산/키토올리고당, 홍국, 대두단백, 마늘이다.
2. 혈압, 혈압 조절 관련 호르몬, 내피 유래 혈관 이완 인자, 심장 및 신장 기능을 확인하여 혈압 조절의 기능성을 평가한다.

참고문헌

김미리·김정희·김미라·강명화·이명숙·송효남·박은주·이정민, 건강에 도움이 되는 기능성 식품, 파워북, 2015.

식품의약품안전처, 건강기능성식품의 기능성 원료 인정현황, 식품의약품안전처, 2016.

식품의약품안전처, 건강기능식품 기능성 평가 가이드, 식품의약품안전처, 2012.

이종호·김은미·박유경·박은주·성미경·손정민·신동엽·신민정·이홍미·한성림, 임상영양치료를 위한 병태생리학, 교문사, 2013.

CM Lawes·H.S. Vander·A. Rodgers·International Society of Hypertension, Global burden of blood-pressure-related disease, 2001, *The Lancet*, 2008.

S.S. Gropper·J.L. Smith·J.L. Groff, Advanced Nutrition and Human Metabolism, WADSWORTH, 2017.

W.B. Kannel·W.P. Castelli·T. Gordon, P.M. Mcnamara, Serum cholesterol, lipoproteins, and the risk of coronary heart disease: the Framingham Study. *Annals of Internal Medicine*. 1971.

CHAPTER **10**

산화방지와 면역 기능, 그리고 암

학습목표

1. 인체를 유해한 물질로부터 방어할 수 있는 산화방지 시스템과 면역 시스템을 이해한다.
2. 산화방지 시스템과 면역 시스템에 관련된 질병을 설명할 수 있다.
3. 산화방지와 면역 기능에 도움을 주는 건강기능식품 원료에 대해 설명할 수 있다.
4. 암의 정의와 식생활 원인에 대해 설명할 수 있다.
5. 암 예방 효과를 기대할 수 있는 식품에 대해 알아본다.

1. 산화방지 기능

1) 활성산소종과 산화방지 시스템

세포 내 에너지 대사 과정에서 생성된 자유라디칼 또는 활성산소종(reactive oxygen species, ROS)에 의해 발생하는 세포 손상이나 세포 내 산화적 손상은 여러 질병의 근본적 원인으로 작용한다. 세포에 손상을 미치는 활성산소종에는 초과산화물 라디칼(superoxide radical, O_2), 하이드록실 라디칼(hydroxyl radical, •OH), 과산화수소(hydrogen peroxide, H_2O_2), 일중항산소(singlet oxygen, $^1O_2$) 등이 있다(그림 10-1). 이러한 활성산소종이 인체 내에서 제거되지 못하고 그 농도가 비정상적으로 높아지면 체내 산화방지 방어 체계의 균형이 깨지며, 이로 인해 세포 손상과 사멸을 가져올 수 있는 산화스트레스(oxidative stress)를 유발시킨다.

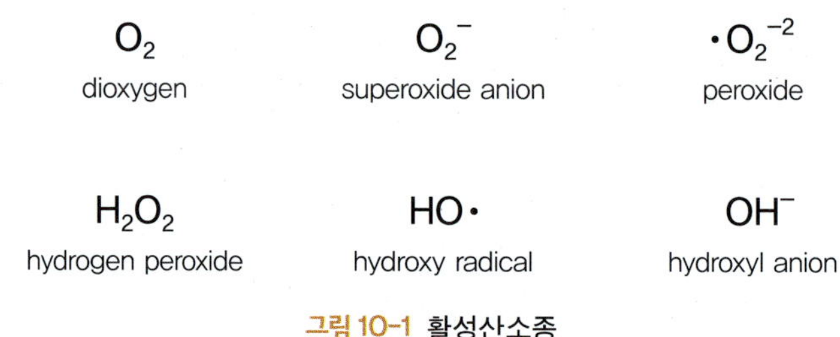

그림 10-1 활성산소종

정상적인 세포는 산화방지 시스템에 의해 활성산소의 연쇄반응을 막아 주어 세포를 보호하는 역할을 한다. 체내에는 산화방지 효소계인 초과산화물 제거효소(superoxide dismutase, SOD), 카탈레이스(catalase, CAT), 글루타싸이온 과산화효소(glutathione peroxidase, GSH-Px), 글루타싸이온 S전달효소(glutathione S-transferase, GST) 등이 존재하여 인체를 보호한다. 또한 비효소 산화방지 물질들(비타민 C, 비타민 E, β-카로텐, 카로테노이드, 플라보노이드, 셀레늄 등)이 인체에 존재하면 활성산소종으로부터 인체를 보호하는 기능을 한다(그림 10-2).

2) 산화스트레스에 의한 건강 이상

활성산소종은 분자 구조적으로 매우 불안정하여 세포 내의 DNA, 지방질, 단백질과의 반응으로 세포 손상을 일으켜 여러 질환의 주요 발병 메커니즘으로 작용하는 것이라

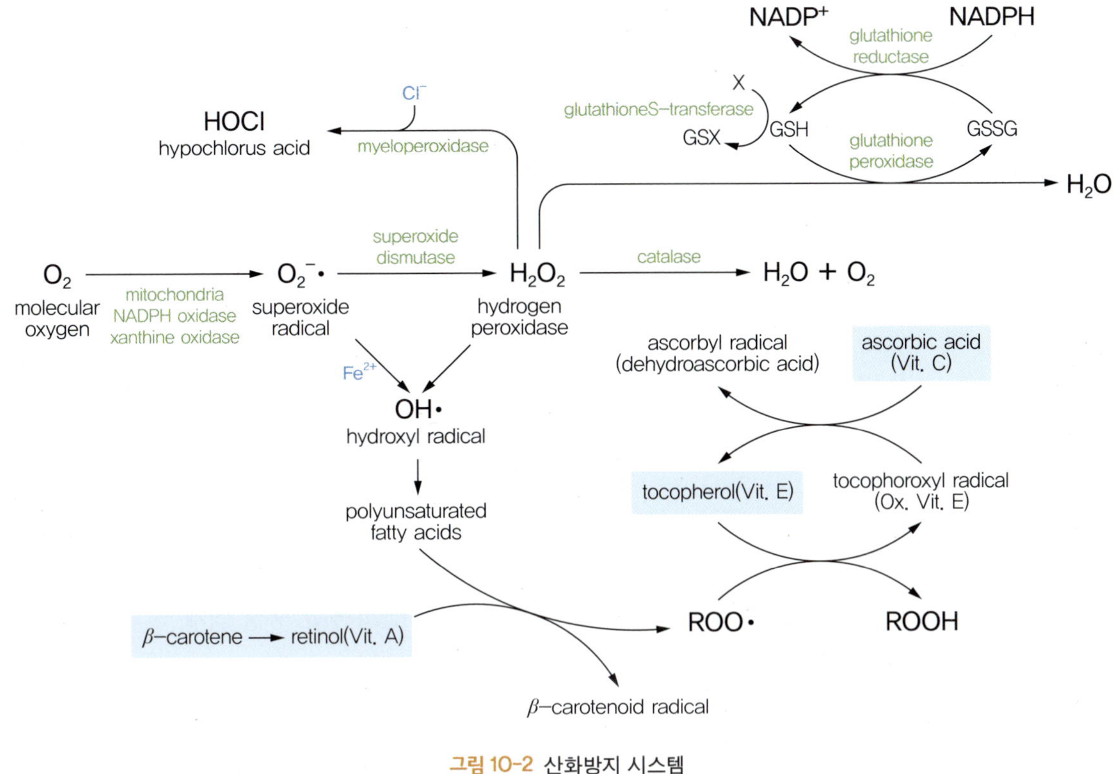

그림 10-2 산화방지 시스템

생각된다. 과도한 활성산소종 축적은 생체 내 지방질과산화를 유도하고, 인체의 가장 작은 구성단위인 세포를 비롯하여 단백질 성분인 피부 등의 모든 조직에 상처를 주며, 유전자 정보를 담아 두는 DNA를 공격하여 유전자 변형을 일으켜 세포막의 형성과 안정화를 방해하여 각종 질환의 원인이 된다. 예를 들어 과도한 활성산소종의 생성은 세포 내 지방질과 반응하여 지방질과산화를 생성하고, 이는 혈관에서 혈전 생성, 혈관 손상을 일으켜 동맥경화, 뇌졸중이나 뇌출혈 등을 일으킨다(그림 10-3).

질병 발생 메커니즘에서 산화스트레스가 일차적 원인으로 작용하는지 또는 질병에 의한 결과인지에 대해서 명확하게 밝혀지지 않았지만 다양한 연구에 의하여 각종 대사성 질환, 노화, 암의 발병이나 진행 과정에 산화스트레스가 밀접하게 연관되어 있다는 사실이 확실하게 밝혀졌다. 따라서 체내 효소적 산화방지 시스템을 강화시키거나 산화방지제 섭취에 의한 비효소적 산화방지 시스템 강화에 의한 노화와 질병의 예방 방법이 개발되고 있다.

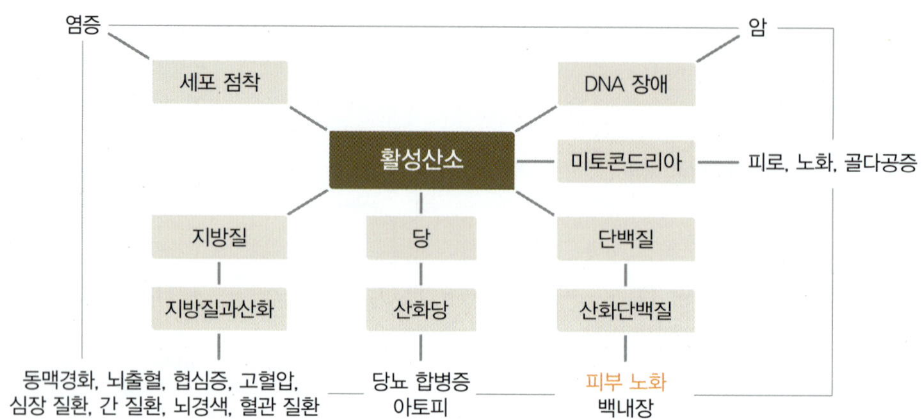

그림 10-3 활성산소종과 질병의 연관성

3) 산화방지 관련 기능성 원료

산화방지 메커니즘은 산화방지 효소 활성 증가, 산화물질 생성 억제 및 제거, 세포 및 조직의 산화적 손상 최소화 등을 들 수 있다. 따라서 산화방지 기능성을 확인하기 위해서는 효소적 산화방지 시스템, 비효소적 산화방지 시스템, 총 산화방지능, 활성산소 수준, 산화에 의한 손상(DNA 손상, 지방질과산화물, 단백질 과산화물)을 측정하여 기능성을 평가한다. '산화방지에 도움'을 주는 기능성 원료를 표 10-1에 나타내었다.

(1) 홍삼(홍삼 농축액)

2014년 기능성 원료에 대한 소비자 인지도 조사 결과 홍삼이 가장 높은 품목으로 나타났다. 인삼을 푹 찌고 말리면 색이 붉게 변하는데 이것을 홍삼이라고 한다. 홍삼은

표 10-1 산화방지 관련 기능성 원료

고시형 기능성 원료	개별인정형 기능성 원료
녹차 추출물	대나무 잎 추출물
코엔자임 Q_{10}	메론 추출물
홍삼(홍삼 농축액)	복분자 추출물(분말)
엽록소 함유 식물	비즈왁스 알코올
클로렐라	유비퀴놀
스피루리나	포도종자 추출물
프로폴리스 추출물	프랑스해안송 껍질 추출물
스쿠알렌	
토마토 추출물	

자료 : 식품의약품안전처, 건강기능성식품의 기능성 원료 인정현황, 2016

산화방지에 도움을 주는 기능성 원료뿐만 아니라 면역력 증진, 피로 개선, 혈소판 응집 억제를 통한 혈액 흐름, 기억력 개선에 도움을 주는 기능성 원료이다. 산화방지 효능을 기대하기 위한 일일섭취량은 진세노사이드 Rg1과 Rb1의 합계로 2.4~80 mg이며, 의약품(당뇨 치료제, 혈액 항응고제) 복용 시에는 섭취에 주의해야 한다.

(2) 프로폴리스 추출물

프로폴리스란 꿀벌이 화분과 식물 분비물에 자신들의 분비물 등을 혼합하여 만든 것으로, 유해한 미생물로부터 자신을 보호한다. 프로폴리스는 20종이 넘는 다양한 플라보노이드를 함유하고 있으며, 이들 플라보노이드는 산화방지 기능성을 나타내는 것으로 밝혀졌다. 건강기능식품으로 사용되는 프로폴리스 추출물은 프로폴리스에서 왁스를 제거하고 추출한 후 식용에 적합하도록 만든 것이다. 산화방지 기능성이 확인된 인체 적용시험에서의 섭취량을 고려하여 일일섭취량은 총 플라보노이드로 16~17 mg으로 설정하였다.

(3) 스쿠알렌

스쿠알렌(squalene)은 상어간유 또는 식물(올리브, 아마란트 씨, 쌀겨, 맥아 등)에 함유되어 있는 불포화탄화수소($C_{30}H_{50}$)로 인체에도 존재한다(그림 10-4). 스쿠알렌은 체내에서 스테로이드 호르몬과 비타민 D, 쓸개즙산, 콜레스테롤의 생합성에 이용된다. 스쿠알렌의 산화방지 기능은 1968년에 처음 언급된 후로 다양한 동물시험과 임상시험을 통해 기능성이 입증되었다. 일일섭취량은 스쿠알렌으로 10 g이다.

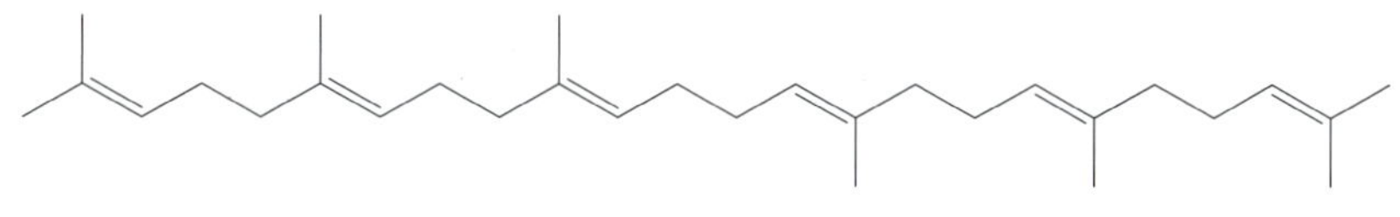

그림 10-4 스쿠알렌

(4) 토마토 추출물

토마토에 포함되어 있는 카로테노이드 계열의 리코펜(lycopene)이라는 강력한 산화방지 성분이 체내에서 비효소적 산화방지제로 작용한다. 리코펜은 붉은색을 띠는 지용성 색소로, 지방과 함께 섭취하였을 때 체내 흡수율이 높다. 일일섭취량은 all-*trans*-리코펜으로 5.7~15 mg이고, 개인에 따라 과민반응을 나타낼 수 있으며 임산부, 수유 여성 및 어린이는 섭취에 주의해야 한다.

2. 면역 기능

1) 면역 시스템

외부로부터 침입하는 미생물, 세균, 바이러스뿐만 아니라 체내 조직이나 불필요한 산물 등을 항원으로 인식해서 특이적으로 반응하여 항체를 생산하고, 이를 제거함으로써 생체 항상성을 유지하는 체내의 자기 방어 체계를 면역 시스템(immune system)이라고 한다. 이러한 외부 물질에 의한 면역 시스템의 활성으로 신체를 방어하는 능력을 면역력이라 하며, 이때 나타나는 반응을 면역반응(immune response)이라고 한다. 면역 시스템은 면역 억제와 증진 작용으로 항상성을 유지하여 면역 조절을 한다. 면역 항상성이 불균형을 일으키게 되어 면역 조절에 실패하게 되면 질병이 발생하여 건강을 유지하기 어려워진다. 따라서 건강한 인체를 유지하기 위해서는 면역 조절 능력을 키우는 것이 중요하다.

면역 시스템 체계는 항원에 대한 특이성에 따라 선천면역(innate immunity)과 후천면역(adaptive immunity)으로 구분한다. 선천면역은 태어날 때부터 인체에 존재하는 면역 시스템으로 우리 몸에 세균이나 바이러스가 들어오면 즉각적으로 반응하여 이들을 죽인다. 포식세포(phagocytes), 자연살해세포(natural killer cells), 비만세포(mast cell) 보체 단백질(complement protein) 수지상 세포(dendritic cells)가 인체에 이미 존재하는 대표적인 선천성 면역 물질들이다. 후천면역은 선천면역계의 방어막을 통과한 항원들에 특이적으로 작용하는 면역 체계이다. B 림프구와 T 림프구가 대표적인 면역세포이다. B 림프구는 세균과 바이러스에 대항할 수 있는 항체를 생성하고, 세포 외 미생물 및 독소를 중화하거나 제거시킨다. 도움 T 세포(helper T cell)와 킬러 T 세포(killer T cell)가 있으며 B 림프구 활성 증가, 식세포 작용 자극 또는 직접 세포 독성을 이용하여 항원을 제거한다(그림 10-5).

최근 국내 건강기능식품 소비자 실태조사에 따르면 건강기능식품을 구매할 때 고려하는 건강 문제가 '면역력 증진'이라고 답한 응답자가 46.9%로 2위에 해당하였다. 면역

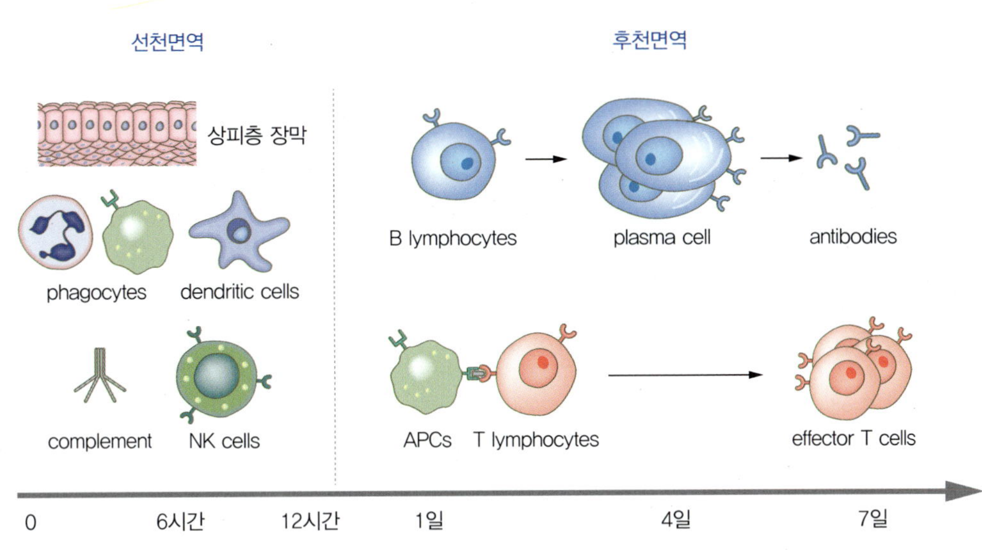

그림 10-5 면역 시스템

항체(antibody, Ab)

면역글로불린(immunoglobulin, Ig)이라고도 한다. 분화된 B 림프구(형질세포, plasma cell)로부터 분비되며 항원과 특이적 결합을 하여 항원-항체 반응을 일으켜 면역반응을 한다. B 림프구의 수용체는 세포 표면에 위치하며 단일 특이성의 항체를 만들도록 프로그램되어 있으며 항체의 무거운 사슬(heavy chain) 불변 영역의 차이에 따라 항체는 IgA, IgD, IgE, IgG, IgM으로 분류된다.

항체의 종류	구조	특징
Ig A	2량체	눈물, 침, 젖 등에 존재함
Ig D	단량체	Ig G와 유사함
Ig E	단량체	알레르기 반응에 관여함
Ig G	단량체	1, 2차 면역반응에서 주도적 역할을 함 혈액의 주된 항체
Ig M	5량체	1차적으로 항원에 노출된 B 림프구에서 방출되는 항체

질환 발병률이 증가하는 만큼 소비자들의 면역력 증진 관련 건강기능식품에 대한 관심이 높아지고 있으며 이에 따른 소재 개발 연구도 증가하고 있다.

2) 면역 시스템 손상에 의한 건강 이상

(1) 과민반응

외부 물질(항원)에 대한 비정상적인 과민반응(hypersensitivity reaction, allergy)의 결과로 숙주에 세포나 조직의 손상을 일으키는 일종의 알레르기 반응이다. 정상적인 면역반응에서는 항원이 되지 않는 음식, 꽃가루, 먼지 등을 체내에서 항원으로 인지하여 항원-항체반응에 의해 면역반응이 일어나는 증상이다. 대표적인 질환으로 식품알레르기,

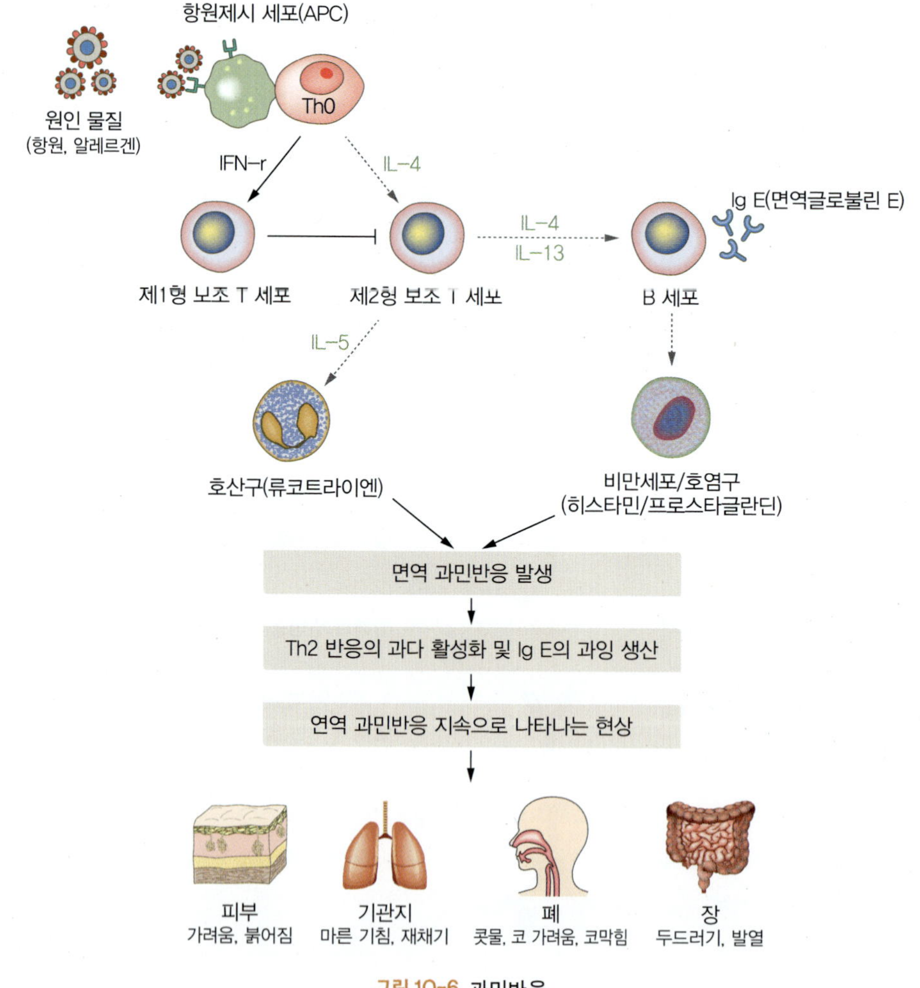

그림 10-6 과민반응

천식, 비염, 아토피피부염 등이 있다(그림 10-6).

(2) 면역결핍병

면역결핍병(immunodeficiency diseases)은 면역계의 반응이 일어나지 못하여 외부 항원에 대한 방어 기능을 상실한 질환이다. 면역반응이 정상적으로 일어나지 못하기 때문에 건강 유지를 위한 보호 역할을 할 수 없고 감염이나 암 발생에 더욱 민감하다. 선천적으로 발생하는 1차 면역결핍증(primary immune deficiency)과 후천적으로 발생하는 2차 면역결핍증(secondary immune deficiency)으로 구분할 수 있다. 2차 면역결핍증은 면역 기능이 정상인 사람이 감염이나 질병에 의해 후천적으로 면역 기능에 이상이 생긴 경우로 사람면역결핍바이러스(human immunodeficiency virus, HIV) 감염에 의한 후천면역결핍증(acquired immune deficiency syndrome, AIDS)이 대표적이다(그림 10-7). HIV는 감염자의 모든 체액에 존재하는데 특히 혈액, 정액, 질 분비물, 모유에 많은 양이 존재하며, 주로 성관계나 감염된 혈액의 수혈, 오염된 주사바늘의 공동 사용, 감염된 산모의 임신과 출산을 통해 바이러스가 감염된다. 면역력이 저하되어 감염 및 다른 질병 발생에 의한 합병증으로 사망할 수 있다.

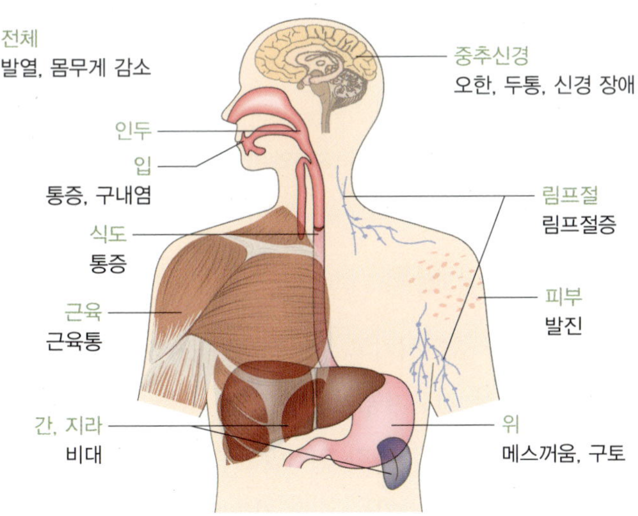

그림 10-7 HIV 감염에 의한 후천면역결핍증

(3) 자가면역반응

인체에서 면역세포들은 숙주에는 면역반응을 일으키지 않도록 되어 있지만(자가내성, self-tolerance), 그렇지 못하면 생체가 자기 자신의 조직을 항원으로 인지하여 면역반응을 일으키는데 이를 자가면역반응(autoimmune response)이라고 한다. 유전적 또는 환경적 원인이 다양하게 영향을 끼치고 있지만 아직 명확한 원인은 밝혀지지 않았다. 1형 당뇨병, 류마티스 관절염, 전신성 경화증, 다발성 경화증 등이 자가면역반응에 의한 질환이다(그림 10-8).

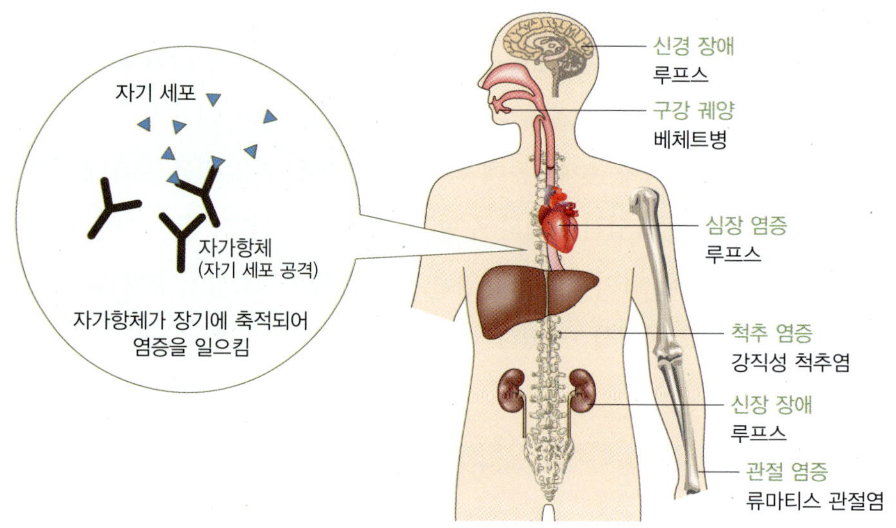

그림 10-8 자가면역반응

3) 면역 기능 관련 기능성 원료

면역 기능은 저하된 면역을 증진시키고 과민한 면역은 반응을 억제시켜 항상성을 유지하는 것이 중요하다. 따라서 건강기능식품 원료는 '면역 과민반응에 의한 피부 상태 개선에 도움', '면역력 증진에 도움', '과민 면역반응 완화에 도움'으로 나누어 기능성을 평가한 뒤 인정하고 있다. 현재 면역 기능 관련 기능성이 인정된 원료를 표 10-2에 나타내었다.

(1) 인삼

인삼(*Panax ginseng*)의 주요 성분은 사포닌(saponin) 또는 진세노사이드(ginsenoside)

표 10-2 면역 기능 관련 기능성 원료

기능성 분류	개별인정형 기능성 원료
면역 과민반응에 의한 피부 상태 개선에 도움	L. sakei Probio 65 감마리놀렌산 함유 유지 과채 유래 유산균(*L. plantarum* CJLP133) 프로바이오틱스 ATP
면역력 증진에 도움	L-글루타민 게르마늄 효모 금사상황버섯 *Enterococcus faecalis* 가열 처리 건조분말 당귀 혼합 추출물 동충하초 주정 추출물 스피루리나 청국장균 배양 정제물(폴리감마글루탐산칼륨) 표고버섯 균사체 효모 베타글루칸 인삼 다당체 추출 *고시형 기능성 원료 : 인삼, 홍삼, 클로렐라, 알콕시 글리세롤 함유 상어간유, 알로에 겔, 상황버섯 추출물
과민 면역반응 완화에 도움	*Enterococcus faecalis* 가열 처리 건조분말 구아바 잎 추출물 등 복합물 다래 추출물 소엽 추출물 피카 오프레토 분말 등 복합물 합성 PLAG

자료 : 식품의약품안전처, 건강기능성식품의 기능성 원료 인정현황, 2016

로 불리는 30여 종의 트라이터펜계(triterpene) 글리코사이드 외에 정유 성분 및 페놀계 화합물 등이 포함되어 있다. 여러 가지 시험을 통해 인삼이 면역세포의 활성을 도와 면역력을 증진시킴을 입증하였으며, 대표적인 성분 중 하나는 진세노사이드 Rg1이다. 인삼은 면역력 증진 및 피로 개선에 도움을 줄 수 있는 고시형 원료이며, 일일섭취량은 Rg1과 Rb1 합계로 3~80 mg이다. 섭취할 때에는 의약품(당뇨 치료제, 혈액 항응고제)을 복용 중인 사람은 주의해야 한다.

(2) 알콕시글리세롤 함유 상어간유

알콕시글리세롤(또는 알킬글리세롤, alkylglycerols)은 생명체에 자연적으로 존재하는 지방질의 한 종류로, 심해 상어의 간에 높은 농도로 함유되어 있다. 알콕시글리세롤 함유 상어간유는 이를 추출한 후 식용에 적합하도록 정제한 것이다. 포식세포의 활성을 증가시켜 면역력 증진에 도움을 주는 고시형 원료이다. 일일섭취량은 알콕시글리세롤로 0.6~2.7 g이다.

(3) 알로에 겔

알로에는 면역력뿐만 아니라 피부 건강 및 장 건강 증진에 도움을 주는 기능성 원료이다. 주요 성분은 아세틸화된 마난(acetylated mannan)으로 아세마난(acemannan)이라고 통칭하기도 하는 다당류이다. 알로에 겔의 아세마난이 면역 다당류로 작용을 하여 면역세포들의 활성을 돕는 역할을 한다. 알로에 겔의 일일섭취량은 총 다당류 함량으로 100~420 mg이다.

(4) 상황버섯 추출물

상황버섯(그림 10-9)은 예부터 약용되던 버섯이며 버섯에 함유된 다당류인 β-글루칸(β-glucan)이 면역력을 활성화시키는 물질로 작용한다. β-글루칸은 포식세포나 수지상세포의 수용체에 직접 부착하여 사이토카인을 분비하여 세포의 활성을 돕는 역할을 한다. 일일섭취량은 상황버섯 추출물로 3.3 g 또는 β-글루칸으로 287.1~534.6 mg이다.

그림 10-9 상황버섯

3. 암

1) 암의 정의와 특징

암은 조절되지 않는 세포의 성장과 본래의 자기 자리에서 다른 부위로 옮겨가는 전이 현상의 특징이 있다. 즉 정상 세포는 제한된 수만큼 분열, 증식된 후에 수명이 다하면 스스로 사멸하는 세포자살(apoptosis, programmed cell death) 과정을 거쳐 새로운 세포

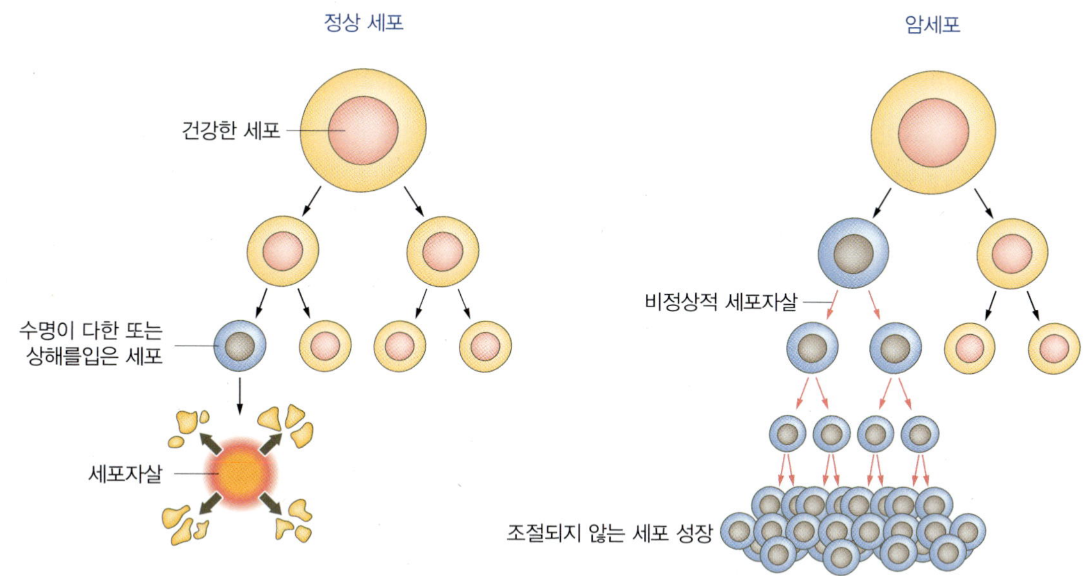

그림 10-10 정상 세포와 암세포의 분화 및 성장 특성

가 생성되지만, 암세포는 자연적으로 사멸되지 않고 무한적으로 복제, 분열, 증식될 뿐 아니라 인체의 다른 부위로 이동하여 그 곳에 자리 잡고 다시 성장한다(그림 10-10). 수술로 암세포를 제거한 후 약물적 암 치료, 즉 항암 치료를 수년간 지속하는 이유가 이렇게 다른 부위로 이동해 자라고 있을지도 모를 암세포를 죽이기 위함이다. 이러한 암세포의 특징은 성장과 사멸이 면밀하게 조절되고 다른 부위로 옮겨가지 않는 일반적인 정상 세포의 특징과 대비된다.

암은 양성 종양(benign tumor)과 악성 종양(malignant tumor)으로 구분된다. 양성 종양은 전이하지 않아 생명을 위협하는 경우가 드물지만, 악성 종양은 전이되어 주위 조직으로 침윤되고 정상 세포를 파괴하여 사망의 원인이 된다. 즉, 악성 종양은 무한적으로 자라나 다른 기관으로 전이해 해당 기관의 기능을 파괴하고, 정상 조직이나 정상 세포의 산소와 영양소를 빼앗아 간다. 정상인의 경우 근육은 에너지원으로 사용되지 않지만 암 환자는 단백질이 에너지원인 포도당을 공급하는 데 사용되어 단백질 분해가 빠르게 일어나 근육 양이 줄어들게 된다. 또한 암세포는 필요한 에너지나 포도당을 공급받기 위하여 몸의 지방을 빠르게 분해하여 체내 지방을 감소시키기 때문에 현저한 체중 감소를 유발한다. 암 환자의 체중이 줄어드는 것도 대부분 체지방 감소에 의한 것이라 할 수 있다. 암 환자는 식욕 저하로 음식의 탄수화물로 공급되는 포도당이 부족하고, 더불어 암세포가 무한정 성장하면서 기초대사량이 늘어 정상 및 암 세포 성장에 필요한 체내 포도당이 급격히 감소하게 된다. 이렇게 부족한 포도당 공급을 위해서 체내 단백질과 지방이 분해된다.

2017년 통계청이 발표한 한국인의 사망원인은 암, 심장 질환, 뇌혈관 질환, 폐렴, 고의적 자해(자살), 당뇨병, 간 질환, 만성하기도 질환, 고혈압성 질환, 운수 사고 순으로 나타났다(그림 10-11). 이 중 3대 사인(2017년도 기준 인구 10만 명당 암은 153.9명, 심장 질환은 60.2명, 뇌혈관 질환은 44.4명)은 전체 사인의 46.4%로 나타났다. 암에 의한 사망률은 꾸준히 증가하고 있으며 폐암, 간암, 대장암, 위암 순으로 많이 나타나고 있다. 심장 질환, 폐렴, 고혈압성 질환에 의한 사망률도 2017년도까지 급격히 증가한 것으로 조사되었다.

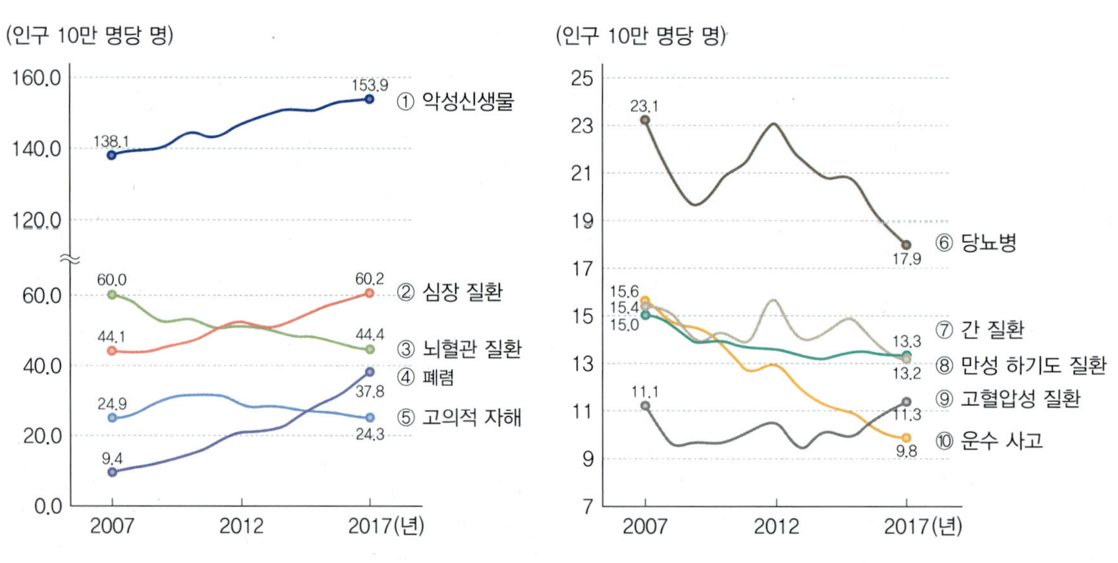

그림 10-11 한국인의 10대 사망원인 순위 및 사망률

자료 : 통계청, 2007-2017. http://kostat.go.kr

2) 암 발생 원인

암 발생 원인이 되는 대부분의 발암 물질은 세포에 있는 DNA의 변형을 야기하여 돌연변이를 유발한다. 유전 질환과 마찬가지로 암은 DNA의 변형에 의해서 발생하며, 나이가 들수록 발생 빈도가 높아지고 인간 수명이 늘어남에 따라 발생률도 증가하는 것

으로 알려져 있다. 이는 수명이 늘어남(나이가 들어감에 따라)에 따라 암을 유발하는 돌연변이가 DNA에 축적되는 기간도 증가하게 되기 때문이다.

인체 발암에 영향을 주는 인자로는 환경, 약물, 음식, 흡연이 대표적으로 뽑힌다. 영국에서는 1775년 굴뚝 청소부가 굴뚝에서 나오는 그을음에 만성적으로 노출되어 비강과 고환 암에 걸렸다고 알려져 있으며, 자외선에 노출됨으로써 피부암이 발생한다는 것은 주지의 사실이다. 또한 호르몬제 피임약의 경우 여성의 배란을 변화시켜 암 발생에 영향을 준다고 알려져 있다. 흡연은 폐암뿐만 아니라 이자암(췌장암), 방광암, 콩팥암(신장암), 구강암, 위암, 간암 등 대부분의 암 발생과 연관이 있다. 음식 섭취 습관도 암 발생과 관련이 있는데 자극적인 음식 섭취에 의한 위암, 육고기 섭취에 의한 대장암과 같은 암 발생은 이미 많이 알려져 있다. 반대로 신선한 채소, 과일, 포도주를 주로 먹는 지중해식 식사는 암 발생을 줄여 주는 것으로 확인된 바 있다.

암 치료 방법은 전 세계적으로 가장 많이 연구되고 있는 분야 중의 하나이다. 과거에는 암 세포나 조직을 수술로 직접 제거하는 것이 유일한 치료 방법이었으나, 이러한 방법은 이미 다른 조직으로 전이된 암세포를 제거하지 못해 수술 후 다른 곳에서 암세포가 성장하는 암의 재발을 원천적으로 방지하지는 못한다. 이후 전이된 암세포들의 성장을 억제하고 제거하기 위하여 화학적 약물 요법과 방사선 치료법이 개발되었다. 하지만 화학 요법에서 사용되는 항암제 약물은 정상 세포에도 영향을 끼쳐 구토, 탈모, 궤양, 빈혈 등 다양한 부작용을 일으킨다. 이러한 부작용을 최소화하기 위하여 암세포에만 작용하는 표적 항암제가 개발되기도 하였으나 장기적으로 사용할 경우 암세포가 내성이 생겨 효과가 줄어드는 단점이 지적된다. 지금까지의 항암제 단점을 보안해서 최근에 개발되고 있는 항암제가 면역 치료제이다. 우리 몸속의 면역세포는 비정상적인 세포를 공격하여 제거하는 특성을 가지고 있는데, 면역치료제는 면역세포의 기능을 증폭 또는 강화시켜 암세포를 제거하도록 설계되어 있다.

3) 음식, 암, 그리고 예방

최근까지의 많은 역학조사에 의하면 식이, 즉 음식과 암의 유병률은 밀접한 관련이 있으며, 음식이 암을 예방하는 데 도움이 된다는 사실도 잘 알려져 있다. 일반적으로 우리 몸 안에서는 음식물을 섭취한 후 흡수된 영양소의 대사가 일어나는데 이때 활성산소 또는 자유라디칼이 필수적으로 발생하게 된다. 이렇게 발생한 활성산소는 우리 몸의 산화방지 과정을 거쳐 제거되는 것이 일반적이지만, 부적절한 식이 습관으로 적절한 영양소가 공급되지 않으면 음식의 대사 과정 중에 생겨나는 활성산소는 효과적으로 제거되지 못한다. 이후 이 활성산소가 유전자에 돌연변이를 일으켜 여러 가지 질병과 암의 발생 확률을 높인다. 고지방질, 고칼로리, 고식염 식단은 비만을 초래함은 물론이고 만성염증, 활성산소 과다 생성, 체내 산화방지 기능 저하 등으로 결국 암 발생으로 이어지기 쉽다. 영양소가 골고루 포함된 건강한 식단을 유지함으로써 우리 몸에서 활성산소를 제거하는 과정, 즉 정상적인 산화방지 과정을 유지하여 암 발생을 억제해야 한다. 그림 10-12는 세계 각국의 유방암 발생률과 식품 섭취와의 관계를 보여 주고 있다. 동물성 식품을 섭취했을 때는 유방암 발생률이 유의적으로 증가하고, 식물성 단백질을 섭

(a) 동물성 식품 섭취에 따른 유방암 발생 빈도

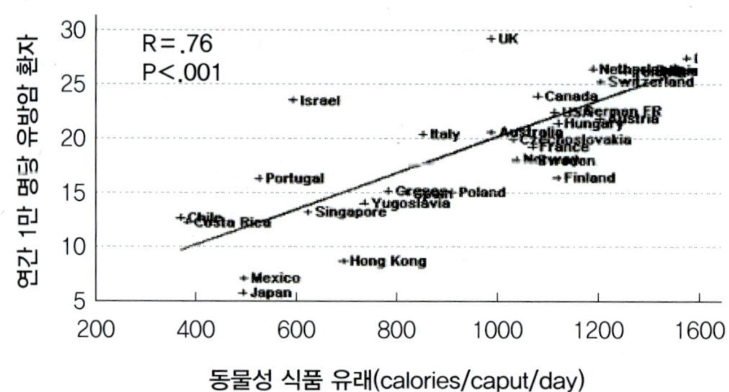

(b) 식물성 단백질 섭취에 다른 유방암 발생 빈도

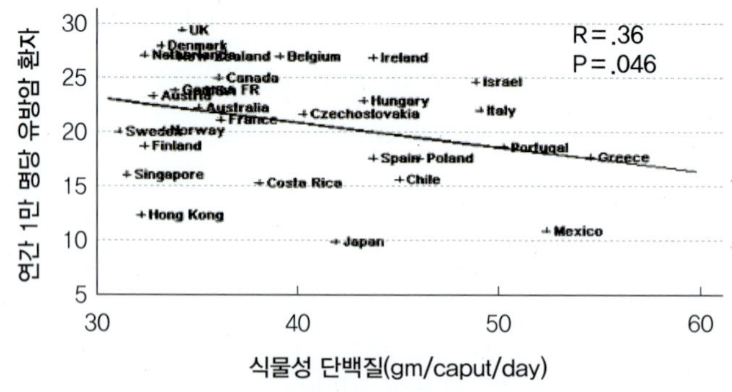

그림 10-12 식품 섭취에 따른 유방암 발생 빈도의 추이 변화

자료 : William Harris, Current and the Vegetarian Diet, www.all-creatures.org.

취했을 때는 유의적으로 감소함을 알 수 있다. 동물성 식품보다는 식물성 식품 섭취의 중요성을 보여 주는 예라 할 수 있다. 한 가지 기억해야 할 사실은 약물은 병에 걸렸을 때 치료를 목적으로 사용되지만 음식은 치료가 아니라 질병을 미리 예방하는 데 도움이 된다는 점이다. 따라서 평상시에 건강한 음식을 지속적으로 섭취하는 것이 무엇보다 중요하다.

영양소 결핍과 암 발생과의 관계도 밀접한 것으로 알려져 있다. 대표적으로는 엽산의 섭취 부족이 유전자의 메틸화에 이상을 유발하여 각종 암 발생률을 높이는 것으로 확인된 바 있다. 16년 동안 추적 조사한 결과에서 하루 15 g 이상의 알코올을 섭취하는 여성이 하루에 600 μg 이상의 엽산을 섭취하면 유방암 발생률이 유의적으로 감소하는 것으로 나타났다(S. Zhang, 1998). 그 외에도 일상적으로 섭취하는 음식에는 우리 몸에서 발생하는 활성산소를 효과적으로 제거하여 암 발생을 예방하는 성분들이 들어

표 10-3 암 예방 가능성이 높은 음식과 성분들

음식	화합물	성분
십자화과 채소	Isothiocyanate	Benzyl isothiocyanate, phenethyl isothiocyanate, sulforaphane
십자화과 채소	Glycosinolate	Indole-3-carbinol, 3,3'-diindoylmethane, indole-3-acetonitrile
양파, 마늘, 부추, 골파	Allium compound	Dially sulphide, Allymethyl trisulphide
밀감(껍질)	Terpenoid	D-Limonene, perilly alcohol, geraniol, menthol, carvone
밀감	Flavonoid	Tangeretin, nobiletin, rutin
딸기류, 토마토, 감자, 콩류, 브로콜리, 고추냉이, 양파, 무, 서양 고추냉이, 케일, 상추	Flavonoid	Quercetin, Kaempferol
차, 초콜릿	Polyphenol	Epigallocatechin gallage, epigallocatechin, epicatechin, catechin
포도	Polyphenol	Resveratrol
딸기류, 호두, 피칸	Polyphenol	Caffeic acid, ferulic acid, ellagic acid
울금	Polyphenol	Curcumin
곡물류, 콩류	Isoflavone	Genistein
오렌지 채소와 과일	Carotenoid	alpha-carotene, beta-carotene
토마토	Carotenoid	Lycopene
차, 커피, 콜라, 카카오	Methlxanthines	Caffeine, theophyline, theobromine

자료 : M.M. Manson, Cancer prevention-the potential for diet to modulate molecular signalling, *TRENDS in Molecular Medicine*, 9, 11-18, 2003.

있다. 각종 채소나 과일에 함유된 비타민 C·비타민 E·비타민 D·루테인(lutein), 토마토와 깻잎에 많이 함유된 리코펜 또는 베타카로텐(beta-carotene), 양파에 풍부한 퀘세틴(quercetin), 마늘에 들어 있는 알리신(allicin), 다시마의 셀레늄(selenium), 녹차에 주로 존재하는 다양한 카테킨(catechins) 들은 대표적인 산화방지 성분이며 이들의 암 예방 효과는 오래전부터 알려져 있다. 또한 제7장에서 설명한 여러 식품의 기능성 성분들도 산화방지 작용을 통하여 암의 예방 효과가 있는 것을 확인하였다(표 10-3).

영양소 균형이 잘 잡힌 식단이라고 하더라도 음식물로서 부적절한 성분들, 즉 방사능 물질에 오염된 식품, 곰팡이가 생성하는 아플라톡신(aflatoxin), 음식물 보존제인 아질산소듐(sodium nitrite), 육류를 고온에서 요리할 때 발생하는 헤테로고리아민(heterocyclic amine), 음식의 표백제로 쓰이는 염소, 식품 포장지에 들어 있는 과불화옥탄산, 양식 연어에서 발견되는 폴리염화바이페닐·브롬계 난연제·살충제, 통조림 안에 코팅된 비스페놀 A 등은 유전자의 돌연변이 발생에 직접적으로 관여하기 때문에 섭취를 피해야 한다. 이와 같이 잘못된 식이 습관이나 부적절한 음식 때문에 암 발생이 유발되기도 하므로 건강한 식단을 통하여 우리 몸에 영양소를 균형 있게 공급하여 암의 발생을 효과적으로 차단하는 식생활이 필요하다.

단원정리

- 세포 내에서 생성된 자유라디칼 또는 활성산소종(reactive oxygen species, ROS)이 인체 내에서 제거되지 못하고 그 농도가 비정상적으로 높아지면 산화스트레스(oxidative stress)를 유발시킨다. 과도한 활성산소종의 축적은 생체 내 지방질과산화를 유도하고 DNA를 공격하여 유전자의 변형을 초래하여 각종 질환의 원인이 된다.
- 산화방지 기능에 도움을 주는 고시형 기능성 원료는 녹차 추출물, 코엔자임Q_{10}, 홍삼(홍삼 농축액), 엽록소 함유 식물, 클로렐라, 스피루리나, 프로폴리스 추출물, 스쿠알렌, 토마토 추출물이다.
- 면역 시스템은 항원을 인식하고 특이적으로 반응하여 이를 제거함으로써 생체의 항상성을 유지하는 체내의 자기 방어 체계이다. 이러한 면역 시스템을 이용하여 신체를 방어하는 능력을 면역력이라고 하며, 이때 나타나는 반응을 면역반응이라 한다. 면역 시스템의 항상성 조절이 불균형을 나타내면 과민 면역반응, 면역결핍병에 의한 감염 노출, 자가 면역반응 등이 발생한다. 따라서 건강한 인체를 유지하기 위해 면역 조절 능력을 키우는 것이 중요하다.
- 면역력 증진에 도움을 주는 고시형 기능성 원료는 인삼, 홍삼, 클로렐라, 알콕시글리세롤 함유 상어 간유, 알로에 겔, 상황버섯 추출물이다.
- 암은 조절되지 않는 세포의 성장과 본래의 자기 자리에서 다른 부위로 옮겨가는 전이 현상을 가지고 있다. 악성 종양은 전이되어 주위 조직으로 침윤되고 정상 세포를 파괴하여 사망의 원인이 된다. 암은 활성산소종의 증가, 면역력 감소, 영양소 결핍, 부적절한 성분 섭취에 의해 발생할 수 있어 건강한 식단을 통하여 우리 몸에 영양소를 균형 있게 공급하여 암 발생을 효과적으로 차단하는 식생활이 필요하다.
- 암 예방 가능성이 높다고 보고된 음식으로는 십자화과 채소, 양파, 마늘, 딸기류, 토마토, 차, 포도, 울금, 카카오 등이 있다.

연습문제

1. 활성산소종에 의한 산화적 손상과 질병과의 관계를 설명하시오.

2. 산화방지에 도움을 주는 기능성 원료를 서술하시오.

3. 면역 시스템의 항상성 조절 불균형으로 나타날 수 있는 증상을 설명하고, 면역력 증진에 도움을 주는 고시형 기능성 원료에 대해 서술하시오.

4. 암의 특징에 대해 설명하고, 암 예방 가능성이 높은 음식을 서술하시오.

1. 체내의 산화방지 시스템에서 제거하기에는 너무 많은 양의 활성산소종이 축적되면 산화스트레스가 유발된다. 활성산소종은 분자 구조적으로 매우 불안정하여 세포 내의 DNA, 지방질, 단백질과의 반응에 의해 세포 손상을 일으켜 염증, 암, 노화뿐만 아니라 여러 질환을 일으킨다.
2. 산화방지 기능에 도움을 주는 고시형 기능성 원료로는 녹차 추출물, 코엔자임Q_{10}, 홍삼(홍삼 농축액), 엽록소 함유 식물, 클로렐라, 스피루리나, 프로폴리스 추출물, 스쿠알렌, 토마토 추출물이 있다.
3. 면역 시스템은 스스로 인체를 방어하기 위한 시스템이지만 과하게 면역반응이 증가되면 과민 면역반응, 즉 알레르기를 유발할 수 있고, 반대로 면역반응이 감소하게 되면 면역결핍병에 의해 체내에서 외부 항원에 대한 반응이 정상적으로 일어나지 않아 감염에 노출되기 쉬워 다양한 질병에 걸리게 된다. 면역력 증진에 도움을 주는 고시형 기능성 원료로는 인삼, 홍삼, 클로렐라, 알콕시글리세롤 함유 상어 간유, 알로에 겔, 상황버섯 추출물이 있다.
4. 암세포는 정상적인 세포의 능력을 가지지 못한 채 무한 복제, 분열, 증식되는 세포이며, 인체의 다른 부위로 이동(전이)이 가능하다. 악성 종양은 전이되어 주위 조직으로 침윤되고 정상 세포를 파괴하여 사망의 원인이 된다. 암 예방 가능성이 높다고 보고된 음식으로는 십자화과 채소, 양파, 마늘, 딸기류, 토마토, 차, 포도, 울금, 카카오 등이 있다.

참고문헌

김경록, 면역조절 기능성 식품의 구조 및 작용, BRIC View, 2016.

김미리·김정희·김미라·강명화·이명숙·송효남·박은주·이정민, 건강에 도움이 되는 기능성 식품, 파워북, 2015.

식품의약품안전처, 건강기능성식품의 기능성 원료 인정현황, 식품의약품안전처, 2016.

식품의약품안전처, 건강기능식품 기능성 평가 가이드, 식품의약품안전처, 2016.

이종호·김은미·박유경·박은주·성미경·손정민·신동엽·신민정·이홍미·한성림, 임상영양치료를 위한 병태생리학, 교문사, 2013.

C.A. Janeway et al., Immunobiology : The Immune System in Health & Disease, Garland Science; 2001.

J.M. Lü·P.H. Lin·Q. Yao·C. Chen, Chemical and molecular mechanisms of antioxidants: experimental approaches and model systems. *J Cell Mol Med.* 2010.

M.M. Manson, Cancer prevention–the potential for diet to modulate molecular signalling, *TRENDS in Molecular Medicine*, 9, 11–18, 2003.

S. Zhang·D.J. Hunter·S. Hankinson·E. Glovannucci·B.A. Rosner·G.A. Colditz ·F.E. Speizer·W.C. Willett, A prospective study of folate intake and the risk of breast cancer, *JAMA*, 281, 1632–1637, 1998.

W. Harris, Current and the Vegetarian Diet, www.all-creatures.org

CHAPTER 11

프로바이오틱스와 식이섬유

학습목표

사람의 위창자길에 많은 수의 미생물이 존재하며, 인체 건강 유지에 이들 미생물의 중요성이 알려지고 있다. 이들은 인체가 소화하지 못하고 배출하는 섬유소 물질 등을 이용하여 증식하는데 그중에서 인체에 유익한 것들이 프로바이오틱스(probiotics)이다. 여기에서는 프로바이오틱스와 그 생육을 가능하게 하는 식이섬유(dietary fiber) 등 프리바이오틱스(prebiotics)에 대하여 알아본다.

1. 프로바이오틱스를 이해한다.
2. 프리바이오틱스를 이해한다.
3. 신바이오틱스를 이해한다.
4. 식이섬유를 이해한다.

1. 프로바이오틱스

인체의 위창자길(위장관) 표면적은 약 300 m^2이다. 수많은 미생물이 그 표면에서 창자세포들과 상호 작용하면서 살아가고 있다. 창자 내 미생물의 수는 지구상 전체 인구 수의 1만 배를 넘는 약 100조 개에 이르는 것으로 알려져 있으며, 이는 인체를 구성하는 전체 세포 수를 상회하는 것으로 추산된다. 물론 그 종류도 수백 종에 이르며, 잘 알려진 균종들은 그림 11-1에 나타내었다. 이들 미생물 중에는 해로운 것도 있지만 대부분은 건강한 인체일 경우 적어도 나쁜 영향은 끼치지 않는다. 창자 내에서 인체에 유익하게 작용하는 것으로 확인된 미생물 종류가 있으며, 이들을 특히 프로바이오틱스(probiotics)라고 한다. 폭식이나 음주 등 식품 섭취의 급격한 변화, 노화, 스트레스, 항생제 투여 등은 이러한 미생물의 조성에 변화를 초래할 수 있으며, 이로 인해 질병에 대한 숙주의 방어력이 저하될 수 있다. 따라서 살아 있는 미생물인 프로바이오틱스를 지속적으로 섭취함으로써 인체 내에 유익한 미생물의 총량을 회복, 유지 및 증진시키는 것이 중요하다.

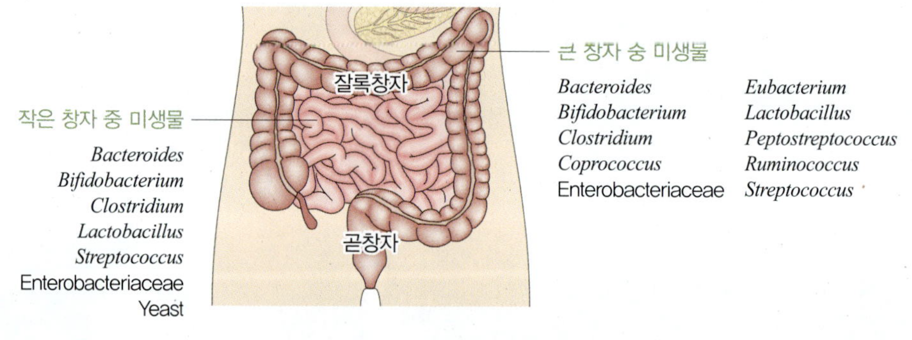

그림 11-1 사람 창자 중의 미생물 종류

프로바이오틱스에 관하여는 위창자길 내 위산과 쓸개즙에 대한 내성, 위창자길 점막 부착 능력, 병원균에 대한 경쟁적 배제 등 세부적인 기준이 있다. 즉, 프로바이오틱스는 세포에 잘 부착할 수 있어 병원균의 부착을 막거나 줄여야 하고, 위창자길에서 유지 및 증식하여 산을 생산할 수 있어야 한다. 무엇보다도 안전하고 창자세포에 대하여 불침투적이며 비발암성이고 비병원성일 뿐만 아니라 정상적이고 균형 잡힌 미생물 균총을 형성할 수 있어야 한다. 이러한 특성에 부합되는 미생물로 젖산간균, 젖산구균, 그리고 비피도박테륨이 프로바이오틱스로 알려져 있다.

1) 프로바이오틱스의 종류

우리나라에서 상업적 목적으로 유통되는 프로바이오틱스는 "건강기능식품의 기준 및 규격"으로 정부가 기준을 고시하고 관리한다(표 11-1). 해당 미생물로는 젖산간균인 락토바실루스속(*Lactobacillus, Lb.*)에 해당하는 11종, 젖산구균인 락토코쿠스속(*Lactococcus, Lc.*) 1종, 엔테로코쿠스속(*Enterococcus, Ent.*) 2종, 스트렙토코쿠스속(*Streptococcus, St.*) 1종, 그리고 비피도박테륨속(*Bifidobacterium, Bif.*) 4종으로 총 19종이다. 즉, 상업용 프로바이오틱스용 원재료는 이들 미생물 또는 이를 혼합한 균과 균 또는 배양체를 배양시키기 위한 배지 및 보호제를 말한다.

표 11-1 우리나라에 허용된 프로바이오틱스

구분	종류
Lactobacillus	*Lb. acidophilus, Lb. casei, Lb. gasseri, Lb. delbrueckii* ssp. *bulgaricus, Lb. helveticus, Lb. fermentum, Lb. paracasei, Lb. plantarum, Lb. reuteri, Lb. rhamnosus, Lb. salivarius*
Lactococcus	*Lc. lactis*
Enterococcus	*Ent. faecium, Ent. faecalis*
Streptococcus	*St. thermophilus*
Bifidobacterium	*Bif. bifidum, Bif. breve, Bif. longum, Bif. animalis* ssp. *lactis*

(1) 락토바실루스속

모두 막대 모양의 세포이며 그 모양과 크기는 매우 다양하다. 일부는 매우 길고 다른 것들은 구간균(coccobacilli)이다. 단일 균 또는 짧거나 긴 사슬 모양의 배열로 나타난다. 통성 혐기성 미생물이며, 대부분의 종은 운동성이 없다. 일부 호냉균을 포함한 중온성 미생물이며 정상 또는 이상 발효 젖산세균일 수 있다. 락토바실루스는 식물 원료, 우유, 육류 및 대변에서 발견된다. 이들 중 상당수가 식품 생산 공정(*Lb. delbrueckii* ssp. *bulgaricus, Lb. helveticus, Lb. plantarum*)이나 프로바이오틱스(*Lb. acidophilus, Lb. reuteri, Lb. casei* ssp. *casei*)로 사용된다. 일부 종(*Lb. sakei, Lb. curvatus*)은 냉장 보존된 제품에서 자랄 수 있다. 몇몇 균주는 다른 박테리아를 사멸하는 박테리오신을 생성하고 그중 일부는 대상 균주의 범위가 넓어 식품첨가물로 식품의 천연보존제로 사용되기도 한다.

① 락토바실루스 아시도필루스

락토바실루스 아시도필루스(*Lb. acidophilus*)는 유익한 창자 내 미생물이며 작은창자 안에 존재한다. 세포는 둥근 끝이 있는 비운동성 간균(0.6~0.9×1.5~6 μm)이며, 단독으로 또는 쌍으로, 그리고 짧은 사슬로 존재한다(그림 11-2). 절대적(obligate) 정상 발효 젖산세균으로 젖당을 대사하여 젖산을 대량 생성하므로 낙농 제품의 발효 생산에 이용된다. 또한 좋은 풍미를 생성하므로 아시도필루스 요구르트의 제조에 사용된다. 이 미생물은 창자 내에서 콜레스테롤을 대사하여 인체의 혈중 콜레스테롤 농도를 줄일 수 있다. 프로바이오틱스로 시유에 첨가되거나, 알약 또는 캡슐 형태로 만들어져 이용된다.

② 락토바실루스 카세이 아종 카세이

락토바실루스 카세이 아종 카세이(*Lb. casei* ssp. *casei*)의 세포는 끝이 각진 형태인 비운동성 막대(0.7~1.1×2.0~4.0 μm) 모양이며 사슬 형태의 배열을 나타낸다(그림 11-3). 조건적인 이상 젖산 발효 대사를 채택하고 있다. 따라서 젖산만을 만들거나 젖산, 아세트산, 에탄올, 이산화탄소와 폼산 등의 혼합물을 만들 수 있다. 오탄당을 발효할 수 있으며 락토바실루스 카세이는 일부 낙농식품 발효에 사용된다. 티아민, 비타민 B_{12} 및 티미딘을 합성한다.

③ 락토바실루스 가세리

락토바실루스 가세리(*Lb. gasseri*)는 절대적 정상 젖산 발효를 하며 모유의 주요 젖산세균이다. 세포는 끝이 둥그런 막대 모양(0.6~0.8×3.0~5.0 μm)이고 단일 및 사슬 형태로 발생한다(그림 11-4). 짧은 세포와 긴 세포 형성이 자주 관찰된다. 전분은 대부분의 균주에 의해 발효된다.

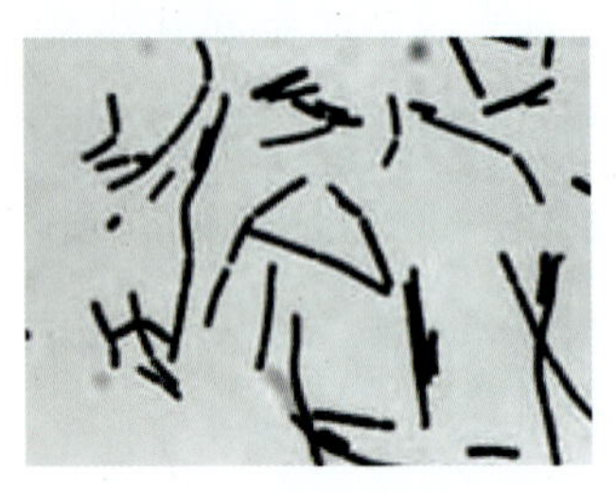

그림 11-2 *Lb. acidophilus*

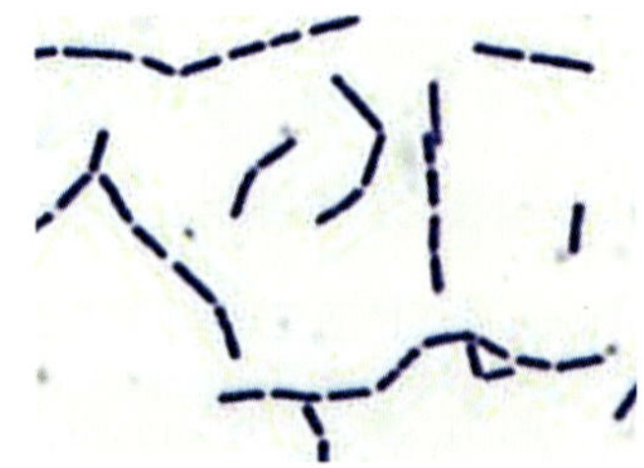

그림 11-3 *Lb. casei*

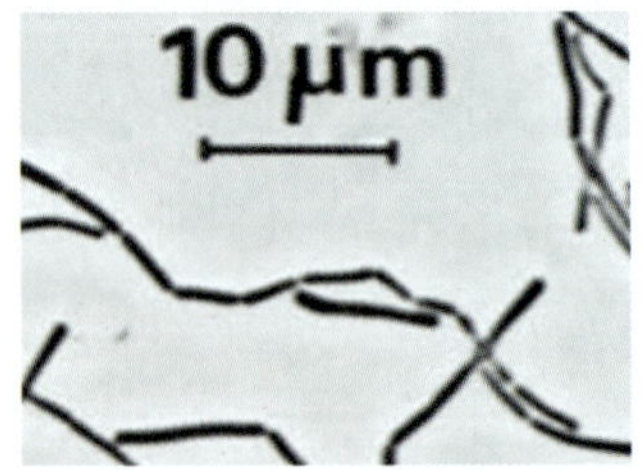

그림 11-4 *Lb. gasseri*

④ **락토바실루스 델브루엑키이 아종 불가리쿠스**

락토바실루스 델브루엑키이 아종 불가리쿠스(*Lb. delbrueckii* ssp. *bulgaricus*)의 세포는 둥근 끝을 갖는 비운동성의 막대 모양(0.5~0.8×2~9 ㎛)으로 단일 및 짧은 사슬 모양의 배열로 존재한다(그림 11-5). 산소가 적거나 혐기적 조건에서 표면 성장이 크게 향상된다. 절대적인 정상 젖산 발효 대사를 하며 대량의 젖산을 생산한다. 45℃에서 잘 자라며 48~52℃에서도 생육할 수 있다. 세포 외 다당류 물질을 형성하며 치즈나 요구르트의 발효에 이용된다.

⑤ **락토바실루스 헬베티쿠스**

락토바실루스 헬베티쿠스(*Lb. helveticus*)의 세포는 단일 및 사슬 형태로 발생하는 비운동성 막대 모양(0.7~0.9×6.0 ㎛)이다(그림 11-6). 최대 생육 온도는 50~52℃이다. 절대적인 정상 발효 젖산 대사경로를 갖는다. 콜레스테롤 감소 작용을 하며, 면역력 증강 활성이 있다.

⑥ **락토바실루스 페르멘툼**

락토바실루스 페르멘툼(*Lb. fermentum*) 세포는 단독 또는 쌍으로 발생하는 비운동성 막대 모양(폭 0.5~0.9 ㎛, 길이는 매우 가변적)이다(그림 11-7). 절대적 이상 젖산 발효를 하기에 젖산과 함께 항상 아세트산, 에탄올, 이산화탄소를 생산한다. 오탄당을 발효할 수 있으며 리보플라빈, 피리독살 및 엽산을 합성한다. 콜레스테롤 감소 활성, 면역력 증강, 산화방지 활성, 항염증, 면역 조절, 항미생물 활성이 있다. 창자염살모넬라세균(*Salmonella Enteritidis*)과 시겔라종(*Shigella* sp.)의 생육 억제 작용이 알려져 있다.

⑦ **락토바실루스 파라카세이**

락토바실루스 파라카세이(*Lb. paracasei*) 세포는 막대 모양(0.8~1.0×2.0~4.0 ㎛)이며

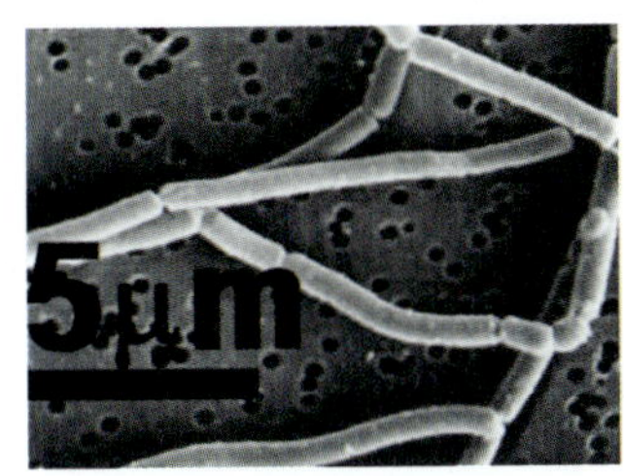

그림 11-5 *Lb. delbrueckii* ssp. *bulgaricus*

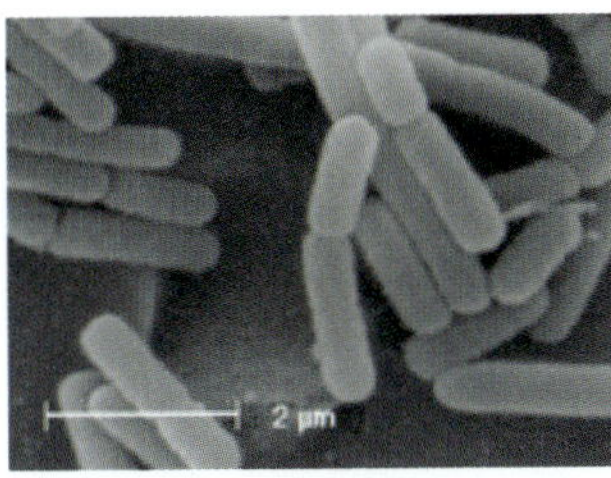

그림 11-6 *Lb. helveticus*

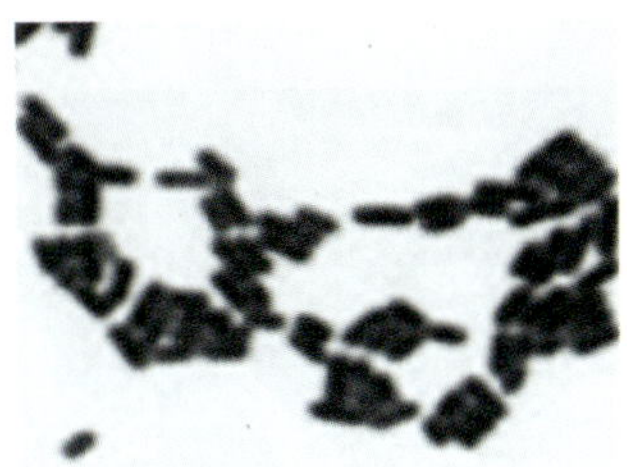

그림 11-7 *Lb. fermentum*

끝은 종종 사각 형태를 띤다(그림 11-8). 단독 또는 사슬 형태의 배열을 나타낸다. 10℃ 및 40℃에서 생육 가능하며 일부 균주는 5℃와 45℃에서도 자란다. 조건적인 이상 젖산 발효 대사경로를 갖는다. 항미생물 활성이 있다.

⑧ 락토바실루스 플란타룸

락토바실루스 플란타룸(*Lb. plantarum*) 세포는 끝이 둥근 비운동성 막대 모양이며 직선형(0.9~1.2×3~8 μm)이다. 세포의 배열은 단독 또는 쌍으로 짧은 사슬의 형태이다(그림 11-9). 조건적인 이상 젖산 발효 대사 시스템을 갖고 있다. 최종 생산물은 젖산이며, 채소나 육류의 젖산 발효에 이용된다. 콜레스테롤 감소, 항염증, 항미생물 활성 및 면역 조절 활성이 있다.

⑨ 락토바실루스 루테리

락토바실루스 루테리(*Lb. reuteri*)는 *Lb. fermentum*과 유사하다. 세포는 비운동성이며, 모양은 둥근 끝이 있는 약간 불규칙한 구부러진 막대(0.7~1.0×2.0~5.0 μm)이며, 단독으로 또는 쌍으로 작은 집단을 이루어 존재한다(그림 11-10). 당의 분해는 절대적 이상 젖산 발효를 나타내며 작은창자에 존재하는 유익한 미생물이다. 모유의 주요 젖산세균이며, 류테린(reuterin, 3-hydroxypropionaldehyde)과 reutericyclin을 생성하기에 항미생물 활성을 나타낸다. 산화방지 활성과 항생제 내성 활성이 있으며 비타민 B_{12}를 생산한다. 류테린은 강력한 항생제로 효모, 곰팡이, 원생생물은 물론 그람 양성이나 음성 세균에 대하여 작용한다. reutericyclin은 그람양성 세균에 대하여 정균 또는 사멸 작용을 가진다. 설사의 횟수나 위험도를 완화하는 작용이 있다.

⑩ 락토바실루스 람노수스

락토바실루스 람노수스(*Lb. rhamnosus*) 세포는 비운동성의 막대 모양(0.8~1.0×2.0~4.0 μm)이며, 끝은 종종 각진 형태를 띠고 단독으로 또는 사슬 형태로 존재한다(그림 11-11).

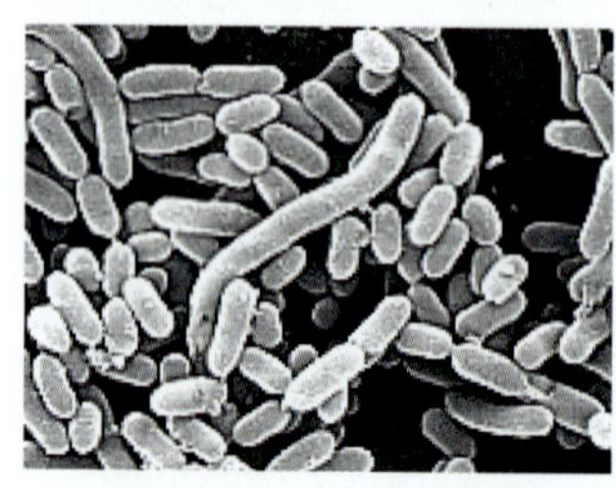

그림 11-8 *Lb. paracasei*

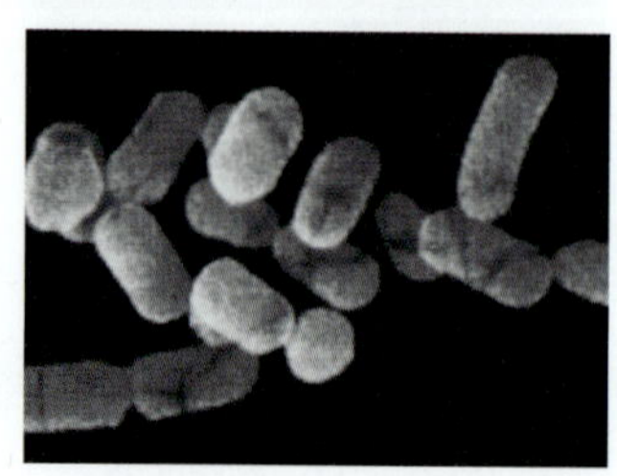

그림 11-9 *Lb. plantarum*

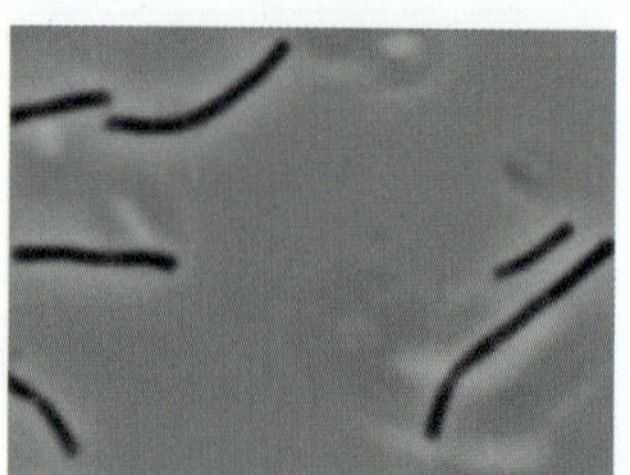

그림 11-10 *Lb. reuteri*

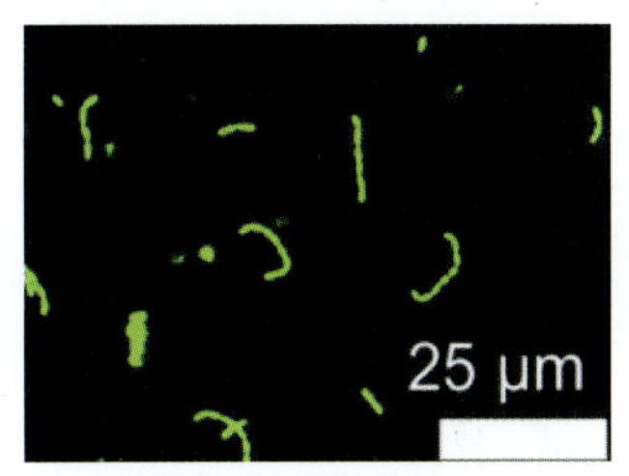

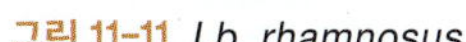

그림 11-11 *Lb. rhamnosus*

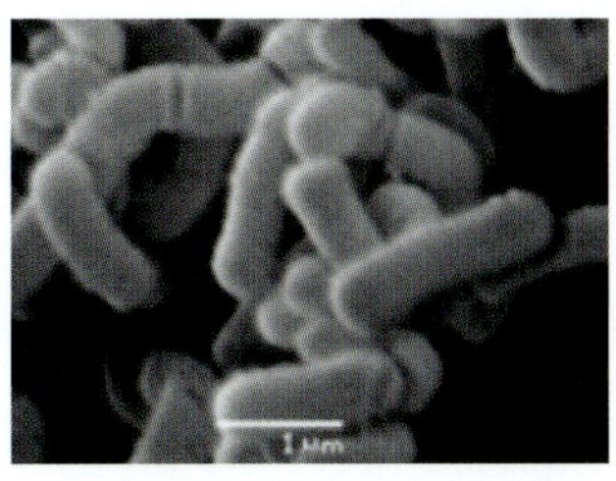

그림 11-12 *Lb. salivarius*

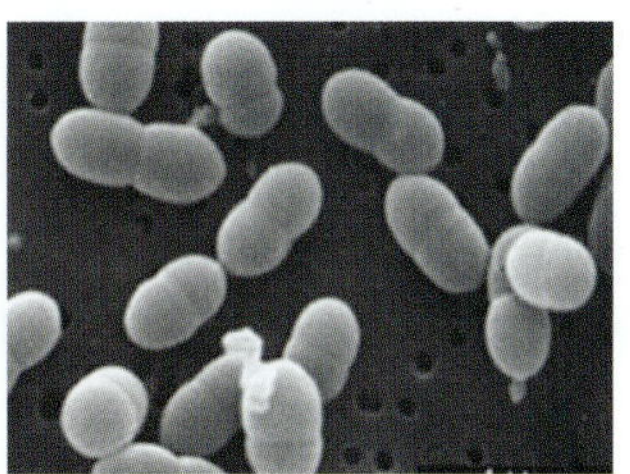

그림 11-13 *Lc. lactis*

조건적인 이상 젖산 발효를 하며 산물로는 젖산만을 생산하거나 젖산과 아세트산, 그리고 에탄올, 이산화탄소, 폼산의 혼합물을 만든다. 항미생물 활성을 가지며, 창자 내 유익 미생물 생육에 도움을 주고 변비 개선 효과가 있다.

⑪ 락토바실루스 살리바리우스

락토바실루스 살리바리우스(*Lb. salivarius*) 세포는 둥근 끝을 가진 막대 모양(0.6~0.9×1.5~5 ㎛)이며 단독으로 존재하거나, 길이가 다양한 사슬로 이루어진다(그림 11-12). 절대적 이상 젖산 발효 대사를 한다. 항미생물 활성, 항생제 활성 및 면역 조절 활성을 갖는다.

(2) 락토코쿠스속

① 락토코쿠스 락티스

락토코쿠스속 중에서는 락토코쿠스 락티스(*Lc. lactis*)가 다른 아종인 락토코쿠스 크레모리스(*Lc. lactis* subsp. *cremoris*)와 함께 유제품 발효에 널리 사용된다. 세포는 달걀형이다(그림 11-13). 직경 0.5~1.0 ㎛, 쌍 또는 짧은 사슬 형태이며, 그람양성, 비운동성, 비포자 형성 및 통성 혐기성의 특징을 갖는다. 일반적으로 20~30℃에서 잘 자라지만 45℃, 6.5% NaCl 또는 pH 9.6에서는 자라지 않는다. 적절한 액체 배지에서 약 1% 젖산을 생산하여 pH를 약 4.5까지 낮춘다. *Lc. lactis*는 40℃, pH 9.2, 4% NaCl에서 생육 가능하다. 항염증을 나타내고 면역 조절 능력을 갖고 있으며, 기능성 물질인 감마아미노뷰티르산을 생산한다.

(3) 엔테로코쿠스속

엔테로코쿠스속은 그람양성이며 세포는 달걀형이고, 단독 또는 쌍으로 짧은 사슬의 형태로 나타나며 사슬 방향으로 자주 늘어난다. 크기는 0.6~2.0×0.6~2.5 ㎛이고 포

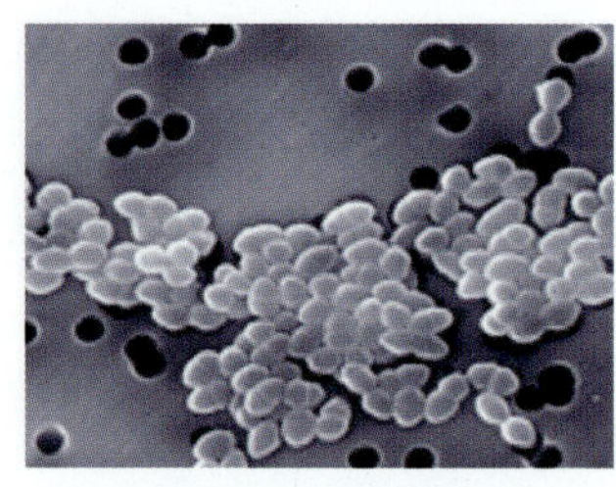
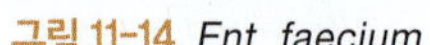

그림 11-14 *Ent. faecium*

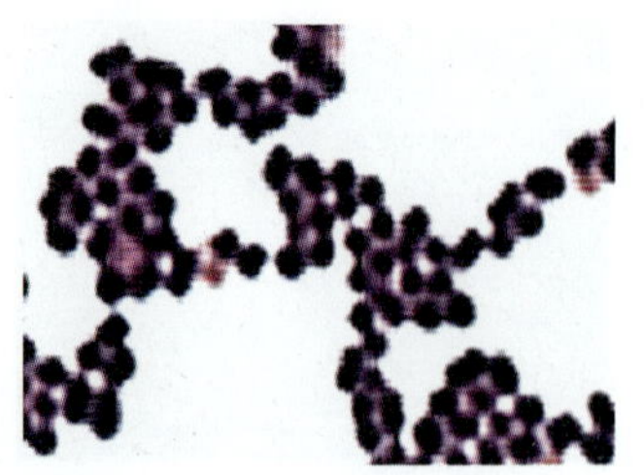

그림 11-15 *Ent. faecalis*

그림 11-16 *St. thermophilus*

자는 형성하지 않는다. 일부 종의 균주는 적은 수의 편모에 의해 운동성이 있으며 노란색으로 착색되기도 한다. 통성 혐기성으로 카탈레이스는 생산하지 않는다. 용혈 활성은 다양하며 주로 종에 따른다. 대부분 종의 최적 생육 온도와 pH는 35~37℃, pH 4.5~10.0이다. 거의 대부분 42℃에서 생육 가능하며 45℃에서도 성장할 수 있고, 10℃에서도 천천히 자랄 수 있다. 건조에 매우 강하다. 발효 대사는 정상 젖산 발효를 하며 포도당 대사의 최종 산물은 젖산이다. 40%(v/v) 쓸개즙에 대한 내성이 있다.

① 엔테로코쿠스 파에슘

엔테로코쿠스 파에슘(*Ent. faecium*) 일부 균주는 용혈성이 있으며, pH 9.6에서도 생육한다(그림 11-14). 60℃에서 30분간 가열해도 사멸하지 않는다. 모유의 주요 젖산세균이며, 콜레스테롤 저하 활성, 항생 활성 및 병원균 억제 활성을 나타낸다.

② 엔테로코쿠스 파에칼리스

엔테로코쿠스 파에칼리스(*Ent. faecalis*)는 보통 비용혈성이다. 균주는 60℃에서 30분간 생존 가능하다. *Ent. faecalis*는 항생 활성을 가지며, 콜레스테롤 수준을 낮추는 기능성을 나타낸다(그림 11-15).

(4) 스트렙토코쿠스속

스트렙토코쿠스 서모필루스(*St. thermophilus*)는 그람양성 세포는 구형에서 달걀형이며, 직경이 0.7~0.9 ㎛이고 쌍으로 존재하거나 길이가 다양한 사슬 형태로 나타난다(그림 11-16). 세포는 37~40℃에서 잘 자라지만 52℃에서도 자랄 수 있다. 세포는 60℃에서 30분 동안 생존할 수 있다. 통성 혐기성 균으로 포도당 배지에서 pH를 4.0까지 낮추고 젖산을 생산한다. *St. thermophilus*는 콜레스테롤을 감소시키는 기능성을 나타낸다.

(5) 비피도박테륨속

세포는 다양한 모양과 크기의 그람양성 막대형이며, 단일 세포 또는 다양한 크기의 사슬로 존재한다. 세포의 크기는 0.5~1.3×1.5~8.0 ㎛이고 편성 혐기성이지만 일부는 이산화탄소가 있는 환경에서 산소에 내성이 있다. 포자는 형성하지 않고 비운동성이다. 이 종의 생육 온도 범위는 25~45℃이며 최적 생육 온도는 37~41℃이다. pH는 8.5 이상이고 4.5 미만에서는 자라지 않으며 최적 조건의 pH는 6.5~7.0이다. 포도당을 발효시켜 2:3의 몰 비율로 젖산과 아세트산을 생산하지만 이산화탄소는 생산하지 않는다. 특히 출생 후 2~3일 이내의 유아 분변에 많으며, 모유 수유 중인 아기에게 많다. 일반적으로 소화관 중 큰창자에서 많이 발견된다. 다음과 같은 종들은 사람의 창자 건강의 복원 및 유지 목적으로 대량의 생균을 공급하기 위해 낙농 제품에 이용되고 있다.

① 비피도박테륨 비피둠

비피도박테륨 비피둠(*Bif. bifidum*)은 비피도박테륨의 대표 균종이다. 세포의 모양이 매우 다양하다(그림 11-17). 비피도박테륨 중 성인과 유아의 분변에 가장 많이 분포하는 종류이다.

② 비피도박테륨 브레베

비피도박테륨 브레베(*Bif. breve*)는 사람 창자에서 발견되는 비피도박테륨 중 가장 가늘고 짧은 세포를 갖는다(그림 11-18). 아라비노스와 자일로스를 발효시킨다. 항미생물 활성이 있으며, 궤양잘록창자염(궤양성 대장염)을 개선시킨다.

③ 비피도박테륨 론굼

비피도박테륨 론굼(*Bif. longum*)은 *Bif. bifidum*과 함께 인체의 잘록창자에 가장 많은 비피도박테륨 종류이다(그림 11-19). 성인과 유아의 분변에서 분리된다. 특히 *Bif. longum*의 아종인 *Bif. infantis*는 모유 수유하는 유아에 많다.

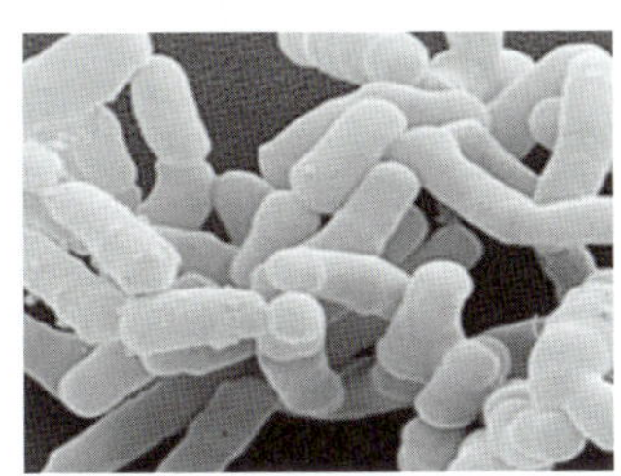

그림 11-17 *Bif. bifidum*

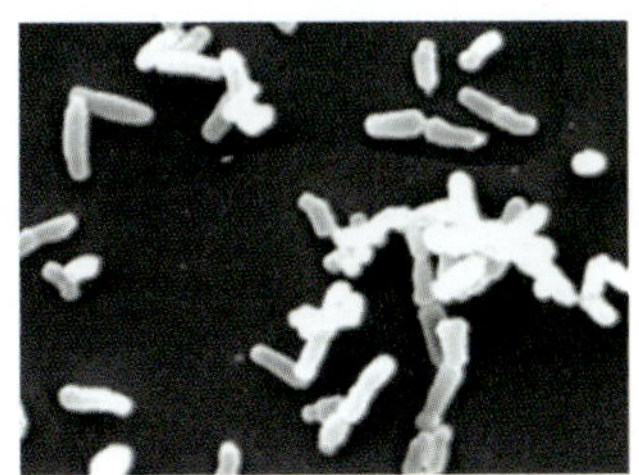

그림 11-18 *Bif. breve*

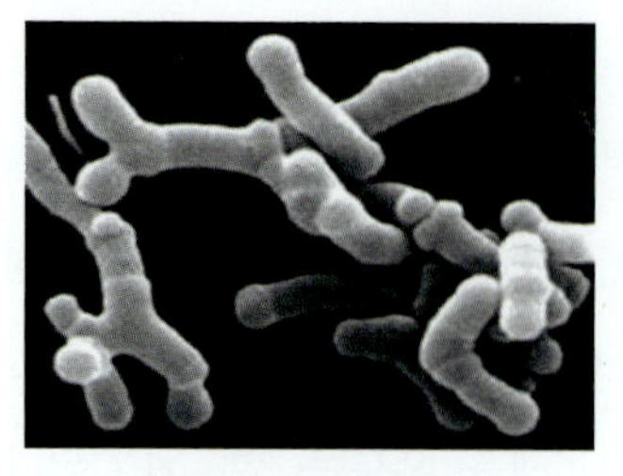

그림 11-19 *Bif. longum*

그림 11-20 *Bif. animalis ssp. lactis*

④ 비피도박테륨 아니말리스 아종 락티스

비피도박테륨 아니말리스 아종 락티스(*Bif. animalis* ssp. *lactis*) 세포는 중앙 부분이 약간 확대되기도 하고 분기되기도 한다(그림 11-20). 세포는 pH 3~5에 노출된 채로 3시간 동안 생존한다. 37℃, 4.2% NaCl 조건과 45℃, 3.0% NaCl 존재하에서 생육한다. 공기에 노출된 한천 평판에서는 생육하지 않지만, 액체배지 위의 공기 중에 10%의 산소를 함유하는 경우에는 자란다. 포도당 발효 대사의 경우 아세트산:젖산의 몰 비가 혐기성 조건하에서 약 10:1이며, 이때 젖산 생성이 폼산 생산으로 대체된다. 최적의 생육 온도는 39~42℃이고, 항염증 기능이 있다.

2) 프로바이오틱스의 작용

비피도박테륨과 젖산세균은 유익한 창자 내 세균이며, 창자 내에서 정착하여 활동함으로써 유해한 창자 내 세균의 증식을 억제하고 건강에 도움을 준다. 프로바이오틱 박테리아는 인체의 면역계를 강화시킴으로써 숙주 방어 메커니즘을 자극한다. 프로바이오틱스는 식품 항원에 대한 과민반응을 예방할 뿐 아니라 미생물을 안정화하여 소화를 쉽게 한다. 따라서 비피도박테륨과 관련된 건강상의 이점으로는 위창자 장애의 치료와 예방, 소화 건강의 유지, 젖당 불내증의 완화, 미생물 감염에 대한 저항성, 암 예방, 면역체계 개선, 알레르기 질환 관리, 혈중 콜레스테롤의 감소 및 비피도박테륨에 의한 엽산 생산 등이다. 특히 *Bif. breve*, *Bif. longum*, *Bif. infantis*, *Lb. acidophilus*, *Lb. plantarum*, *Lb. paracasei*, *Lb. bulgaricus*와 *St. thermophilus* 등의 프로바이오틱스와 프리바이오틱스를 함께 투여한 경우 궤양잘록창자염의 개선이 확인되었다(Y.A. Ghouri et al., 2014). 락토바실루스속의 종은 다양한 임상 연구에 의해 확인된 바와 같이 포식세포 활성화 및 식균 작용의 증가를 나타낸다. 박테리아, 곰팡이 및 바이러스와 같은 유기체는 염증성 캐스케이드를 활성화시킨다. 그러나 프로바이오틱스는 염증반응을 감소시키는 동시에 면역반응을 향상시킨다. 어린이 설사, 여행자 설사 및 클로스트리듐 디피실리균(*Clostridium difficile*) 감염으로 인한 설사와 같은 급성 감염이 *Lb. reuteri*, *Lb. rhamnosus* 및 *Lb. casei*를 비롯한 수많은 프로바이오틱스의 섭취로 유병 기간이 효과적으로 짧아진다.

프로바이오틱스의 작용 원리는 다음과 같다.

- 위창자길 상피 창자벽 기능 향상.
- 병원균의 창자 점막 부착 저해(프로바이오틱스의 동시 부착).
- 병원성 미생물 생육 저해(생존력이 우수한 프로바이오틱스와의 영양물질 경쟁에서 밀림).
- 유해균의 생육을 억제하는 항균 물질의 생산.
- 면역계의 조절(예 : 아토피 질환 예방에 효과적).
- 독소나 유해한 대사산물의 제거(예 : 항암성).
- 생산물인 유기산의 작용(창자의 연동운동 자극으로 쾌변 유도 및 변비 개선).

3) 프로바이오틱스 함유 식품

요구르트, 김치, 사워크라우트, 케피르(kefir), 쿠미스(kumiss)는 살아 있는 젖산세균인 프로바이오틱스를 함유한 식품이다(그림 11-21). 이 중에서도 김치는 다양한 젖산세균이 엄청난 양으로 들어 있어 가치가 큰 프로바이오틱스 식품이라고 할 수 있다. 이러한 식품을 제조하기 위하여 사용되는 상업용 스타터 배양물은 그 이용률을 높이기 위하여 일반적으로 사용하기 전에 동결 또는 동결건조한다. 이러한 배양물, 특히 동결건조 배양물의 생존율은 일반적으로 낮다. 유사하게 대부분의 프로바이오틱스는 보통 높거나

김치 케피르 알갱이 쿠미스

그림 11-21 프로바이오틱스 함유 식품

낮은 pH 조건의 식품(예를 들어 락토바실루스 아시도필루스를 함유한 요구르트)에서도 내성이 약하다. 그러나 배양 중에 미생물을 가벼운 스트레스에 일부러 노출시켜 스트레스 단백질을 방출하게 하면 이후 냉동, 냉동건조, 낮은 pH 중 노출, 그리고 제품화된 식품 안에서 세포가 살아남을 수 있다. 유전자 변형 기술을 사용하여 스트레스 관련 단백질을 생산하도록 함으로써 환경 조건에 내성이 강한 새로운 균주를 개발할 수도 있다.

프로바이오틱스를 함유한 식품 외에 미생물 자체를 직접 섭취할 수 있도록 제조된 프로바이오틱스 제품이 상품으로 만들어져 유통되고 있다(그림 11-22). 이러한 프로바이오틱스 제품은 원료 미생물을 배양, 건조하여 제조한다. 엔테로코쿠스속 균주는 항생제 내성 유전자 및 독성 유전자가 없는 경우에 한하여 사용할 수 있으며, 기능 성분인 생균은 1억 CFU/g 이상 함유하도록 제조한다. 건강 기능 프로바이오틱스 제품은 젖산세균 증식 및 유해균 억제, 배변 활동 원활에 도움을 줄 수 있는 기능성이 있다고 표시할 수 있다. 일일섭취량의 범위는 1억~100억 CFU로 규정하고 있다.

프로바이오틱스를 섭취할 때의 주의사항으로는 첫째, 질환이 있거나 의약품을 복용 중일 경우 전문가와 상담할 것, 둘째, 알레르기 체질 등 개인에 따라 과민반응을 나타낼 수 있음을 인지할 것, 셋째, 어린이가 함부로 섭취하지 않도록 일일섭취량 및 섭취 방법을 지도할 것, 넷째, 이상 사례 발생 시에는 섭취를 중단하고 전문가와 상담할 것 등이다.

각종 발효식품과 관련 있는 프로바이오틱스는 다음과 같다.

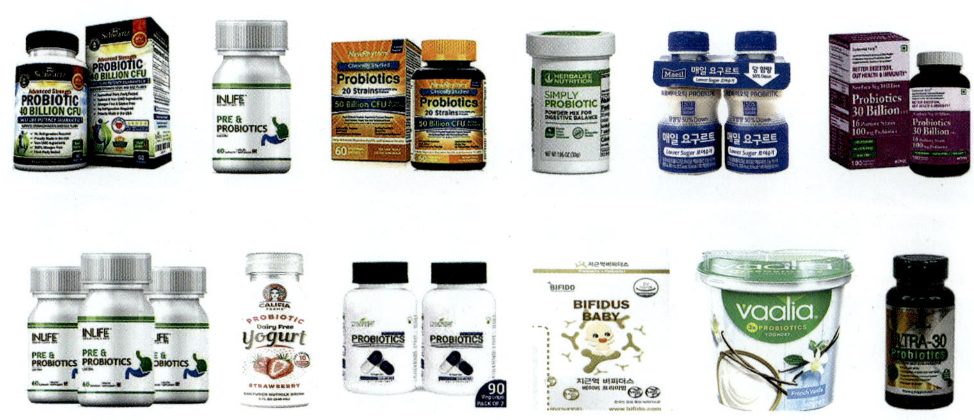

그림 11-22 유통 중인 프로바이오틱스 상품들

- 김치 : *Lb. plantarum*과 류코노스톡 메센테로이데스(*Leu. mesenteroides*)가 주재료인 채소를 발효시킨다.
- 버터 밀크 : *Lc. lactis*, *Lb. bulgaricus*가 우유 발효에 이용된다.
- 요구르트 : *St. thermophilus* 및 *Lb. delbrueckii* ssp. *bulgaricus*로 만든다. 어떤 종류는 *Lb. acidophilus*, *Lb. casei*, *Lb. rhamnosus* 및 *Bif.* spp.를 추가한다. 일부에는 락토코쿠스 종과 *Lb. plantarum* 및 젖당 발효 효모가 있을 수 있다.
- 아시도필루스 우유 : *Lb. acidophilus*와 *Bif. bifidum*으로 만든다.
- 비피도박테리아 우유 : *Bif.* spp.로 만든다.
- 케피르 : 우유나 염소유를 사용하여 케피르 알갱이(*St. lactis*, *Lb. casei* 및 *Lb.* spp.와 함께 여러 종류의 효모)를 접종하여 발효하며 산-알코올을 함유한다.
- 쿠미스 : 마유를 사용하여 *Lb. delbrueckii* ssp. *bulgaricus* 및 효모로 만들며 산-알코올을 함유한다(마유주).

4) 프리바이오틱스

프리바이오틱스(prebiotics)는 인체의 건강 향상에 관여하는 큰창자 내 몇몇 세균의 성장 및 활동을 선택적으로 자극하여 인체에 유익한 영향을 끼치는 비소화성 식품 성분이며, 생균제인 프로바이오틱스와는 확연하게 구별된다. 프리바이오틱스는 작은창자에서 소화가 되지 않으므로 대장까지 이동하여 유익균인 프로바이오틱스의 생장을 돕는 유익균의 먹이로 이용된다. 이때 프로바이오틱스 외의 다른 미생물, 특히 병원균의 생육에 도움이 되어서는 안 된다.

(1) 프리바이오틱스 종류

프리바이오틱스는 탄수화물이며, 주로 큰창자에서 이용되는 식이섬유와 올리고당을 말한다. 특히 가용성 식이섬유가 해당되며 갈락토마난 등 특정 탄수화물로 이루어져 있다. 식이섬유는 창자 내 세균의 생장과 유지에 중요한 역할을 담당한다. 프리바이오틱 식이섬유는 귀리, 대두, 마늘, 밀, 바나나, 아스파라거스, 양파, 치커리, 파와 같은 다양한 식용 식물에 존재한다. 올리고당에는 귀리, 마늘, 바나나, 보리, 양파, 우엉, 치커리 뿌리, 호밀 등에 들어 있는 프럭토올리고당, 콩에 들어 있는 라피노스, 스타키오스 등의 천연 성분들이 있다. 올리고당은 생체 내외에서 효소적 방법으로 생산되며 단당류 또는 이당류의 트랜스글리코실화 또는 복합 다당류의 가수분해 방법이 있다. 즉, 갈락토올리고당, 락토슈크로스, 락툴로스, 락티톨, 이눌린, 자일로올리고당, 프럭토올리고당 등이 포함된다. 현재 우리나라의 "건강기능식품의 기준 및 규격"에는 구아검/구아검 가수분해물, 프럭토올리고당, 라피노스의 세 가지가 프리바이오틱스로 고시되어 있다.

① 구아검/구아검 가수분해물

원재료 구아(*Cyamopsis tetragonolobus* TAUB.) 종자의 배유 부분을 분쇄하거나 열수로 추출하여 고분자 다당류인 갈락토마난을 얻거나 이를 가수분해하여 제조한다. 기능 성분은 식이섬유이며, 건강기능식품으로 인정되기 위해서는 660 mg/g 이상 함유해야 한다고 정하고 있다. 구아검과 그 가수분해물은 혈중 콜레스테롤을 개선하고 식후 혈당 상승을 억제하며, 창자 내 유익균을 증식하고 원활한 배변 활동에 도움이 될 수 있다. 그림 11-23은 구아검보다는 구아검 가수분해물 혼합물〔그림 11-24 (a), (b)〕이 포도당에 버금갈 정도로 각종 프로바이오틱스 생육에 효과적임을 보여 준다. 규정에 의하면 창자 내 유익균 증식에 도움을 줄 수 있기 위해서는 구아검/구아검 가수분해물 식이섬유의 경우 하루 4.6~27 g의 섭취가 필요하다.

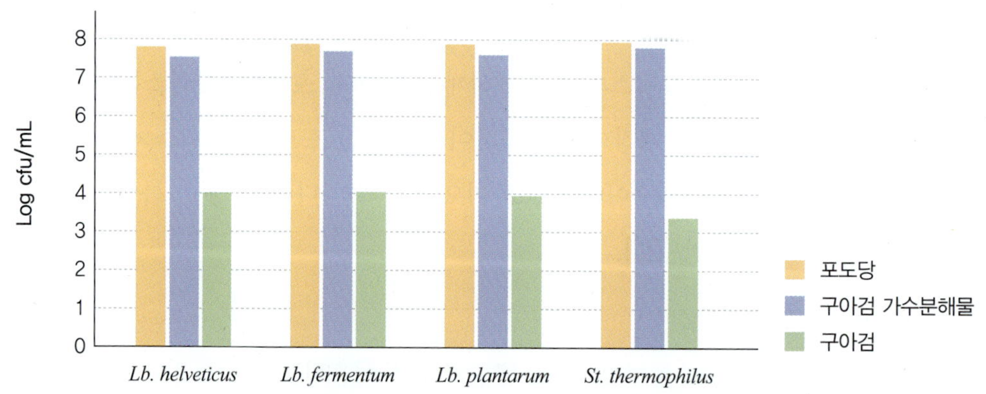

그림 11-23 구아검과 그 가수분해물이 프로바이오틱스 생육에 미치는 영향

자료 : Mudgil et al., Partially hydrolyzed guar gum as a potential prebiotic source, *International Journal of Biological Macromolecules*, 112, 207–210, 2018.

② 프럭토올리고당

설탕 분자에 1~3개의 과당 분자가 β-1,2 결합된 올리고당류를 말한다〔그림 11-24 (c)〕. 공식적인 제조 방법은 설탕 당액을 만든 후 전이효소 또는 전이효소를 가진 미생물을

(a) 갈락토마난 올리고당

CH_2OH O Gal O CH_2OH CH_2 CH_2OH CH_2OH O O O O OH HO Man O Man O Man O Man

(b) 갈락토마난 식이섬유

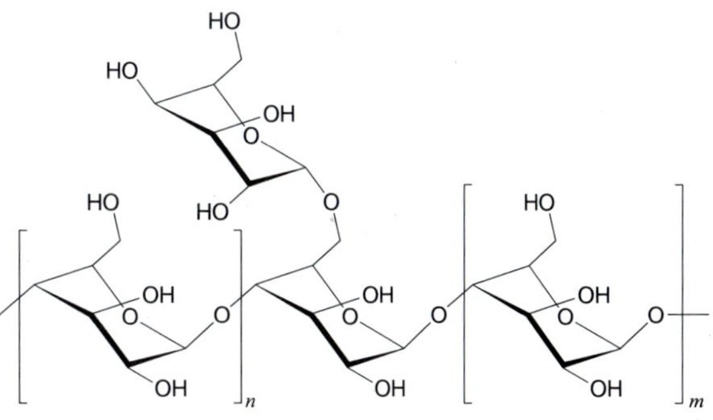

(c) 프럭토올리고당 혼합물

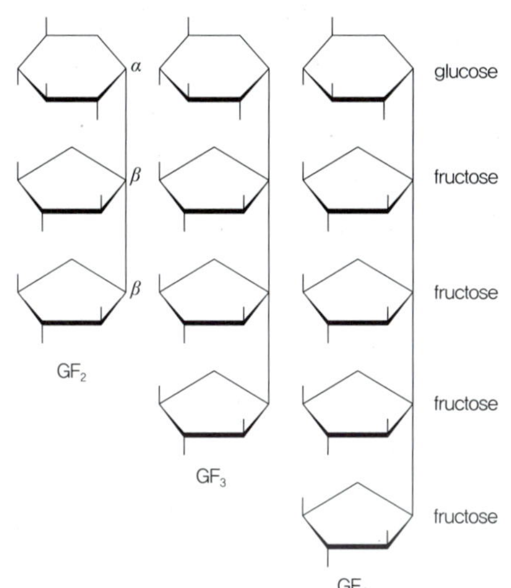

(d) 라피노스

O
galactose
O
O
O
sucrose

그림 11-24 프리바이오틱스

사용하는 방법과 효소를 이용하여 이눌린(inulin)을 가수분해하는 방법이 있다. 유익균 증식 및 유해균 억제, 칼슘 흡수, 원활한 배변 활동에 도움을 주기 위해서는 프럭토올리고당으로 일일 3~8 g을 섭취해야 한다. 건강기능식품 제품에는 프럭토올리고당이 410 mg/g 이상 함유되어 있다.

③ **라피노스**

사탕무(*Beta vulgaris* var. *saccharifera*)의 뿌리에서 추출, 결정화하여 제조된다. 기능성 식품으로 인정받기 위해서는 라피노스를 980 mg/g 이상 함유해야 한다. 장내 유익균의 증식과 유해균의 억제, 원활한 배변 활동 등의 기능성이 있다. 과량 섭취 시 설사를 유발할 수 있기에 일일섭취량을 라피노스로 3~5 g으로 규정하고 있다〔그림 11-24 (d)〕.

(2) 프리바이오틱스의 작용 메커니즘 및 역할

프리바이오틱스는 창자 내 프로바이오틱 균주의 영양원으로 이용되어 그 성장과 활동을 향상시킨다. 창자 내 미생물군의 균형에 유리하게 작용하는 것이 주된 역할이다. 작용 메커니즘은 유익한 혐기성 박테리아의 양을 증가시킴으로써 병원성 미생물 개체군을 감소시키는 것이다. 건강한 생활양식을 유지하기 위해서는 식이섬유가 풍부한 식품을 섭취하도록 권장하되 특히 식이섬유로는 하루 20~25 g의 섭취를 권장한다. 올리고당의 섭취는 아토피피부염, 식품알레르기, 알레르기성 천식의 예방에 효과가 있음이 동물실험과 인체에 대한 임상시험으로 확인되었다. 이는 올리고당의 면역세포에 대한 직접적인 효과 외에 창자 내 미생물의 변형을 통한 면역 조절 효과가 나타난 것이라 알려져 있다.

(3) 프리바이오틱스 식품과 제품

식품 내 프리바이오틱스의 종류와 수준이 소화기관 내 미생물에서 일부 박테리아 그룹의 증식에 영향을 줄 수 있다. 모유에 존재하는 푸코실화 올리고당은 *Bif. longum*과 몇 종의 박테로이데스(*Bacteroides*)가 대장균이나 클로스트리듐 퍼프린젠스(*C. perfringens*) 같은 다른 박테리아와의 경쟁에서 이길 수 있게 한다. 비피도박테륨속의 종은 전형적으로 모유 섭취 유아에서 풍부한 반면에 분유 섭취 유아에서는 감소한다. 더욱이 분유 섭취 유아의 미생물은 그 다양성이 증가하고 대장균, *C. difficile*, 박테로이데스 프라길리스(*Bacteroides fragilis*) 및 *Lactobacillus*와 같은 다른 그룹의 수준이 변화한다. 아프리카 농촌의 유아들처럼 대부분 전분, 섬유질 및 식물성 다당류로 구성된 식사를 하는 경우 방선세균(*Actinobacteria*)이 10.1%, 박테로이드계가 57.7%로 이들 미생물이 풍부하다. 이에 비하여 단당류, 전분 및 동물성 단백질이 풍부한 식이를 섭취하는 유럽 어린이들에게서는 이 그룹의 미생물이 6.7%와 22.4%에 불과하다.

프리바이오틱스는 국내외에서 다양한 상품이 출시되어 있으며(그림 11-25), 프럭토올리고당이 주성분인 경우 FOS(Fructooligosaccharide)라고 표기하여 판매되고 있다. 돼지감자(이눌린, 올리고과당 함유)와 아카시아 섬유 혼합물, 이눌린과 FOS 혼합물(캡슐당 각각

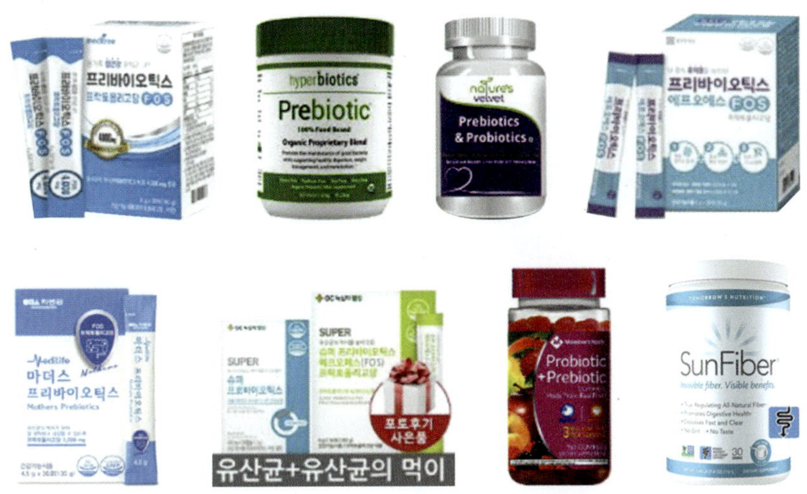

그림 11-25 유통 중인 프리바이오틱스와 신바이오틱스 상품들

100 mg, 200 mg), 그리고 구아검(갈락토마난)을 함유한 제품들이 시판되고 있다.

5) 신바이오틱스

프로바이오틱스와 프리바이오틱스를 따로 사용하는 대신 두 가지를 동시에 제공하면 많은 수의 유익한 세균뿐만 아니라 그들을 위한 영양분까지 제공하는 것이기에 소화관에서 빨리 증식할 수 있어서 건강에 더 효과적이라 할 수 있다. 이처럼 프로바이오틱스와 프리바이오틱스를 함께 공급하는 형태를 신바이오틱스(synbiotics)라고 한다(그림 11-25 참조).

2. 식이섬유

식이섬유(dietary fiber)란 인체 내에서 사람의 소화효소로 분해하기 어려운 난소화성 고분자 섬유물질로, 대부분이 탄수화물이며 주로 식물세포의 구조를 이루는 성분이다. 식이섬유는 인체의 소화기관 내에 존재하는 소화효소에 의해 가수분해되지 않으므로 체내로 흡수되지 않아 에너지를 제공하지는 못한다. 이들은 식물체의 세포벽을 이루는 셀룰로스, 헤미셀룰로스와 세포간질인 펙틴질 및 검, 이눌린, β-글루칸으로, 잘록창자에서 유익균인 프로바이오틱스의 먹이로 사용되는 프리바이오틱스가 되고 짧은사슬지방산을 생성하며, 잘록창자의 pH를 낮추어 건강한 창자 내 환경을 만든다.

식이섬유는 수분 흡수력이 크며, 물에 용해 및 분산되는 수용성 식이섬유와 분산되지 않는 불용성 식이섬유로 나눈다. 수용성 식이섬유는 점도가 높아 소화기관에서 음식물의 통과 시간이나 흡수 속도를 지연시키며, 검질, 펙틴질, β-글루칸, 알긴산이 포함된다. 불용성 식이섬유에는 셀룰로스, 헤미셀룰로스, 저항전분과 비탄수화물인 리그닌이 포함되며, 분변량을 증가시키고 쓸개즙산의 배설을 촉진한다.

1) 식이섬유의 종류

식이섬유는 식물 체세포의 세포벽을 구성하는 성분으로 식물의 골격 역할을 하는 물질이다. 사람에게는 섬유소를 가수분해하는 소화효소가 없기 때문에 소화시키지 못하는 잔류물로, 칼로리가 거의 없어 지방 축적이 안 되며 혈중 콜레스테롤을 저하시키고 혈당반응을 둔화시킴은 물론 대장 기능을 개선시키는 등 생리적으로 중요한 역할을 수행한다. 즉, 변비, 치질, 담석증, 비만, 당뇨, 고지혈증, 관상심장 질환, 잘록곧창자암(대장암), 곧창자암(직장암), 게실염의 예방에 도움을 준다.

최근 곡류, 해조류, 대두류, 과일, 키틴 등의 합성 다당류를 요구르트, 마가린, 빵, 비스킷, 아이스크림 등에 첨가한 식이섬유 식품의 이용이 늘어나고 있다. 그러나 많은 종류의 섬유소가 생체 외에서 양이온 교환 능력을 가지며, 위창자길 내에서 무기질(철, 칼슘, 구리, 아연 등)과 결합하여 함께 배설되어 중요한 무기질의 손실을 가져올 수 있다. 따라서 성장기의 어린이나 임신부, 수유부, 소화 흡수 기능이 저하된 노령자는 지나치게 섭취하지 않도록 한다. '2015 한국인 영양소 섭취기준'에서 20대 이후 1일 총 식이섬유 충분섭취량은 성인 남자 25 g, 성인 여자 20 g이다.

2) 식이섬유의 특성과 생리적 기능

(1) 높은 수분 보유력

펙틴, 검, 한천과 같은 수용성 식이섬유들은 셀룰로스와 같은 불용성 식이섬유보다 수분 보유력이 더 크고 점성이 매우 높은 용액을 형성할 수 있다. 식이섬유는 보유한 수분에 의해 발암물질이 희석되거나 직접 결합함으로써 흡수를 저해시켜 잘록곧창자암의 발생을 저하시킨다. 이는 식이섬유의 수분 보유력은 창자 내용물을 증가시켜 창자 내 연동운동을 자극하여 통과 속도를 빠르게 함으로써 대장과 발암 물질의 접촉을 줄이기 때문이다. 가용성 식이섬유는 작은창자의 당 흡수를 느리게 해 당뇨병에 도움을 주고, 작은창자에서의 콜레스테롤 흡수를 방해하여 혈중 콜레스테롤 농도를 감소시킨다.

(2) 식이섬유의 물질 결합력

간에서 콜레스테롤로부터 만들어진 쓸개즙산은 창자로 분비되는데, 창자에서 식이섬유가 쓸개즙산과 결합하면 쓸개즙산의 재흡수가 저해되어 결국 혈중 콜레스테롤 농도가 감소한다. 고지방식으로 쓸개즙산 분비가 많아지면 잘록곧창자암의 원인이 된다. 식이섬유는 위창자길 내에서 무기질과 결합하여 무기질의 흡수를 저해하기도 한다.

(3) 저열량 밀도

섬유질 식품은 부피가 커서 포만감을 주면서도 상대적으로 열량은 적어 비만 예방에 효과적이고 체중 조절에 도움이 된다.

(4) 발효 원료

식이섬유는 포유동물의 소화효소에 의해 분해되지는 않지만 큰창자 내의 미생물에 의해 쉽게 발효된다. 다양한 미생물에 의한 발효는 수소가스와 아세트산, 프로피온산, 뷰티르산과 같은 짧은사슬지방산을 생성하는데, 이는 흡수되어 간으로 들어가서 콜레스테롤 합성을 감소시킨다.

건강기능식품인 식이섬유의 생리적 기능은 표 11-2와 같이 요약할 수 있으며, 강조표시 기준은 표 11-3을 따른다.

표 11-2 식이섬유의 생리적 기능

성질	종류	생리적 기능	급원 식품
불용성	셀룰로스 헤미셀룰로스 리그닌	• 분변량 증가 • 장 통과 시간의 단축 • 큰창자 내 발암 물질, 중금속, 쓸개즙산, 콜레스테롤 분해 산물의 흡착 배설	김, 밀, 사과, 쌀, 식물의 줄기, 채소, 현미, 호밀
수용성	펙틴, 알긴산, 검, 일부 헤미셀룰로스	• 포만감 부여 • 포도당, 지방질, 쓸개즙산, 콜레스테롤 흡수 지연 • 혈중 콜레스테롤 저하	감귤류, 귀리, 바나나, 보리, 섬유음료, 콩

표 11-3 식이섬유 강조표시 기준

영양 성분	강조표시	표시 조건
식이섬유	함유 또는 급원	식품 100 g당 3 g 이상, 식품 100 kcal당 1.5 g 이상일 때 또는 1회 섭취참고량당 1일 영양 성분 기준치(2.5 g)의 10% 이상일 때
	고 또는 풍부	함유 또는 급원 기준의 2배

3) 식이섬유 함유 식품

식이섬유는 일상적인 식생활에서 접할 수 있으며, 다량 함유하고 있는 식품군으로는 해조류, 채소류, 콩류, 감자류, 말린 과일류, 버섯류 등이다. 세부 식품으로는 다시마, 미역, 김, 호로파 종자, 차전자 피, 옥수수 겨, 보리, 밀, 목이버섯, 대두, 귀리 등이 있다. 식품의약품안전처의 건강기능식품 관련 규정 중 식이섬유 식품으로는 구아검/구아검 가수분해물, 글루코마난(곤약, 구약마난), 귀리 식이섬유, 난소화성 말토덱스트린, 대두 식이섬유, 목이버섯 식이섬유, 밀 식이섬유, 보리 식이섬유, 아라비아검(아카시아검), 옥수수 겨 식이섬유, 이눌린/치커리 추출물, 차전자 피 식이섬유, 폴리덱스트로스, 호로파 종자 식이섬유, 분말 한천이 인정된다. 이들에 대하여는 식이섬유로서의 제조 기준, 규격, 최종 제품의 요건 등 규격이 정해져 있다.

표 11-4는 총 식이섬유가 많은 식품 재료를 나타낸 것으로 미역이 압도적이고 김, 대두, 보리의 순서이다. 불용성 식이섬유는 김, 배추김치, 사과의 순서이고, 수용성 식이섬유로는 식이섬유 음료, 보리, 식빵 순으로 나타났다. 보리는 식이섬유 함량도 많은 편인

표 11-4 식이섬유 다량 함유 식품의 순위

총 식이섬유		불용성 식이섬유			수용성 식이섬유		
식품	총 식이섬유 (g/100 g 식품)	식품	총 식이섬유 (g)	불용성 (%)	식품	총 식이섬유 (g)	수용성 (%)
미역(말린 것)	43.50	김	33.50	98.5	기능성 음료 (식이섬유)	2.50	100.0
김	33.50	배추김치	2.98	94.1	보리	11.20	61.6
대두	16.70	사과	1.40	92.9	식빵	3.45	56.5
보리	11.20	양배추	2.19	91.5	백미밥	1.51	47.1
취나물	5.80	감자	1.42	91.4	토마토	1.34	40.3
고구마	3.76	현미밥	3.29	91.2	고구마	3.76	36.1

데 그중에서 수용성 식이섬유를 61.6% 정도로 다량 함유하고 있다. 고구마는 감자와 달리 식이섬유의 상대적 함량도 높지만 수용성 식이섬유의 비율도 높다.

4) 식이섬유와 질병

식이섬유는 인체의 건강 유지에 대단히 긍정적인 역할을 한다. 표 11-5는 식이섬유의 섭취가 각종 질병의 예방에 관여하고 있음을 보여 준다. 관련된 질병으로는 비만, 당뇨병, 담석, 혈압, 심장혈관 질환, 각종 암 등이 있다. 최근의 메타 분석에 의하면 다량의 식이섬유를 섭취하는 사람들이 잘록곧창자암(colorectal cancer, 대장암)의 발병률이 감소하는 효과가 나타났으며, 유방암 발병률도 약간 감소하였다(M.P. McRae, 2018).

표 11-5 식이섬유의 인체 기능

역할	체내 메커니즘	인체 내 결과
위 내부 음식물 체류 시간 증가	섭취 음식물로 포만감 부여	비만 예방
식후 포도당 흡수의 지연	혈당 조절	당뇨병 예방 및 치료(인슐린 분비 감소)
음식물 중 당분과 지방질을 포위	작은창자에서 칼로리 흡수율 감소 (~39%)	비만 방지
작은창자 내 콜레스테롤 흡수 저해	혈중 콜레스테롤 감소	고콜레스테롤증 예방
쓸개즙산과 결합	작은창자 벽을 통한 쓸개즙산의 재흡수 감소	쓸개즙산 분비 증가로 담석 예방
	지방 흡수의 저해	혈중 지방 감소(동맥경화증 예방)
콜레스테롤 결합	흡수 방해	혈중 콜레스테롤 감소(심장혈관 질환 예방)
창자 내 나트륨 결합	나트륨의 배설	혈압 상승 저해
과도한 창자운동 감소	적절한 창자운동 유지	신경성 잘록창자염 완화
프리바이오틱스	창자 내 pH 감소	유익균의 증가 및 질병 예방
잘록창자 미생물의 영양소	창자 내 세균의 증식	변비 예방(게실염 예방)
대변량의 증가	발암 물질의 신속 배출	암 예방
음식물의 잘록창자 체류 시간 단축	발암 물질 형성 감소	잘록곧창자암 발생 감소
대변량의 증가	쓸개즙산의 희석	잘록곧창자암 및 유방암 예방

5) 식이섬유의 부작용

식이섬유를 지나치게 많이 섭취하는 경우 무기질과 결합하여 칼슘, 아연, 철분 등의 인체 내 흡수를 저해한다고 알려져 있다. 또한, 식사할 때에는 다량의 수분을 섭취해야 하며, 섭취 후에도 창자에 가스가 발생하여 복부 팽만감을 유발하거나 설사 증세를 보이기도 한다.

단원정리

- 프로바이오틱스(probiotics)는 창자 내에서 인체에 유익한 역할을 하는 것으로 확인된 미생물 종류를 말한다.
- 현재 우리나라에서 인정받은 프로바이오틱스는 락토바실루스속(*Lactobacillus*)에 해당하는 11종, 젖산구균인 락토코쿠스(*Lactococcus*) 1종, 엔테로코쿠스(*Enterococcus*) 2종, 스트렙토코쿠스(*Streptococcus*) 1종, 그리고 비피도박테륨(*Bifidobacterium*) 4종으로 총 19종이다.
- 프로바이오틱스는 세포에 잘 부착할 수 있어 병원균의 부착을 막거나 줄인다. 위창자길에서 유지 및 증식하여 산을 생산하며, 무엇보다 안전하고 창자세포에 대하여 불침투적이며 비발암성이고 비병원성일 뿐 아니라 정상적이고 균형 잡힌 미생물 균총을 형성하는 성질을 갖는다.
- 프로바이오틱스를 함유하는 대표적 식품으로는 김치와 각종 우유 발효 제품이 있다.
- 프로바이오틱스 생균 자체를 제품으로 이용할 수 있다.
- 프리바이오틱스(prebiotics)는 인체의 건강 향상에 관여하는 창자 내 프로바이오틱스의 성장 및 활동을 선택적으로 자극하여 인체에 유익한 영향을 주는 비소화성 식품 성분이다.
- 프리바이오틱스는 각종 식물성 식품에 함유되어 있으며, 기능 성분으로 인정되어 유통되는 것으로는 구아검/구아검 가수분해물, 프럭토올리고당, 라피노스가 있다.
- 식이섬유(dietary fiber)란 사람의 소화효소로는 분해하기 어려운 난소화성 고분자 섬유 성분을 말한다.
- 식이섬유는 잘록창자에서 발효 원료가 되며, 수분 함량이 높고 저열량 밀도를 가지며 물질 결합력이 강하여 인체 내에서 유익한 역할을 다양하게 한다.
- 식이섬유 섭취로 예방이 가능한 질병으로는 비만, 당뇨병, 담석, 혈압, 심장혈관 질환, 각종 암 등이 있다.
- 건강기능식품 중 유통 가능한 식이섬유 식품으로는 구아검/구아검 가수분해물, 글루

코마난(곤약, 구약마난), 귀리 식이섬유, 난소화성 말토덱스트린, 대두 식이섬유, 목이버섯 식이섬유, 밀 식이섬유, 보리 식이섬유, 아라비아검(아카시아검), 옥수수 겨 식이섬유, 이눌린/치커리 추출물, 차전자 피 식이섬유, 폴리덱스트로스, 호로파 종자 식이섬유, 분말 한천 등이 있다.

연습문제

1. 프로바이오틱스를 잘 정의하고 있는 것을 고르시오.

① 단백질의 일종이다. ② 기능성 바이오 화합물이다.
③ 유전자 변형 식품이다. ④ 창자 내의 유익한 미생물이다.
⑤ 지능 향상에 관여하는 새로운 비타민이다.

2. 대표적인 프로바이오틱스를 고르시오.

① 대장균 ② 살모넬라 ③ 리스테리아
④ 황색포도알세균 ⑤ 비피도박테륨

3. 프리바이오틱스인 것을 고르시오.

① 라피노스 ② 포도당 ③ 엿당
④ 설탕 ⑤ 전분

4. 신바이오틱스란 무엇인지 설명하시오.

5. 식이섬유의 섭취로 예방이 가능할 것으로 생각되는 질병이 아닌 것을 고르시오.

① 비만 ② 당뇨병 ③ 치매
④ 고혈압 ⑤ 암

6. 건강기능식품 규정상 식이섬유 식품이 아닌 것을 고르시오.

① 구약마난 ② 식물성 단백질 추출물 ③ 치커리 추출물
④ 폴리덱스트로스 ⑤ 구아검 가수분해물

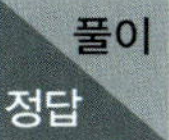

1. ❹ 프로바이오틱스는 인체의 창자 내에서 유익한 역할을 하는 미생물을 말한다.
2. ❺ 프로바이오틱스로는 락토바실루스, 락토코쿠스, 엔테로코쿠스, 스트토코코쿠스, 비피도박테륨 미생물군이 잘 알려져 있다.
3. ❶ 라피노스는 갈락토슈크로스의 구조를 가지는 3탄당으로 프럭토올리고당, 갈락토올리고당과 함께

프로바이오틱스의 생육을 촉진하는 프리바이오틱스이다.

4. 프로바이오틱스와 프리바이오틱스를 동시에 제공하면 많은 수의 유익한 세균뿐만 아니라 그들을 위한 영양분까지 제공하는 것이기에 소화관에서 빨리 증식할 수 있음은 물론이고 좀 더 효과적으로 건강상의 이익을 얻을 수 있다. 이렇게 프로바이오틱스와 프리바이오틱스를 합한 형태를 신바이오틱스라고 한다.
5. ❸ 식이섬유의 섭취로 예방이 가능할 것으로 생각되는 질병은 비만, 당뇨병, 담석, 혈압, 심장혈관 질환, 각종 암 등으로 알려져 있다. 치매는 아직까지 식이섬유와 관련된 예방 효과가 알려져 있지 않다.
6. ❷ 식이섬유는 탄수화물의 일종이며, 구약마난, 치커리 추출물, 폴리덱스트로스, 구아검 가수분해물은 기능성 식이섬유로 인정받고 있다.

식품의약품안전처. 건강기능식품의 기준 및 규격, 2018.

B. Liu et al., Heat stability of *Lactobacillus rhamnosus* GG and its cellular membrane during droplet drying and heat treatment, *Food Research International*, 112:56-65, 2018.

Bergey's manual of systematic bacteriology, 2nd ed. vol 3 The Firmicutes (Paul De Vos et al eds), Springer, 2009.

Bergey's manual of systematic bacteriology, 2nd ed. vol 5 The Actinobacteria, Part A (Michael Goodfellow et al eds), Springer, 2012.

D. Mudgil et al., Partially hydrolyzed guar gum as a potential prebiotic source, *International Journal of Biological Macromolecules*, 112, 207-210, 2018.

M.P. McRae, The Benefits of Dietary Fiber Intake on Reducing the Risk of Cancer: An Umbrella Review of Meta-analyses, *Journal of Chiropractic Medicine*, 17(2), 2018.

Y.A. Ghouri et al., Systematic review of randomized controlled trials of probiotics, prebiotics, and synbiotics in inflammatory bowel disease. doi:10.2147/CEG.S27530. (Dec 9, 2014).

4X
10X

PART 3

식품과 안전

12 유해 물질 **13** 식품 알레르기와 유전자 변형 식품

CHAPTER **12**

유해 물질

학습목표

식품 중의 유해 물질들에 대하여, 특히 우리나라에서 중요한 것을 중심으로 그 이해의 폭을 넓힌다.

1. 유해 생물체에 대하여 알아본다.
2. 유해 화학 물질에 대하여 알아본다.
3. 가공 및 조리 과정 중 생성되는 유해 물질에 대하여 알아본다.

인간은 식품을 섭취함으로써 생명을 유지하며 일생 동안 신체 활동을 한다. 입으로 섭취한 식품은 인체의 식도, 위, 작은창자, 큰창자를 지나는 동안 영양소를 비롯한 일부 물질은 점액층의 상피세포를 통하여 흡수되고, 그 나머지는 항문을 통하여 배설된다. 식품은 인체에 유익한 물질들로만 이루어져 있는 것이 아니라 종종 유해한 물질도 포함하고 있다. 대표적인 유해 물질은 식품 원료의 생산 단계에서 식품에 오염된 각종 유해 세균을 비롯한 생물 물질과 각종 유해 화학 물질들이다. 또한 식품의 가공, 저장 및 조리 중에 오염되거나 생성되는 것들도 있다.

유해 물질의 섭취로 인해서 발생하는 건강 이상 증상을 식중독이라 하며, 크게 미생물, 자연독소, 화학 물질에 의한 식중독으로 나뉜다. 2009년부터 10년 동안 우리나라의 식중독 발생 건수와 환자 수는 각각 연평균 315건, 6,868명이다. 그림 12-1에 나타낸 것처럼 전체적으로 발생 건수는 증가하는 추세이다.

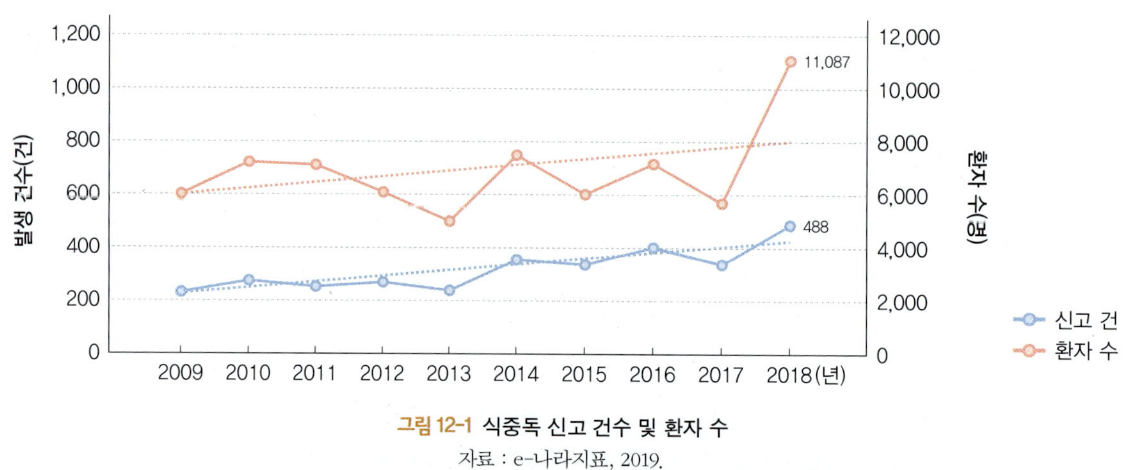

그림 12-1 식중독 신고 건수 및 환자 수
자료 : e-나라지표, 2019.

여기에서는 식품 중의 유해 생물체, 유해 화학 물질, 그리고 가공·저장·조리 중에 생성되는 물질의 순서로 설명한다.

1. 유해 생물체

식품의 생산 단계부터 섭취까지의 과정에서 오염된 각종 유해 생물체들로는 각종 세균과, 동물성 이물로 분류되는 기생충 및 진드기 등이 있다.

1) 기생충

기생충(parasites)이란 다른 생물로부터 영양 물질을 직접적으로 빼앗아 살아가는 생물체를 말하며, 이때 빼앗기는 쪽을 숙주(host)라고 한다. 기생충 중에는 알에서 중간 숙주를 거쳐야 인체 감염 단계로 성장하는 것도 있다. 따라서 인체에 들어가 부화할 수 있는 상태의 기생충 알이 묻어 있는 식품(예를 들어 채소)이나 인체 감염 단계까지 성장한 유충을 포함한 중간 숙주(예를 들어 육류나 생선류)를 날 것으로 섭취하면 기생충 질환에 걸리게 된다.

기생충은 모양에 따라서 크게 흡충, 선충, 조충으로 나뉜다(그림 12-2). 흡충은 편평한 모양으로 빨판이 있으며 간흡충, 폐흡충, 요코가와흡충 등이 있다. 최근 우리나라에서는 특이적인 참굴큰입흡충이 발견되었다. 선충은 지렁이 모양이며 회충, 편충, 요충 등이 여기에 속한다. 조충에는 유구조충, 무구조충 등이 있으며, 몸체가 직사각형 모양의 수많은 편절이 연결되어 있는 것이 특징이다. 전체적으로 폭이 좁은 테이프 모양이며 그 길이가 10미터에 이르는 것도 있다. 이외에도 폐흡충과 선충에 해당하는 고래회충, 구충, 동양모양선충 등이 있으며 전 세계적으로 그 종류가 대단히 많다.

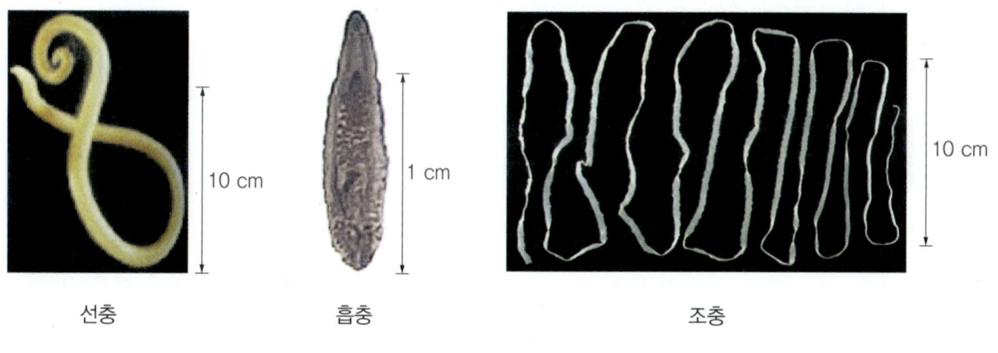

그림 12-2 기생충의 종류와 대략 크기

우리나라의 인체 내 기생충 충란 양성률은 1992년 이후 약 3%를 나타내고 있다. 표 12-1을 보면 2012년의 경우 간흡충 충란 양성률이 1.86%로 가장 높고, 편충과 요코가와흡충이 그 뒤를 잇고 있다. 간흡충과 편충에 대하여 좀 더 자세히 알아보기로 한다.

표 12-1 우리나라의 중요 기생충과 그 인체 충란 양성률

기생충	양성률(%)[1]	기생충 감염을 가능하게 하는 식품
간흡충	1.86	참붕어 등 민물고기
편충	0.41	채소류
요코가와흡충	0.26	은어
무구조충, 유구조충[2]	0.04	소, 돼지
회충	0.03	채소류
참굴큰입흡충	0.02	굴, 조개
요충	0.0007	채소류
폐흡충	0	민물게 및 가재
고래회충	0	대구, 청어, 고등어 등
구충	0	채소류
동양모양선충	0	채소류

1) 2015년에 발표된 제8차 기생충조사로 2012년 결과
2) 무구조충은 소, 유구조충은 돼지가 감염 가능 식품

(1) 간흡충

간흡충의 인체 감염 형태는 구형의 주머니 속에 작은 벌레가 들어 있는 모양인 피낭유충으로 물고기 살 속에 자리 잡고 있다. 이 피낭유충은 돌고기, 몰개, 참붕어 및 중고기 같은 민물고기에 높은 감염률과 감염 밀도를 보인다. 이 기생충은 간 내의 쓸개관에서 30년까지 살 수 있으며, 감염 증상은 무기력, 소화불량, 복통, 체중 감소, 간 비대, 황달, 복수, 쓸개관 염증 등이다. 특히 낙동강, 섬진강 등 남부 지역 하천의 민물고기를 날 것, 염장한 것 또는 덜 익힌 것으로 섭취하지 않는 것이 가장 직접적인 예방 방법이며, 감염되었을 경우에는 프라지콴텔(praziquantel)을 복용하여 치료한다. 간흡충은 만성감

국제암연구기관(IARC)

세계보건기구(WHO) 산하의 국제암연구기관으로 International Agency for Research on Cancer의 약어이다. 발암성을 연구한 자료들을 기반으로 발암 물질들을 다음과 같이 구분하는 일을 하고 있다.

- 1군 : 사람에 대한 발암성이 있음
- 2A군 : 아마도 사람에게 발암성이 있음
- 2B군 : 사람에 발암 가능성이 있음
- 3군 : 사람에 대한 발암성에 대해서는 분류되지 않음
- 4군 : 아마도 인간에게는 발암 가능성이 없음

식품 중 이물 및 기생충 명칭

- 식품 내 이물 : 동물성, 광물성, 식물성으로 나뉘며 머리카락, 모래, 나뭇조각 등 다양한 종류가 있다.
- 기생충 명칭 : 한 기생충에 이름이 여러 개 있는 경우가 있다. 간흡충은 간디스토마, 폐흡충은 폐디스토마, 무구조충은 소고기촌충 또는 민촌충, 유구조충은 돼지고기촌충 또는 갈고리촌충, 고래회충은 아니사키스, 구충은 십이지장충으로도 알려져 있다.

염의 경우 쓸개관암을 유발하므로 국제적으로 인체 발암 물질 1군(IARC Group 1)으로 규정되어 있다.

(2) 편충

약 4 cm 길이의 선충으로 손잡이 부분이 두툼한 채찍 모양이다. 막창자(맹장)와 큰창자 상부에 기생하며, 중증 감염의 경우 통변 시 통증을 동반하고 혈액이나 점액질이 섞인 대변을 자주 본다. 분변에 오염된 토양이 근본적인 오염원이며, 식품으로는 성숙한 수정란을 씻어내지 못하거나 열처리로 제거하지 못한 채소가 직접적인 오염원이다. 이 기생충증은 알벤다졸이나 메벤다졸 성분을 함유한 구충제로 치료된다.

기생충에 의한 식중독 예방을 위해서는 감염기에 있는 알이나 유충이 포함된 식품을 날 것으로 먹거나 덜 익혀 먹지 않도록 해야 한다.

2) 유해 세균과 바이러스

(1) 감염병

법정 감염병 중 식품이나 물을 통해서 전염되는 종류를 1군으로 구분한다. 콜레라, 장티푸스, 파라티푸스, 세균성 이질, 창자(장)출혈성 대장균 감염증, A형 간염 등이 속한다. 이들 질병의 원인 물질은 창자 내에서 증식할 수 있는 것으로 A형 간염만 바이러스이고 나머지는 모두 세균이다.

(2) 세균 및 바이러스 식중독

그림 12-3은 각종 미생물과 바이러스에 의한 식중독 발생 건수와 환자 수에 대한 최근 10년 및 3년 동안의 연평균 자료이다. 이 자료에 따르면 식중독 발생 건수는 노로바이러스에 의한 경우가 가장 많으며, 환자 수는 병원성 대장균에 의한 발생이 가장 많다.

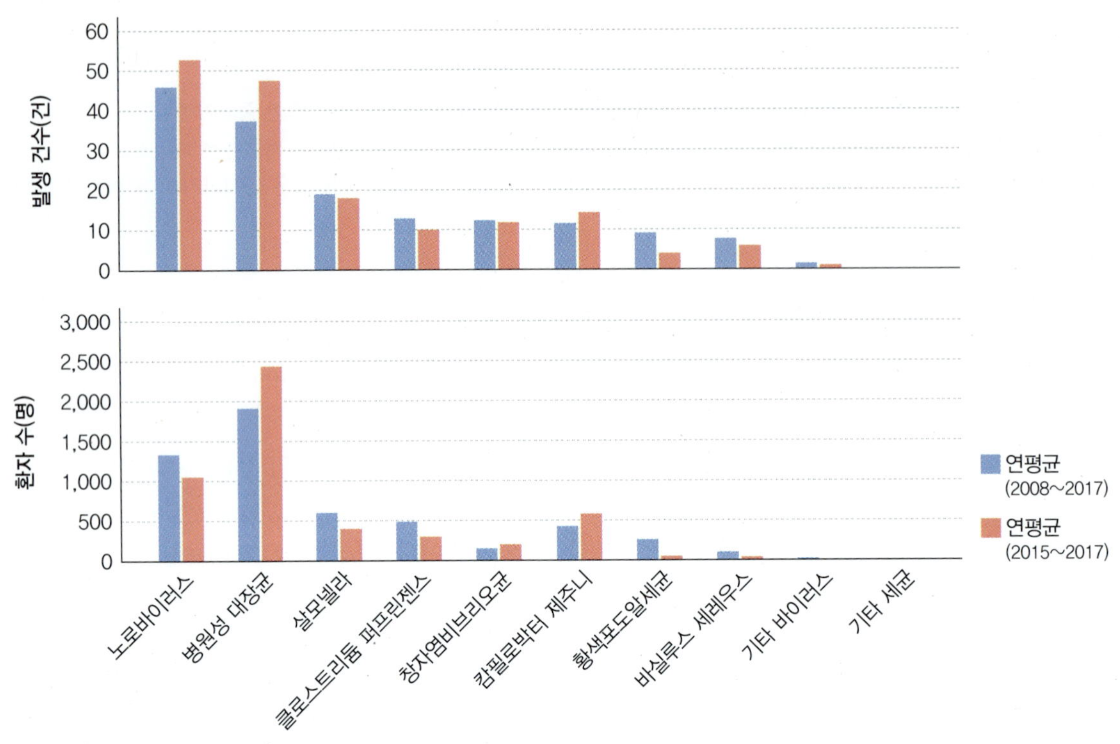

그림 12-3 미생물과 바이러스에 의한 식중독 현황
자료 : e-나라지표, 2019.

최근 3년간의 자료는 노로바이러스 식중독의 경우 발생 건수는 증가한 데 비해 환자 수는 줄어들었음을 나타낸다. 반면 병원성 대장균과 캄필로박터 제주니(*Campylobacter jejuni*)에 의한 식중독은 발생 건수와 환자 수가 모두 최근에 증가하였다. 병원성 대장균과 함께 살모넬라(*Salmonella*), 클로스트리듐 퍼프린젠스(*Clostridium perfringens*), 장염비브리오균(*Vibrio parahaemolyticus*), *C. jejuni*, 황색포도알세균(*Staphylococcus aureus*, 황색포도상구균), 바실루스 세레우스(*Bacillus cereus*)가 우리나라 식중독 발생의 주요 세균들이다. 바이러스의 경우 생물체는 아니지만 세포에 침입하여 증식하므로 보통 미생물에 포함시켜 다룬다.

노로바이러스의 크기는 30/100만 밀리미터이며, 외가닥 RNA 물질이 단백질로 둘러싸여 전체적으로는 공 모양이다. 감염 환자의 분변이나 구토물이 오염원이며, 이것이 강물과 바닷물로 흘러들어 가서 이와 접촉한 물이나 각종 식품을 통해 인체에 감염된다. 보통 10~100개의 바이러스 입자로도 감염되며 창자 밖에서는 증식할 수 없으므로 식품 중에는 오염되어 존재할 뿐이다. 따라서 불결하거나 불결하게 취급된 비가열 모든 식품은 노로바이러스를 포함하고 있을 가능성이 있다. 주요 식품으로는 굴 등 겨울철 해산물, 채소와 과일이다. 예방법으로는 해산물은 생식을 금하고 100℃로 끓이는 등 충분히 열처리하며, 채소류는 철저하게 세척하는 것이다. 노로바이러스 식중독은 겨울철에 많이 발생하며, 병원체 감염 후 1~2일 이내에 복통과 설사 증세가 나타나고 구토, 두통, 근육통, 발열 등의 증상도 동반할 수 있다. 일반적으로 2~3일 지나면 회복되지만 면역력이 떨어진 노약자의 경우에는 주의가 필요하다. 현재 노로바이러스로 인한 질병은 전염성이 있어 법정 감염병 중 지정 감염병에 속한다.

창자염을 일으키는 바이러스 중에는 노로바이러스와 매우 유사한 아스트로바이러스, 사포바이러스가 있다. 이들 외에 로타바이러스와 창자 아데노바이러스는 각각 두가닥 RNA와 두가닥 DNA를 갖는 바이러스로 창자염을 일으킨다. 식품 또는 물을 경유하는 바이러스 중에는 핵산의 종류나 크기 등이 노로바이러스와 유사하면서도 창자는 물론 간에도 염증을 일으키는 간염바이러스 A형과 E형도 있다.

대장균 중에서 병원성을 가진 것을 병원성 대장균이라고 하며, 질병 발생 메커니즘에 따라 적어도 5종류로 구분된다. 이 중 가장 치명적인 것은 창자출혈성 대장균으로 법정 감염병 1군에 속한다. 이들의 병원성은 이들이 지닌 독성 유전자에 기인하며 생육이나 대사 특성, 그리고 사멸 특성이 일반 대장균과 같다.

식중독 관련 세균의 특성을 다음 표 12-2에 정리하였다.

이외에도 발생 빈도는 높지 않지만 감염형으로 패혈증비브리오세균(*Vibrio vulnificus*), 리스테리아 모노사이토게네스(*Listeria monocytogenes*)와 예르시니아 엔테로콜리티카(*Yersinia enterocolitica*), 그리고 독소형으로는 클로스트리듐 보툴리늄(*Clostridium botulinum*)에 의한 식중독 등이 있다.

일반적으로 미생물에 의한 식중독 예방법으로는 오염 방지와 원인 물질의 사멸을 꼽는다. 따라서 식품을 다루는 손을 깨끗이 씻고, 음식물은 충분히 가열해서 섭취하며, 물은 끓여서 마실 것을 권장한다. 그러나 황색포도알세균 창자독소처럼 열에 강한 독소는 일단 식품 내에 생성되면 끓이거나 익혀도 소용이 없다. 생으로 섭취하는 식품을 포함하여 모든 음식물에 '세균이 증식하지 않도록' 하고, 바이러스에 오염되지 않도록 청결하게 유지하는 일이 우선적으로 중요하다.

표 12-2 세균성 식중독과 그 특성

분류	식중독 원인 세균	발병 메커니즘 및 주요 증상	특징	관련 식품과 예방
감염형	병원성 대장균(5종류)	병원균의 창자 내 유입 및 생육으로 인한 창자염(복통, 설사, 구토, 발열)	종류에 따라 혈변 동반	식품의 오염 및 그 증식에 따른 생균 섭취의 차단(섭취 전 충분한 가열 및 개인 위생 철저)
	살모넬라	위와 같음	고열	위와 같음. 단백질이 많은 식품 위주의 각종 식품들
	클로스트리듐 퍼프린젠스	병원균의 창자 내 유입, 생육 및 독소의 생성으로 인한 창자염(복통, 설사)	심한 복통	섭취 전 충분한 가열
	창자염비브리오	병원균의 창자 내 유입 및 생육으로 인한 창자염(복통, 설사, 구토, 발열)	상복부 통증, 심한 설사	위와 같음. 어패류 및 그 접촉 식품
	캄필로박터 제주니/콜리	위와 같음	혈변	섭취 전 충분한 가열. 닭고기와 오염된 각종 일반 식품
독소형	황색포도알세균	식품 중 독소 생산 및 그 섭취로 인한 구토, 구역질, 복통, 설사	구역질, 구토	단백질 독소는 내열성이 아주 크므로 식품 중 생산 자체를 막아야 함. 원인균은 사람 피부로부터 식품을 오염시킴
	바실루스 세레우스	식품 중 독소 생산 및 그 섭취로 인한 설사, 구토, 복통	설사형 또는 구토형	식품 중 생산 자체를 막아야 함. 구토형 펩타이드 독소는 내열성이 매우 큼. 쉰밥이나 국 등 가열 식품

감염형과 독소형

세균성 식중독은 보통 감염형과 독소형으로 분류한다. 감염형은 많은 생균을 섭취하여 이들 미생물이 창자에서 생육하면서 창자염증 및 관련 질병을 발생시키는 형태이고, 독소형은 오염된 세균이 보관 중인 식품에서 생육하는 동안 생산한 독소가 식중독의 직접적인 원인이 되는 경우이다. 병원성 대장균 중 일부와 클로스트리듐 퍼프린젠스는 섭취된 후 창자에서 독소가 만들어져 식중독의 원인 물질로 작용하므로 중간형으로 세분하여 구별하기도 한다. 클로스트리듐 퍼프린젠스와 클로스트리듐 보툴리눔을 각각 웰치균과 보툴리누스균으로 쓰는 경우가 있는데 이는 오래 전의 표현으로 국제적으로 더 이상 사용하지 않는다.

식품의약품안전처에서 홍보하는 '식중독 예방 3대 요령'은 다음과 같다.

- 손 씻기 : 손은 30초 이상 세정제(비누 등)를 사용하여 손가락, 손등까지 깨끗이 씻고 흐르는 물로 헹군다.
- 익혀 먹기 : 음식은 속까지 충분히 익혀 먹는다[중심부 온도 75°C(어패류는 85°C), 1분 이상].
- 끓여 먹기 : 물은 반드시 끓여서 마신다.

2. 유해 화학 물질

사람이 섭취하는 식품은 보통 수많은 서로 다른 물질들의 혼합물이다. 그중에는 인체에 바람직하지 않은 것들도 포함되어 있다. 이 유해 화학 물질들은 식품 원료인 식물체나 동물체가 직접 생산하는 경우도 있지만, 생산 단계부터 소비되는 과정에서 주위 환경으로부터 오염되는 경우가 많다.

1) 식품 원료가 생산하는 유해 유기 화합물

식품 원료로 사용되는 생물체가 직접 생산하는 유해 물질을 자연독소라고 하며, 화학 구조상 탄소를 뼈대로 하므로 유기 화합물이라고 한다. 이처럼 자연에 존재하는 유해 유기 화합물을 포함한 식품 원료를 잘못 섭취하거나 정상적인 조리 방법을 따르지 않으면 식중독을 일으키게 되며 이를 '자연독식중독'이라 한다. 구체적으로는 유독한 동식물을 식용으로 잘못 아는 경우(독버섯, 독꼬치 등), 유독 부위가 잘 제거되지 않은 경우(복어, 감자 등), 그리고 특이한 환경 조건이나 특정한 시기에 유독화된 것을 모르고 섭취하는 경우(조개, 미숙한 매실 등) 등이 있다. 자연독식중독의 예방 방법으로는 위험한 동식물에 대한 올바른 감별법의 터득, 정체불명의 어패류나 버섯 등의 식용 제외, 계절에 따라 유독화하는 것은 그 시기에 식용 금지, 그리고 위험하다고 생각되는 부위의 충분한 제거 등이다.

2002년부터 2018년까지의 통계 자료에 의하면 연평균 4건의 자연독식중독이 발생하였고 환자 수는 연간 42명이었다. 최근 6년 동안은 발생 건수가 대부분 1년에 1건으로 적지만, 사망률은 복어독과 조개의 마비 독소는 60%를 넘고 버섯독도 11% 정도로 높아 대단히 위험하다.

(1) 어패류

동물성 식품으로 인한 자연독식중독은 주로 조개와 복어가 원인이다. 조개에 의한 식중독으로는 특히 마비조개중독이 잘 알려져 있다. 원인 물질인 마비조개독은 삭시톡신(saxitoxin, 마비성 패독)이며(그림 12-4), 조개 중에서도 여과 섭식을 하는 이매패류[홍합(섭조개), 대합, 바지락]와 멍게·미더덕 같은 피낭류 등이 주로 적조의 원인인 와편모조류에 해당하는 유독성 플랑크톤을 체내 축적하여 생성된다. 일정량 이상의 삭시톡신은

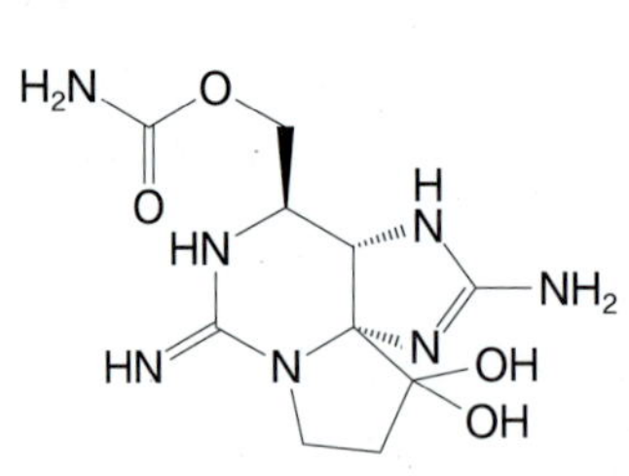

그림 12-4 마비조개독 삭시톡신

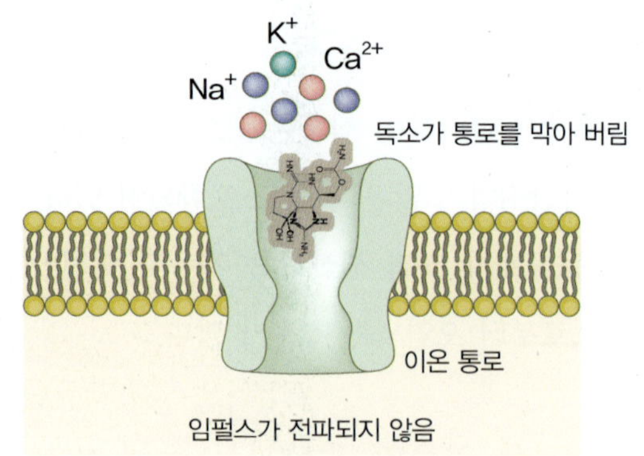

그림 12-5 삭시톡신의 중독 메커니즘

그림 12-5에 나타낸 것처럼 신경세포와 근육세포의 이온 통로를 차단함으로써 신경 전달을 방해하는 신경독으로 작용한다. 이 독소를 섭취하면 30분에서 2시간 안에 입 주위가 따끔거리고 팔다리가 저리는 등 근육 마비 증상을 일으킨다. 그 외에 두통, 메스꺼움, 구토 등의 식중독 증상도 발생하고, 중독이 심할 경우에는 섭취 후 3~4시간에 호흡 마비로 사망한다. 삭시톡신은 열 안정성이 커서 조개를 가열하여 삶거나 냉장 또는 냉동하여도 파괴되지 않는다. 마비조개중독은 주로 바닷물 온도가 상승하는 3월~6월 사이에 발생한다. 이 독소의 사람에 대한 치사량은 1~4 mg이며 "식품공전"에는 조개류와 피낭류에 대한 이 독소의 기준이 1 kg당 0.8 mg 이하로 설정되어 있다. 정부에서는 지속적으로 검사를 실시하여 기준치 이상인 경우에는 패류 채취를 금지하고 있다. 봄철이면 주로 부산과 경남의 거제, 고성, 통영 등지가 채취 금지 구역으로 지정되며, 적조 규모에 따라 전남 동부 해안까지 금지 구역이 확대되기도 한다.

복어 섭취에 의한 식중독은 치사율이 높아 식중독 사망 중 비중이 크다. 복어독소는 테트로도톡신(tetrodotoxin)이라는 유기 화합물로, 해양 세균이 만들어 낸 것이 복어 체내에 축적된 것이다. 따라서 특정 문어나 불가사리 등 여러 생물체에서도 발견된다. 테트로도톡신은 신경독소이며 독소의 작용 메커니즘과 열 안정성이 삭시톡신과 같다. 섭취 후 20분에서 8시간 이내에 호흡 마비로 사망할 수 있다. 사람에 대한 치사량은 2~3 mg이다. 복어는 어획되는 계절에 따라, 그리고 종류에 따라 체내에 포함된 독소 함량에 큰 차이를 보인다. 유독 부위는 난소와 간이며, 그 외 내장과 껍질에도 독이 존재한다. 국립수산물품질관리원에 따르면 자주복은 강독 복어이지만 근육 부위에는 독소가 적어 껍질까지 식용할 수 있으며, 복어 중에서 가장 맛이 좋다고 한다. 자주복보다 더 맹독인 검복이나 복섬, 황복도 근육은 모두 식용 가능한 것으로 분류한다. 다만, 황복의 경우 난소 1 g 또는 알 10 g만으로도 사람을 사망하게 할 수 있다. 따라서 복어를 안전하게 섭취하기 위해서는 복어를 잘 감별하고 유독 부위를 확실하게 제거할 수 있는 전문 지식이 필요하다. 「식품위생법 시행령」에는 복어를 직접 손질하여 판매할 경우 2019년 12월부터 음식점에 반드시 복어 전문 조리사를 두도록 하고 있다.

그 외 일부 동물성 자연독식중독을 표 12-3에 추가하여 나타내었다.

표 12-3 동물성 식품에 의한 자연독식중독

독소	대표 식품	특징적 주증상
테트로도톡신(tetrodotoxin)	복어	마비, 사망
시구아테라(ciguatera)	열대어(방어 등)	창자염(장염), 신경 마비
젬필로톡신(gempylotoxin)	흑갈치, 기름치	설사
오카다산(okadaic acid)	조개류	설사
돔산(domoic acid)	조개류	창자염, 단기기억상실
삭시톡신(saxitoxin)	조개류	마비, 사망

(2) 식물 및 버섯

① 식물

식물 중에도 유독 성분을 만들어 내는 것들이 있다. 생육 시기에 따라 유해 화합물이 생성되기도 하고, 식물의 부위에 따라 함량에 차이를 나타내기도 한다. 대표적인 독

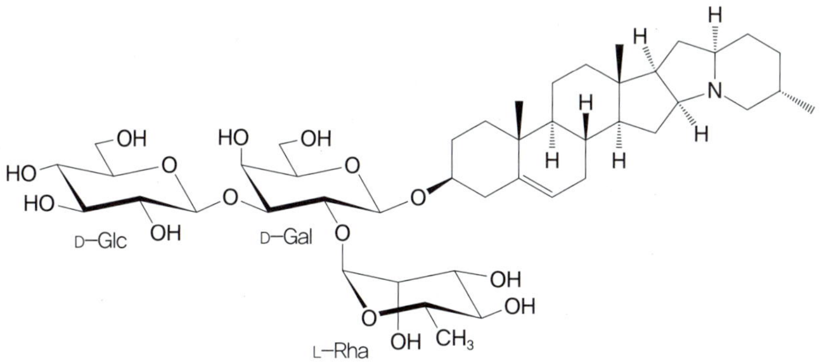

그림 12-6 감자의 솔라닌

알칼로이드 스테로이드와 3개의 당이 결합된 글리코사이드 구조

소가 감자에 함유된 솔라닌(solanine)이다(그림 12-6). 보통은 감자에 소량(100 g당 1~5 mg 정도)이 존재하지만 발아 시 햇빛을 받아 생긴 녹색 부위(100 g당 100 mg), 싹이나 꽃(100 g당 200~500 mg)에 다량 함유되어 있다. 그러나 감자의 품종에 따라서 독소의 함량은 크게 차이가 난다. 이 독소는 알칼로이드 글리코사이드이며 물에 잘 녹지 않고 내열성이 커서 일반 가열 조리 방법으로는 파괴되지 않는다. 솔라닌은 인체에서 신경 전달 관련 효소인 아세틸콜린에스터레이스(acetylcholinesterase)를 저해함으로써 신경자극 전달을 차단한다. 따라서 입과 목구멍의 열감, 무력감, 현기증, 졸음, 가벼운 의식 장애 등을 나타낸다. 또한, 미토콘드리아 막을 불안정화시켜 해당 세포를 파괴함으로써 복통, 메스꺼움, 구토, 설사 등의 증상도 일으킨다. 사람에 대한 솔라닌의 허용량은 감자 100 g당 20 mg이다. 어린이의 경우 혼수, 경련을 거쳐 사망한 예가 있다. 식품용 감자는 싹이 나지 않도록 보관하는 것이 중요하며 만약의 경우에는 섭취 전에 반드시 싹이나 녹색으로 변한 부위는 제거하는 것이 좋다. 감자에는 솔라닌 외에 솔라닌과 당의 구조만 약간 다른 차코닌(chaconine)도 비슷한 수준으로 들어 있으며 이것도 같은 독작용을 나타낸다.

잘 알려진 식물성 독소로는 몇 가지 유사한 화학 구조의 청산 글리코사이드(cyanogenic glycoside)가 있다. 청산 글리코사이드를 섭취하면 모두 체내에서 분해되어 청산(HCN)이 생성된다. 표 12-4에 나타낸 것처럼 살구, 복숭아, 그리고 매실의 씨알맹이에는 아미그달린이라는 유독 화합물이 다량 들어 있으며, 아몬드보다 쓴 아몬드에 더 많이 들어 있다. 카사바에는 그림 12-7에 나타낸 화학 구조식의 청산 글리코사이드인 리나마린이 함유되어 있다. 이들 청산 글리코사이드는 씨알맹이 조직이 파괴됨에 따라 그림 12-7에

표 12-4 청산 글리코사이드를 함유한 과일과 그 함량

과일	아미그달린(HCN, mg/kg)
살구 씨알맹이	851
복숭아 씨알맹이	402
자두(흑) 씨알맹이	591
매실 씨알맹이	190~202
매실 과육	15
아몬드	25
쓴 아몬드	1,062

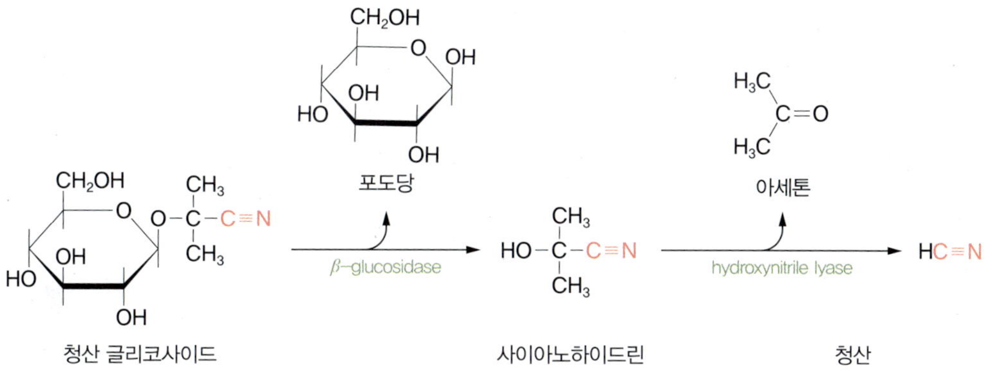

청산 글리코사이드 —(β-glucosidase)→ 사이아노하이드린 + 포도당 —(hydroxynitrile lyase)→ 청산 + 아세톤

그림 12-7 청산 글리코사이드의 인체 내에서 분해 및 청산의 생성 과정

서 보는 바와 같이 순차적으로 베타글루코시데이스(β-glucosidase)와 하이드록시나이트릴리에이스(hydroxynitrile lyase) 효소의 작용을 받아 유독한 청산을 생성하거나, 인체의 창자 내에서 미생물의 작용을 받아 청산을 만들기도 한다. 청산의 일차적인 독성 대상은 심장혈관계, 호흡기계, 그리고 중추신경계이다. 특히 청산이 호흡에 관계하는 사이토크롬 C의 작용을 마비시키므로 치명적이다. 두통, 복통, 설사 등 식중독 증상과 함께 심할 경우 호흡 마비로 사망한다. 사람에게 치사량은 아미그달린으로 약 1 g이다. 따라서 매실 등의 핵과일은 씨알맹이 섭취를 주의해야 한다. 죽순에도 택시필린이라는 청산 글리코사이드가 다량 함유(kg당 청산으로 1,010 mg)되어 있으므로 반드시 그 양을 저감화하는 전처리 과정을 거쳐 섭취하는 것이 안전하다.

은행나무의 열매인 은행을 많이 섭취할 경우(특히 어린이) 구토, 의식 불명과 심한 간질성 경련을 일으키며 사망할 수 있다. 해당 독소는 4-메톡시피리독신이며 이를 섭취하면 인체 내에서 신경 활성을 억제하는 감마아미노뷰티르산(GABA)의 합성이 억제되어 경련이 발생한다. 4-메톡시피리독신은 열에 안정하여 가열 조리 조건에서 불활성화되지 않으며, 섭취를 하면 쓸개즙으로 배설되었다가 다시 간으로 흡수되는 과정을 거치는 창자간순환을 통하여 지속적으로 분비되어 혈중 농도가 상승하므로 경련과 뇌전증(epilepsy) 지속 상태가 발현할 수 있다. 은행 열매 15~574개까지 경련 증상이 보고되어 있으며, 한 번에 볶은 은행 열매 200개 정도를 복용한 후 뇌전증 발작을 일으켰다는 연구가 있으므로 과량을 섭취하지 않도록 한다.

식물체 중에는 식용 가능한 식물과 유사하게 생겼으면서 유독한 것들이 있다. 특히 구분하기 어려운 산나물에서 자주 식중독이 발생한다. 곰취와 비슷한 독초 동의나물, 산마늘과 헛갈리는 독초인 박새, 우산나물과 유사한 독초 삿갓나물, 그리고 원추리로 착각할 수 있는 독초 여로 등이 대표적이다. 독초인 자리공의 뿌리는 도라지로 혼동할 수 있으며 식용 미나리와 유사한 독미나리에는 시큐톡신이라는 강력한 독소가 들어 있다.

② 버섯

버섯은 분류학상으로는 미생물의 한 종류인 곰팡이에 속한다. 우리나라에는 1,000여 종이 넘는 버섯이 자생하고 있으나, 식용버섯이 20~30종에 불과한 것에 비해 독버섯은 50~100종으로 알려져 있다(그림 12-8). 그중 맹독성 버섯도 20여 종이나 된다. 알려진 독버섯으로는 알광대버섯, 땀버섯, 흰알광대버섯, 독깔때기버섯, 화경버섯, 독우산광대버섯 등이 있다.

버섯 중독은 위창자염(gastroenteritis)을 일으키는 경우, 간과 콩팥을 손상시키는 경우, 신경계에 작용하는 경우로 나눌 수 있다. 야생 버섯 중에는 독버섯이 많아 이를 식용으로 오인하여 섭취하면 수 시간 이내에 위창자염의 증상인 메스꺼움, 구토, 복통, 설사 등의 식중독 증상을 보이는 경우가 많다. 대개는 독소가 알려져 있지 않으나 빠르게 회복되는 편이지만 심한 경우에는 증상이 2~3일간 지속되기도 한다.

독버섯 중에는 독소가 잘 알려진 경우도 여러 종류 있다. 그중 무스카린은 부교감계를 자극하여 근육 긴장도를 증가시키고 타액 분비, 눈물 흘림, 배뇨, 배변, 위장 경련, 구토, 빈맥, 동공 수축 등을 유발한다. 무스카린은 열에 안정적이어서 가열해도 독성이 없어지지 않는다. 섭취 후 15~30분이면 증상이 나타나며 보통은 2시간 이내에 완전히 회복된다. 대표 버섯으로는 솔땀버섯이 있으며 독소 함량은 약 1.6%이다. 또한 아마톡신은 세포의 단백질 합성을 저해하며 버섯독 중 가장 맹독성을 띤다. 유도체가 여럿 있으나 알파-아마니틴이 대표적이다. 창자간순환을 하며 간과 콩팥에 대한 파괴력이 강하다. 섭취한 후 10~20시간의 잠복기를 거쳐 심한 구토, 복통, 물 같은 설사, 강직, 손발이 차가운 증상이 나타나고 대개는 수일 내에 사망하며 해독제가 없다. 성인에 대한 치사량은 약 7 mg이다. 아마니틴을 함유하는 버섯은 알광대버섯, 흰알광대버섯, 독우산광대버섯 등이다. 이외의 독소로는 복통, 구토, 설사의 식중독 증상을 나타내는 화경버섯의 람테롤, 중추신경 억제 및 수면 작용이 있는 마귀광대버섯의 무시몰, 중추신경 흥분 및 환각 작용이 있는 환각버섯의 실로사이빈, 치명적인 콩팥 손상을 일으키는 끈적

그림 12-8 주요 식용버섯과 독버섯

버섯의 오렐라닌, 손가락과 발가락에 통증을 일으키는 독깔때기버섯의 아크로멜릭산, 혈액 중에 알데하이드를 축적시키는 두엄먹물버섯의 코프린이 알려져 있다.

2) 유해 생물체가 생산하는 유해 유기 화합물

(1) 유해 곰팡이

곰팡이는 여러 종류가 있으며 막걸리, 간장, 치즈 등 발효식품의 생산에 이용되는 유익한 종류들도 포함된다. 그러나 간이나 콩팥 등 인체에 해로운 곰팡이독(mycotoxin)을 합성하는 종류도 있다. 이들 유해한 곰팡이 중 가장 문제가 되는 것은 아스페르길루스 플라부스(*Aspergillus flavus*)이다. 이 곰팡이는 식품에 오염되어 생육하게 되면 아플라톡신이라는 독소를 만들어 낸다. 아플라톡신은 특히 간 기능에 장애를 일으키는데 유전자에 공유결합하여 돌연변이로 간암을 발생시킨다(그림 12-9). 아플라톡신에는 유사한 구조의 여러 가지 유도체들이 포함되어 있다. 그중에서 가장 발암성이 강한 것은 아플라톡신 B_1형으로 국제암연구기관(IARC)에서 인체 발암 물질 1군으로 지정하였다. 아플라톡신을 생성하는 곰팡이가 잘 자라는 식품으로는 옥수수, 쌀, 땅콩, 무화과, 생강 등이 있다. 이 독소를 수유하는 모체가 섭취할 경우 체내에서 화학적 변형을 일으킨 독소가 젖으로 배출된다. 이때 아플라톡신 B_1이 아플라톡신 M_1형이 되며, 정도는 낮지만 여전히 독성을 갖는다. 소 사료 중에 포함된 아플라톡신도 대사되어 아플라톡신 M_1이 우유 중에 포함될 수 있으므로 이를 지속적으로 섭취하는 유아 역시 위험이 따른다. 이 독소는 열에 대단히 안정하므로 일단 생성되면 쉽게 파괴되지 않는다. 식품 원료를 곰팡이가 자라지 못하도록 잘 보관하여 독소의 생성 자체를 차단해야 식품 안전성을 확보할 수 있다.

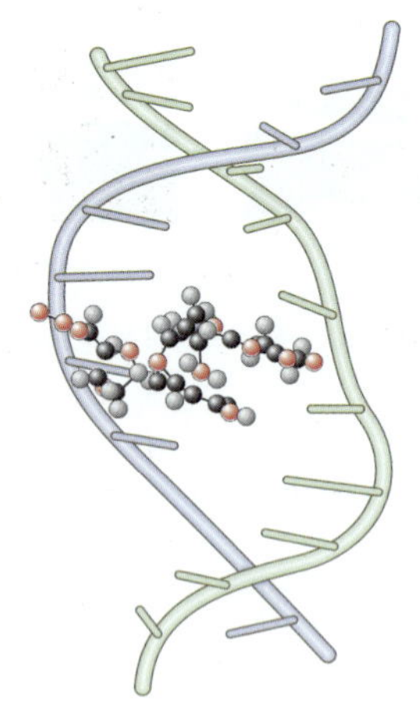

그림 12-9 DNA와 공유결합한 아플라톡신

우리나라는 "식품공전"에서 식품 중의 주요 곰팡이독소의 오염을 규제하고 있다. 규제 해당 독소들은 총 아플라톡신(B_1, B_2, G_1 및 G_2의 합), 아플라톡신 M_1, 파튤린, 푸모니신, 오크라톡신 A, 데옥시니발레놀, 제랄레논이며, 그 구조식은 그림 12-10에 나타내었다. 총 아플라톡신은 식물 원료 전반, 아플라톡신 M_1은 우유, 파튤린은 사과주스, 푸모니신은 옥수수, 그리고 오크라톡신, 데옥시니발레놀, 제랄레논은 모든 곡류를 주요 대상 식품으로 하여 그 함량을 규제하고 있다. 총 아플라톡신의 경우를 보면 식물성 식품 원료 및 가공식품에서는 15 ppb 이하로 제한하는 동시에 아플라톡신 B_1도 10 ppb 이하이어야 한다. 가공식품 중에서도 영·유아 성장기용 식품은 아플라톡신 B_1으로 0.1 ppb 이하일 것을 규정하고 있다. 식품 중 곰팡이의 생육을 억제하는 간편한 방법은 수

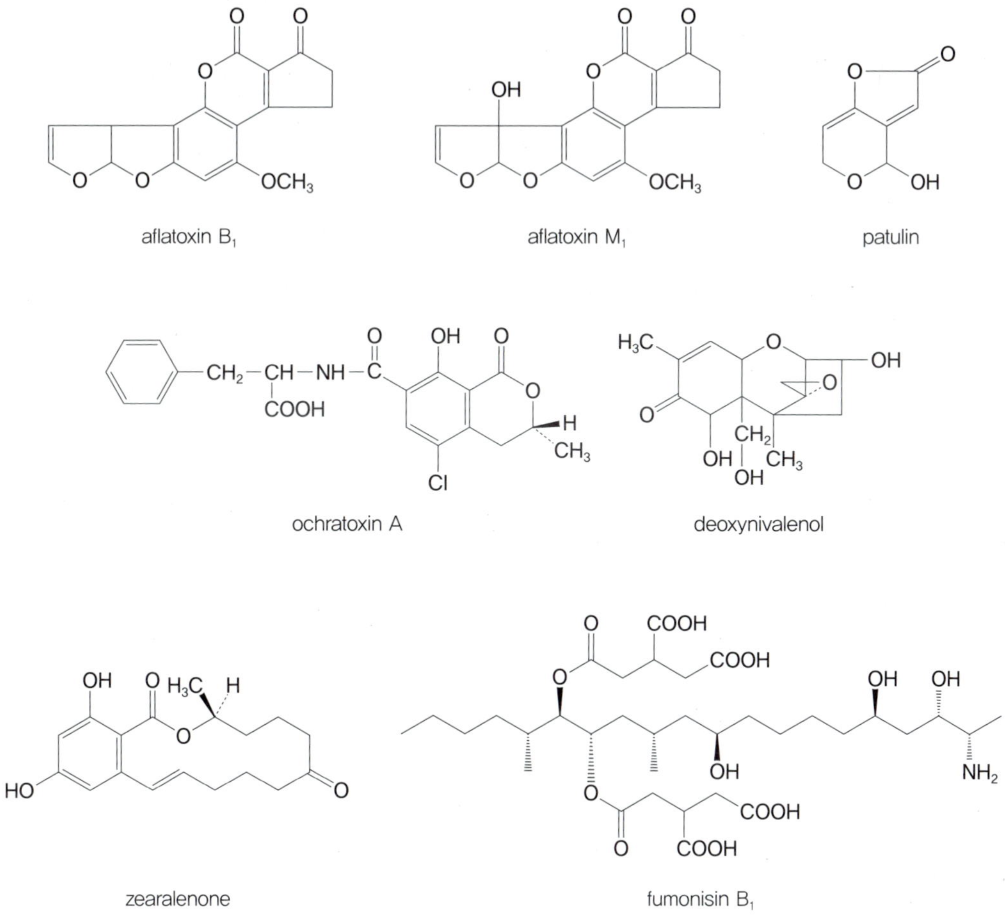

aflatoxin B_1 aflatoxin M_1 patulin

ochratoxin A deoxynivalenol

zearalenone fumonisin B_1

그림 12-10 주요 곰팡이독소의 화학 구조

ppm과 ppb

ppm은 part per million의 약자로 100만분의 1, ppb는 part per billion의 약자로 10억분의 1을 나타낸다. 따라서 ppm은 1 mg/kg과 같고, ppb는 1 μg/kg과 같다. 왜냐하면 1 kg = 10^3 g = 10^6 mg = 10^9 μg이기 때문이다.

분 함량과 온도의 조절이다. 건조된 식품의 경우 수분활성도 0.7 이하(보통 수분 함량 60% 이하), 온도는 5~7℃에 저장하는 것이 좋다.

(2) 유해 세균

세균 중의 한 종류인 황색포도알세균(황색포도상구균)은 식품 내에서 생육하면서 비교적 작은 크기의 단백질인 창자독소(enterotoxin)를 만든다. 이 미생물은 세포벽이 튼튼하고 저항성이 강하며 내염성이 커서 건조한 곳이나 7.5% 고농도의 소금물에서도 잘 자란다. 최적 생육 온도와 산도는 20~37℃와 pH 6.8~7.2로 우리나라의 일상적인 기후 조건과 비슷하여, 영양분까지 갖춘 식품들은 적합한 생육 조건이 된다. 이러한 조건과 함께 낮은 소금 농도일 때 2~6시간이면 사람을 중독시키기에 충분한 양의 독소가 만들어진다. 균체는 80℃에서 10분 가열하면 사멸되지만, 생산된 창자독소는 단백질임에도 독특한 구조 때문에 단백질분해효소에 분해되지 않고 내열성도 대단히 커서 보통의 조리 방법으로는 파괴되지 않는다. 창자독소는 알파나선 구조보다는 베타병풍 구조가 훨씬 많아서 안정하며(그림 12-11), 여러 가지 유형(A, B, C1, C2, C3, D, E형 등)의 창자

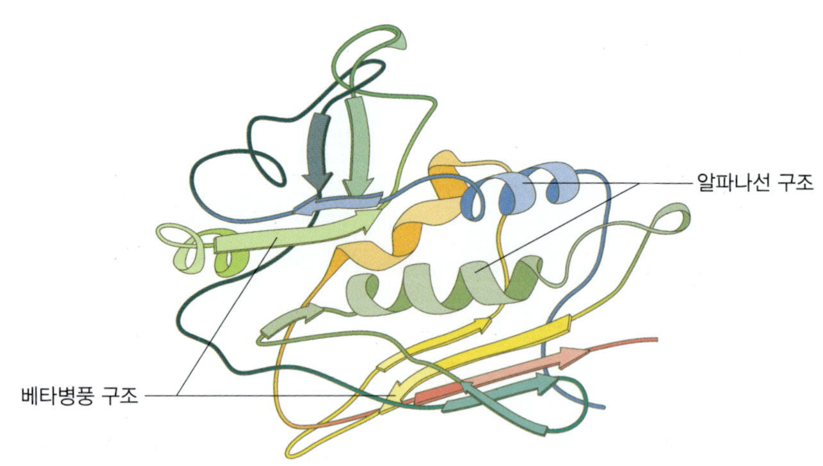

그림 12-11 황색포도알세균 독소 A형(SEA)

독소를 만든다. 이 독소는 6 μg으로도 중독 증상을 나타내는 강력한 독성을 갖는다. 일단 식품 중에 생성되면 비록 가열 처리하여 세균을 사멸했다고 하더라도 유독 물질에 의한 중독은 피할 수 없다. 식품 섭취 후 약 3시간 전후로 메스꺼움과 구토 증세를 보이며 복통, 설사 등 급성위창자염도 일으킨다. 이 유해 세균의 오염원은 정상인의 콧구멍, 목구멍 등이고, 특히 곪은 상처 부위도 해당된다. 소의 유방염이 원인이 되기도 한다. 예방을 위해서는 오염원을 원천적으로 차단하는 것이 중요하다. 식품 취급자의 청결한 개인위생과 함께 미생물이 생육하지 않도록 조리된 식품을 신속하게 소비하고, 남은 식품은 10℃ 이하에 보관하는 것이 중요하다.

3) 오염된 금속

생활 수준이 높아짐에 따라 각종 금속 물질의 사용이 늘어나고 있다. 이러한 물질들은 환경을 오염시키고 이는 식품 원료에 포함되어 사람이 섭취하게 된다. 그중에서 주목해야 할 몇 가지는 납, 비소, 수은, 카드뮴이고, 그 외에 각종 방사성 물질도 포함된다.

(1) 중금속

① 납 Pb

식품 중에 오염된 납은 무기 납인 경우 인체 발암 가능 물질(Group 2A)로 분류되어 있으며 조혈기관, 중추신경계, 콩팥, 소화기관에 대한 장애를 일으킨다. 유기 납은 주로 중추신경계의 장애를 일으키며 인체 비발암 물질(Group 3)이다.

② 비소 As

인체 발암 물질(Group 1)로 피부암, 간암, 폐암, 콩팥암, 방광암을 일으키고, 피부의 각질화와 흑피증, 사지 마비, 위장 장애 증상을 나타낸다.

③ 수은 Hg

유기물 형태의 수은이 특히 독성이 강하다. 발암성은 없으나 콩팥, 간에 축적되고 소뇌의 기능을 마비시켜 중추신경 장애, 콩팥 장애, 뇌 손상(저능아, 언어 장애 등), 경련, 기억력 감퇴, 두통 등의 중독을 일으킨다. 먹이사슬의 상위 포식자인 참치나 상어 등에 다량 함유되어 있으므로 주의가 필요하다. 우리나라에서는 식품에 메틸수은의 형태로 1 kg당 1 mg 이하로 그 유통을 규제하고 있다.

④ **카드뮴Cd**

산업체 및 각종 생활용품 등에 의해 환경에 오염된 카드뮴은 식품 중에서는 어류의 내장과 패류에 많이 분포한다. 카드뮴은 뼈(골)연화증을 일으키므로 허리, 어깨, 무릎 등에 통증을 유발한다. IARC에서는 폐암과 전립샘암을 유발하는 인체 발암 물질(Group 1)로 규정하고 있다. “식품공전”에서는 카드뮴을 현재 연체류, 패류 식품에 대하여 1 kg당 2 mg 이하로 허용하고 있다.

(2) 방사성 물질

방사성 물질은 그림 12-12에서처럼 원자가 붕괴되면서 방사선(알파선, 베타선, 감마선)을 방출하는 원소를 말한다. 인체에 들어왔을 때 베타선(베타 입자)은 DNA 이중나선의 절단, 염색체 이상 등을 일으키고, 감마선은 세포 사멸, 혈관 손상 등을 일으켜 치명적이다. 문제가 되는 것은 인체 내에 흡수되었을 때 오랫동안 인체에 머물면서 베타선이나 감마선 등 고에너지를 방사하는 경우이다. 그래서 수많은 방사성 물질 중에서 주로 세슘(CS-137), 요오드(I-131), 스트론튬(Sr-90)이 대상이다. 세슘은 베타선과 감마선 모두를 방사하며 인체에 들어오면 모든 연조직에 분포한다. 요오드도 베타선과 감마선을 방사하는데 갑상샘에 분포하여 이것이 표적 장기이다. 스트론튬은 뼈에 들어가서 베타선을 지속적으로 방사헌다. 우리나라에서는 방사성 핵종 중 세슘-134와 세슘-137 그리고 요오드-131에 대하여만 기준이 설정되어 있다.

방사성 물질인 세슘이나 요오드는 주석이나 납과 같은 보통의 물질이다. 따라서 금속의 경우와 같이 이들 물질이 식품에 오염되지 않도록 예방할 수 있다. 따라서 오염된 경우 씻거나 해당 부분만을 잘라내 제거할 수도 있다. 한편, 방사선을 쪼인 식품(방사선 조사 식품)은 주로 감마선을 햇빛처럼 식품에 쪼인 것으로 단지 쪼이는 동안 고에너지에

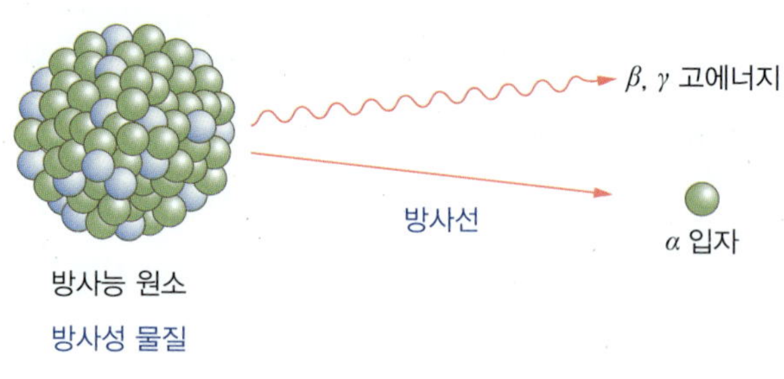

그림 12-12 방사성 물질과 방사선

의하여 식품에 변화를 초래할 뿐 식품 중에 방사성 물질이 들어가는 것은 아니다.

4) 오염된 유기 화합물

(1) 환경오염 물질

환경에 오염된 각종 유기 화합물 중에는 인체에 유해한 것들이 포함되어 있다. 그중에는 내분비계 장애 물질도 있다. 대표적인 것으로는 폴리염화바이페닐(PCB), 폴리염화다이벤조다이옥신 등이 있으며, 폴리염화바이페닐은 돼지고기, 알류, 우유류 및 수산물을 통해 인체에 들어온다. 폴리염화다이벤조다이옥신은 줄여서 다이옥신이라고도 하며, 농약에 불순물로 함유되어 있거나 폴리염화바이닐(PVC)이 섞인 쓰레기를 태울 때 생성된다고 알려져 있다. 세포 내 특이 수용체와 결합하여 암 발생, 생식능 저하, 기형아 출산, 면역 기능 저하, 신경계 이상, 만성피로, 여성 출생 비율 증가 등을 유발한다. 우리나라에서는 고등어, 갈치, 굴, 조개 등 어패류에서도 검출되었다.

내분비계 장애 물질

몸 안에 들어가 생체호르몬의 분비나 분해의 방해, 그 작용의 촉진 또는 방해로 내분비계에 이상을 가져오는 환경오염 화학 물질을 말한다. 내분비계 장애 물질은 체내에서 보통 암 발생이나 기형 등 출산 관련 문제를 일으킨다. 흔히 환경호르몬이라고 하는데 이는 국제적 용어는 아니다.

(2) 트라이할로메테인

수돗물을 제조하는 과정에 염소로 소독하는 단계가 있다. 이때 원수 중의 유기 물질들과 염소가 반응하여 트라이할로메테인(trihalomethane)을 생성한다. 염소 대신 브로민이 들어갈 수 있어서 여러 가지 화학 구조의 트라이할로메테인이 존재한다. 그중에서도 클로로폼이 상당히 유독해서 동물실험에서 간암과 콩팥암을 일으킨 것으로 알려졌다. 우리나라는 수돗물 중 트라이할로메테인의 규제량이 1 L당 0.1 mg 이하로 설정되어 있으며, 이는 나라마다 규제 방식에 차이가 있다.

(3) 변형 프라이온

프라이온(prion)은 단백질 중 하나로 동물의 뇌 세포막에 정상적으로 존재하지만, 어떤 요인에 의하여 비정상적인 구조로 변형될 수 있으며 이때는 물리 화학적 성질이 크게 달라진다. 단백질의 2차 구조가 완전히 바뀌므로 단백질 분해효소에 의하여 잘리지 않으며 물에 용해되지 않고 끓여도 변성되지 않는다. 또한 이웃하는 여러 개의 프라이온을 같은 모양으로 변화시켜 덩어리를 형성하며, 뇌 조직에 스펀지 모양의 빈 곳을 만든다. 이러한 변화는 뇌 기능을 파괴시켜 결국 해당 동물에 치명적인 질병이 발생한다. 유럽에서는 정상적인 소에 이와 같이 변형된 프라이온이 들어 있는 동물성 사료를 공급하여 광우병, 즉 소스펀지뇌병증(BSE)이 널리 발생한 바 있다. 광우병에 걸린 소의 고기를 사람이 먹고 그 변형된 프라이온이 사람의 뇌로 전이되어 유사한 질병이 발생하기도 하였는데 이를 인간광우병(변종 크로이츠펠트-야콥병, vCJD)이라고 한다(그림 12-13). 변형된 프라이온은 안정성이 매우 크기 때문에 자연계에서 없어지지 않을 뿐 아니라 식품에 오염되어 이것을 섭취한 사람에게 옮겨갈 수 있으므로 실질적으로 감염성이 있는 유해 유기 화합물이라고 할 수 있다. 광우병에 걸린 주저앉은 소 등의 동물 사체를 불에 태우는 등 완벽하게 처리함으로써 식품의 섭취 경로에서 완전히 배제하는 것이 근본적인 예방 방법이다. 광우병은 나이 많은 소에서 발생 빈도가 높으므로 상대적으로 낮은 연령의 소를 식용으로 사용하면 인간광우병 예방에 도움이 된다. 현재 우리나라는 일본, 타이완, 홍콩, 중국과는 달리 30개월 이상의 소에 대하여도 연령 제한 없이 미국으로부터 수입하고 있다. 또한 광우병에 걸린 소에서 변형 프라이온이 가장 많은 곳이 뇌, 척수, 눈, 편도, 돌창자이므로 섭취할 때에 이를 기억하는 것이 좋다. 현재로서는 인

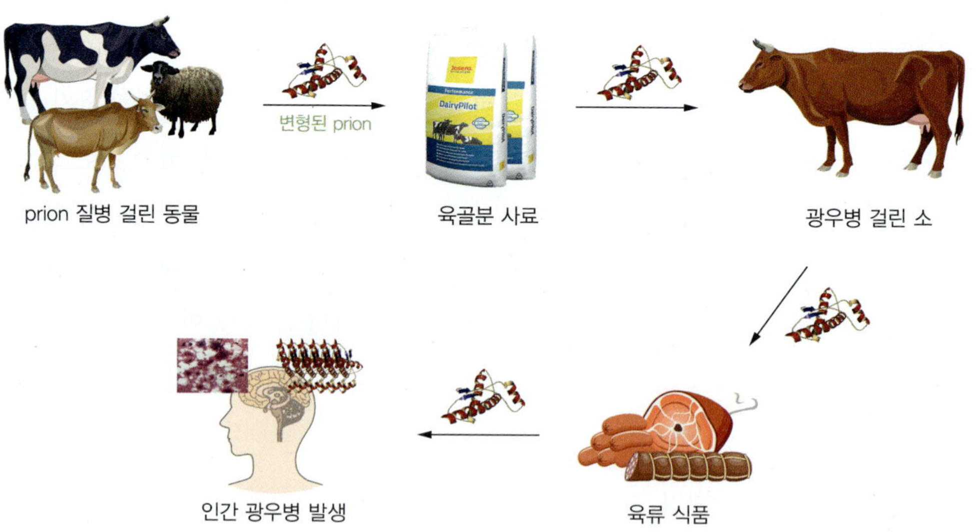

그림 12-13 인간광우병의 발생 과정

간광우병은 치료가 불가능한 질병이며 1년 이내에 90%가 사망한다고 알려져 있다.

5) 식품첨가물

식품의 가치를 향상시키기 위하여 식품첨가물을 사용한다. 2019년 현재 617종의 천연 및 합성 첨가물이 지정되어 있으며, 이 중에서 약 70%가 합성 화학 물질이다. 식품첨가물 중 과량 섭취 시 인체에 유해한 것들에 대한 사용기준이 정해져 있다. 정해진 목적에만 정해진 식품을 정해진 양의 범위에서 사용하도록 하는 것이다.

비교적 최근까지 안전성 관련하여 식품첨가물 목록에서 지정 취소된 것으로는 브롬산칼륨(1996년), 꼭두서니색소(2004), 파라옥시안식향산프로필(2008), 파라옥시안식향산부틸(2009), 파라옥시안식향산이소부틸(2009), 파라옥시안식향산이소프로필(2009), 이염화이소시아뉼산나트륨(2009), 3-아세틸-2,5-다이메틸티오펜(2015)이 있다. 한편, 사카린의 경우 발암성 논란으로 세계 각국의 첨가물 목록에서 삭제 또는 축소되었다가 현재는 다시 그 사용 범위가 크게 늘어났다. 따라서 현재 지정되어 있는 것도 인체에 완벽하게 안전한 것이 아니므로 규정을 준수하여 사용하는 것이 안전성 면에서 바람직하다.

(1) 식품첨가물의 오용 및 남용

예를 들어 차아염소산나트륨은 살균제로 과일류, 채소류 등 식품의 살균 목적에 한하여 사용해야 하며, 최종 식품 완성 전에 제거되어야 한다. 이것을 표백제로 부정하게 사용하는 경우도 있어서 "식품공전"에는 이를 참깨에 사용하여서는 안 된다는 단서를 달아 놓았다.

발색제나 보존료로 사용되는 아질산나트륨은 식육 가공품(식육 추출 가공품 제외), 어육소시지, 명란젓과 연어알젓에 질산이온으로 식품 1 kg당 각각 0.07 g, 0.05 g, 0.005 g 이상 남지 않도록 사용기준이 설정되어 있다. 이 물질은 식품의 섭취 과정에서 화학반응을 일으켜 발암 물질을 생성할 수 있으므로 과량을 사용하지 않도록 해야 한다.

(2) 부정 첨가물

인체에는 해롭지만 첨가 효과가 좋고 값이 싼 화학 물질들이 오래전부터 부정 식품첨가물로 자주 사용되어 왔다. 이들은 위생 수준이 낮은 외국에서 무분별하게 사용될 수 있으므로 특히 수입 식품에 대한 주의가 필요하다. 이들의 사용 빈도를 살펴보면 유해 착색료, 유해 감미료, 유해 보존료, 유해 표백제의 순서이며, 아우라민, 파라나이트로아닐린, 로다민 비, 말라카이트그린, 메틸바이올렛, 둘신, 사이클라메이트, 붕산, 살리실산, 폼알데하이드, 롱갈리트, 삼염화질소 등이 속한다.

3. 가공 및 조리 과정 중의 유해 물질

1) 나이트로사민

나이트로사민(nitrosamine)은 아질산염과 2급 아민류가 산성 조건하에서 반응하여 생성되거나, 식품 제조 가공 중 또는 소화관 내에서 생성된다. 여러 가지 나이트로사민류 중에서 *N*-나이트로소다이메틸아민은 발암 물질 분류에서 IARC 2A로 분류되어 있다. 이는 사람의 위 내부에서 생성되는 경우에도 해당하며, IARC 2A는 인체에 발암 가능성이 있다는 것을 의미한다. 발생하는 암으로는 간암과 식도암 또는 방광암이 거론되어 왔다. 아질산염은 식육 가공품이나 어육소시지 등에 식품첨가물로 사용된다. 2급 아민은 일반 식품에 충분량이 들어 있다. 따라서 햄이나 소시지를 과량으로 섭취하거나 이를 이용하여 요리한 음식을 섭취하는 것이 나이트로사민이 인체로 들어오는 과정이다. 섭취하는 음식 중 지방이 10%를 넘지 않은 경우에 한하여 아스코브산(비타민 C)을 함께 섭취하는 것이 이들 나이트로사민의 생성을 큰 폭으로 낮추는 방법이다.

2) 벤조피렌

벤조피렌(benzo[a]pyrene)은 식품을 가열하는 과정에서 유기 물질의 불완전연소로 생성되는 수많은 여러고리방향족탄화수소 화합물의 일종이다. 특히 석쇠구이(바비큐)를 하는 식품 중 유기물이 불꽃에 직접 접촉하여 검게 탄 부위에 많다. 해당 식품은 스테이크, 햄버거, 통닭 등이다. 벤조피렌은 IARC 1군에 해당하는 강력한 인체 발암 물질이다. 벤조피렌은 인체 내 해독 효소 시스템인 사이토크롬 P-450 시스템에 의하여 벤조피렌-9,10-옥사이드 형태가 되어 DNA의 염기쌍 층 사이로 끼어들어 가서 공유결합을 하게 된다. 그림 12-14에 벤조피렌의 발암 메커니즘을 나타내었다.

훈제 식품에서도 벤조피렌이 검출되며, 식용유 제조 과정에서도 발생한다. 참기름의 경우 깨를 볶는 전처리 과정을 거치는데 이때 열처리 정도에 따라 벤조피렌의 생성에도 큰 차이를 보인다. 전 세계적으로 일어나는 각종 열처리 및 자연재해에 따른 환경오염 물질 중에도 벤조피렌이 섞여 있으며, 이들이 다양한 식품 원료를 오염시키는 데 어류와 패류에서도 검출되고 있다. 해당 식품에 따른 벤조피렌의 허용기준은 "식품공전"에 수록되어 있다.

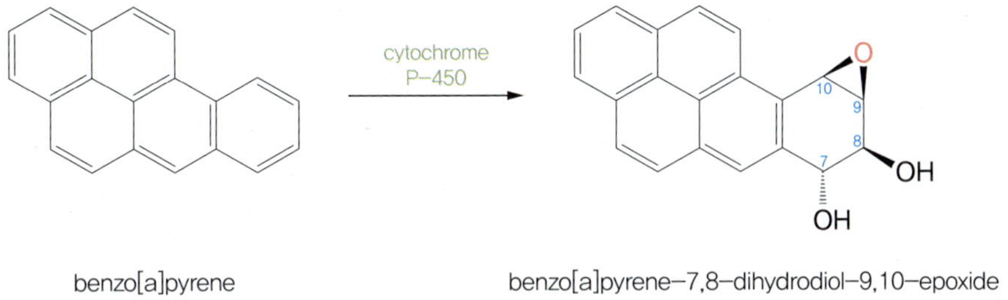

그림 12-14 벤조피렌의 독성화 메커니즘

3) 아크릴아마이드

감자를 고온에서 가열하여 감자튀김이나 스낵 등을 만드는 과정에 포도당과 아스파라진이 반응하여 아크릴아마이드(acrylamide)라는 발암 물질이 생성된다(그림 12-15). IARC는 아크릴아마이드를 2A군(사람에게 발암성이 가능한 물질)으로 분류하고 있다. 아크릴아마이드는 소뇌의 신경 장애를 포함한 신경계 증상을 나타낸다. 커피를 비롯해서 프렌치프라이, 크래커, 뻥튀기, 시리얼 등에도 상대적으로 적은 양이지만 포함되어 있다. 따라서 이들 역시 가능하면 낮은 온도에서 열처리하는 것이 아크릴아마이드의 생성을 줄이는 방법이다. 감자튀김의 경우 160℃ 이하 온도에서 2분 이하 처리하면 500 ppb 이하를 유지할 수 있다.

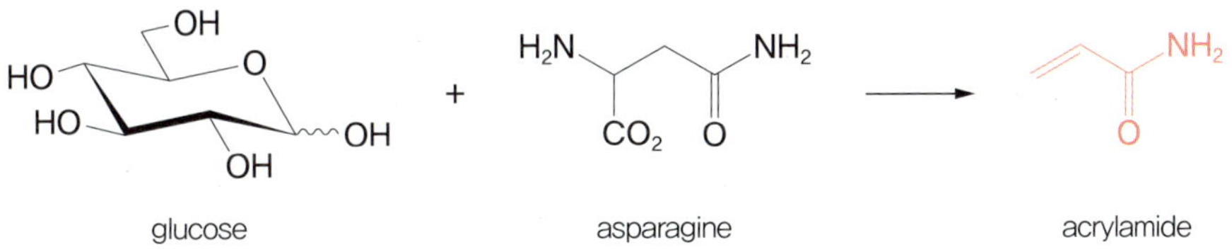

그림 12-15 식품 중 아크릴아마이드의 생성

4) 트랜스지방

식물성 기름(콩기름, 옥수수기름, 목화씨기름, 팜유 등)은 불포화지방산의 함량이 높아 산패가 쉽게 일어나는 단점이 있어서 대량생산 공정에서 가공식품의 원료로 사용하기에는 불편하다. 따라서 불포화지방산의 이중결합에 수소를 강제로 첨가하여 포화지방산으로 변환시킴으로써 실온에서 지방처럼 단단한 경화기름(hardened oil)을 개발하여 식품 가공에 사용해 왔다. 예를 들어 버터와 돼지기름(라드) 대신 값싼 마가린과 쇼트닝을 개발하여 사용한 것이 해당된다. 이러한 경화기름, 즉 수소화기름(hydrogenated oil)은 포화지방으로 변했으므로 산화되지 않고, 고체 상태이므로 보관 및 운송도 편리하다. 그런데 수소를 첨가하는 경화 과정 중에 일부 불포화지방산이 가지고 있는 이중결합의

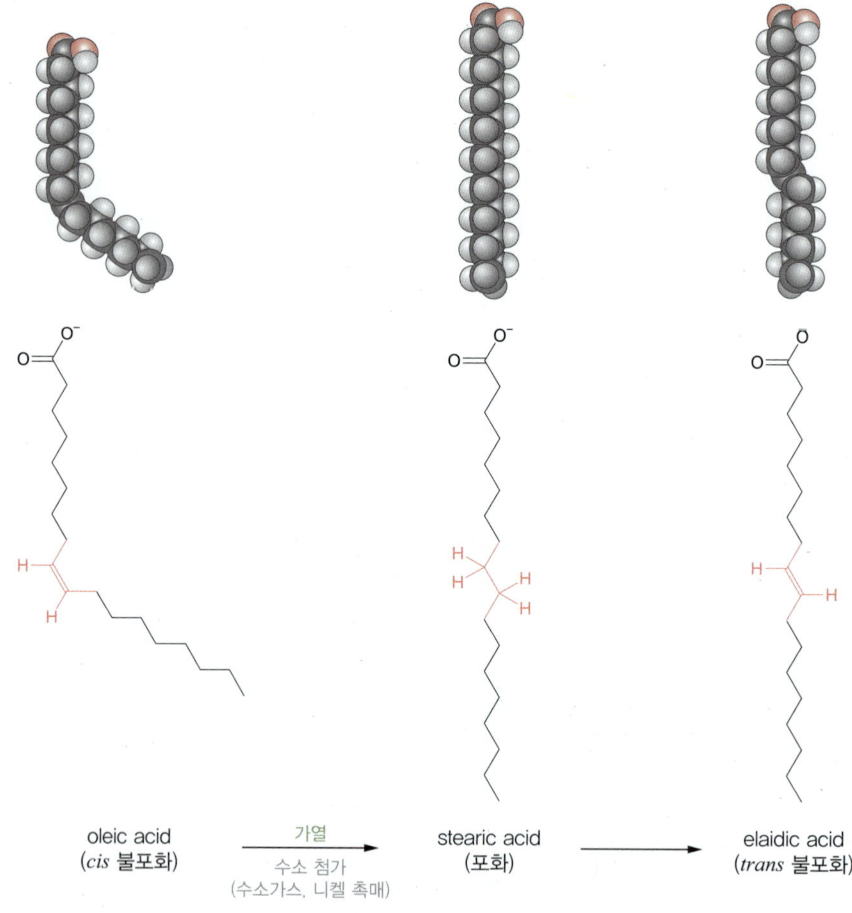

그림 12-16 올레산의 수소화 반응과 엘라이드산의 생성

기하학적 형태가 시스(*cis*)형에서 트랜스(*trans*)형으로 바뀌어 트랜스지방이 생성된다. 예를 들어서 탄소가 18개이고 이중결합이 1개인 올레산이 경화반응을 거치면 스테아르산이 된다. 그러나 반응 중 불안정한 상태의 스테아르산에서 수소가 다시 빠질 수도 있는데 이때는 원래의 이중결합인 시스형(올레산)뿐만 아니라 트랜스형(엘라이드산)도 생긴다. 그림 12-16에 트랜스지방산의 생성 메커니즘을 나타내었다.

문제는 식품을 통해 섭취된 트랜스지방 중의 트랜스지방산이 세포막의 구성 성분으로 사용되어 인체에 유해하다는 사실이 연구를 통하여 잘 알려진 것이다. 트랜스지방산은 혈청 중 콜레스테롤을 증가시키고 동맥경화증을 유발하며, 관상동맥 심장 질환과 간암이나 대장암 등 각종 암 발생을 증가시킨다. 이러한 트랜스지방이 과거에는 쇼트닝에 14~30%, 마가린에는 15~70%, 샐러드기름에는 0~15%까지 들어 있는 것으로 조사되었다. 최근에는 트랜스지방 생성을 최소화하며 수소화기름을 제조함으로써 이들 식품의 안전성을 확보하고 있다.

단원정리

- 식품 관련 기생충은 크게 선충, 조충, 흡충으로 나누며, 가장 최근 조사에서 우리나라는 기생충 질환 중 간흡충이 가장 많고 그 다음이 편충과 요코가와흡충으로 나타났다.
- 법정 감염병 1군은 콜레라, 장티푸스, 파라티푸스, 세균성 이질, 창자출혈성 대장균 감염증, A형 간염이다.
- 우리나라에서 가장 비중이 큰 식중독은 노로바이러스와 병원성 대장균에 의한 것이다.
- 동물성 자연독을 생산하는 식품으로 조개와 복어가 중요하며, 이들의 대표적 독소는 각각 삭시톡신과 테트로도톡신이고 모두 신경독소이다.
- 식물도 독소를 생산하는 것들이 있다. 예를 들어 감자의 솔라닌, 매실 등 핵과의 씨알맹이 중 청산 글리코사이드, 은행의 4-메톡시피리독신 등이 해당한다.
- 우리나라에 약 20여 종의 맹독성 버섯이 있으며, 독성분은 위창자염을 일으키는 것, 간과 콩팥을 손상시키는 것, 신경계에 작용하는 것으로 나눌 수 있다, 주요 독소는 무스카린, 아마니던, 실로사이빈, 오렐라닌, 코프린 등이다.
- 곰팡이 중에는 간이나 콩팥 등 인체 장기에 해로운 유기 화합물, 즉 곰팡이독을 합성하는 것 등이 있으며 가장 문제가 되는 아스페르길루스 플라부스는 발암 물질인 아플라톡신을 식품 중에 생성한다.
- 중금속 중에서 비소와 카드뮴은 인체 발암 물질 1군(IARC Group 1)이고, 무기 납은 인체 발암 가능 물질 2A군(IARC Group 2A)이며 수은은 중추신경 장애를 일으킨다.
- 우리나라에서는 방사성 핵종 중 세슘-134와 세슘-137, 그리고 요오드-131에 대하여 식품 중 허용기준이 설정되어 있다.
- 수돗물을 제조하는 동안 염소로 소독하는 과정에서 트라이할로메테인이 생성되는데 그중 클로로폼이 동물실험에서 간암과 콩팥암을 일으키는 것으로 확인되었다.
- 프라이온은 전염성 단백질 독소로 광우병의 원인 물질이며, 인체 감염 시 인간광우병인 변종크로이츠펠트-야콥병을 일으킨다.

- 식품의 가공 및 조리 과정에서 만들어지는 유해 물질로는 인체 발암 물질인 벤조피렌, 인체 발암 가능 물질인 나이트로사민과 아크릴아마이드, 혈중 콜레스테롤을 증가시키고 동맥경화증을 유발하는 트랜스지방 등이 있다.

연습문제

1. 간흡충 감염 가능성이 있는 식품을 고르시오.

① 참붕어　② 채소류　③ 돼지고기
④ 굴　④ 민물게

2. 우리나라에서 최근 10년 동안 환자 수가 가장 많은 세균성 식중독을 고르시오.

① 살모넬라　② 황색포도알세균(황색포도상구균)
③ 창자염비브리오　④ 노로바이러스　⑤ 병원성 대장균

3. 신경독소가 아닌 것을 고르시오.

① 솔라닌　② 유기수은　③ 삭시톡신
④ 아플라톡신　⑤ 테트로도톡신

4. 청산 글리코사이드를 갖는 식품이 아닌 것을 고르시오.

① 매실　② 은행　③ 살구
④ 복숭아　⑤ 카사바

5. 벤조피렌의 인체 위험성과 그것을 예방할 수 있는 식생활에 대해 설명하시오.

6. 단백질 독소인 비정상 프라이온의 전염성에 대하여 설명하시오.

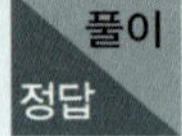

1. ❶ 간흡충의 피낭유충은 돌고기, 몰개, 참붕어 및 중고기 등과 같은 민물고기가 높은 감염률 및 감염 밀도를 나타낸다.
2. ❺ 병원성 대장균에 의한 식중독 환자 수가 단연 많다. 노로바이러스는 세균성 식중독이 아니다.
3. ❹ 아플라톡신은 유전자에 공유결합하여 돌연변이를 유발하는 발암 물질이다.
4. ❷ 은행의 독소는 4-메톡시피리독신이며, 이 독소를 섭취하면 체내 감마아미노뷰티르산 합성이 억제되어 경련을 일으킨다.

5. 벤조피렌은 IARC 1군에 해당하는 강력한 인체 발암 물질이다. 벤조피렌은 인체 내 해독 효소 시스템인 사이토크롬 P-450 시스템에 의하여 벤조피렌-9,10-옥사이드 형태가 되어 DNA의 염기쌍 층 사이로 끼어들어 가서 공유결합하여 암을 유발한다. 벤조피렌은 식품을 가열하는 과정에서 유기 물질의 불완전 연소로 생성되므로, 특히 석쇠구이(바비큐)를 하는 식품 중 검게 탄 부위에 많다. 이외에 태운 스테이크, 햄버거, 껍질 있는 통닭, 훈제 식품에도 있으므로 섭취할 때 주의가 필요하다.
6. 프라이온 단백질이 비정상적인 구조로 바뀌면 단백질 분해효소에 의하여 잘리지 않고 물에 용해되지도 않으며 끓여도 변성되지 않기 때문에, 그 안정성이 커서 자연계에서 없어지지 않는다. 식품에 오염되어 이를 섭취한 동물에 흡수되어 다시 옮겨갈 수 있으므로 실질적으로 감염성이 있다. 실제로 광우병에 걸린 쇠고기를 사료로 섭취한 다른 소들이 전염되어 광우병이 크게 확산하였던 적이 있다. 이것에 오염된 고기를 사람이 먹고 그 변형된 프라이온이 사람의 뇌로 전이되어 유사한 질병이 발생하기도 하였는데 이를 인간광우병(vCJD)이라고 한다.

참고문헌

국립수산과학원, 패류독소속보, http://www.nifs.go.kr/bbs?id=shellfish, 2019. 02 접속.

국립수산물품질검사원, 복어의 올바른 이해, 국립수산물품질검사원, 2006.

농촌진흥청·식품의약품안전처, 알기 쉬운 독초·독버섯, 농촌진흥청, 2008.

손석준 등. 품종과 수확시기 및 발효조건에 따른 매실의 아미그달린 함량에 관한 연구, *J Korean Soc Food Sci Nutr* 한국식품영양과학회지. 46(6), 721-729, 2017.

식품의약품안전처, 수산물의 기생충 관찰 도감, 식품의약품안전처 식품위해평가부, 2018.

식품의약품안전처, 식품공전(https://www.foodsafetykorea.go.kr/foodcode/01_01.jsp), 2019. 02. 접속.

식품의약품안전처, 식품첨가물공전 (http://www.foodsafetykorea.go.kr/foodcode/04_00.jsp), 2019. 02. 접속.

식품의약품안전처, 중독 신고 건수 및 환자 수, e-나라지표 (http://www.index.go.kr/potal/main/EachDtlPageDetail.do?idx_cd=2761), 2019.02 접속.

질병관리본부, 기생충과 민물고기, 2018.

M.R. Haque and J.H. Bradbury, Total cyanide determination of plants and foods using the picrate and acid hydrolysis methods, *Food Chemistry* 77, 107-114, 2002.

World Health Organization, 간흡충증(https://www.who.int/foodborne_trematode_infections/clonorchiasis/en/.), 2019. 2 접속.

CHAPTER **13**

식품 알레르기와 유전자 변형 식품

학 습 목 표

최근 들어 식품 자체가 가지고 있는 성분이나 유전자를 변형하여 만든 식품을 섭취하였을 때 나타날 수 있는 알레르기 증상 등 다양한 질환에 관심이 높아지고 있다. 이는 환경오염, 식품이나 식품 관련 물질들 중 안전하지 않은 물질들로 인해 사람의 면역 활성이 떨어져 질환에 민감해짐으로써 식품을 섭취하였을 때 특정 물질에 민감하게 반응하는 것으로, 이에 대한 정확한 이해와 예방할 수 있는 방법을 알아본다.

1. 식품 알레르기가 무엇이고, 어떻게 일어나는지 알아본다.
2. 알레르기를 유발할 수 있는 식품을 알아본다.
3. 유전자 변형 식품의 제조 방법과 식품의 종류 및 특징을 알아본다.
4. 알레로기 유발 식품이나 유전자 변형 식품에 대해 예방할 수 있는 방법을 알아본다.

1. 식품 알레르기

1) 식품 알레르기의 정의

특정 단백질 물질(항원, antigen)이 체내에 들어오면 이에 대응하는 항체(antibody)가 만들어져 다시 들어온 항원에 대해서 항체가 반응을 한다. 대부분의 사람에게는 무해한 식품이 일부 사람에게는 특정 식품에 의해 생성되는 면역글로불린(IgE)으로 인해 나타나는 면역 이상반응으로, 두드러기, 가려움증, 혈관 부종 증상과 심하면 아나필락시스(anaphylaxis) 쇼크를 일으켜 생명을 잃을 수도 있다. 식품 알레르기는 영유아에게 자주 나타나며 성장하면서 발생 빈도는 감소한다.

2) 식품 알레르기의 발생 원인

식품 알레르기는 유전적 요인과 환경 요인에 의해 나타날 수 있는데 최근에는 환경적 요인의 영향이 크다. 주로 식품 섭취 양상의 변화나, 알레르기 발생이 높은 항원에 많이 노출되기 때문에 나타나는 것으로 생각된다. 식품 알레르기 진단을 받으면 해당 음식은 물론이고 비슷한 성분의 음식도 섭취하지 않아야 하며, 알레르기 유발 음식과 함께 조리한 음식을 섭취하는 것만으로도 증상이 나타날 수 있으므로 주의가 필요하다. 발생 원인을 정리하면 다음과 같다.

① 알레르기 원인이 되는 식품 섭취.
② 수유부가 섭취한 식품 성분이 모유로 분비되어 전이.
③ 이유식을 지나치게 빨리 시작하는 경우.
④ 가족 중에 식품 알레르기가 있는 경우.

3) 식품 알레르기의 주요 증상

식품 알레르기는 특정 음식을 섭취하거나 접촉할 때마다 피부, 호흡기, 순환기 등 다양한 기관을 통해 증상이 나타난다. 그 증상은 원인 식품의 섭취량과는 관계가 없으며 극소량을 먹더라도 증상이 심할 경우 생명에 위협이 될 수 있다.

(1) 면역 체계에 의한 알레르기 반응

인체에는 면역 체계가 작동되고 있어 병원균 등의 미생물이나 꽃가루, 진드기, 식품,

먼지 등이 체내로 들어오면 일반적으로 정상적인 면역반응을 보여 외부 환경으로부터 적응 또는 보호를 받고 있다. 이와 달리 알레르기는 외부에서 들어온 식품에 함유된 물질이나 꽃가루, 먼지 등에 의해 과민한 면역반응을 보여 아토피 피부염, 두드러기, 천식, 비염과 설사 등의 증세가 나타난다.

알레르기는 그림 13-2와 같이 알레르기항원(allergen)이 들어오면 림프구 중 항체를 생성하는 B-세포와 접촉하고 형질세포에서 항체인 면역글로불린 E(immunoglobulin E,

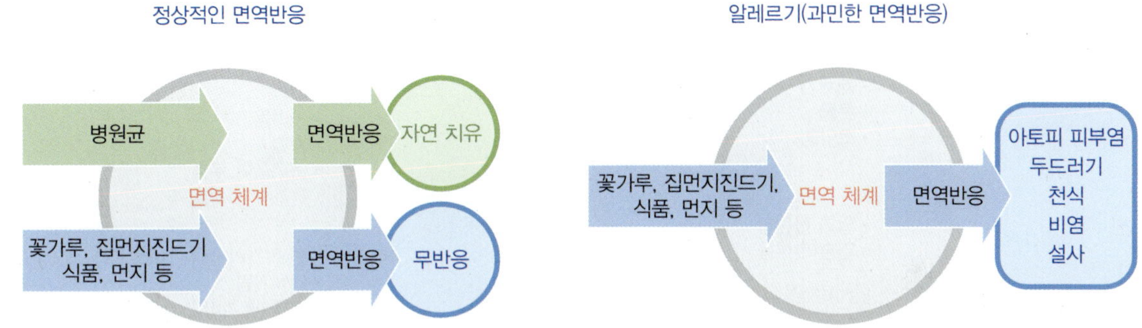

그림 13-1 정상적인 면역반응과 알레르기

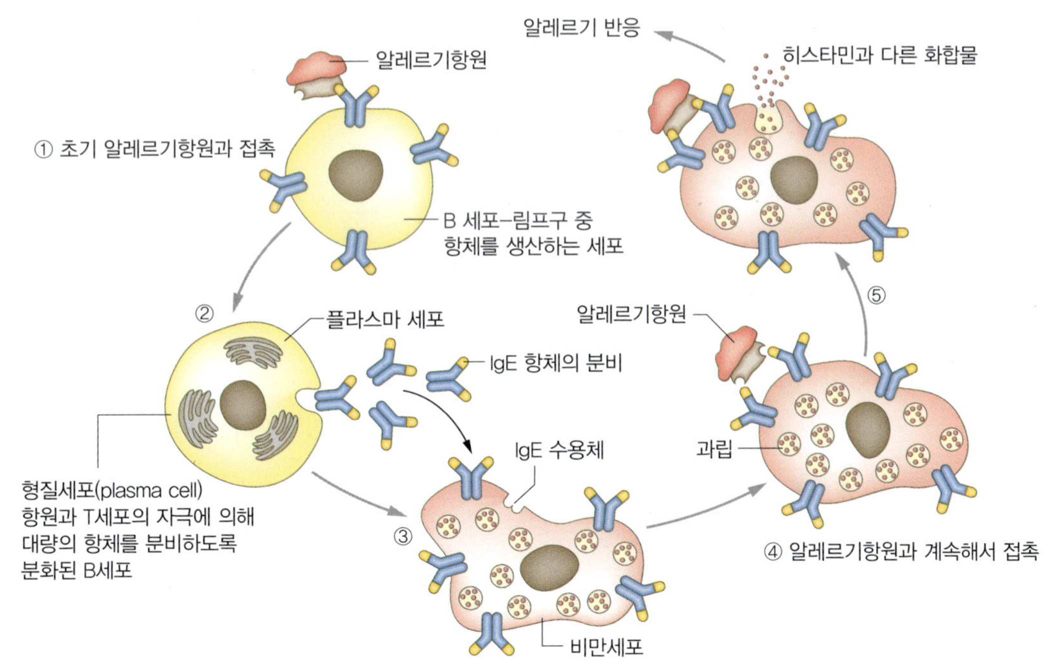

그림 13-2 알레르기의 진행 과정

IgE)를 분비한다. 모세포에 IgE가 붙어 있는데 다시 항원이 들어오면 히스타민이나 다른 화학 물질이 분비되어 알레르기 증상이 나타난다.

(2) 신체 부위에 따른 알레르기 증상

식품 알레르기는 증상이 특히 다양한 기관에 나타나는데 피부에는 두드러기·혈관 부종·아토피 피부염·소양성 피부염, 위장관에는 설사·구토·복통, 호흡기에는 천식·비염이며, 전신에 나타나는 아나필락시스는 심하면 사망에 이르게 된다.

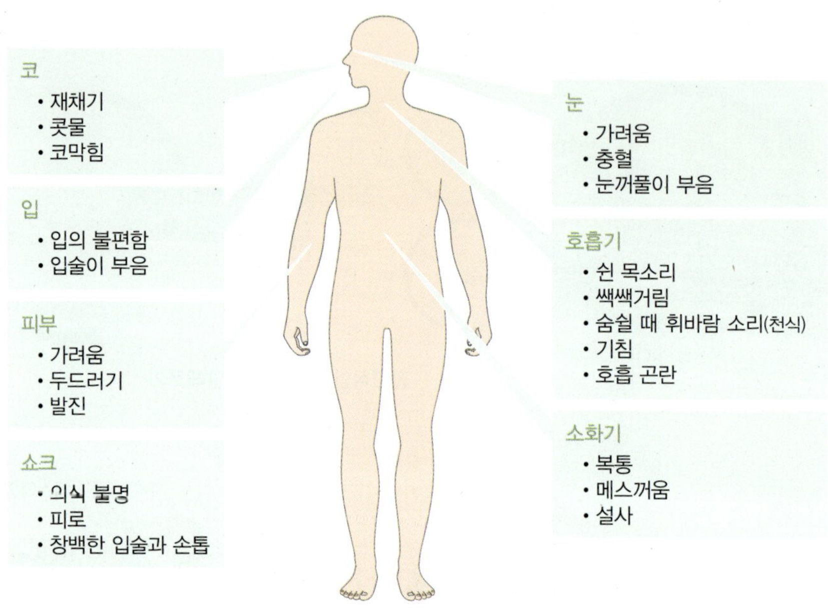

그림 13-3 신체 부위별 식품 알레르기의 주요 증상

(3) 식품 알레르기의 강도별 증상

① 약한 정도

피부 발진, 두드러기, 코 흘림, 코 막힘, 입·혀·목구멍의 따끔거림, 설사, 기침, 재채기, 복통, 위장통, 현기증, 구토 등이 나타난다.

② 강한 정도

입술·혀·목구멍이 부음, 삼키기 어려움, 호흡이 쌕쌕거리거나 짧음, 혈압 강하(안색이 창백하거나 혼란), 가슴의 통증, 파래지거나 의식을 잃는다. 심한 알레르기 반응을 아나필락시스라고 하며 생명을 위협할 수도 있다.

(4) 표적 기관에 따른 알레르기 증상

신체의 부위에 따라 다른 증상이 나타난다. 특히 호흡기의 천식이나 비염, 피부의 아토피 피부염과 위장관의 호산구성 위장염 및 전신반응인 아나필락시스가 주요 증상이다.

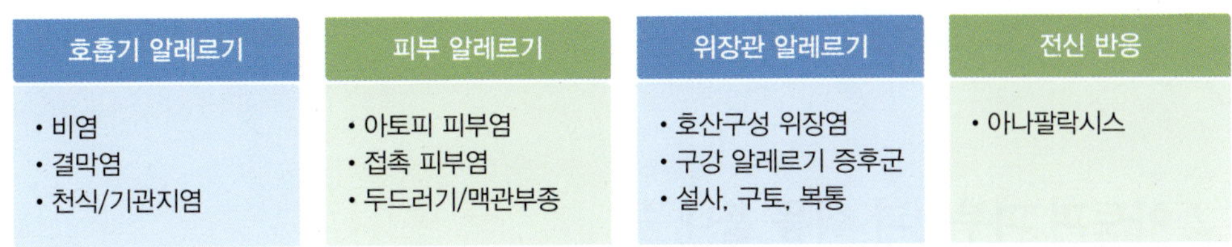

그림 13-4 표적 기관에 따른 알레르기 증상

4) 알레르기 발생 메커니즘

알레르기는 T 림프구인 Th1(세포성)과 Th2(체액성)가 평형을 이루었을 때 건강한 상태인 면역 균형이 나타난다. 그러나 Th2(T helper 2) 세포의 활성이 증가하면 아토피 피부염, 천식, 알레르기성 비염, 식품 알레르기가 발생한다. 알레르기를 증가시키는 환경 요인으로는 알레르기를 일으키기 쉬운 항원에 대한 노출 증가, 또는 환경 변화 등으로

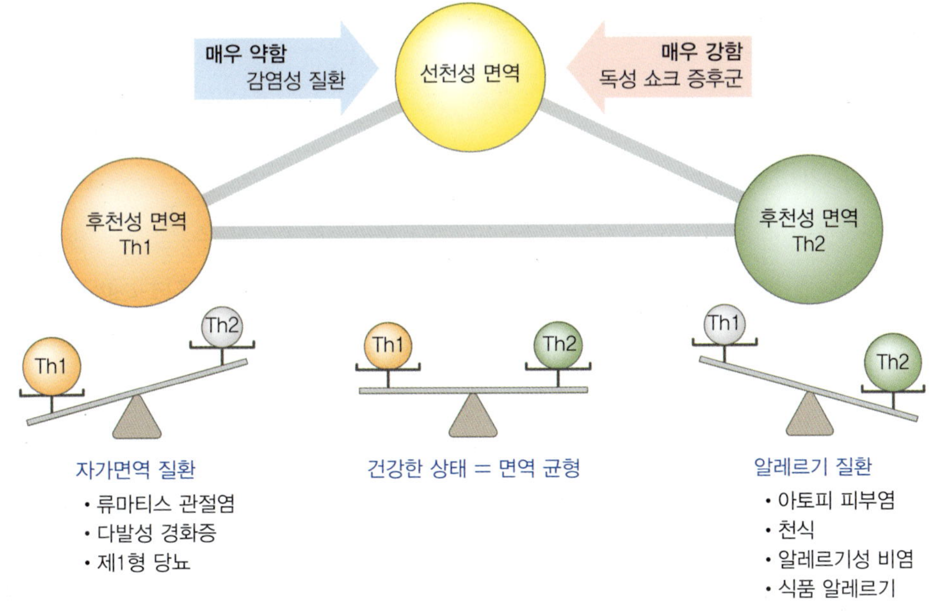

그림 13-5 알레르기 질환의 발생 메커니즘

Th1의 반응이 위축되었을 때 등이다. Th2의 활성 증가에 따른 알레르기 질환의 진행 순서를 영유아인 6개월부터 15세까지 연령별로 보았을 때 위장에서의 식품 알레르기, 1세 무렵의 아토피 피부염, 3~7세 사이의 기관지 천식에서 15세 이상이 되면 알레르기 비염으로 발전하게 된다. 이렇게 연령에 따라 알레르기 질환이 다른 발병률을 보이는 것을 알레르기 행진이라고 한다.

2. 아토피 피부염과 식품 불내증

1) 아토피 피부염의 발생 요인

아토피 피부염의 발생은 유전적 요인도 영향을 끼치지만 환경 인자나 체질, 알레르기 등에 의하여 발생한다. 아토피 피부염은 그림 13-6에 나타낸 것과 같이 여러 가지 요인이 작용하는 등 복합적이며, 사람마다 요인이 다를 뿐 아니라 같은 요인이라도 연령에

아토피의 유전적 요소

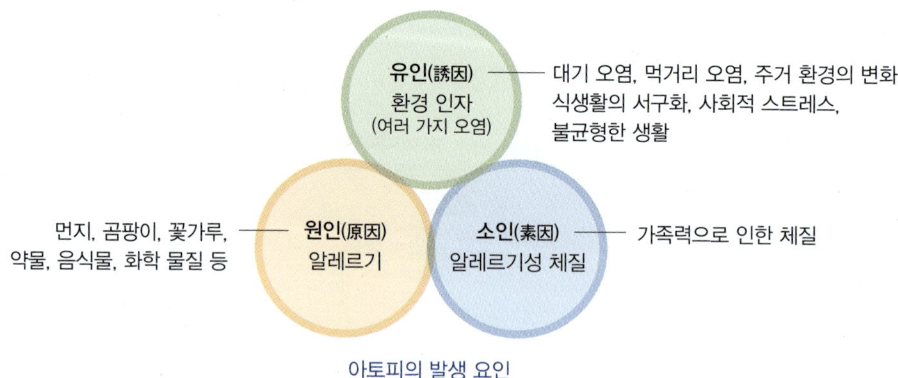

아토피의 발생 요인

그림 13-6 아토피 피부염의 발생 요인

따라 달리 작용하기도 한다. 아토피 피부염은 알레르기 질환 중 하나이면서 피부 장벽에 문제가 생기는 피부 질환이기 때문에 알레르기 질환 또는 피부 질환의 가능성을 모두 갖는다. 두 가지 요인이 결합된 형태이므로 관리법도 2가지가 필요하다. 아토피 피부염 환자는 대부분 두드러기, 천식, 비염 등을 동반하는 경우가 많고 가족력이 있는 환자도 많아 유전적 요인도 작용하는 것으로 생각되며, 환경 여건과 정서적 긴장 등 소위 다인자성 악화 요인을 갖는 질환이라 여겨진다. 아토피 피부염은 식품, 자극, 스트레스, 감염에 의해 악화되며 피부가 건조해지면 가려움증이 심해져 긁게 되고 이로 인해 염증이 생기는 악순환이 이어진다(그림 13-7).

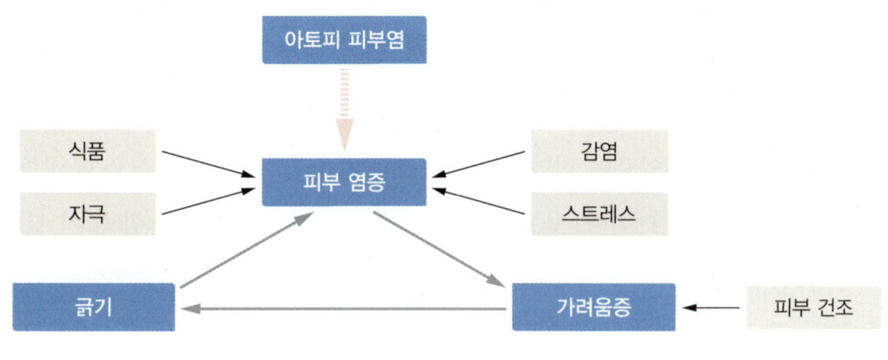

그림 13-7 아토피 피부염 증상에 영향을 주는 요인들

(1) 알레르기 질환

아토피 피부염을 알레르기 질환이라고 생각할 때 알레르기를 일으키는 원인 물질의 공급을 차단하고, 알레르기 반응으로 인한 염증 치료약을 써야 한다. 영유아는 면역 조절 능력이 부족하여 알레르기 반응이 나타나기 쉬우며 가장 대표적인 증상이 아토피 피부염이다. 증상이 심한 아이들 대부분이 식품 알레르기를 동반하는 특징을 보이기 때문에 관리를 어렵게 하는 요인이 되고 있다. 특이하게 알레르기는 한 가지 식품에만 나타나는 것이 아니라 여러 식품에서 나타나고 있어 많은 식품을 제한하기 때문에 영양 문제가 동반될 수 있다. 아토피 피부염에 동반되는 식품 알레르기는 나이가 들면서 저절로 없어지는 경우가 많으므로 1년에 한 번은 식품 알레르기를 확인해야 한다. 아토피 피부염 관리에서 식품 알레르기가 동반된 경우가 아니라면 식품을 제한해서는 안 된다. 알레르기 물질로 작용하는 식품만 제한해야 하고, 나머지 식품은 일반 아이와 똑

같이 제공해야 한다는 사실을 유념해야 한다.

(2) 피부 질환

아토피 피부염 환자의 가장 중요한 증상은 가려움증이며 피부는 긁게 되면 습진성 병변으로 발전하여 더 심한 소양증이 유발되는 악순환이 진행된다. 그래서 가려움증 증상을 완화시키는 것이 매우 중요하다. 오래 지속되는 아토피 피부염은 피부에 진물이 나서 단백질 손실이 심하고, 염증을 줄이기 위해 산화방지 영양소가 필요하며, 피부 회복을 위한 영양소도 필요하다. 특히 아이에게서 많이 발생하므로 성장과 건강을 위하여 영양에도 신경을 써야 한다.

2) 식품 불내증

식품 불내증(food intolerance)은 식품 알레르기와 증상은 비슷하지만 체내 효소의 결함이나 운반의 문제에 기인하며 면역학적 메커니즘과는 관련이 없다. 식품 불내증의 증상은 트림, 가스, 소화불량, 설사, 두통, 신경질적인 반응이나 상기된 느낌 등이 있다. 식품 불내증에는 대사성 식품 반응, 약리적 식품 반응, 식중독 및 식품 특이반응 등이 포함되며, 젖당 불내증은 그중 대사성 식품 반응으로 젖당 분해효소가 체내에서 분비되지 않아 작은창자에서 젖당이 분해되지 않는 것이 원인이다. 젖당을 제거한 우유를 마시면 대체로 해결된다. 최근 시판되는 '속이 편한 우유', '소화가 잘 되는 우유'는 락토스 프리우유로 젖당 불내증 환자도 마실 수 있으며, 요구르트나 프로바이오틱스의 섭취도 도움이 된다. 우유는 젖당 불내증 이외에 알레르기 유발 식품으로 우유 알레르기가 발생할 수 있다. 이때는 우유 단백질이 제거된 상태, 즉 알레르기항원이 없는 음식을 섭취해야 한다.

3. 알레르기 유발 식품

1) 알레르기 유발 식품이란

알레르기를 일으키는 식품은 매우 다양한데 먼저 동물성 식품으로는 돼지고기, 닭고기, 쇠고기, 고등어, 쥐치, 대구, 갈치, 꽁치, 정어리, 멸치, 황새치, 가자미, 연어, 홍어, 참치, 게, 새우, 오징어, 가리비, 문어, 전복, 치즈, 야쿠르트, 아이스크림, 버터, 달걀, 번데기 등이 있다. 그 외 복숭아, 사과, 수박, 딸기, 멜론, 바나나, 포도, 감, 자두, 무화과, 메밀, 밀, 옥수수, 참깨, 토마토, 양파, 콩, 무, 시금치, 흰 양배추 오이, 삼, 상추, 호박, 토란, 땅콩, 잣, 호두, 은행, 초콜릿 등 많은 식품이 해당하는 것으로 알려져 있다.

2) 우리나라의 알레르기 유발 식품

(1) 알레르기 표시 대상 식품

우리나라 식품의약품안전처는 최근 식품의 알레르기 표시 대상을 확대하고 표시 방법을 개선하는 것을 주요 내용으로 하는 "식품등의 표시기준"을 개정 고시하였다. 기존의 표시 대상인 13개 물질인 난류, 우유, 메밀, 땅콩, 대두, 밀, 고등어, 게, 새우, 돼지고기, 복숭아, 토마토, 아황산류에 2015년 이후 호두, 닭고기, 쇠고기, 오징어, 조개류, 굴, 전복, 홍합 등이 알레르기를 유발할 수 있는 '알레르기 원재료 표시 대상'에 포함되어 식품 안전 관리가 한층 강화되었다. 최근 잣이 추가되어 총 22종이 표시 대상이다(2018년).

알레르기 표시 대상 원재료가 포함되어 있는 식품은 제품 포장지에 기존의 원재료명과 별도로 알레르기 표시란을 마련하고 알레르기 표시 대상 원재료명을 기재하도록 함으로써 소비자는 알레르기 정보를 정확하게 확인하고 제품을 구매할 수 있다. 아황산류의 경우에는 이를 첨가하여 최종 제품에 SO_2로 10 mg/kg 이상 함유한 경우에 한한다.

그림 13-8 우리나라의 알레르기 표시 대상 식품

(2) 연령에 따른 알레르기 유발 식품

대부분의 식품 알레르기는 출생 후 1~2년에 많이 발생한다. 생후 1세경의 발병률은 5~8%이고 성장하면서 감소하며, 성인이 되면 약 2%의 발병률을 보인다고 한다. 2000년에 대한소아알레르기 호흡기학회에서 초등학생 및 중학생을 무작위로 선정하여 전국적인 역학조사를 실시한 결과, 식품 알레르기라는 진단을 받은 적이 있는 학생이 각각 4.7%, 5.1%로 조사되었다.

광범위한 자료를 종합한 결과 알레르기를 일으키는 주요 식품으로는 영유아 및 어린이의 경우 우유, 달걀, 땅콩, 대두, 밀이 원인 식품의 90%를 차지하고, 청소년 및 성인의 경우 땅콩 및 견과류, 생선, 조개류 등이 원인 식품의 85%를 차지하는 것으로 보고되었다.

3) 국가별 식품 알레르기 유발 식품

국가별 식품 알레르기 유발 식품을 표 13-1에 나타내었다. 표에서 볼 수 있듯이 달걀이나 우유는 각 나라에서 모두 알레르기를 일으키는 주요 식품에 포함되어 있으나 렌틸, 겨자, 녹차 등과 같이 특정 나라에서만 나타나는 식품도 있다. 따라서 식품 알레르기의 원인 식품은 국가별로 차이가 있을 수 있다.

(1) 한국

직접 보고한 설문조사 자료로 얻은 결과는 어린이나 성인의 20% 정도가 식품 알레르기를 경험한 것으로 나타났지만, 의사 진단의 경우 발병률은 2~8%이었다. 국제 소

표 13-1 국가별 알레르기 유발 식품(발생 빈도순)

국가	식품 알레르기 유발 식품
호주	달걀, 우유, 땅콩, 견과류, 참깨, 밀, 대두, 생선
프랑스	달걀, 땅콩, 우유, 겨자, 대두, 헤이즐넛, 키위, 밀
이스라엘	달걀, 우유, 참깨, 땅콩, 대두, 견과류, 딸기, 쇠고기, 닭고기, 토마토
이탈리아	생선, 우유, 견과류, 달걀, 과일, 곡류, 채소류, 염소우유
스페인	달걀, 생선, 우유, 복숭아, 견과류, 렌틸, 땅콩,
싱가포르	새둥지(bird's nest), 해물류, 달걀, 우유, 중국 차류
일본	달걀, 우유, 해물류, 밀, 과자류, 콩류, 닭고기, 채소, 견과류

아천식 및 알레르기 질환의 역학조사(International Study of Asthma and Allergies in Childhood, ISAAC) 일환으로 국내에서 1995년과 2000년 조사한 결과를 보면 초등학생의 10.9%와 8.9%, 중학생의 11.3%와 12.6%가 식품 알레르기 증상을 경험한 적이 있다고 답하였다. 서울 지역 초등학생을 대상으로 2005년 조사한 결과는 그 비율이 11.7%로 발병률이 점차 증가하는 것으로 예측되었다. 한국소비자원에서는 3년간(2015~2017년) 알레르기 위해 사고 건수를 비교한 결과 각각 419건, 599건, 835건으로 매년 40% 정도씩 증가하는 것을 확인하였다.

(2) 아시아와 호주

아시아와 호주에서 보고되는 식품 알레르기 발병률은 조사된 방법과 연령이 달라서 직접적인 비교는 어렵다. 호주, 중국, 타이완, 일본, 말레이시아, 필리핀의 경우 대부분 24개월 미만의 영아를 대상으로 조사가 이루어졌으며 달걀과 우유가 가장 높은 비율로 나타났다. 싱가포르, 태국, 인도네시아의 경우는 6세 전후의 아동을 대상으로 조사되었으며 갑각류, 땅콩이 높게 나타났다. 나라별 원인 식품의 종류나 순위에 차이를 보이는 원인 중의 하나는 식품 섭취 패턴이나 조리법이 다르기 때문인 것으로 해석된다.

(3) 미국

미국 알레르기과학재단에서는 땅콩 알레르기의 사망 빈도가 가장 높다고 하였으며, 2008년 미국 질병통제예방센터(Centers for Disease Control and Prevention, CDC)의 발표에 따르면 미국에서는 전체 아동 중 약 8%가 식품 알레르기로 고통받고 있다고 한다.

연구자들은 미국에서 3,200만 명이 식품 알레르기를 앓고 있으며 그중 18세 미만이 560만 명이라고 하였다. 식품 알레르기인 어린이의 40%는 하나 이상의 식품 알레르기를 가진다고 한다. 미국 질병통제예방센터는 1997년에서 2011년 사이에 발병률이 50% 이상 증가하였고, 1997년에서 2008년 사이에 땅콩과 견과류에 의한 알레르기는 3배가 증가하였다고 보고하였다.

2007년에서 2016년까지 연령별 식품 알레르기의 발병률을 보면 8가지 식품에서 기인된 식품 알레르기가 거의 90%이었다. 0~3세 27%, 4~5세 8%, 6~10세 16%, 11~18세 15%, 19~30세 9%, 31~40세 8%, 41~50세 7%, 51~60세 6%, 60세 이상은 4%로 연령이 증가함에 따라 감소하는 경향을 보였다. 특히 아나필락시스의 발병률은 매년 증가하는 경향을 보이고 있어 이에 대한 연구조사에 관심이 높아지고 있다.

(4) 유럽

유럽은 최근 식품 알레르기에 대한 연구가 활발히 이루어져 관련 정보를 많이 제공하고 있다. 최근 그동안 연구된 자료를 모아 분석하여 발표하였는데 인구 대비 약 11% 정도의 발병률을 보였다. 4세 미만의 영유아 자료는 자료 간 차이가 커서 정확한 발병률을 알 수 없으며, 5세 이상의 학령기 아동은 5~10% 사이의 발병률을 보인다. 영국 식품기준청(FSA)에서 일반인의 약 30%가 알레르기 질환을 갖고 있는 것으로 추정할 만큼 현실 상황은 심각하다.

프랑스에서는 달걀을 어린이 식품 알레르기의 원인 식품 1위로 꼽았으며, 이어 땅콩(25%), 우유(8%), 생선(5%)이 뒤를 이었다. 성인의 경우는 과일 알레르기가 많으며 주로 키위, 밤, 바나나, 아보카도 등이 주원인이고 살구, 체리, 딸기, 산딸기, 복숭아, 헤이즐넛, 배, 사과, 자두 등도 원인 식품으로 꼽힌다.

4) 알레르기 식품의 표시

(1) 우리나라

2017년 식품의약품안전처는 "어린이 기호식품 등의 알레르기 유발 식품 표시기준 및 방법"을 새롭게 제정해 고시하였다. 난류(가금류에 한함), 우유, 메밀, 땅콩, 대두, 밀, 고등어, 게, 새우, 돼지고기, 복숭아, 토마토 아황산류, 호두, 닭고기, 쇠고기, 오징어, 조개류, 굴·전복·홍합, 잣 등 알레르기를 유발할 수 있는 '알레르기 원재료 표시 대상'에 포함되어 있는 식품 등의 식품 안전 관리가 한층 강화되어 그해 5월 30일부터 햄버거·피자 전문점에서도 알레르기 표시를 의무화하였다. 우리나라에서 알레르기 유발 물질 표시는 원재료란에 주의·환기 표시를 별도 표시하게 되어 있는데, 식품에 알레르기 유발 물질이 불가피하게 혼입될 가능성이 있는 경우 의무적으로 기재하게 하는 주의·환기 표시가 오히려 사업자의 품질 관리 책임을 소홀히 하거나 위해 제품에 대한 회수 면책 목적으로 활용될 수 있어 개선이 필요하다.

(2) 외국의 식품 알레르기 유발 성분 표시제도 현황

표 13-2 세계 주요 국가의 알레르기 유발 성분 표시 (2014년 12월 현재)

국가	표시 대상 알레르기 유발 성분	표시 방법		
		표시 범위	표시 위치	경고문구 표시 여부 등
EU	총 14개 품목 : 글루텐 함유 곡물, 갑각류, 난류, 어류, 땅콩, 대두, 우유, 견과류, 셀러리, 겨자, 참깨, 이산화황 및 아황산염(10 mg/kg 이상), 루핀, 연체동물	포장 및 비포장 식품	원재료명 표시란에 다른 원재료와 구분되도록 표시	비의도적 혼입 가능성 자율 표시
미국	총 8개 품목 : 젖(乳), 달걀, 생선, 갑각류, 견과류, 밀, 땅콩, 대두	포장 식품, 착향료, 색소 부차 첨가물 소매점, 식품 접객 시설	원재료명 표시란 또는 그 하단(다른 원재료와 일괄 표시 가능)	주의, 경고문구, 오염 가능성의 표시 업체 자율 무글루텐(20 ppm 이하 함유 시) 표시 업체 자율
캐나다	총 13개 품목 : 견과류(아몬드 등 9종), 땅콩, 참깨, 밀(라이밀 포함), 달걀, 우유, 대두, 갑각류, 패류, 어류, 겨자씨, 글루텐, 아황산염(10 ppm 이상)	사전 포장 식품	원재료명 표시란에 다른 원재료와 함께 표시	의무 표시와 별도로 주의 문구 자율 표시
호주	총 9개 품목 : 글루텐 함유 곡류, 갑각류, 달걀, 어류, 우유, 땅콩, 대두, 견과류, 아황산염	소매용 식품 전체	포장 식품은 라벨, 자동판매기 식품은 제품과 가까운 곳에 표시	꿀벌 화분, 프로폴리스, 로열젤리 제품에 한해 안내 또는 경고 문구 표시 의무
중국	총 8개 품목 : 글루텐 함유 곡물, 갑각류, 어류, 난류, 땅콩, 대두, 유류, 견과류	-	원재료명 표시란 또는 그 부근	-
일본	총 27개 품목 : 의무 7, 권장 20 의무 : 새우, 게, 밀, 메밀, 난류, 유(乳), 땅콩 권장 : 전복, 오징어, 연어알(젓), 오렌지, 캐슈너트, 키위, 쇠고기, 호두, 참깨, 연어, 고등어, 대두, 닭고기, 바나나, 돼지고기, 송이버섯, 복숭아, 참마, 사과, 젤라틴	용기 포장 식품 및 첨가물	일괄 표시란 원재료명 표시 부분에 기재	비의도적 혼입 가능 주의 환기 표시 권장

5) 알레르기 관리 및 치료

(1) 알레르기 관리

일반적으로 알레르기를 관리하는 방법을 정리하면 다음과 같다.

① 식품 알레르기는 알레르기 유발 식품 자체와 그 식품이 들어간 음식 모두를 제한한다. 가공식품 제조 시에도 원료로 사용되는 식품 이외에 공정을 함께 사용하거나 교차오염이 가능한 경우는 피하는 것이 좋다.

② 알레르기는 개인과 중증 정보에 따라 알레르기 표적 기관과 증상이 달라지므로 증상에 따라 관리 목표를 다르게 해야 하며, 꾸준한 영양 관리가 필요하다.

③ 알레르기 유발 식품을 제한하다 보면 신체에 필요한 영양소의 결핍이나 불균형을 가져올 수 있으므로 제한에 따른 영양 관리를 철저히 해야 한다. 특히 알레르기 유발 식품을 대체할 수 있는 저항원 식품을 알아두고 활용하는 자세가 필요하다.

표 13-3 식품 알레르기 유발 식품별 대체 식품

식품 알레르기 유발 식품	대체 식품
우유	두유
콩	김, 미역, 멸치
밀	감자, 쌀
달걀	두부, 콩나물
돼지고기	쇠고기, 흰살생선
생선	두부, 달걀, 쇠고기, 닭고기

④ 예방적 차원의 식품을 제시하여 위험 식품의 도입을 늦춘다.

⑤ 식품 알레르기가 있는 경우 식품 제한으로 나타나는 심리적 문제는 본인은 물론이고 가족에까지 영향을 미칠 수 있으므로 삶의 질이 저하되지 않도록 주위에서 알레르기에 대한 지식과 정보를 습득하여 원활하게 생활할 수 있도록 돕는다.

⑥ 식품 알레르기가 발생하면 취해야 하는 응급 관리에 대해 미리 교육을 받아야 한다.

⑦ 급식 관리의 경우 개인의 식품 알레르기 정보를 정확히 인지하고 있어야 예방할 수 있으며, 음식을 계획하는 자는 미리 각 음식마다 어떤 알레르기 유발 식품이 들어있는지 예고해야 한다.

(2) 알레르기 치료

알레르기 질환을 치료하는 데에는 3대 원칙이 있다.

① 알레르기 항원의 회피.

② 증상 완화를 위한 약물 치료(항히스타민제와 스테로이드).

③ 면역 치료.

4. 유전자 변형 식품

1) 유전자 변형 식품의 정의

Genetically modified organism(GMO)는 '유전자 변형 생물체' 또는 '유전자 변형 농산물'이라고 하며, 이는 생물체의 유전자 중 유용한 유전자를 취하여 그 유전자를 갖고 있지 않은 생물체에 삽입하여 유용한 성질을 나타나게 하는 것이다. 즉, 어떤 생물의 유전자 중 추위, 병충해, 살충제, 제초제 등에 강한 성질 등 유용한 유전자만을 취하여 다른 생물체에 삽입하여 새로운 품종을 만드는 것이다. 이와 같은 유전자 재조합 기술을 활용하여 재배·육성된 농산물·축산물·수산물·미생물 및 이를 원료로 하여 제조·가공한 식품(건강기능식품을 포함) 중 정부가 안전성을 평가하여 입증이 된 경우에만 식품으로 사용할 수 있으며 이를 유전자 변형 식품이라 한다.

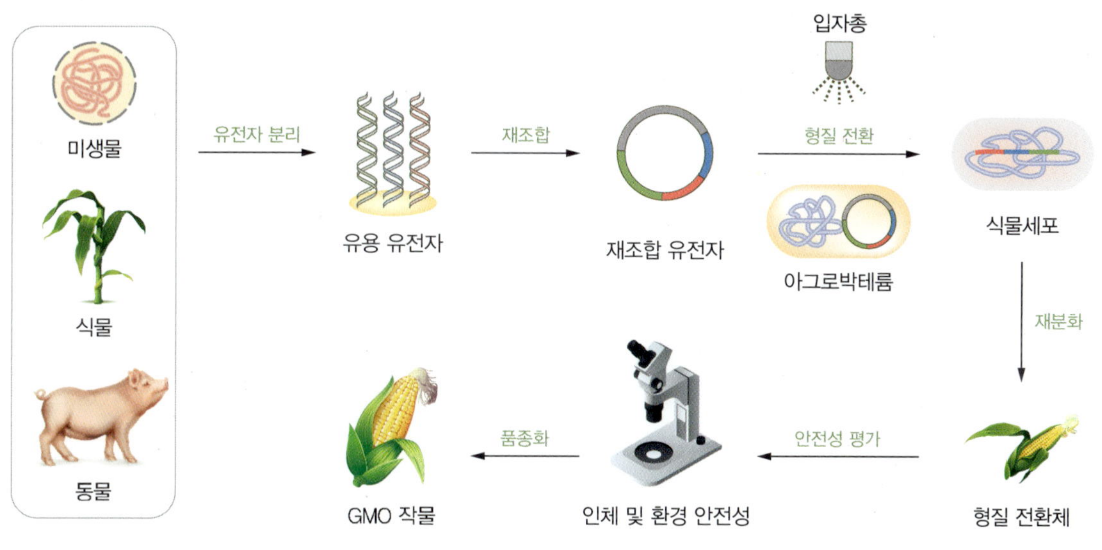

그림 13-9 유전자 변형 생물체의 개발 과정
자료 : 식품의약품안전처

2) 유전자 변형 식품의 표시제도

(1) 목적

유전자 변형 식품의 표시는 「식품위생법」 제12조의2, 「건강기능식품에 관한 법률」 제17조의2 및 「축산물 위생관리법」 제6조 관련 "축산물의 표시기준", 「농수산물 품질관리법 시행령」 제20조에 따른 유전자 변형 식품 등의 표시 대상, 표시 의무자 및 표시 방법 등에 필요한 사항을 규정함으로써 소비자에게 올바른 정보를 제공하기 위함이다.

(2) 근거 법령 및 규정

식품위생법

제12조의2(유전자변형식품등의 표시) ① 다음 각 호의 어느 하나에 해당하는 생명공학기술을 활용하여 재배·육성된 농산물·축산물·수산물 등을 원재료로 하여 제조·가공한 식품 또는 식품첨가물(이하 "유전자변형식품등"이라 한다)은 유전자변형식품임을 표시하여야 한다. 다만, 제조·가공 후에 유전자변형 디엔에이(DNA, Deoxyribonucleic acid) 또는 유전자변형 단백질이 남아 있는 유전자변형 식품등에 한정한다. 〈개정 2016.2.3.〉

1. 인위적으로 유전자를 재조합하거나 유전자를 구성하는 핵산을 세포 또는 세포 내 소기관으로 직접 주입하는 기술
2. 분류학에 따른 과(科)의 범위를 넘는 세포융합기술

② 제1항에 따라 표시하여야 하는 유전자변형식품등은 표시가 없으면 판매하거나 판매할 목적으로 수입·진열·운반하거나 영업에 사용하여서는 아니 된다. 〈개정 2016.2.3.〉

③ 제1항에 따른 표시의무자, 표시대상 및 표시방법 등에 필요한 사항은 식품의약품안전처장이 정한다. 〈개정 2013.3.23.〉

[본조신설 2011.6.7.] [제목개정 2016.2.3.]

(3) GMO 표시제도의 주요 내용

① 표시 대상

GMO 표시를 해야 하는 경우와 그렇지 않은 경우를 표 13-4에 나타내었다.

② GMO 표시 면제

GMO 표시 대상 식품 중 '구분 유통증명서 또는 정부증명서'를 둘 중 어느 하나의 서류를 구비하였다면 GMO 표시 면제가 가능하다. 구분 유통증명서는 종자 구입·생산·제조·보관·운반·선적 등 취급 과정에서 유전자 변형 식품 등과 구분하여 관리하였음을 증명하는 서류이고, 정부증명서는 구분 유통증명서와 동등한 효력이 있음을 생산국 또는 수출국의 정부가 인정하는 서류이다.

(4) 표시 내용 및 방법

① 식품위생법

- 법 조항 : 제12조의2(유전자변형식품등의 표시)

표 13-4 유전자 변형 식품 표시제도

구분	표시해야 하는 경우	표시하지 않는 경우
농산물	식품의약품안전처가 식용으로 승인한 GM 농산물(대두, 옥수수, 카놀라, 면화, 사탕무, 알팔파)	구분 관리된 농산물 • 구분 유통증명서 또는 정부증명서 * 3% 이하 비의도적 혼입치 인정
가공식품·건강기능식품	GM 농산물을 주요 원재료로 사용하여 제조·가공 후에도 유전자 변형 DNA 또는 유전자 변형 단백질이 남아 있는 식품 또는 식품첨가물	구분 관리된 농산물을 사용한 경우 • 구분 유통증명서 또는 정부증명서 * 3% 이하 비의도적 혼입치 인정(원료 농산물) 가공 보조제(식품의 제조·가공 중 특정 기술적 목적을 달성하기 위하여 의도적으로 사용된 물질), 부형제(식품 성분의 균일성을 위하여 첨가하는 물질), 희석제(식품의 물리 화학적 성질을 변화시키지 않고, 그 농도를 낮추기 위하여 첨가하는 물질), 안정제(식품의 물리 화학적 변화를 방지할 목적으로 첨가하는 물질)의 용도로 사용하는 것은 제외 고도의 정제 과정 등으로 유전자 변형 DNA 또는 유전자 변형 단백질이 전혀 남아 있지 않아 검사 불능인 당류, 유지류 등 제외

- 관련 고시 : "유전자변형식품등의 표시기준"
- 표시 대상 : 유전자 변형 농·축·수산물과 이를 원재료로 제조·가공한 식품 중 제조·가공 후에도 유전자 변형 DNA나 유전자 변형 단백질이 남아 있는 식품(건강기능식품 포함). 단, 고도로 정제·가공되어 최종 식품에 유전자 변형 DNA가 남아 있지 않은 식용유, 당류 등은 제외.
- 표시 의무자 : 식품 제조·가공업, 즉석판매 제조·가공업, 식품첨가물 제조업, 식품소분업, 유통 전문 판매업 영업을 하는 자, 「수입식품안전관리 특별법 시행령」 제2조에 따른 수입 식품 등 수입·판매업 영업을 하는 자, 「건강기능식품에 관한 법률 시행령」 제2조에 따른 건강기능식품 제조업, 건강기능식품 유통 전문 판매업 영업을 하는 자 또는 「축산물 위생관리법 시행령」 제21조에 따른 축산물 가공업, 축산물 유통 전문 판매업 영업을 하는 자.
- 표시 방법 : 유전자 변형 식품의 주표시면 또는 원재료명 옆에 소비자가 잘 알아볼 수 있도록 12포인트 이상의 활자로 포장의 바탕색과 구별되는 색깔로 선명하게 표시해야 한다. '유전자 변형 식품' 또는 '유전자 변형 OO 포함 식품' 등으로 표시한다. 유전자 변형된 원료 사용 여부를 확인할 수 없는 경우에는 '유전자 변형 OO 포함 가능성 있음'으로 표시할 수 있다.

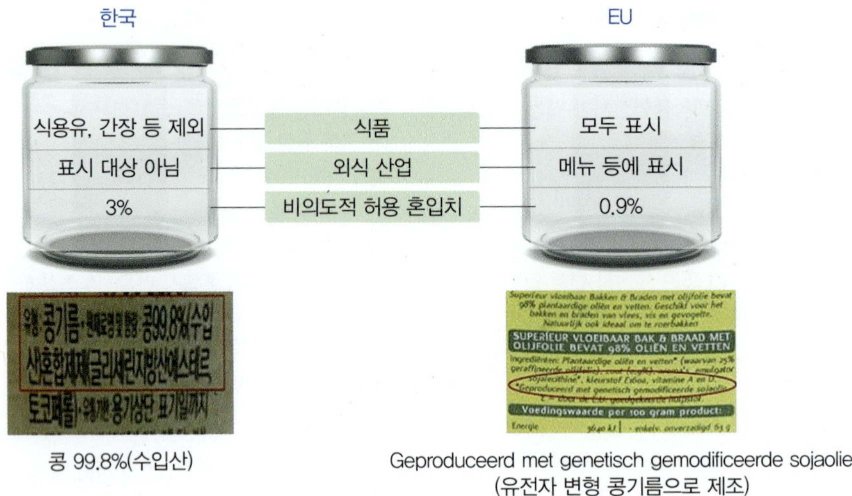

그림 13-10 한국과 EU의 식용유 GMO 표시 현황 비교

② 건강기능식품에 관한 법률

- 법 조항 : 제17조의2(유전자변형건강기능식품의 표시 등)
- 관련 고시, 표시 대상, 표시 의무자, 표시 방법 : 「식품위생법」과 동일하다.

③ 농수산물품질관리법

- 법 조항 : 제56조(유전자변형농수산물의 표시)
- 관련 고시 : 「식품위생법」과 동일하다.
- 표시 대상 : 안전성 평가 심사 결과 식품의약품안전처장이 식품용으로 적합하다고 인정하여 고시한 품목인 대두, 옥수수, 카놀라, 면화, 사탕무, 알팔파(이를 싹틔워 기른 콩나물, 새싹채소 등 포함).
- 표시 의무자 : 유전자 변형 농수산물을 생산하여 출하하는 자, 판매하는 자, 또는 판매할 목적으로 보관·진열하는 자.
- 표시 방법 : 잉크·각인 또는 소인, 스티커 등을 사용하여 10포인트 이상의 활자로 포장의 바탕색과 구별되는 색깔로 선명하게 표시해야 한다. 낱개 또는 산물의 형태로 판매하는 경우에는 푯말 또는 안내 표시판 등으로 표시한다. '유전자 변형 OO' 또는 '유전자 변형 OO 포함' 등으로 표시한다. 유전자 변형 농수산물 포함 가능성이 있는 경우에는 '유전자 변형 OO 포함 가능성 있음'으로 표시할 수 있다.

④ 유전자변형생물체의 국가간 이동 등에 관한 법률

- 법 조항 : 제24조(표시)
- 관련 고시 : "유전자변형생물체의 국가간 이동 등에 관한 통합고시"
- 표시 대상 : 유전자 변형 생물체.
- 표시 의무자 : 유전자 변형 생물체를 개발·생산 또는 수입하는 자.
- 표시 방법 : 유전자 변형 생물체의 명칭·종류·용도 및 특성, 취급을 위한 주의사항, 유전자 변형 생물체의 개발자 또는 생산자, 수출자 및 수입자의 성명·주소·전화번호, 유전자 변형 생물체에 해당하는 사실, 환경 방출로 사용되는 유전자 변형 생물체 해당 여부.

(5) 주요 국가의 GMO 표시제도

현재 우리나라를 포함하여 EU, 일본, 호주/뉴질랜드 등 주요 국가에서 GMO 표시제도를 시행하고 있다(식품안전정보원, 2017.10).

① 한국

- 식품용으로 승인된 GMO(식품용 GMO가 승인되었다고 모두 상업적 생산을 의미하는 것은 아님) : 대두, 옥수수, 면화, 카놀라, 사탕무, 알팔파의 6종이 있다.
- GMO 표시 대상 : 상기 6종의 농산물 및 그 가공품.
- GMO 표시 기준 : 유전자 변형 원재료를 주요 원재료로 사용한 식품 중 유전자 변형 DNA(단백질)가 남아 있는 식품.
- Non-GMO 표시 : 유전자 변형 식품의 표시 대상 중 유전자 변형 식품 등을 사용하지 않은 경우로, 표시 대상 원재료 함량이 50% 이상이거나, 또는 해당 원재료 함량이 1순위로 사용한 경우에 표시 가능하다.
- 유지류·당류 등 고도로 정제되어 유전자 변형 DNA(단백질)가 남아 있지 않은 제품에 대한 GMO 표시 여부 : 표시 제외.
- 비의도적 혼입치(농산물을 생산·수입·유통 등 취급 과정에서 구분하여 관리한 경우에도 그 속에 유전자 변형 농산물이 비의도적으로 혼입될 수 있는 비율("유전자변형식품등의 표시기준"(식품의약품안전처 고시 제2014-114호, 2014.4.24)) : 3%

② 일본

- 식품용으로 승인된 GMO : 대두, 옥수수, 면화, 카놀라, 사탕무, 알팔파, 감자, 파파

야의 8종이 있다.

- GMO 표시 대상 : 상기 8종의 농산물 및 그 가공품.
- GMO 표시 기준 : 유전자 변형 원재료를 함량 3순위 이내로, 원재료 함량비 5% 이상으로 사용한 식품 중 유전자 변형 DNA(단백질)가 남아 있는 식품.
- Non-GMO 표시 : 자율이나 '유전자 변형이 아님' 등으로 표시해야 한다(비의도적 혼입치 인정).
- 유지류·당류 등 고도로 정제되어 유전자 변형 DNA(단백질)가 남아 있지 않은 제품에 대한 GMO 표시 여부 : 표시 제외.
- 비의도적 혼입치 : 5%

③ 호주/뉴질랜드

- 식품용으로 승인된 GMO : 대두, 옥수수, 면화, 카놀라, 사탕무, 알팔파, 감자, 쌀의 8종이 있다.
- GMO 표시 대상 : 상기 8종의 농산물 및 그 가공품.
- GMO 표시 기준 : 최종 제품에 유전자 변형 DNA 또는 유전자 변형 단백질이 남아 있는 식품.
- Non-GMO 표시 : GMO와 전혀 관련 없는 제품 등에 Non-GMO 표시는 할 수 없다(공정거래법 위반, 비의도적 혼입치 불인정).
- 유지류·당류 등 고도로 정제되어 유전자 변형 DNA(단백질)가 남아 있지 않은 제품에 대한 GMO 표시 여부 : 표시 제외.
- 비의도적 혼입치 : 1%

④ 미국

2018년 12월 미국 농무부(USDA)는 유전자 변형 식품 표시 관련 "국가 생명공학 식품 표시 기준(National Bioengineered Food Disclosure Standard, NBFDS)" 최종안을 발표하면서 유전자 변형 대신 생명공학(Bioengineered, BE)이란 용어를 선택하였다. 생명공학 식품은 유전자 변형 기술을 통해 변형되어 그 유전 물질이 검출되는 것을 a로, 전통 육종과 자연적으로 얻어질 수 없는 것을 b로 정의하고 있다.

- GMO 표시 대상 : 상업적 생산이 승인된 것으로 알팔파, 사과, 카놀라, 옥수수, 면화, 가지, 파파야, 파인애플, 감자, 대두, 호박, 사탕무와 동물성 식품인 연어가 해당된다.

생명공학(BE) 기술에 의한 식품의 생산 주체가 단일 기업일 경우에는 상품명으로도 표기 가능하다(예를 들면 ArcticTM Apples, AquAdvantage®).

- 표시 예외 대상 : 레스토랑 또는 이동식당에서 제공되는 음식, 영세 식품 업체, 생명공학 사료를 먹인 동물에서 유래된 식품, 유기농 인증을 받은 식품.
- 비의도적 혼입치 : 5% 미만 함유.
- 표시 방법 : 'bioengineered food' 또는 'contain bioengineered food ingredients' 라고 표시할 수 있으나 '포함 가능(may be)'이라는 용어는 사용할 수 없다고 정하고 있다.

그림 13-11 미국의 생명공학 식품 마크

⑤ **유럽**

- 식품용으로 승인된 GMO : 대두, 옥수수, 면화, 카놀라, 사탕무의 5종이 있다.
- GMO 표시 대상 : 상기 5종의 농산물 및 그 가공품.
- GMO 표시 기준 : 유전자 변형 DNA(단백질) 잔류 여부와 관계없이 모두 표시.
- Non-GMO 표시 : 자율(통일된 규정은 없으나 자국의 상황에 따라 인정 범위를 달리하고 있음).
- 유지류·당류 등 고도로 정제되어 유전자 변형 DNA(단백질)가 남아 있지 않은 제품에 대한 GMO 표시 여부 : 표시.
- 비의도적 혼입치 : 0.9%

(6) 우리나라 GMO 표시제도의 변화

우리나라는 GMO 표시에 대하여 소비자에게 알권리를 철저하게 제공하기 위하여 GMO 표시 대상을 모든 재료로 범위를 확장하고 활자 크기를 크게 하였으며, GMO 표

(a) 작물별 재배 면적

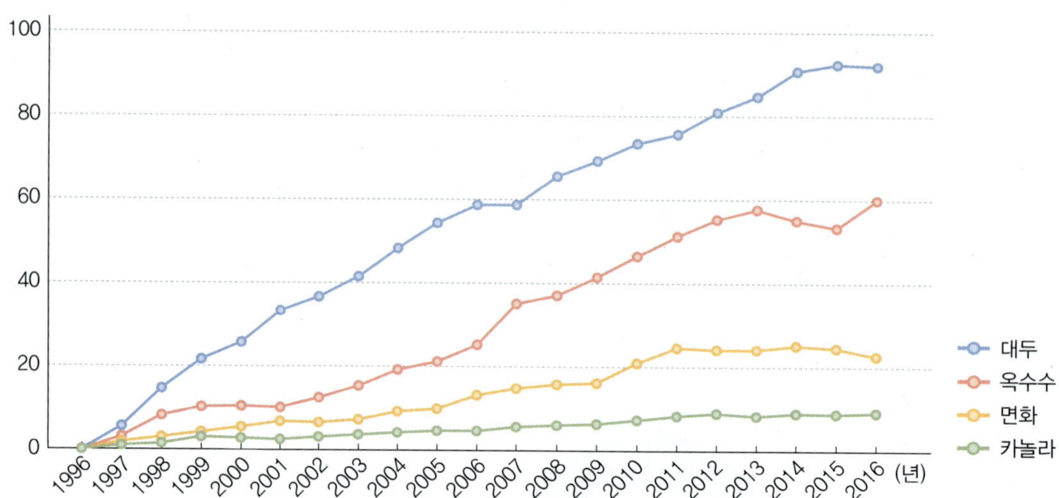

(b) 형질별 재배 면적

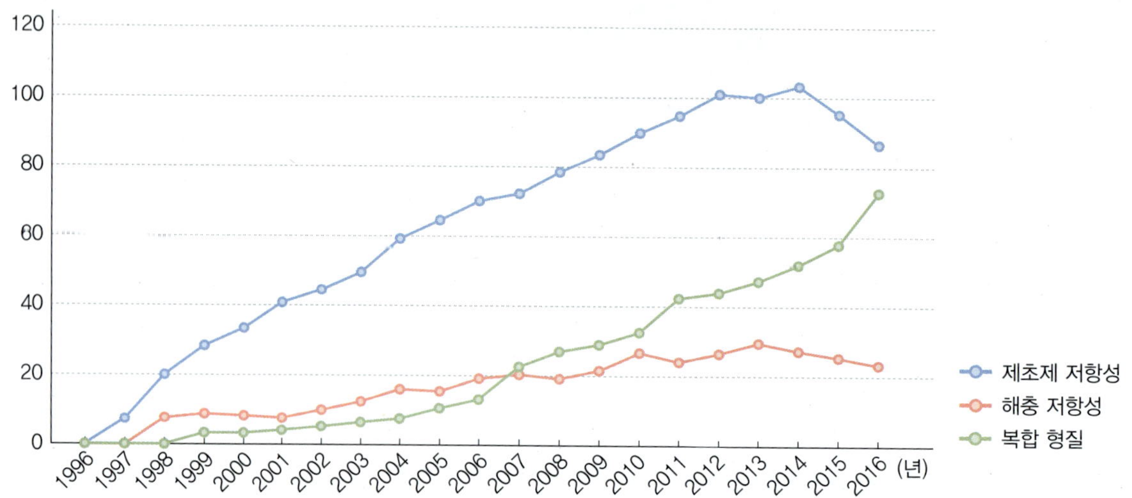

그림 13-12 전 세계에서 재배되는 GMO 재배 면적

표 13-5 우리나라 GMO 표시의 달라지는 점

	변경 전	변경 후
GMO 표시 대상	5개 재료	모든 재료
표시 제외	GMO를 사용하였더라도 고도의 정제 과정 등으로 검사 불능인 식품	
non-GMO 또는 GMO-free 표시	GMO 표시 대상(대두, 옥수수, 면화, 카놀라, 사탕무, 알파파) 중 GMO를 사용하지 않은 제품	
non-GMO 또는 GMO-free 표시 금지	GMO 표시 대상이 아닌 식품(쌀, 포도,수박, 시금치 등)	
표시 활자 크기	10포인트	12포인트

자료 : 식품의약품안전처

그림 13-13 우리나라의 유전자 변형 식품 표시 예시

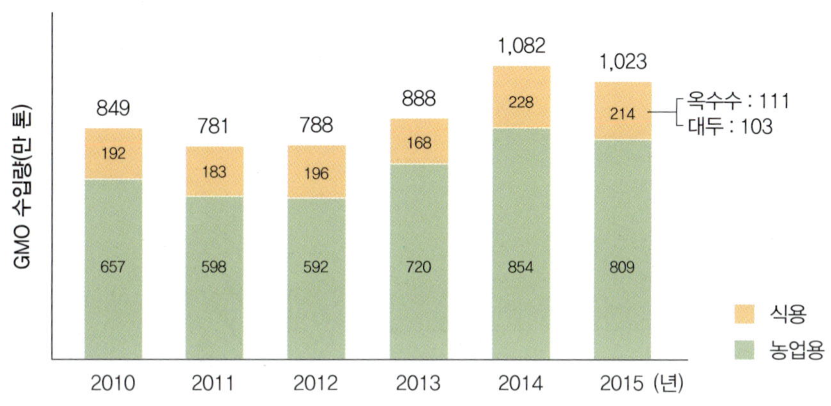

그림 13-14 우리나라 연간 GMO 수입량

자료 : 한국바이오안전성정보센터

시 대상이 아닌 식품에 대해서는 GMO-free, non-GMO를 표시하지 않도록 금지하고 있다.

3) 유전자 변형 생물체 개발 방법

(1) 전통적 교잡과 유전자 재조합 기술의 차이점

식물체의 전통적 육종 방법은 벼의 품종 중에서 선택한 품종 간의 교배를 통해 새로운 형질을 갖는 품종을 육종하였다. 이에 반해 유전자 재조합 기술은 그림 3-15와 같이 벼에는 들어 있지 않는 유전자이지만 배추에 들어 있는 좋은 형질을 갖는 유전자를 분리하여 벼에 넣어 새로운 특성을 갖는 벼의 품종을 만들어 낸다.

(a) 전통적 교잡 육종

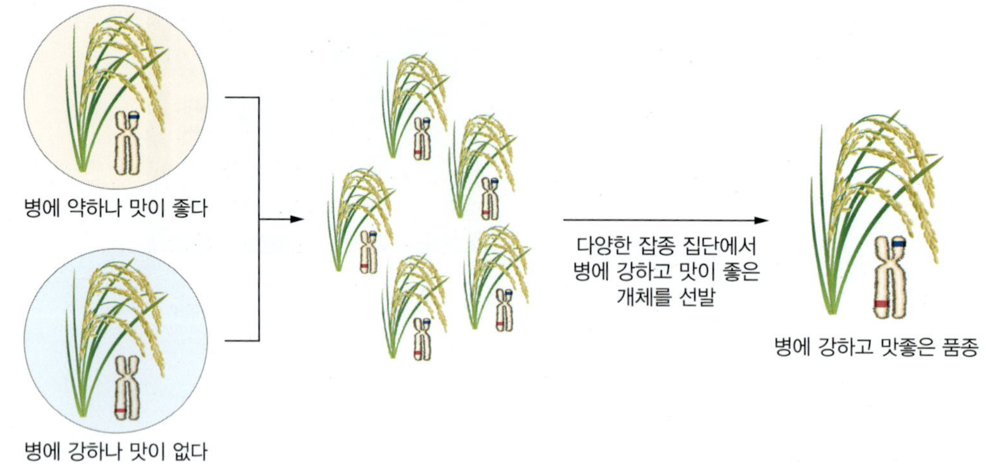

(b) 유전자 재조합 기술

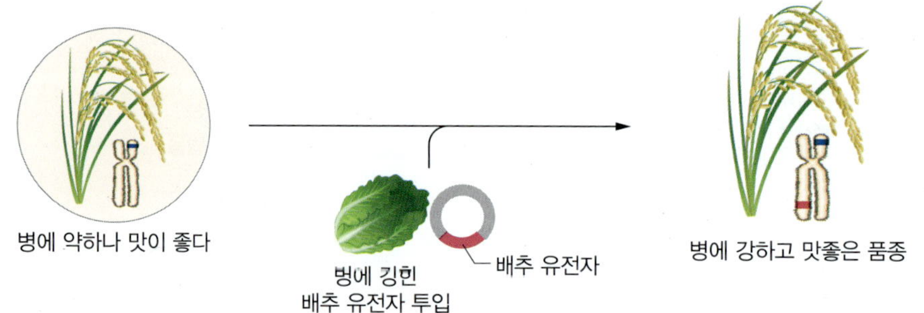

그림 13-15 품종 개발의 전통적인 방법과 유전자 재조합 기술 비교

(2) 유전자 재조합 기술

① 아그로박테륨 이용법

식물의 암종 세포 덩어리를 만드는 병원균 플라스미드를 구성하고 있는 유전자 중 식물에 종양을 일으키는 유전자는 제거하고 이용하고자 하는 유용한 유전자를 연결시켜 아그로박테륨(*Agrobacterium*)에 넣은 후 이 아그로박테륨을 식물세포에 접촉하여 감염시키면, 유용한 유전자가 식물세포 내로 들어갈 수 있는 방법을 이용한다.

② 유전자총 이용법

유전자총(particle bombardment) 이용법은 금 또는 텅스텐 등 금속 미립자에 유용한 유전자를 코팅하고 고압 가스의 힘으로 식물의 잎 절편 또는 세포 덩어리에 투입하여 유용 유전자가 물리적으로 식물세포의 염색체에 접촉하도록 함으로써 직접 식물세포 내로 도입하는 방법이다.

③ **원형질체 융합법**

원형질체(protoplast)는 세포벽이 제거된 상태의 세포를 말하며, 조직 배양 시 단세포 유래 식물체를 만들거나 유용한 유전자를 세포 내로 도입시킬 때 사용한다. 식물체의 세포벽을 효소나 화학 물질로 용해시켜 유전자가 들어가기 쉽도록 세포벽이 없는 원형질체를 만들어 미생물에 의한 유전자 도입 방법과 같이 목적하는 유용한 유전자를 식물로 들어가게 하는 방법이 원형질체 융합법(protoplast fusion)이다.

4) 유전자 변형 식품의 문제

(1) 유전자 변형 식품을 피하는 방법

첫째, 유기 식품(organic food)을 구입한다. 유기 식품은 대부분의 합성 살충제와 비료(하수 오물 포함)가 없으며 유전자 변형 식품이나 유전공학을 사용하지 않고, 방사선 노출, 항생제나 호르몬의 사용이 없는 식품으로 이를 인증하여 식품에 표시하고 있다.

둘째, non-GMO 표시 식품을 구입한다.

셋째, 재배 조건을 알고 있는 식품을 구입한다. 생산자를 알고 있거나 자체적으로 재배하여 공급하는 방법도 있다.

(2) 유전자 변형 식품의 문제점

① **장기적인 안전성 검증 미흡**

과거에 식품으로 한 번도 사용되지 않았던 생물의 일부가 식품에 사용되므로 안전성이 확보되려면 장기적인 검증시험이 반드시 필요하다.

② **독성 성분의 존재**

생물 물질 내부에서 예상치 못한 돌연변이를 유발하기도 하고, 새로운 형태의 독소 또는 기존 독소를 대량으로 식품 중에 생성하게 할 수 있다.

③ **알레르기 반응**

유전공학은 생각지도 못한 알레르기 유발 물질을 생산할 수 있다.

④ **영양가의 감소**

새로운 작물은 소비자로 하여금 식품의 신선도를 오판하게 할 수 있다. 예를 들어 빨간색 토마토는 수 주일 동안 물러지지 않아 신선한 것처럼 보이지만 실제로는 토마토 내부의 영양 성분들의 영양 가치가 크게 감소되어 있을 수 있다.

⑤ 항생제 내성균의 출현

유전자가 변형된 세포를 골라내기 위한 수단으로 항생 물질 저항성 유전자가 흔히 사용되며, 이러한 유전자가 식품 재료 중에 함유되거나 미생물에 들어가 항생 물질 내성 세균이 생긴다. 항생 물질 내성 세균이 사람에 감염되면 치료가 어려운 감염성 질병을 일으킬 수 있다.

⑥ 환경의 파괴

제초제에 내성이 생긴 풀을 제거하기 위해 더 많은 양의 제초제를 사용할 수 있다. 이렇게 과량 사용된 농약은 환경을 오염시키고 식물체를 통하여 농약이나 제초제가 인체로 들어올 수도 있다.

⑦ 생태계의 변화

자연의 먹이사슬을 변화시켜서 환경 파괴를 유도할 수도 있다. 살충 독소를 함유한 작물의 경우 나비 유충이 모두 죽게 되어 나비가 없어지면 연쇄적인 먹이사슬의 균형이 깨지게 된다. 제초제나 살충제 내성 유전자가 잡초로 옮겨 가면 농약이나 해충에도 견디는 슈퍼 잡초(super weeds)가 생겨날 가능성도 있다.

(3) 유전자 변형 기술에 대한 다양한 견해

유전자 변형 기술은 전 세계가 당면한 심각한 문제의 해결에 도움을 줄 수 있는 기술로 각광을 받고 있다. 병충해와 가뭄과 같은 자연재해에 강한 유전자 변형 생물체의 개발은 인구의 폭발적 증가, 경지 면적의 감소로 야기된 식량 문제의 대안으로 떠올랐으며, 산업혁명 이후 화석 에너지의 과다 사용으로 발생한 지구 온난화와 같은 환경 문제와 에너지 고갈 문제를 동시에 해결할 수 있는 새로운 에너지로서의 가능성도 논의되고 있다(그림 13-16).

(4) 우리나라와 세계의 표시제도 현황

우리나라는 소비자에게 올바른 정보를 제공하여 알고 선택할 권리를 보장하기 위해 2001년부터 "유전자변형농산물 표시요령"(「농산물 품질관리법」)과 "사료의 제조·사용 및 보존방법에 관한 기준과 사료의 성분에 관한 규격('사료공정'이라고도 함)"(「사료관리

식량/
작물

생산량 증가 및 농가 소득 향상

찬성	반대
해충, 잡초, 바이러스 등으로 인한 생산량 감소와 품질 저하 개선으로 세계적인 기아 문제 해결	식량 문제는 생산량의 부족이 아닌 분배의 불균형에 기인. 다국적 기업과 선진국의 식량 독점으로 분배 불균형 심화
과거 대비 작물 수확량 증가 및 농약 비용, 인건비 절감으로 농가의 소득이 향상되고 소비자의 이익도 증가	매년 발생하는 유전자 변형 농작물 종자 구입 비용으로 소비자 부담 증가. 기존 작물에 비해 작물의 수확량이 적거나 비슷하다는 통계 결과도 있음

VS

인류의 건강 증진

찬성	반대
비타민 A가 강화된 황금쌀 같은 유전자 변형 생물체의 이용으로 인류 건강 증진	유전자 변형 생물체의 개발 역사가 짧아 장기간 섭취 시 인체에 나쁜 영향을 미칠 가능성 있음

VS

환경

생물의 다양성 및 환경 보전

찬성	반대
작물 재배로 인한 산림 손실이 해마다 증가, 유전자 변형 작물 재배로 동일한 토지에서 이모작이 가능해져 산림을 포함한 생물 다양성 보전	유전자가 비슷한 다른 생물에 유전자 변형 생물체가 옮겨가는 유전자 전이로 인한 피해 발생 및 토종 품종의 손실
농약 및 살충제 감소로 생물 보전	내성이 생겨 더 많은 잡초와 해충이 등장할 수 있으며, 더욱 강력한 화학 물질 사용 가능성 증가
환경 정화 능력이 높은 유전자 변형 미생물 및 식물로 환경오염 물질 분해, 제거 흡수	자연 본래의 성질을 인위적으로 변화시켜 생물의 질서를 파괴하고 생태계를 교란

VS

에너지
산업

에너지 자원화

찬성	반대
생물 자원을 메탄올, 에탄올, 메탄가스로 변화하여 에너지를 이용하는 바이오 연료를 활용, 석유 에너지 대체	바이오 연료를 위한 엄청난 양의 유전자 변형 작물 재배 및 소비로 국제 곡물 가격 상승 및 식량 위기 초래

VS

그림 13-16 유전자 변형 기술에 대한 다양한 견해(계속)

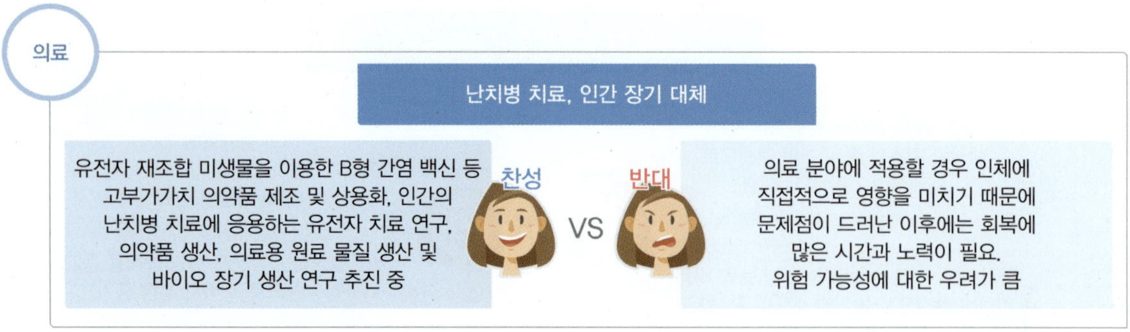

의료

난치병 치료, 인간 장기 대체

유전자 재조합 미생물을 이용한 B형 간염 백신 등 고부가가치 의약품 제조 및 상용화, 인간의 난치병 치료에 응용하는 유전자 치료 연구, 의약품 생산, 의료용 원료 물질 생산 및 바이오 장기 생산 연구 추진 중

찬성

VS

반대

의료 분야에 적용할 경우 인체에 직접적으로 영향을 미치기 때문에 문제점이 드러난 이후에는 회복에 많은 시간과 노력이 필요. 위험 가능성에 대한 우려가 큼

그림 13-16 유전자 변형 기술에 대한 다양한 견해

법」), "유전자변형식품 등의 표시 기준"(「식품위생법」)을 근거로 하여 국내에서 판매되는 유전자 변형 농산물과 가공식품, 사료 등을 대상으로 유전자 변형 제품 표시제를 시행하고 있다. 다만, 유전자 변형 농산물의 생산·유통 과정 중 비의도적인 혼입을 고려하여 유전자 변형 생물체가 3% 이하로 혼입된 경우에는 표시 의무를 면제하고 있으며, 최종 제품에 유전자 변형 DNA나 외래 단백질이 남아 있지 않거나 검출이 불가능할 경우에는 표시 대상에서 제외된다.

2015년 12월 31일 「식품위생법」 일부 개정 법률안이 국회 본회의를 통과함에 따라 원재료 함유 순위와 상관없이 최종 제품에 유전자 변형 DNA나 외래 단백질이 남아 있으면 표시하도록 변경되었으며, 2017년 2월 4일부터 새로운 개정안이 시행되고 있다.

의무표시제(Mandatory GM Food Labeling Laws)는 유럽 대부분의 국가와 같이 GM 성분의 비의도적 혼입치가 0.9~1%일 경우만 제외하고 그 외는 전부 표시 대상이 되도록 엄격하게 실시하는 국가와, 우리나라·일본 등과 같이 GM 성분의 비의도적 혼입치 허용 기준이 1%보다 높은 국가, 그리고 의무적으로 GM 표시제를 시행하고는 있지만 많은 예외 조항을 둔 국가로 나눌 수 있다.

단원정리

- 환경오염과 지구의 자연환경의 변화, 과학 기술의 발달 등으로 인체의 면역력이 저하되면서 식품 알레르기는 점차 증가하고 있다.
- 식품 알레르기는 특정한 단백질이 인체에 들어왔을 때 나타내는 과민한 면역반응이다.
- 우리나라에서 발표한 알레르기 유발 식품은 22종이며, 2018년에 잣이 추가되었다.
- 식품 불내증은 식품 알레르기와 증상이 유사하지만 이는 체내 효소가 없어 나타나는 증상이다.
- 알레르기 유발 식품은 국가별로 차이가 있으며 발병률도 연령과 민족에 따라 다르다.
- 유전자 변형 식품은 생물체의 유용한 유전자를 취하여 그 유전자를 갖고 있지 않은 생물체에 삽입하여 새롭게 유용한 성질을 나타나게 한 식품이다.
- 우리나라에서 허용한 유전자 변형 식품으로는 대두, 옥수수, 카놀라, 면화, 사탕무, 알팔파가 있다.
- 유지류·당류 등 고도로 정제되어 유전자 변형 DNA(단백질)가 남아 있지 않은 제품에 대해서는 GMO 표시가 제외되었다.
- 유전자 변형 식품을 섭취하지 않기 위해서는 유기 식품을 선택하는 것이 안전하다.

연습문제

1. 우리나라에서 알레르기 표시 대상 식품이 무엇인지 쓰시오.

2. 식품 알레르기와 식품 불내증의 차이를 우유 알레르기와 젖당 불내증으로 설명하시오.

3. 우리나라에서 연령별 식품 알레르기가 잘 나타나는 식품이 다른데 이에 대해 설명하시오.

4. 유전자 변형 식품이 개발된 이유와 우리나라에서 승인된 식품을 쓰시오.

5. EU와 우리나라의 GMO 표시의 차이점을 설명하시오.

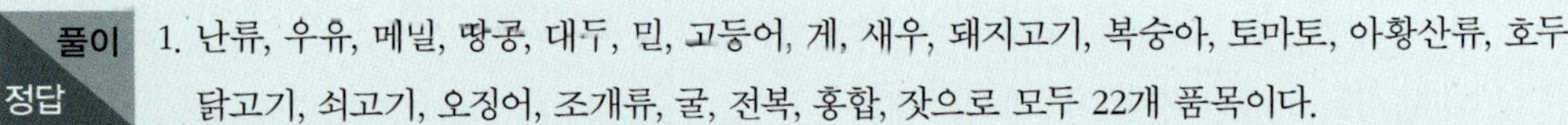

풀이 정답

1. 난류, 우유, 메밀, 땅콩, 대두, 밀, 고등어, 게, 새우, 돼지고기, 복숭아, 토마토, 아황산류, 호두, 닭고기, 쇠고기, 오징어, 조개류, 굴, 전복, 홍합, 잣으로 모두 22개 품목이다.
2. 우유 알레르기는 우유에 함유된 단백질에 의해 나타나는 과민성 면역반응이고, 젖당 불내증은 우유에 함유된 젖당을 분해하는 락테이스(젖당가수분해효소)가 없어 젖당을 소화시키지 못해 나타나는 증상이다.
3. 영유아 및 어린이의 경우는 우유, 달걀, 땅콩, 대두, 밀이 원인 식품의 90%를 차지하고, 청소년 및 성인의 경우는 땅콩 및 견과류, 생선, 조개류 등이 85%를 차지하는 것으로 보고되어 있다.
4. 유전공학 기술(유전자 재조합 기술)을 이용하여 식품이 갖는 문제점을 보완하기 위해 유용한 유전자만을 취하여 다른 생물체에 삽입하여 그 성질을 갖도록 만든 것이며, 대두, 옥수수, 면화, 카놀라, 사탕무, 알팔파의 6종이 승인되었다,
5. EU는 유전자 변형 DNA(단백질) 잔류 여부와 관계없이 모두 표시하므로 유지류와 당류도 표시하나, 우리나라는 표시하지 않아도 된다. 비의도적 혼입치도 각각 0.9%와 3%로 차이가 있다.

식품안전정보원, 식품안전정책 조사 보고서 2017-03, 유전자변형 식품 관리현황 및 표시제도, 2017.

식품의약품안전처 식품안전정보원, 식품안전정책 비교 보고서 2014-02, 제외국 식품 중 알레르기 유발성분 표시제도 현황, 2014.

신말식·최은옥·김정인·이경애·현태선·권종숙, 이해하기 쉬운 식품과 영양, 파워북, 2016.

이상현, 주요국별 유전자변형식품 표시제도 세계농업 207호, pp 1-12, 2017.

Food Allergy in the United States: Recent Trends and Costs. An Analysis of Private Claims Data. A FAIR Health White Paper, November 2017

식품의약품안전처 식품위해안내, 식품알레르기 바로 알기, 2016(https://foodsafetykorea.go.kr/hazard/rspnsPlanInfo/rspnsPlanInfoDetail.do?start_idx=1&show_cnt=10&injry_situs_dvs_cd=&rspns_plan_seq=60&rspns_plan_nm=)

청어람미디어, 식품과 알레르기(http://www.foodallergy.or.kr/allergy/?gb=4&dep=2)

한국바이오안전성정보센터, GMO 재배면적(http://www.biosafety.or.kr/sub/info.do?m=030104&s=kbch)

FARE. Facts and Statistics. https://www.foodallergy.org/life-with-food-allergies/food-allergy-101/facts-and-statistics

PART 4

올바른 식생활

14 당과 나트륨의 섭취
15 식품 표시 및 구매

CHAPTER **14**

당과 나트륨의 섭취

학습목표

1. 당류의 개념 및 당류의 과잉 섭취와 만성질환의 관계를 알아보고, 국내외 당류 저감화 정책을 살펴본다.
2. 나트륨의 개념 및 나트륨의 과잉 섭취와 만성질환과의 관계를 알아보고, 국내외 나트륨 저감화 정책을 살펴본다.
3. 우리나라의 영양교육 실천 내용을 살펴보고, 식생활 지침을 확인한다.

1. 당류

1) 당류의 개념 및 특징

당은 탄수화물의 주된 형태로 인체에 에너지를 제공하는 것이 주기능이다. 특히 뇌, 신경 조직 등과 같이 포도당을 에너지원으로 사용하는 인체 조직에 필수적인 영양소이지만 과잉 섭취 시에는 비만이나 당뇨, 심혈관계 질환 등을 유발하는 것으로 밝혀졌다. 당류란 과당·포도당·갈락토스와 같은 단당류와, 슈크로스·엿당(맥아당)·젖당과 같은 이당류를 통칭하는 개념이다. 당류 섭취와 건강이 관계가 있다는 과학적 근거가 확인되면서 당류 섭취량에 대한 관심이 높아졌다. 총당류(total sugar)는 식품에 내재하거나 식품을 가공·조리하면서 첨가하는 단당류와 이당류의 총량을 말하며, 첨가당(added sugar)은 가공, 조리 시 첨가되는 단당류, 이당류와 꿀, 시럽, 과일주스에 존재하는 당을 총칭하는 말이다.

2) 당류의 섭취기준 및 우리나라 섭취 실태

당류 섭취와 건강 지표의 연관성에 대한 근거는 주로 서양인 집단을 중심으로 생산되었으며, 가당 음료수의 섭취와 비만, 당뇨, 심혈관계 질환의 연관성이 연구되었다. 이에 반해 우리나라 연구는 총당류 섭취와 질병 간의 관련성 위주로 연구되었고, 총당류가 에너지 섭취에서 차지하는 비율(에너지 섭취비율)이 증가할수록 대사증후군의 발생률과 유병률이 증가하는 것으로 나타났다. 2017년 한국식품의약품안전평가원 결과에 따르면 2015년 우리나라 국민의 1일 평균 당류 섭취는 76.86 g으로 전체 섭취 에너지의 15.57%이다. 이는 '한국인 영양소 섭취기준'에서 제시한 총당류 섭취기준인 10~20% 범위에 해당하므로 적정 수준이라고 할 수 있다. 우리나라 국민은 식품에 내재하는 당류보다 식품을 가공 또는 조리할 때 첨가하는 당류의 섭취량이 많은 것으로 나타났다(그림 14-1). 이 중 가공식품을 통한 당류 섭취는 1일 평균 45.32 g이고, 섭취 에너지 비율로는 9.03%로 첨가당 섭취기준인 에너지의 10% 수준에 근접한 값이다. 가공식품을 통한 당류 섭취량을 연령별로 자세히 살펴보면 2015년을 기준으로 3~29세 연령층에서 평균섭취량이 첨가당 섭취기준을 초과하는 것으로 나타났다. 또한 가공식품을 통한 당류 섭취가 에너지의 10%를 넘는 인구 비율도 전반적으로 증가 추세에 있다. 특히 2015

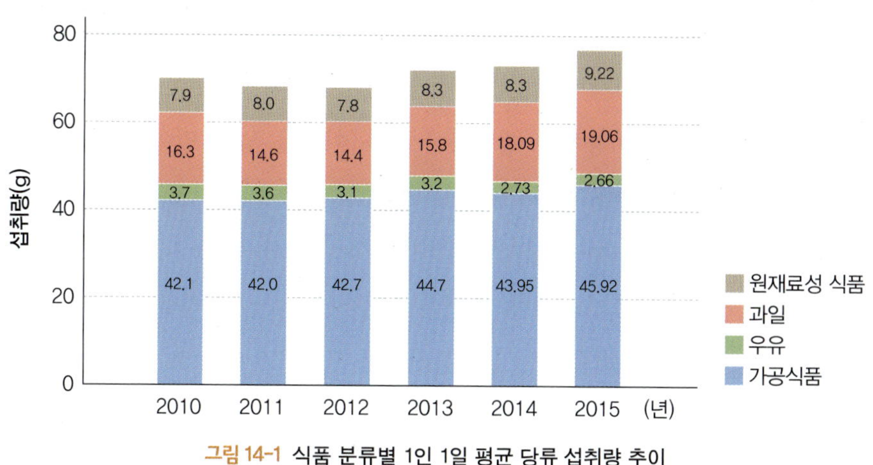

그림 14-1 식품 분류별 1인 1일 평균 당류 섭취량 추이

표 14-1 가공식품에 의한 당류 에너지 섭취비율이 10% 이상인 사람의 비율

구분	당류 에너지 섭취비율이 10% 이상자 비율(%)					
	2010년	2011년	2012년	2013년	2014년	2015년
전체	30.3	30.1	32.1	34.3	34.1	35.6
1~2	34.12	26.59	35.74	32.88	39.85	34.61
3~5	38.04	41.03	43.01	46.38	45.97	43.93
6~11	33.97	34.19	42.08	48.15	47.19	48.22
12~18	42.59	41.58	44.36	44.95	45.76	49.99
19~29	43.34	42.39	45.79	48.93	46.53	52.92
30~49	29.48	31.57	32.97	33.76	34.78	37.55
50~64	22.07	19.80	21.03	23.13	23.86	23.43
65 이상	12.59	12.75	13.14	19.52	18.05	15.46

자료 : 윤은경, 한국인의 당류 섭취량 및 저감정책 현황, *Food Industry and Nutrition* 23(2): 10-13, 2018.

년에는 19~29세에서 가공식품으로 당류를 에너지의 10% 이상 섭취하는 사람이 59.9%인 것으로 나타났다(표 14-1). 당류 섭취 중 큰 비중을 차지하는 것이 가공식품으로 그 중 주요 급원은 음료류, 빵·과자·떡류, 설탕 및 기타 당류의 순이다. 첨가당의 주요 급원 식품을 세부적으로 나누면 탄산음료의 비중이 가장 크고, 그 다음으로 과일·채소 음료와 커피 순이다.

이러한 실태와 그로 인한 문제를 파악하고 당류의 적정한 섭취를 유도하기 위한 선제적, 체계적 관리가 필요하다. 최근 세계보건기구(WHO, 2015)는 건강 위해를 줄이기 위해 첨가당의 섭취를 에너지 섭취비율의 10%에서 5%로 낮추도록 지침을 제공하였다(그림 14-2). 미국 농무부(USDA)가 발표한 '미국인을 위한 식생활 가이드라인 2015~2020'에 따르면 하루 칼로리 섭취량에서 첨가당은 10% 이상을 넘지 말아야 한다고 정하고 있다. 하루 총칼로리 섭취량을 2,000 Kcal로 계산하면 첨가당은 200 Kcal 이하로 섭취해야 한다. 미국심장협회(AHA)는 첨가당에 대한 섭취 제한을 좀 더 엄격하게 할 것을 권고하여 여성은 하루 100 Kcal 이하, 남성은 하루 150 Kcal 이하로 섭취할 것을 권고한다. 이 양을 설탕으로 측정해 보면 설탕 1티스푼이 약 16 Kcal로 각각 설탕 6티스푼과 9티스푼에 해당한다.

Fats	• Reducing the amount of total fat intake to less than 30% of total energy intake helps prevent unhealthy weight gain in the adult population. • Also, the risk of developing NCDs is lowered by reducing saturated fats to less than 10% of total energy intake, and trans fats to less than 1% of total energy intake, and replacing both with unsaturated fats.
Salt (sodium)	• Most people consume too much sodium through salt (corresponding to an average of 9 ~ 12 g of salt per day) and not enough potassium. High salt consumption and insufficient potassium intake (less than 3.5 g) contribute to high blood pressure, which in turn increases the risk of heart disease and stroke. • 1.7 million deaths could be prevented each year if people's salt consumption were reduced to the recommended level of less than 5 g per day.
Sugars	• The intake of free sugars should be reduced throughout the lifecourse. Evidence indicates that in both adults and children, the intake of free sugars should be reduced to less than 10% of total energy intake, and that a reduction to less than 5% of total energy intake provides additional health benefits. Consuming free sugars increases the risk of dental caries (tooth decay). Excess calories from foods and drinks high in free sugars also contribute to unhealthy weight gain, which can lead to overweight and obesity.

그림 14-2 세계보건기구(WHO)의 지방, 나트륨, 당의 섭취 권고량
자료 : 세계보건기구(WHO)

이상과 같은 연구 결과를 토대로, 우리나라는 총당류의 섭취기준을 총에너지 섭취량의 10~20%로 제한하고, 식품의 조리 및 가공 시 첨가되는 첨가당의 섭취는 총에너지 섭취량의 10%를 넘지 않도록 제안하였다. 첨가당의 주요 급원으로는 설탕, 액상과당, 물엿, 당밀, 꿀, 시럽, 농축과일주스 등이 있다.

당류 섭취와 심장 질환의 관련성

뉴스 > 국제 > 인터넷 뉴스

'심장질환은 설탕 아니라 지방 탓?' 美 설탕업계가 연구 로비

입력 2016.09.16 (14:08) | 4,366

인터넷 뉴스

Wednesday, September 14, 2016

Sugar industry bought off scientists, skewed dietary guidelines for decades

Harvard researchers got hefty sums to downplay role of sweets in heart disease.

Beth Mole, Ars Technica

9/13/2016

Back in the 1960s, a sugar industry executive wrote fat checks to a group of Harvard researchers so that they'd downplay the links between sugar and heart disease in a prominent medical journal—and the researchers did it, according to historical documents reported Monday in the journal JAMA Internal Medicine.

2014년 《JAMA Internal medicine》에 1960년 미국 제당 업계와 학계의 내부 문건을 학회지에 실으면서 설탕의 위험성과 문제를 드러내어 큰 파장을 불러일으켰다. 이 내부 문건에 의하면 제당 연구재단은 1960년대 하버드대학 연구진 3명에게 "연구와 정보, 입법 활동을 통해 설탕에 대한 여론을 바꾸자"고 제안하였다. 당시 식품 과학계에서는 당류 함량이 많은 식단과 심장 질환의 관련성을 밝히는 연구가 진행 중이었으며, 다른 한편에서는 고콜레스테롤 식단과 심장 질환과의 관련성을 밝히는 연구도 진행하고 있었다. 이에 제당 업계에서는 당류가 심장 질환의 주범으로 밝혀질 경우 타격을 받을 것을 우려하여 하버드대학 교수 3명의 연구를 근거로 '당류 섭취와 질병과의 관련성이 약하다'라는 내용을 의학저널에 발표하고, 나아가 포화지방이 심장 질환의 주요인이라는 연구를 독려하였다. 이에 전 세계적으로 포화지방에 대한 관심을 갖게 되었고, 우리나라도 2015년 식품의약품안전처에서 '트랜스지방 저감화 사업'을 먼저 시행하였다. 그러나 이런 JAMA 논문의 폭로 등으로 당류 섭취와 심장 질환과의 관련성이 차후 인정되기 시작하였으며, 우리나라도 2016년 당류 저감 종합계획을 실시하게 되었다.

3) 당류의 과잉 섭취와 만성질환의 관계

식생활의 서구화와 식품 산업의 발달 등 여러 가지 요인으로 현대 사회에서는 가공식품을 통한 첨가당 섭취율이 증가하고 있다. 당류 과잉 섭취 시 비만, 고혈압 등을 발생시킬 위험이 높은 것으로 밝혀졌다. WHO에서 권고하는 섭취기준 이내로 섭취하는 경우보다 당류 섭취기준을 10% 이상 초과했을 경우 비만은 1.38배, 고혈압은 1.66배, 당뇨병은 1.41배(의사 진단 기준)로 발생 위험이 높다고 보고되었다. 또한 미국 캘리포니아대학 연구팀이 설탕에 관한 8,000여 편의 연구논문을 종합 분석한 결과, 설탕의 과다 섭취가 지방간, 제2형 당뇨병, 대사 장애 등 만성질환과 밀접한 연관이 있다는 결론에 이르렀으며, 대사증후군이 비만 때문이라고 알려져 있지만 실제로는 설탕의 과다 섭취가 유발하는 것이라 주장하기도 하였다.

4) 국내외 당류 저감 정책

(1) 우리나라의 당류 저감 정책

식품의약품안전처는 2016년 보건복지부, 농림축산식품부, 교육부 등 관계 부처 합동으로 제1차 당류 저감 종합계획(2016~2020, 식품의약품안전처)을 수립, 발표하였다. 당류

목표

우리 국민의 당류 적정 섭취 유도
– 가공식품을 통한 당류 섭취량을 1일 열량의 10% 이내로 관리

핵심 전략

핵심 전략	세부 내용
덜 달게 먹는 식습관 유도 : 당류 줄이기	1. 국민 실천 운동 전개 ① 당류 줄이기 캠페인 실시 ② TV, SNS 등 대중매체를 통한 당류 줄이기 확산 ③ 당류 줄이기 실천 방법 개발 및 보급 2. 어린이·청소년 교육 강화 ① 영유아 대상 당류 줄이기 교육 지원 ② 초 · 중 · 고등학교 대상 당류 줄이기 교육 확대 ③ 당류 줄이기 참여형 프로그램 운영 3. 개인 맞춤형 섭취량 관리 지원 ① IT 기반 당류 섭취량 관리 지원(칼로리 코디 앱 활용) ② 개인의 단맛 선호도 평가 및 관리 지원
당류 저감 식품 선택 환경	1. 영양표시 등 당류 관련 정보 제공 ① 영양표시 확대 ② 커피 전문점 등의 판매 식품 당류 정보 제공 2. 당류를 줄인 가공식품 개발 지원 ① 제품 개발을 위한 정보 및 기술 지원 ② 당류를 줄인 제품 표시, 광고 제도 개선 3. 가정식, 급·외식의 당류 저감 메뉴 제공 확대 ① 가정에서 당을 줄이는 조리법 개발 및 보급 ② 급식으로부터 당류 섭취 줄이기 유도 ③ 외식의 당류 저감 메뉴 개발 및 판매 지원 4. 어린이, 청소년의 적절한 당류 섭취 유도 ① 학교(주변)에서 당류 함량 높은 제품의 판매 제한 ② 당류 함량이 높은 식품에 대한 판매 자제 유도
당류 저감 정책 추진 기반 구축	1. 과학적, 통계적 기반 마련 ① 당류 섭취량 및 식품의 당류 함량 조사 ② 당류 섭취량과 만성질환 관련성 등의 연구 실시 2. 관계 부처 및 기관과 협조 강화 ① '당류 저감 정책 협의체' 구성 및 운영 ② 소비자 단체, 산업체 등 민간 단체와의 협력

그림 14-3 제1차 당류 저감 종합계획의 추진 체계

저감 정책은 광고 규제, 세금 정책, 영양표시, 식품 공급 환경, 업체 규제, 다양한 홍보 활동 등을 통해 이루어지고 있다. 대부분의 국가는 당류의 주요한 급원 식품인 가당 음료류에 대한 정책들을 다양하게 세우고 있는데 특히 학교 자판기에서 가당 음료류의 판매를 금지하거나 세금을 부과하는 정책이 시행되고 있다. 우리나라의 당류 저감 정책은 그림 14-3에 나타낸 바와 같이 '온 국민의 당류 적정 섭취 유도 : 가공식품을 통한 당류 섭취량을 1일 열량의 10% 이내로 관리'를 목표로 삼고 있으며, 핵심 전략으로는 덜 달게 먹는 식습관 유도, 당류 저감 식품 선택 환경 조성, 당류 저감 정책 추진 기반 구축을 내세우고 있다.

(2) 미국의 당류 저감화 계획

미국의 높은 비만율과 심장 질환, 당뇨 등 건강 문제의 주요 원인 중의 하나를 첨가당으로 간주하고, 과도한 열량 섭취와 첨가당을 중심으로 한 정책을 전개하고 있다. 국민건강영양조사(NHANES, 2007~2010)에 따르면 미국인은 하루 평균 섭취 열량의 13%(약 270 Kcal)를 첨가당에서 얻고 있어 WHO의 권고 수준인 일일 평균 열량의 10% 이내보다 높다. 특히 어린이, 청소년, 젊은 청년층 사이에서 높게 나타난다. 미국은 건강 증진 종합 계획인 '헬시 피플 2020(Healthy People 2020, HP 2020)'을 통해서 당류 섭취 저감화를 실천하고 있다. HP 2020의 '영양소 및 체중 현황' 항목에서 첨가당 유래의 총 일일 섭취 열량을 기준값(2005~2008) 15.1%에서 9.7%로, 첨가당과 고형 지방 유래의 총 일일 섭취 열량을 기준값 31.7%에서 25.5%로 하향 설정하는 두 가지 목표를 세우고 있다.

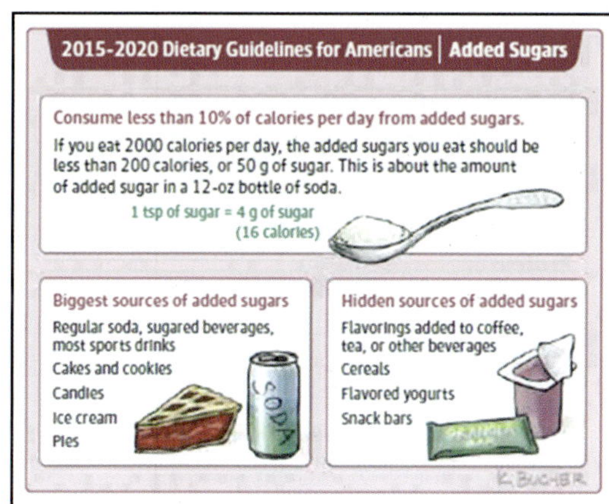

Tips for limiting intake of added sugars

1. Drinkwater or no-calorie drinks instead of soda; sports coffee, tea, and dairy beverages; and sugar sweetened juices.

1. Replace sweets and sugary snacks with healthier options.

2. Learn how to spot added sugars.

3. Shop the perimeter of the store

그림 14-4 미국의 식사 지침(2016)

헬시 피플 2020(Healthy People 2020, HP 2020)

우리나라의 국민 건강 증진 종합 계획인 Health Plan과 비슷한 계획이다. 'HP 2020'은 42개 중점 분야(focus areas)와 약 1,200개 목표(objectives)를 세우고, 4가지 최종 달성 목표에 도달하기 위한 방향을 제시한 건강 증진 종합 계획이다. 4가지 최종 달성 목표는 다음과 같다.

1. 예방 가능한 질환, 장애, 상해, 조기 사망이 없는 질 높은 수명 연장의 달성
2. 모든 인구 집단의 건강 개선, 건강 불평등 해소 및 건강 형평성 달성
3. 모든 인구 집단의 건강 증진을 위한 사회 및 물리적 환경 조성
4. 생애주기 전반에 걸친 건강한 행동, 건강한 발달 및 삶의 질 개선

또한 포장 식품의 영양 성분표를 개정하였다. 미국 식품의약품청(FDA)은 포장 식품의 영양 성분표(Nutrition Facts)에 첨가당을 삽입하고 그 함량과 % 영양소 기준치(Percent Daily Value, PDV)를 표시토록 한 규칙을 발표하였다. 2018년 7월부터 미국에서 유통되는 가공식품은 그림 14-5와 같이 영양 성분표에 첨가당 함유량을 의무적으로 기재하게 하고 있다. 반면 그동안 강조되어 왔던 지방 함량 표시의 비중은 줄이도록 하였다. 섭

Nutrition Facts

Serving Size 2/3 cup (55g)
Servings Per Container About 8

Amount Per Serving	
Calories 230	Calories from Fat 72
	% Daily Value*
Total Fat 8g	**12%**
Saturated Fat 1g	**5%**
Trans Fat 0g	
Cholesterol 0mg	**0%**
Sodium 160mg	**7%**
Total Carbohydrate 37g	**12%**
Dietary Fiber 4g	**16%**
Sugars 1g	
Protein 3g	
Vitamin A	10%
Vitamin C	8%
Calcium	20%
Iron	45%

* Percent Daily Values are based on a 2,000 calorie diet. Your daily value may be higher or lower depending on your calorie needs.

	Calories:	2,000	2,500
Total Fat	Less than	65g	80g
Sat Fat	Less than	20g	25g
Cholesterol	Less than	300mg	300mg
Sodium	Less than	2,400mg	2,400mg
Total Carbohydrate		300g	375g
Dietary Fiber		25g	30g

Nutrition Facts

8 servings per container
Serving size 2/3 cup (55g)

Amount per serving	
Calories	**230**
	% Daily Value*
Total Fat 8g	**10%**
Saturated Fat 1g	**5%**
Trans Fat 0g	
Cholesterol 0mg	**0%**
Sodium 160mg	**7%**
Total Carbohydrate 37g	**13%**
Dietary Fiber 4g	**14%**
Total Sugars 12g	
Includes 10g Added Sugars	**20%**
Protein 3g	
Vitamin D 2mcg	10%
Calcium 260mg	20%
Iron 8mg	45%
Potassium 235mg	6%

* The % Daily Value (DV) tells you how much a nutrient in a serving of food contributes to a daily diet. 2,000 calories a day is used for general nutrition advice.

그림 14-5 기존 영양 성분표(왼쪽)와 개정 영양 성분표(오른쪽)의 비교

취하는 지방의 양보다는 지방의 종류가 건강에 더 영향을 끼친다는 연구 결과에 따라 '지방 섭취에 따른 칼로리(calories from fat)' 항목을 없애고 총 지방, 포화지방, 트랜스 지방으로만 구분해서 표시하도록 하였다. 또한 새 영양 성분표에는 섭취 부족 시 만성 질환 발병률이 높아지는 비타민 D와 칼륨의 함량을 처음으로 표기되는 반면에, 비타민 A와 비타민 C의 함량 표기 의무는 없앴다. 이 밖에 칼로리 함량과 1인분의 양(serving size), 몇 인분용 포장인지를 크고 굵게 표기하게 하여 소비자가 쉽게 알아볼 수 있도록 하였다.

미국은 국민의 건강 문제 해결을 위해 가당 음료의 과세 및 경고 표시제도 도입을 고려하고 있다. 특히 가당 음료류에 대한 세금 부과 정책은 이미 일부 지역(캘리포니아주 버클리시 등)에서 시행되고 있다. 가당 음료가 비만이나 당뇨, 충치에 영향을 끼친다는 사실을 알리기 위한 경고 표시제도 또한 논의되고 있다. 과세제도와 경고 표시제 외에도 학교 내 판매 음식의 전반적인 개선 정책, 어린이 메뉴의 기본 제공 음료 제한, 음료의 크기 제한 등 가당 음료 섭취의 저감화와 관련된 다양한 정책들을 논의하고 있다.

(3) 영국의 당류 저감화 계획

영국도 당 과다 섭취로 인한 보건상의 우려가 높아지자 당 섭취 저감 정책을 논의하기 시작하였으며, 식품 정책의 의학적 측면에 관한 위원회는 당 섭취량을 총에너지 섭취량의 10%를 초과하지 않아야 한다고 권고하였다. 이후 영국공중보건국(Public Health England, PHE)의 자문기구인 영양자문위원회(Scientific Advisory Committee on Nutrition, SACN)는 2015년 당 섭취량을 총에너지 섭취량의 5%로 저감해야 한다는 새로운 권고를 제시하였다. 2014년에 발표된 국민식이영양조사에서 영국인의 당 섭취량은 전 연령에서 섭취 권고 수준을 상회하는 것으로 확인되었으며, 특히 모든 연령별 집단 중 청소년의 당 섭취량이 가장 많았는데 이들은 평균적으로 권고 수준의 50% 이상 추가로 섭취하였다. 당류의 주요 공급원은 탄산음료, 설탕 및 프리서브(preserves), 당과류, 과일주스, 주류, 비스킷, 케이크, 아침식사용 시리얼 등이었다. 연령별로는 청소년의 경우 에너지 음료를 포함한 탄산음료가 가장 주요한 공급원이었고 아동은 탄산음료, 당과류, 과일주스가, 성인은 설탕 및 프리서브, 탄산음료가 주요한 공급원이라 보고하고 있다.

영국은 산업체에 의무를 지우는 정책과 자율적 참여를 유도하는 정책을 모두 마련하고 있으며, 국민의 인식 제고를 통해 사회적으로 당 저감화 기류가 형성될 수 있도록 장려하고 있다. 대표적인 의무형 정책은 미디어와 온라인에서 '설탕세(sugar tax)'로 불리는 탄산음료 업계에 대한 추가 부담금 부과 정책을 시행하고 있다. 또한 당 영양 성분 함량을 포장 전면에 알아보기 쉽게 나타내는 포장 전면 영양표시를 시행하고 있으며, 당저감 목표 참여는 산업체 자율로 이행하고 있다. 영국 정부는 당 섭취 저감에 대중의 참여를 유도하고 인식을 제고하기 위해 캠페인을 활발하게 벌이고 있다.

설탕세(sugar tax)

전 세계적으로 최초로 '설탕세(Sugar Tax)'를 도입한 것은 핀란드이다. 2011년 1 L당 0.045~0.075유로를 부과하였다. 이후 프랑스가 2012년, 멕시코는 2013년, 영국은 2018년부터 부과하기 시작하였다. 아시아 국가 중에서는 태국이 2017년 9월에 처음 도입하였다. 이밖에도 많은 국가에서 설탕세 도입을 논의하고 있거나 도입 예정이다. 미국에서는 '설탕 음료세(Sugary Drink Tax)' 또는 '소다세(Soda Tax)'라고 부른다. 미국 내에서 최초로 적용한 곳은 캘리포니아주 버클리시로, 2015년 당류가 들어간 음료 1온스당 1센트를 부과하였다. 2016년 8월 《미국 공중보건저널(American Journal of Public Health)》은 설탕세 도입 이후 탄산음료 소비는 감소한 반면, 물 소비량은 급격히 증가하였다고 밝히고 있다.

첨가당 덜먹기 식생활 실천

1. 첨가당의 다른 이름에도 주의하기

첨가당은 아가베 시럽, 황설탕, 사탕수수 주스와 시럽, 고과당옥수수시럽(high fructose corn syrup), 옥수수 감미료(corn sweeteners), 과즙 농축액, 넥타, 꿀, 엿기름물엿(malt syrup), 당밀(molasses) 등으로도 표기되고 있다. 또한 식품의 상표를 살펴보면 '~ose'로 끝나는 과당(fructose), 포도당(glucose), 엿당(maltose), 덱스트로스(dextrose) 등도 첨가당의 다른 이름이다. 꿀이나 황설탕, 과즙 농축액이라고 해서 설탕보다 더 나은 당도 아니다.

2. 첨가당 줄이기를 실천하기

① 첨가당이 많이 들어 있는 탄산음료나 스포츠 드링크 대신 물을 마신다. 12온스 탄산음료에는 8티스푼 이상의 설탕이 들어 있다는 점을 기억한다.
② 과일주스를 마실 때는 100% 과일주스로 첨가당이 제품에 함유되어 있는지 꼼꼼히 따진다.
③ 아침에 먹는 시리얼도 설탕이 적은 제품을 고른다.
④ 설탕을 줄인 시럽, 잼 등을 고른다.
⑤ 케이크나 쿠키, 파이, 아이스크림 같은 디저트 대신 신선한 과일을 선택한다.
⑥ 통조림 과일은 시럽에 들어 있는 제품 말고, 물이나 주스에 들어 있는 것으로 고른다. 그리고 물에 헹구어 여분의 시럽을 제거한다.
⑦ 채소와 과일, 저지방 치즈, 통곡물 크래커, 저지방과 저칼로리 요구르트를 캔디나 빵 등의 간식 대신으로 섭취한다.
⑧ 가공식품의 섭취는 줄인다.
⑩ 식품을 구매할 때 영양 성분표를 반드시 확인한다.

2. 나트륨

1) 나트륨의 개념 및 특성

나트륨의 급원 식품은 소금으로 염소(Cl)와 나트륨(Na)으로 이루어진 염화나트륨(NaCl)이다. 나트륨은 체내 혈액이나 체액 등 수분량을 조절하고 신경, 신호 전달, 근육 수축에 중요한 역할을 하며 소화액의 성분으로 쓰이는 등 우리 몸에 꼭 필요한 영양소이다.

2) 나트륨의 섭취기준 및 섭취 현황

나트륨의 경우 모든 연령층에 충분섭취량을 설정하고, 9세 이상부터는 목표섭취량을 설정하였다. 나트륨의 목표섭취량은 과잉 섭취에 따른 유해성에 대한 근거가 충분하지 않더라도 과잉 섭취에 따른 건강 위험이 우려되어 설정한 값으로 권장섭취량과는 다른 개념이다. 성인의 나트륨 충분섭취량은 다른 영양소(콜레스테롤과 포화지방) 섭취량의 부족을 가져오지 않는 양인 1,500 mg으로 설정되었고, 목표섭취량은 지나치게 높은 한국인의 나트륨 섭취량을 고려하여 세계보건기구의 권고량인 하루 2,000 mg으로 설정되었다.

2018년 식품의약품안전처에 따르면 질병관리본부의 '국민건강영양조사' 결과 한국인의 나트륨 하루 평균섭취량은 2013년 4,583 mg, 2014년 4,027 mg, 2015년 3,890 mg, 2016년 3,890 mg, 2017년 3,669 mg 등으로 해마다 감소하고 있다. 4년 전에 비해 20% 가량 섭취량이 줄어들었다. 그럼에도 WHO의 권고량 2,000 mg보다는 두 배 가까이 높은 수치이다. 한국인의 나트륨 섭취량은 조사를 처음 시작한 1998년 이후 4,500~4,800

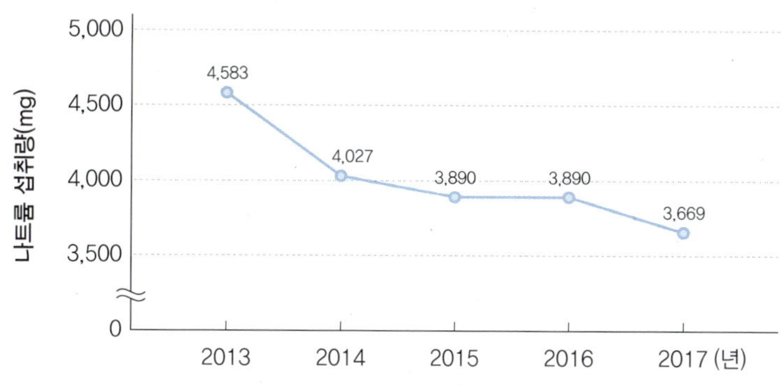

그림 14-6 한국인의 하루 평균 나트륨 섭취량

자료 : 질병관리본부, 국민건강영양조사, 2018.

mg 수준을 유지하다 2005년 5,260 mg으로 정점을 기록하였다. 이후 2012년부터 정부가 자율적인 나트륨 저감화 정책을 시행하면서 지속적인 감소세로 돌아섰다. 당시 정부는 2017년까지 나트륨 섭취량을 3,900 mg 이하로 목표를 세웠으나 2015년 목표를 조기 달성하자 2020년까지 3,500 mg 이하로 재설정하였다. 한국보건산업진흥원의 연구 보고서를 보면 2010년과 2013년 사이에 발생한 나트륨 섭취량 감소분의 83%는 김치, 장류(간장·된장·고추장), 라면 등 가공식품 속 나트륨 함량 감소에 따른 것이며 17%는 국민의 식품 섭취량 변화에 의한 것이었다고 한다. 실제로 우리나라에서 나트륨 섭취에 가장 많이 기여하는 식품은 소금으로 나트륨 섭취량의 20%가량이 소금에 기인한다. 나트륨은 소금의 형태로 대부분의 음식에 첨가된다. 우리나라 국민은 국·찌개·면류(31%)를 통해 가장 많이 섭취하고 김치류(23%)가 그 뒤를 잇고 있으며, 맛을 내기 위해 사용

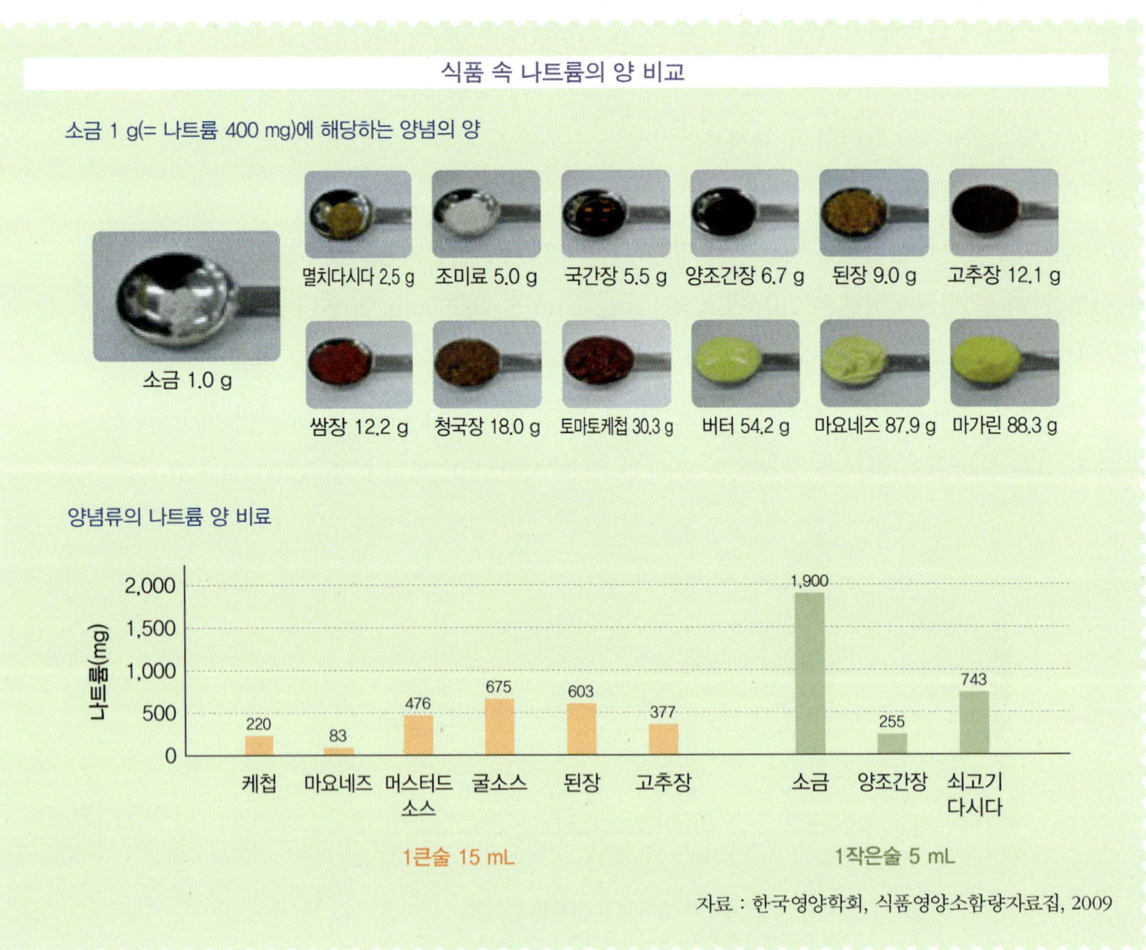

하는 조미료, 장류, 소스류에도 함량이 높은 편이다.

3) 나트륨의 과다 섭취와 만성질환

나트륨을 많이 섭취하면 혈액 내로 수분을 끌어들여 혈압을 상승시킴으로써 고혈압이 발생하고, 이로 인해 장기적으로는 뇌졸중 등 심혈관계 질환이 증가하게 된다. 하루에 소금 6 g을 더 섭취하면 사망률이 관상동맥 심장 질환은 56%, 심혈관 질환은 36%가 증가한다는 연구 결과 등이 보고되어 있다. 나트륨과 비만의 상관조사 결과 짜게 먹을수록 비만에 걸릴 위험이 높으며, 특히 청소년의 경우 짠 음식과 비만의 상관관계가 뚜렷한 것으로 나타났다 골다공증, 천식, 비만의 발병률도 높이는 것으로 보고되어 있다.

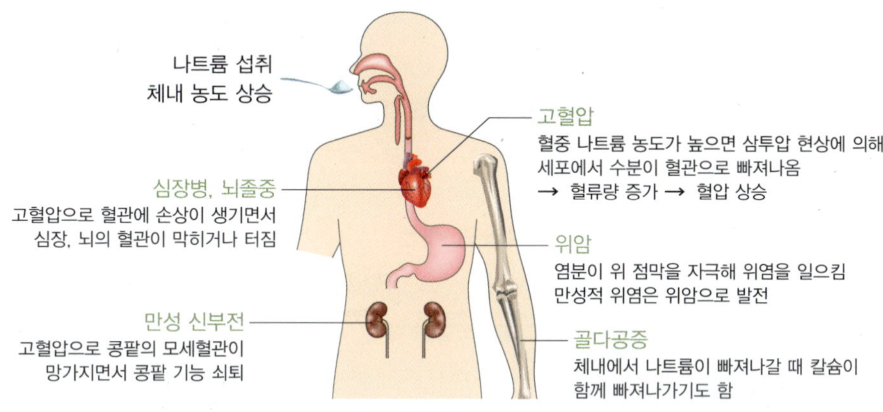

나트륨 과잉 섭취와 질환과의 상관성

분류	질병
높음	혈압(고혈압), 뇌졸중, 관상동맥 질환, 심혈관 질환
중간	콩팥 질환/신부전, 위암, 골다공증/골감소증/골절
낮음	당뇨, 과체중/비만, 천식, 백내장

그림 14-7 과다한 나트륨의 섭취가 초래하는 질병
자료 : WHO 영양지침 전문가 자문그룹(NUGAG) 회의, 2011.

4) 국내외 나트륨 저감 정책

(1) 우리나라의 나트륨 저감 정책

나트륨 함량 비교 표시제를 제정(「식품위생법」 개정)함으로써 식품의 나트륨 함량을 동일하거나 유사한 식품 유형의 함량과 비교하여 소비자가 알아보기 쉽게 표시하게 하여 나트륨 섭취를 줄이고 국민의 건강 보호 정책을 시행하고자 시도하였다. 적용 대상은 영양표시 의무 대상 가공식품(「식품위생법」 제11조) 중 나트륨의 주요 급원 식품으로

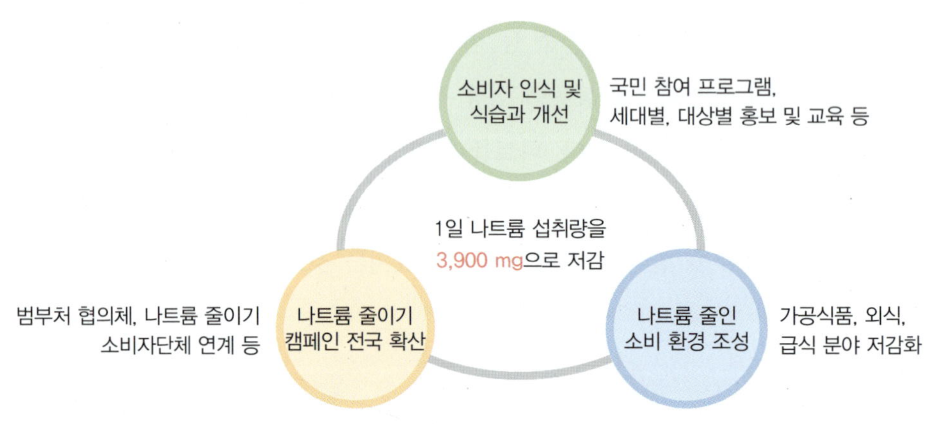

그림 14-8 나트륨 저감 정책의 추진 방향

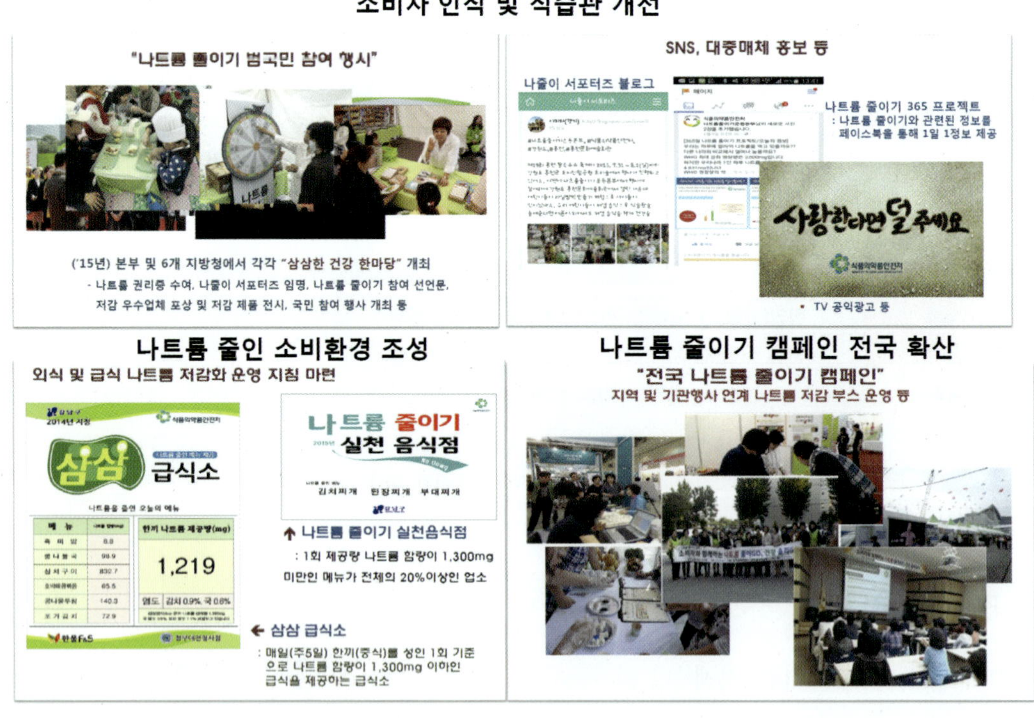

그림 14-9 나트륨 저감 정책 추진의 실제 예시

2017년 5월 19일부터 시행되었다. 그러나 올바른 식품 선택 저해 우려, 특정 가공식품만을 대상으로 추가적이고 의무적인 영양표시를 해야 하는 형평성 문제, 비교표시 방법론의 문제로 2018년 3월 13일 폐기되었다. 그동안 나트륨 저감 정책으로는 소비자 인식 및 식습관 개선, 나트륨을 줄이는 소비 환경 조성, 나트륨 줄이기 캠페인의 전국 확산 등 3가지 방면의 정책으로 2017년까지 1일 나트륨 섭취량을 3,900 mg으로 줄였다. 소비자 인식 및 식습관 개선을 위해 '나트륨 줄이기 범국민 참여 행사', 찾아가는 식생활 체험교실 '튼튼 먹거리 탐험대', SNS, 대중매체 홍보 등을 시행하였다. 나트륨을 줄인 소비 환경 조성을 위해 가공식품, 외식, 급식 분야에서 나트륨 저감화를 시행하였으며, 나트륨 줄이기 캠페인의 전국 확산을 위해 범부처 협의체, 소비자단체 등과 연계하여 확산을 유도하였다.

식생활에서 나트륨 줄이기 실천 방법

상품 구매 시 : 영양 표시에 있는 나트륨 양을 꼭 확인해요.

- 나트륨을 찾아요.
- 나트륨의 mg을 확인하세요.
- % 영양소 기준치를 확인해요.
- 1회 제공량을 확인해요.
- 비교해 보고 나트륨이 적은 식품을 사도록 해요.

주문 시 : 음식을 주문할 때는 '싱겁게' 해달라고 요청해요.

- 덜 짜게, 싱겁게 해 달라고 주문할 때 먼저 요청해요.
- 양념 소스는 미리 다 넣지 말고 따로 달라고 요청해요.

식사 시 : 국, 찌개, 국수의 국물을 적게 먹어요.

- 나트륨이 많은 음식은 되도록 적게 먹어요.
- 케첩, 머스터드, 양념스프, 소스 등은 되도록 적게 넣어요.
- 국물은 작은 그릇에 담아 조금만 먹어요.

간식 시 : 간식으로는 채소, 과일, 우유를 먹어요.

- 채소, 과일, 우유에는 건강에 좋은 성분들이 많고, 나트륨이 몸 밖으로 나가도록 도와요.

(2) 외국의 나트륨 저감 정책

나트륨 저감 정책의 외국 현황은 세 가지 형태, 즉 식생활 개선 캠페인, 정보 제공(표시제도), 세금 부과로 나누어 살펴볼 수 있다. 영국에서는 식생활 개선 캠페인으로 2013년부터 'Change4Life' 대국민 캠페인을 실시하는데 watch the salt, sugar swaps 등 영양·식생활 개선 프로그램이 운영되고 있다. 이 밖에도 저감 기술 개발 지원으로 미국, 영국, 캐나다에서는 식육 가공품 저감 가이드라인을 제시하고, 일본에서는 소금 대체재를 개발하였으며, 핀란드는 급식 등 식사의 소금 상한량 등의 기준을 설정하여 저감 기술 개발을 지원하고 있다. 또한 표시제도로 나트륨에 대한 정보 제공 내용을 강화하여 핀란드는 소금 함량이 높은 식품에 대한 경고 문구 표시(1980년대)를 시행하고, 미국의 뉴욕에서는 식당 메뉴에 나트륨 경고 표시 의무(2015년)제도를 시행하였다. 영국, 프랑스 등 유럽에서는 나트륨 등에 신호등 표시제를 실시하나 의무 사항은 아니다. 식품의 소금 함량이 일정 기준을 초과할 때에 세금을 부과하는 제도는 헝가리에서 시행되고 있다. 포르투갈에서도 식품의 소금 함량이 일정 기준을 초과하면 식품에 부가가치세를 부과한다.

3. 영양교육

우리나라의 영양교육은 식생활 관련 법 및 정책에 맞추어 진행되고 있다. 우리나라의 식생활 관련 법률로는 「국민영양관리법」, 「국민건강증진법」, 「식생활교육지원법」, 「어린이 식생활안전관리 특별법」, 「식품안전기본법」 등이 있으며, 이러한 법률을 기반으로 식생활 지침의 제정 및 보급, 식생활 교육, 식생활 안전 관리 체계 구축 등 정책과 사업이 이루어지고 있다(표 14-2). 여기에서는 그중 국민 건강 증진 종합 계획 및 식생활 교육 기본 계획에서 중요하게 생각하는 영양교육의 실천 내용을 간단하게 살펴보기로 한다.

현재 '제4차 국민 건강 증진 종합 계획(2016~2020)(이하 HP 2020)'이 공포되어 시행되고 있다. HP 2020은 '온 국민이 함께 만들고 누리는 건강 세상'이라는 비전하에 건강 수명 연장과 건강 형평성 제고를 목표로 하여 건강 생활 실천 확산, 예방 중심의 상병 관리, 안전 환경 보건, 인구 집단별 건강 관리 등 6개 분야, 27개 과제를 선정하여 추진 중에 있으며, 그중 '영양', '비만' 및 '절주' 과제는 국민의 식생활과 밀접한 관련이 있다.

표 14-2 식생활 관련 법률 및 내용

법률명(제정년도)	소관 부처	주요 내용	관련 주요 정책
국민영양관리법(2010)	보건복지부	• 영양·식생활 교육 사업 • 영양 관리를 위한 영양 및 식생활 조사 • 영양소 섭취기준 및 식생활 지침의 제정 및 보급	국민영양관리 기본계획
국민건강증진법(1995)	보건복지부	• 국민 건강의 관리(절주운동) • 국민영양조사 • 건강 증진 사업 • 보건 교육	국민건강증진 종합계획
식생활교육지원법(2009)	농림축산식품부	• 식생활 조사·연구 • 식생활 지침 개발·보급 등 • 건전한 식습관 형성 • 식생활에 대한 감사와 이해 • 전통 식생활 문화 계승과 지역 농수산물의 활용	식생활교육 기본계획
어린이 식생활안전관리 특별법(2006)	식품의약품안전처	• 어린이 기호식품 관리 • 올바른 식생활 정보 제공 • 어린이급식관리지원센터 • 식생활 안전 관리 체계 구축	어린이 식생활안전관리 종합계획
식품안전기본법(2008)	식품의약품안전처	• 식품 안전 정책 수립·조정	식품안전관리 기본계획

그림 14-10 영양교육 실천의 예시
자료 : 어린이급식관리지원센터 광주서구센터

'영양' 중점 과제는 건강 식생활 실천 인구 비율의 증가 또는 유지, 건강 체중 유지 및 관리 인구 비율의 유지, 생애주기별 영양 관리 강화 등을 목표로 하고 있으며, 식생활 지침의 주기적 개정 및 다양한 교육 자료의 개발과 보급, 나트륨 함량 감량 사업, 당류 저감화 등의 사업이 포함되어 있다. '비만' 부문은 균형 잡힌 식생활, 규칙적인 운동 등 비만 예방을 위한 건강생활 실천을 목적으로 하고 있으며, 성인과 아동 및 청소년의 비만 유병률을 현 수준으로 유지하기 위하여 직장인 비만 예방·관리 서비스, 아동·청소년 비만 예방 프로그램의 강화와 같은 사업이 진행되고 있다. 건강생활 실천 확산의 중점 과제인 '절주'는 음주로 인한 폐해를 감소시켜 국민의 건강 증진에 기여하는 것을 목적으로 하며, 주류 판매제도 개선, 교육 및 정보 제공 사업, 음주 문제 예방 사업 등을 통해 알코올 소비량 감소, 위험 음주 행동 감소 등을 목표로 하고 있다.

이외에 2015년 2월 '제2차 식생활 교육 기본 계획(2015~2019)」이 확정·발표되었다. 식생활 교육의 기본 계획은 계층별·대상별 맞춤형 체험 및 교육 기회 제공, 우수한 식생활 환경을 조성하여 바른 식문화 구현을 목표로 '바른 식생활, 건강한 식문화로 국민의 삶의 질 향상'이라는 비전 아래에 5개 추진 부문으로 나뉘어 과제가 진행 중에 있다. 제2차 식생활 교육 기본 계획에서는 대상을 가정, 학교 및 지역으로 분류하여 식생활 교육 및 체험 사업을 추진하고 있다. 가정은 식생활 교육의 기조적인 실천난위이므로 가정에서의 적극적인 참여 유도를 위하여 '영유아와 임신·수유부에 대한 식생활 교육 강화', '가정 식생활 가이드 제작·보급', 바른 생활과 영양 섭취 관련 지식 습득을 위한 '공동 식생활 지침' 및 '식생활 모형' 마련 등 세부 사업이 구성되어 있다. 학교에서의 식생활 교육은 교육 현장에서 시행 가능한 과제들을 집중 실시하여 바른 식생활 교육 확산을 도모하고 있으며, 지역에서의 식생활 교육은 지역 특성에 맞는 식생활 교육 프로그램의 개발·보급 및 지역 실정에 맞는 다각적인 사업이 추진되고 있다(표 14-3).

1) 식생활 지침

식생활 지침은 만성질환의 원인이 되는 부적절한 식생활 습관을 개선하기 위해 영양 부족 또는 영양 과잉과 같은 영양 불균형과 신체 활동 감소로 발생하는 비만 및 저체중과 같은 건강 위험을 줄이기 위해서 만들었다. 이러한 지침은 '국민건강영양조사'의 영양소 섭취량, 식품 섭취량, 비만율 등의 자료와 국내외에서 발표된 문헌을 분석하여

표 14-3 제2차 식생활 교육 기본 계획 및 세부 실천 과제

추진 분야	추진 과제	세부 실천 과제
가정에서의 식생활 교육 추진	•기본적인 식습관 형성 •밥상머리 교육을 통한 가족 간 소통 원활화 •바른 식생활과 영양 섭취 관련 지식 습득	•'아침밥 먹기' 범국민운동 추진 •영유아와 임신·수유부에 대한 식생활 교육 강화 •'가족 밥상의 날' 전국 캠페인 전개 •가정 식생활 가이드 제작·보급 •가족 단위의 식생활 교육 프로그램 개발·보급 •'공동 식생활 지침' 및 '식생활 모형' 마련
학교에서의 식생활 교육 추진	•어린이·청소년 건강 개선 및 성장 발달 촉진 •학교급식에 의한 식생활 실천 지도 •어린이집, 유치원에서의 식생활 교육 추진	•정규 교과 과정에 식생활 교육 내용 강화 •창의적 체험 활동 및 방과 후 내용 강화 •음식에 관해 올바른 지식 및 바람직한 식습관을 체득할 수 있도록 학교 급식 시간을 '살아 있는 교재'로 활용 •어린이·청소년들의 건강하고 안전한 간식 선택 및 아침밥 먹기 환경 조성 •영유아·미취학 어린이 대상 식생활 교육 교재 및 프로그램의 개발·보급 •농어업, 환경, 지역에 대한 감사·배려 제고
지역에서의 식생활 교육 추진	•한국형 식생활 실천 확산 •세대별 바른 식생활 실천으로 국민 건강 증진	•한국형 식생활 실천 확산 및 조기 정착을 위한 지방자치단체 단위의 맞춤형 식생활 교육 추진 •지역 여건을 반영한 지방자치단체 '식생활 교육 기본 계획' 수립 및 식생활 교육 위원회 구성, 식생활 교육 조례 제정 •65세 이상, 1인 가구, 취약 계층에 대한 맞춤형 프로그램 운영 •체계적, 지속적인 식생활 교육 추진을 위한 전문 인력 양성 •직장 내 식생활 교육 담당자 지정 등 직장에서 식생활 교육 기반 확충
농업과의 연계 및 환경과의 조화	•식생활 교육과 로컬푸드 운동 연계 추진 •환경 친화적인 식생활 교육 확산	
전통 식문화의 계승 발전	•전통 식문화 체험 기회 확대 등	

만든다. 우리나라는 1985~1986년에 영양학 관련 학회와 민간 단체에서 식생활 지침을 처음으로 제정하였다. 이후 정부 기관으로는 처음 보건사회부(현 보건복지부)에서 1991년 '국민 식생활 지침'을 발표하였고, 2002년 '한국인을 위한 식생활 목표'와 '한국인을 위한 식생활 지침'을 발표하였으며 2002~2003년에 생애주기별로 '성인을 위한 식생활 실천지침', '어르신을 위한 식생활 실천지침', '영유아를 위한 식생활 실천지침', '임신·수유부를 위한 식생활 실천지침', '청소년을 위한 식생활 실천지침'을 제정하였다. 그 후로도 국민의 건강 및 식생활 변화를 반영하여 2008년 '한국인을 위한 식생활 지침'을 개정하여 발표하였으며, 이와 연계하여 2011년까지 생애주기별 식생활 지침의 개정이 이루어졌다.

한편 농림축산식품부가 「식생활교육지원법」 제22조에 근거하여 2010년 어린이와 성인을 대상으로 한 '녹색 식생활 지침'을 제정하였다. 각 부처에서 소관 법률에 근거하여 식생활 지침을 제정·보급하게 되면서 유사한 내용의 중복에 따른 비효율성은 물론이고 실수요자들인 식생활 교육 담당자와 대상자 모두에게 혼란 및 이용 제약의 문제를 일으키면서 부처 공동의 논의와 협력을 통한 국민 공통 식생활 지침 제정 및 보급의 필요성이 대두되었다. 이에 2015년 올바른 식생활에 대한 일관된 메시지를 전달할 수 있도록 국민의 영양과 식생활 증진의 주무 부처인 보건복지부 주관으로 여러 부처의 합의안인 '국민 공통 식생활 지침'이 추진되었다. 이에 보건복지부, 농림축산식품부, 식품의약품안전처 등의 관련 부처 공동으로 국민 공통 식생활 지침이 개발되어 보급되었다. 보건복지부의 '한국인을 위한 식생활 지침(개정)'과 '국민 공통 식생활 지침'은 부록에 제시하였다.

- 당을 과잉 섭취하면 비만이나 당뇨, 심혈관계 질환 등을 유발한다. 당류 과잉 섭취에서 문제가 되는 것은 첨가당으로, 이는 가공·조리 시 첨가되는 단당류, 이당류와 꿀, 시럽, 과일주스에 존재하는 당을 총칭하는 말이다.
- 우리나라의 총당류 섭취기준은 총에너지 섭취량의 10~20%로 제한하고, 식품의 조리 및 가공 시 첨가되는 첨가당의 섭취는 총에너지 섭취량의 10%를 넘지 않도록 제안하였다.
- 우리나라의 당류 저감 정책은 '국민의 당류 적정 섭취 유도 : 가공식품을 통한 당류 섭취량을 1일 섭취 열량의 10% 이내로 관리'를 목표로 삼고 있으며, 핵심 전략으로는 덜 달게 먹는 식습관의 유도, 당류 저감 식품 선택 환경 조성, 당류 저감 정책 추진의 기반 구축 등을 내세우고 있다.
- 나트륨은 체내 혈액이나 체액 등 수분량을 조절하고 신경, 신호 전달, 근육 수축에 중요한 역할을 하며 소화액의 성분으로 쓰이는 등 우리 몸에 꼭 필요한 영양소이다.
- 나트륨을 많이 섭취하면 고혈압, 뇌졸중 등 심혈관계 질환이 증가하게 된다. 또한 비만, 골다공증, 천식, 비만의 발병률도 높이는 것으로 보고되어 있다.
- 우리나라 영양교육은 우리나라의 식생활 관련 법 및 정책에 맞추어 진행되고 있다. 우리나라의 식생활 관련 법률로는 「국민영양관리법」, 「식생활교육지원법」, 「국민건강증진법」, 「어린이 식생활안전관리 특별법」, 「식품안전기본법」 등이 있으며, 이러한 법률을 기반으로 식생활 지침의 제정 및 보급, 식생활 교육, 식생활 안전 관리 체계 구축 등의 정책과 사업이 이루어지고 있다.

연습문제

1. 한국인의 당류 섭취기준을 설명하시오.

2. 나트륨의 과다 섭취 시 발생하는 만성질환을 설명하시오.

3. 우리나라에서 시행되고 있는 당류 저감화 정책을 설명하시오.

4. 우리나라 영양교육의 관련 법률 및 정책 등을 설명하시오.

5. 국민 공통 식생활 지침을 설명하시오.

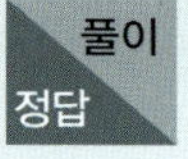

1. 총당류 섭취량을 총에너지 섭취량의 10~20%로 제한하고, 특히 식품의 조리 및 가공 시 첨가되는 첨가당은 총에너지 섭취량의 10% 이내로 섭취하도록 제안하고 있다. 첨가당의 주요 급원으로는 설탕, 액상과당, 물엿, 당밀, 꿀, 시럽, 농축 과일주스 등이 있다.
2. 나트륨을 많이 섭취하면 혈액 내로 수분을 끌어들여 혈압을 상승시키므로 고혈압이 발생하며 이로 인해 장기적으로는 뇌졸중 등 심혈관계 질환이 증가하게 된다. 또 짜게 먹을수록 비만에 걸릴 위험이 높으며, 특히 청소년의 경우 짠 음식과 비만의 상관관계가 뚜렷한 것으로 확인되었다. 골다공증, 천식, 비만의 발병률도 높다.
3. 2016년 식품의약품안전처는 보건복지부, 농림축산식품부, 교육부 등 관계 부처 합동으로 제1차 당류 저감 종합 계획(2016~2020, 식품의약품안전처)을 수립, 발표하였다. 당류 저감 정책은 광고 규제, 세금 정책, 영양표시, 식품 공급 환경, 업체 규제, 다양한 홍보 활동 등을 통해 이루어지고 있다. 대부분의 국가에서는 당류의 주요한 급원 식품인 가당 음료류에 대한 정책들이 많으며, 특히 학교 자판기에서 가당 음료류의 판매를 금지하거나 세금을 부과하는 정책들이 시행되고 있다.
4. 우리나라 영양교육은 우리나라의 식생활 관련 법 및 정책에 맞추어 진행되고 있다. 우리나라의 식생활 관련 법률로는 「국민영양관리법」, 「식생활교육지원법」, 「국민건강증진법」, 「어린이 식생활안전관리 특별법」, 「식품안전기본법」 등이 있으며, 이러한 법률을 기반으로 식생활 지침의 제정 및 보급, 식생활 교육, 식생활 안전 관리 체계 구축 등의 정책과 사업이 이루어지고 있다

5. 국민 공통 식생활 지침은 다음과 같다.

- 쌀·잡곡, 채소, 과일, 우유·유제품, 육류, 생선, 달걀, 콩류 등 다양한 식품을 섭취하자.
- 아침밥을 꼭 먹자.
- 과식을 피하고 활동량을 늘리자.
- 덜 짜게, 덜 달게, 덜 기름지게 먹자.
- 단 음료 대신 물을 충분히 마시자.
- 술자리를 피하자.
- 음식은 위생적으로, 필요한 만큼만 마련하자.
- 우리 식재료를 활용한 식생활을 즐기자.
- 가족과 함께하는 식사 횟수를 늘리자.

참고문헌

강재헌, 당류 과잉섭취와 비만 등 만성질환과의 연관성 분석 및 당 저감화 모델 개발, 식품의약품안전처, 용역연구개발 최종 보고서. 2013.

김근호, 나트륨대사이상의 진단과 치료, 대한내과학회지 77(4): 444-447, 2009.

보건복지부, 2015 한국인 영양소섭취기준, 2015.

보건복지부·식품의약품안전처, 나트륨 바로 알기 자료집, 2012.

보건복지부·질병관리본부, 2016 국민건강통계, 2016.

식품안전정보원 정보연구본부, 식품안전정책조사보고서, 2017.

윤은경, 한국인 당류 섭취량 및 저감 정책 현황, 식품산업과 영양 23(2), 10-13, 2018.

윤지현, 생애주기별 국민 식생활 지침 제정을 위한 근거 마련 연구, 보건복지부, 2016.

이행신·권성옥·연미영·김도희·이지연·남지운·박승주·연지영·이순규·이혜영·권오상, 한국인의 총당류 섭취실태 평가: 2008-2011년 국민건강영양조사 자료를 이용하여, *J Nutr Health* 47(4):268-276, 2014.

F.J. He and G.A. MacGregor, A comprehensive review on salt and health and current experience of worldwide salt reduction programme, *Journal of Human Hypertension* 23, 363-384, 2009.

Food and Agriculture Organization/World Health Organization(FAO/WHO), Carbohydrates in Human Nutrition, Rome: FAO, 1998.

J. Mann·J.H. Cummings·H.N. Englyst·T. Key·S. Liu·G. Riccardi·C. Summerbell·R. Uauy·R.M. van Dam·B. Venn·H.H. Vorster·M. Wiseman, FAO/WHO Scientific update on carbohydrate in human nutrition: conclusions, *Eur J Clin Nutr* 61(Suppl 1): S132-S137, 2007.

Ministry of Food and Drug Safety, Only 8% of respondents knows recommended intake of sodium [Internet], Ministry of Food and Drug Safety; 2010 Available from: http://www.mfds.go.kr/brd/m_99/view.do?seq=13292

R.H. Lustig, Fructose: metabolic, hedonic, and societal parallels with ethanol, *J Am Diet Assoc* 110: 1307-1321, 2010.

R.H. Lustig·L.A. Schmidt·C.D. Brindis, Public health: The toxic truth about sugar, *Nature* 482: 27-29, 2012.

S.R. Craddick·P.J. Elmer·E. Obarzanek·W.M. Vollmer·L.P. Svetkey·M.C. Swain, The DASH diet and blood pressure, *Curr Atheroscler Rep* 5(6): 484-491, 2003.

T.A. Kotchen·A.W. Cowley Jr.·E.D. Frohlich, Salt in Health and Disease –A Delicate Balance, *N Engl J Med* 368(13): 1229–1237, 2013.

U.S. Department of Agriculture/U.S. Department of Health and Human Services(USDA/DHHS), Nutrition and Your Health: Dietary Guidelines for Americans, Home and Garden Bulletin No.232. Washington, DC: Government Printing Office, 2000.

World Health Organization(WHO). Guideline: Sugar intake for adults and children. 2015(http://www.who.int/nutrition/publications/guidelines/sugars_intake/en).

보건복지부https://www.mohw.go.kr/react/al/sal0301vw.jsp?PAR_MENU_ID=04&MENU_ID=0403&page=390&CONT_SEQ=270578

Public Health England(PHE), Sugar reduction Responding to the challenge, 2014(https://www.gov.uk/government/uploads/system/uploads/attachment_data/file/324043/Sugar_Reduction_Responding_to_the_Challenge_26_June.pdf).

CHAPTER 15

식품 표시 및 구매

학습목표

식품에 대한 정보를 정확하게 제공하고, 안전한 식품 구매를 위하여 식품 표시, 영양 정보, 식품 구매 등의 내용을 다룬다.

1. 식품 표시의 목적, 식품 표시의 기본적인 용어를 설명한다.
2. 영양 정보에 관한 표시, 영양 강조 표시기준을 설명한다.
3. 알레르기 유발 식품 표시, 나트륨 함량 비교 표시, 고열량·저영양 식품 표시, 어린이 기호식품, 고카페인 함유 식품을 설명한다.
4. 안전한 식품 구매를 위한 장보기, 여러 가지 식품 인증제도에 대해 알아본다.
5. 푸드 마일리지와 로컬푸드, 조사 처리 식품과 방사능 오염 식품을 설명한다.

올바른 식품의 선택과 구매를 위해서는 식품의 표시에 대한 정보를 정확하게 알고 소비자들이 합리적인 식품 선택을 하도록 하는 것이 중요하다. 이를 위해 1996년 보건복지부와 식품의약품안전처 고시로 "식품등의 표시기준"이 도입되고 이후 점차 확대되며 개정을 거듭하여 2018년 12월에 식품의약품안전처 고시 제2018-108호로 전부 개정되어 2022년 1월부터 시행될 예정이다. 식품에 대한 소비자들의 현명한 선택을 위해 여기에서는 앞으로 시행될 식품 표시에 대해 좀 더 자세하게 살펴보고, 안전한 식품 구매를 위한 내용을 알아보기로 한다.

1. 식품 등의 표시기준

1) 목적

식품, 축산물, 식품첨가물, 기구 또는 용기·포장의 표시기준에 관한 사항 및 영양 성분 표시 대상 식품의 영양표시에 관하여 필요한 사항을 규정함으로써 위생적인 취급을 도모하고 소비자에게 정확한 정보를 제공하며 공정한 거래를 확보하는 것이다.

2) 구성

식품, 축산물(이하 '식품'이라 함)은 과자류·빵류 또는 떡류, 빙과류, 코코아 가공품류 또는 초콜릿류, 당류, 잼류, 두부류 또는 묵류, 식용유지류, 면류, 음료류, 특수 용도 식품, 장류, 조미식품, 절임류 또는 조림류, 주류, 농산 가공식품류, 식육 가공품 및 포장육, 알 가공품류, 유가공품, 수산 가공식품류, 동물성 가공식품류, 벌꿀 및 화분 가공품류, 즉석식품류, 기타 식품류, 식용란, 닭·오리의 식육, 자연 상태 식품으로 구성한다.

3) 식품 표시의 기본적인 사항

제품명, 식품의 유형, 제조연월일, 유통 기한, 품질 유지 기한, 원재료 및 성분, 영양 성분 등이며, 기본적인 용어 설명은 표 15-1에 나타내었다.

(1) 주표시면

제품명, 내용량 및 내용량에 해당하는 열량(단, 열량은 내용량 뒤에 괄호로 표시)을 표시하여야 한다. 다만, 주표시면에 제품명과 내용량 및 내용량에 해당하는 열량 이외의 사

표 15-1 식품 표시의 기본적인 용어 설명

용어	설명
제품명	개개의 제품을 나타내는 고유의 명칭
식품의 유형	「식품위생법」 제7조 제1항 및 「축산물 위생관리법」 제4조 제2항에 따른 식품의 기준 및 규격의 최소 분류 단위
제조연월일	포장을 제외한 더 이상의 제조나 가공이 필요하지 아니한 시점(포장 후 멸균 및 살균 등과 같이 별도의 제조 공정을 거치는 제품은 최종 공정을 마친 시점)을 말한다. 다만, 캡슐 제품은 충전·성형 완료 시점으로, 소분 판매하는 제품은 소분용 원료 제품의 제조연월일로, 원료 제품의 저장성이 변하지 않는 단순 가공 처리만을 하는 제품은 원료 제품의 포장 시점으로 한다.
유통 기한	제품의 제조일로부터 소비자에게 판매가 허용되는 기한
품질 유지 기한	식품의 특성에 맞는 적절한 보존 방법이나 기준에 따라 보관할 경우 해당 식품 고유의 품질이 유지될 수 있는 기한
원재료	식품 또는 식품첨가물의 제조·가공 또는 조리에 사용되는 물질로서 최종 제품 내에 들어 있는 것
성분	제품에 따로 첨가한 영양 성분 또는 비영양 성분이거나 원재료를 구성하는 단일 물질로서 최종 제품에 함유되어 있는 것
영양 성분	식품에 함유된 성분으로 에너지를 공급하거나 신체의 성장, 발달, 유지에 필요한 것 또는 결핍 시 특별한 생화학적, 생리적 변화가 일어나게 하는 것
당류	식품 내에 존재하는 모든 단당류와 이당류의 합
트랜스지방	트랜스 구조를 1개 이상 가지고 있는 비공액형의 모든 불포화지방
1회 섭취 참고량	만 3세 이상 소비 계층이 통상적으로 소비하는 식품별 1회 섭취량과 시장조사 결과 등을 바탕으로 설정한 값
영양 성분 표시	제품의 일정량에 함유된 영양 성분의 함량을 표시하는 것
영양 강조 표시	제품에 함유된 영양 성분의 함유 사실 또는 함유 정도를 '무', '저', '고', '강화', '첨가', '감소' 등의 특정한 용어를 사용하여 표시하는 것 (1) 영양 성분 함량 강조 표시 : 영양 성분의 함유 사실 또는 함유 정도를 '무○○', '저○○', '고○○', '○○ 함유' 등과 같은 표현으로 그 영양 성분의 함량을 강조하여 표시하는 것 (2) 영양 성분 비교 강조 표시 : 영양 성분의 함유 사실 또는 함유 정도를 '덜', '더', '강화', '첨가' 등과 같은 표현으로 같은 유형의 제품과 비교하여 표시하는 것
1일 영양 성분 기준치	소비자가 하루의 식사 중 해당 식품이 차지하는 영양적 가치를 보다 잘 이해하고, 식품 간의 영양 성분을 쉽게 비교할 수 있도록 식품 표시에서 사용하는 영양 성분의 평균적인 1일 섭취 기준량
주표시면	용기·포장의 표시면 중 상표, 로고 등이 인쇄되어 있어 소비자가 식품 또는 식품첨가물을 구매할 때 통상적으로 소비자에게 보이는 면
정보 표시면	용기·포장의 표시면 중 소비자가 쉽게 알아볼 수 있도록 표시 사항을 모아서 표시하는 면

항을 표시한 경우 정보 표시면에는 그 표시 사항을 생략할 수 있다(그림 15-1).

(2) 정보 표시면

식품 유형, 업소명 및 소재지, 유통 기한(제조연월일 또는 품질 유지 기한), 원재료명, 주의사항 등을 표시 사항별로 표 또는 단락 등으로 나누어 표시하되, 정보 표시면 면적이

주표시면(앞면)

정보 표시면(뒷면)

주표시면(앞면, 윗면)

정보 표시면(뒷면)

그림 15-1 주표시면 및 정보 표시면의 구분 기준 예시
자료 : 식품음료신문, 2015.

제품명	OOO OO
식품 유형	OOO(OOOOOOO)
업소명 및 소재지	OO식품, OO시 OO구 OO로 OO길 OO
유통 기한	OO년 OO월 OO일까지
내용량	OO g
원재료명	OO, OOOOO, OOOOOOO, OOOOO, OOO OOOO, OOOO, OOO, OOOOOOO, OOO
	OO*, OOO*, OO* 함유(*알레르기 유발물질)
품목 보고 번호	OOOOOOOOOO-OOOOO

그림 15-2 정보 표시면의 표시 사항 구획화 예시

100 cm^2 미만인 경우에는 표 또는 단락으로 표시하지 아니할 수 있다(그림 15-1, 15-2).

(3) 영양표시

그림 15-3은 우리나라의 개정된 영양표시 안의 예시이며, 총내용량(1포장)당, 100 g(mL)당, 단위 내용량당으로 구분된다. 그림 15-4는 2018년 8월부터 개정된 미국의 영양표시제 예시이다. 미국의 영양표시제는 1회 제공량당 함량에서 1컵당 함량으로 가정용 계량도구의 단위를 이용해 실제 제공량 정보를 제공하고 열량 수치를 크게 표시하며, 당류는 '첨가당류' 항목을 추가하여 첨가당과 식품에서 자연적으로 생성되는 당류를 모두 표시하였다. 또 섭취량이 부족하면 만성질환으로 이어질 수 있는 영양소인 칼슘, 비타민 D, 칼륨, 철분을 비타민/미네랄 의무 표시 대상으로 지정하였다. 이는 우리나라가 총내용량당, 100 g당, 단위 내용량당 정보를 제공하고, 나트륨을 가장 먼저 표시하며 첨가당류는 표시하지 않고 비타민/미네랄을 의무적으로 표시하지 않는 것과 비교된다.

총 내용량(1포장)당

영양정보	총 내용량 00g 000kcal
총 내용량당	1일 영양성분 기준치에 대한 비율
나트륨 00mg	00%
탄수화물 00g	00%
당류 00g	
지방 00g	00%
트랜스지방 00g	
포화지방 00g	00%
콜레스테롤 00mg	00%
단백질 00g	00%
1일 영양성분 기준치에 대한 비율(%)은 2,000kcal 기준이므로 개인의 필요 열량에 따라 다를 수 있습니다.	

100 g(mL)당

영양정보	총 내용량 00g 100g당 000kcal
100g당	1일 영양성분 기준치에 대한 비율
나트륨 00mg	00%
탄수화물 00g	00%
당류 00g	
지방 00g	00%
트랜스지방 00g	
포화지방 00g	00%
콜레스테롤 00mg	00%
단백질 00g	00%
1일 영양성분 기준치에 대한 비율(%)은 2,000kcal 기준이므로 개인의 필요 열량에 따라 다를 수 있습니다.	

단위 내용량당

영양정보	총 내용량 00g(00×0조각) 1조각(00g)당 000kcal
1조각당	1일 영양성분 기준치에 대한 비율
나트륨 00mg	00%
탄수화물 00g	00%
당류 00g	
지방 00g	00%
트랜스지방 00g	
포화지방 00g	00%
콜레스테롤 00mg	00%
단백질 00g	00%
1일 영양성분 기준치에 대한 비율(%)은 2,000kcal 기준이므로 개인의 필요 열량에 따라 다를 수 있습니다.	

그림 15-3 개정된 영양표시의 예시

자료 : 식품의약품안전처, "식품등의 표시기준" 일부 고시안, 2016.

Original Label

Nutrition Facts

Serving Size 2/3 cup (55g)
Servings Per Container About 8

Amount Per Serving	
Calories 230	Calories from Fat 72
	% Daily Value*
Total Fat 8g	**12%**
Saturated Fat 1g	**5%**
Trans Fat 0g	
Cholesterol 0mg	**0%**
Sodium 160mg	**7%**
Total Carbohydrate 37g	**12%**
Dietary Fiber 4g	**16%**
Sugars 1g	
Protein 3g	
Vitamin A	10%
Vitamin C	8%
Calcium	20%
Iron	45%

* Percent Daily Values are based on a 2,000 calorie diet. Your daily value may be higher or lower depending on your calorie needs.

	Calories:	2,000	2,500
Total Fat	Less than	65g	80g
Sat Fat	Less than	20g	25g
Cholesterol	Less than	300mg	300mg
Sodium	Less than	2,400mg	2,400mg
Total Carbohydrate		300g	375g
Dietary Fiber		25g	30g

New Label

Nutrition Facts

8 servings per container
Serving size 2/3 cup (55g)

Amount per serving	
Calories	**230**
	% Daily Value*
Total Fat 8g	**10%**
Saturated Fat 1g	**5%**
Trans Fat 0g	
Cholesterol 0mg	**0%**
Sodium 160mg	**7%**
Total Carbohydrate 37g	**13%**
Dietary Fiber 4g	**14%**
Total Sugars 12g	
Includes 10g Added Sugars	**20%**
Protein 3g	
Vitamin D 2mcg	10%
Calcium 260mg	20%
Iron 8mg	45%
Potassium 235mg	6%

* The % Daily Value (DV) tells you how much a nutrient in a serving of food contributes to a daily diet. 2,000 calories a day is used for general nutrition advice.

그림 15-4 미국의 영양표시 예시

영양표시 인지율과 실천율

2016년 국민건강통계 자료에 따르면 19세 이상 성인의 경우 영양표시 인지율(영양표시를 알고 있다고 응답한 분율)은 76.4%, 이용률(가공식품 선택 시 영양표시를 읽는 분율)은 25.3%, 영향률(가공식품 선택 시 영양표시 내용에 영향을 받는다고 응답한 분율)은 20.7%로 나타났다. 성별로 보면 영양표시 인지율, 이용률, 영향률이 남자 74.3%, 19.0%, 15.2%와 여자 78.4%, 31.6%, 26.2%로 나타났으며, 연령별로는 20대의 경우 92.1%, 37.5%, 29.5%, 30대는 91.5%, 37.4%, 31.2%, 40대는 87.3%, 30.3%, 25.3%, 50대는 75.8%, 18.9%, 15.6%, 60대는 57.6%, 11.9%, 10.1%로 나타났다. 이러한 결과로 볼 때 영양표시를 알고 있는 비율은 높지만 표시를 읽는 경우와 영향을 받는 경우는 낮아서 실천율이 낮음을 알 수 있다. 남자에 비해 여자의 영양표시 인지도, 이용률, 활용률이 높게 나타났으며, 연령이 낮을수록 영양표시 활용률이 높게 나타나 남자와 연령이 높은 대상자들을 위한 영양표시에 대한 교육이 필요함을 알 수 있다.

(4) 소비자 안전을 위한 주의사항

① 알레르기 유발 물질 표시

알레르기 유발 물질은 함유된 양과 관계없이 원재료명을 표시해야 한다. 표시 대상은 우유, 메밀, 땅콩, 대두, 밀, 고등어, 게, 새우, 돼지고기, 아황산류(최종 제품이 SO_2로 10 mg/kg 이상 함유한 경우에 한함), 복숭아, 토마토, 호두, 닭고기, 알류(가금류에 한함), 쇠고기, 오징어, 조개류(굴, 전복, 홍합 포함), 잣을 원재료로 사용하거나 이들 식품으로부터 추출 등의 방법으로 얻은 성분, 이들 식품이나 식품첨가물을 원재료로 사용한 경우에는 표시해야 한다. 표시 방법은 원재료명 표시란 근처에 바탕색과 구분되도록 별도의 알레르기 표시란을 마련하여 알레르기 표시 대상 원재료명을 표시해야 한다.

식품 선택 시 알레르기 유발물질 표시를 확인 후 구매하세요!

- 유통기한 : 후면 표기일까지 • 식품의 유형 : 과자(유처리제품)
- 원재료명 및 원산지 : 소맥분(밀;미국산), 미강유(태국산), 조미분말{옥수수전분(옥수수;수입산), 감자전분(독일산) 천일염(신안군), 새우추출분말}, 새우, 팜유, 옥수수전분, 새우가루 염미시즈닝{볶음전일염(신안군)}, 밀, 새우, 대두, 우유 함유
- 특정성분함량 및 원산지 : 생새우 8.5%(국산), D.. 9.0 mg

식품의약품안전처에서 고시된 알레르기 의무 표시제로 우유, 대두 등 원재료가 포함되는 경우 테두리 등으로 구분한 알레르기 별도의 표시란에 알레르기 유발 물질이 표시되어 있다.

- 폴레에틸렌(내면) 부정·불량식품 신고는 국번없이 1399
- 이 제품은 우유, 대두 밀, 새우, 토마토를 사용한 제품과 같은 제조 시설에서 제조하고 있습니다.

같은 제조 시설에서 알레르기를 유발시킬 수 있는 제품이 생산되어 교차오염(cross-contamination)의 가능성이 있음을 알리는 정보로 소비자에게 알레르기 반응이 일어날 수 있다는 것을 의미한다.

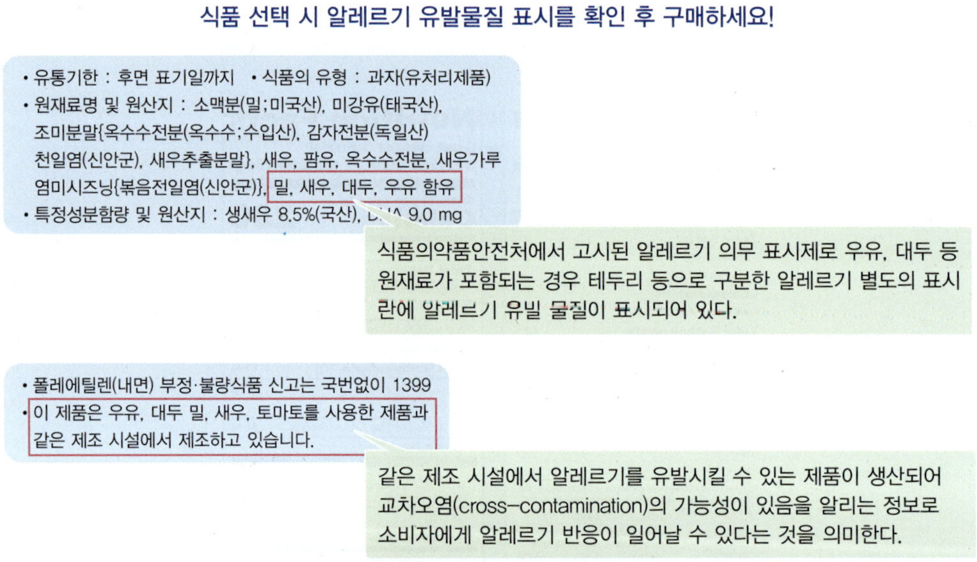

그림 15-5 식품알레르기 표시 확인 방법

자료 : 식품의약품안전처

② 혼입 가능성이 있는 알레르기 유발 물질 표시

알레르기 유발 물질을 사용하는 제품과 사용하지 않은 제품을 같은 제조 과정(작업자, 기구, 제조 라인, 원재료 보관 등 모든 제조 과정)을 통하여 생산하여 불가피하게 혼입될 가능성 있는 경우 주의사항 문구를 표시해야 한다.

③ **무글루텐 표시**

밀, 호밀, 보리, 귀리 및 이들의 교배종을 원재료로 사용하지 않으면서 총 글루텐 함량이 20 mg/kg 이하인 식품 또는 밀, 호밀, 보리, 귀리 및 이들의 교배종에서 글루텐을 제거한 원재료를 사용하여 총 글루텐 함량 20 mg/kg 이하인 식품은 무글루텐(gluten free) 표시를 할 수 있다.

④ **그 밖에 식품의 주의사항 표시**

- 장기 보존 식품 중 냉동식품에 대하여는 '이미 냉동된 바 있으니 해동 후 재냉동하지 마시길 바랍니다' 등의 표시를 한다.
- 과일·채소류 음료 등 개봉 후 부패·변질될 우려가 높은 식품에 대하여는 '개봉 후 냉장 보관하거나 빨리 드시기 바랍니다' 등의 표시를 한다.

식품 알레르기 유발 물질 표시 강화된다

※ '식품 알레르기 유발 물질에 대한 식품 안전성 강화 방안' 보건복지부 및 식품의약품안전처에 권고

- 최근 식품 알레르기 발생이 증가하고 있으며, 특히 소아·청소년들의 식품 유발성 알레르기 쇼크 사례가 많이 발생함에 따라 식품 알레르기 유발 표시 및 안내 등이 강화되었다.
  국민권익위원회는 식품 알레르기 유발 물질에 대한 표시를 강화하고 이를 안내·홍보하기 위한 방안을 마련해 보건복지부와 식품의약품안전처에 권고하였다.
- 식품 알레르기란 식품을 섭취했을 때 특정 식재료에 대한 인체 면역계의 과잉반응으로 여러 증상을 일으키는 것이다.
  최근 일반음식점 또는 어린이집 등에서 두드러기, 설사, 구토 등 식품 알레르기 증상이 증가하고 있으며, 특히 소아·청소년층에서 알레르기 쇼크*가 발생하는 사례도 늘고 있다.

초·중·고 학생 식품 알레르기 증가 현황

구분	2015년	2016년	2017년	2018년
전체 학생 수	1,565,780명	1,528,044명	1,533,374명	1,518,036명
식품 알레르기 증상 학생 수(%)	48,339명(3.087%)	51,660명(3.38%)	57,300명(3.7%)	63,442명(4.2%)

자료 : 경기도 교육청, 2018.

자료 : 국민권익위원회 보도자료, 2019.

*알레르기 쇼크(Anaphylaxis) : 급격하게 진행하는 전신적인 중증 알레르기 반응으로 단시간 내에 여러 장기에 급성 알레르기 증상을 유발하여 적절한 치료가 이루어지지 못하면 사망에 이를 수 있는 질환

- 음주 전후, 숙취 해소 등의 표시를 하는 제품에 대하여는 '과다한 음주는 건강을 해칩니다' 등의 표시를 한다.
- 아스파탐을 첨가 사용한 제품에 대하여는 '페닐알라닌 함유'라는 내용의 표시를 한다.
- 당알코올류를 다른 식품과 구별, 특징짓게 하기 위하여 원재료로 사용한 제품의 경우 해당 당알코올의 종류 및 함량, '과량 섭취 시 설사를 일으킬 수 있습니다' 등의 표시를 한다.
- 식품의 품질 관리를 위하여 별도 포장하여 넣은 선도 유지제에는 '습기 방지제(방습제)', '습기 제거제(제습제)' 등 소비자가 그 용도를 쉽게 알 수 있도록 표시하고, '먹어서는 아니 된다'는 등의 주의 문구도 함께 표시해야 한다. 다만, 선도 유지제에 직접 표시가 어려운 경우 정보 표시면에 표시한다.
- 해당 식품에 대한 불만이나 소비자의 피해가 있는 경우 신속하게 신고하도록 하기 위해 식품의 용기·포장에 '부정·불량식품 신고는 국번 없이 1399'의 표시를 한다.
- 카페인 함량을 1 mL당 0.15 mg 이상 함유한 액체 식품은 '어린이, 임산부, 카페인 민감자는 섭취에 주의하여 주시기 바랍니다' 등의 문구 및 주표시면에 '고카페인 함유'와 '총카페인 함량 OOO mg'을 표시해야 한다. 이때 카페인 허용 오차는 표시량의 90~110%(단, 커피 및 다류는 120% 미만)로 한다.
- 식품의 보존성을 증진시키기 위하여 용기 또는 포장 등에 질소가스 등을 충전하였을 때에는 그 사실을 표시한다.
- '원터치 캔' 통조림 제품에 대하여는 '캔 절단 부분이 날카로우므로 개봉, 보관 및 폐기 시 주의하십시오' 등의 표시를 한다.

⑤ 그 밖에 식품첨가물의 주의사항 표시

수산화암모늄, 아세트산, 빙초산, 염산, 황산, 수산화소듐, 수산화포타슘, 하이포염소산소듐, 표백분 등의 식품첨가물에는 '어린이 등의 손에 닿지 않는 곳에 보관하십시오', '직접 섭취하거나 음용하지 마십시오', '눈·피부에 닿거나 마실 경우 인체에 치명적인 손상을 입힐 수 있습니다' 등의 취급상의 주의 문구 표시를 해야 한다.

⑥ 그 밖에 기구 또는 용기·포장의 주의사항 표시

- 식품 포장용 랩을 식품 포장용으로 사용할 때에는 100℃를 초과하지 않은 상태에

서만 사용하도록 표시한다.

- 식품 포장용 랩은 지방 성분이 많은 식품 및 주류에는 직접 접촉하지 않게 사용하도록 표시한다.
- 유리제 가열 조리용 기구에는 '표시된 사용 용도 외에는 사용하지 마십시오' 등을 표시하고, 가열 조리용이 아닌 유리제 기구에는 '가열 조리용으로 사용하지 마십시오' 등의 표시를 한다.

4) 영양 정보 표시

소비자들이 영양 정보를 쉽게 알 수 있도록 제품마다 다른 1회 제공량 대신 총내용량(1포장)을 기준으로 영양 성분 표시를 하도록 하며, 통일되고 일관성 있도록 표준 도안을 사용하게 하였다. 영양 성분 명칭의 표시는 열량, 탄수화물 등 에너지 급원 순에서 열량, 나트륨 등 소비자 선호도를 반영한 순서로 변경하였다. 또한 2015년 11월 「국민영양관리법」에 따라 개정된 '한국인 영양소 섭취기준'을 반영해 기준이 없던 것은 신설하고 기존에 있던 것은 현실에 맞게 반영하였다.

그 내용을 살펴보면 당류 1일 영양 성분 기준치를 100 g으로 신설하였고, 영양 성분 중 비타민 D는 5 μg에서 10 μg으로 상향 조정하고, 탄수화물은 330 g에서 324 g으로,

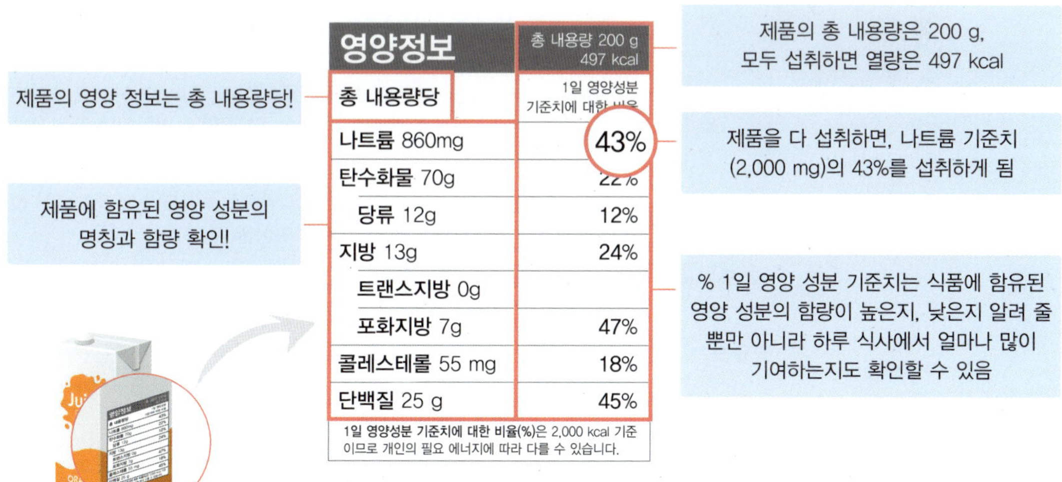

그림 15-6 영양 정보 표시

자료 : 식품의약품안전처, 2018(https://www.foodsafetykorea.go.kr/portal/board/boardDetail.do)

지방은 51 g에서 54 g으로 기준치를 조정하였다. 특히 당류의 1일 영양 성분 기준치는 첨가당을 포함한 총당류의 개념으로, 첨가당이 함유된 가공식품뿐 아니라 과일·우유 등 하루 중 식품으로 섭취할 수 있는 모든 당류를 고려하여 100 g(2,000 kcal 기준)을 기준치로 설정하였다. 그림 15-6은 영양 정보를 표시한 설명이다.

5) 영양 강조 표시기준의 세부 기준

표 15-2 영양 강조 표시 및 표시 조건

영양 성분	강조 표시	표시 조건
열량	저	식품 100 g당 40 kcal 미만 또는 식품 100 mL당 20 kcal 미만일 때
	무	식품 100 mL당 4 kcal 미만일 때
나트륨	저	식품 100 g당 120 mg 미만일 때
	무	식품 100 g당 5 mg 미만일 때
당류	저	식품 100 g당 3 g 미만 또는 식품 100 mL당 1.5 g 미만일 때
	무	식품 100 g당 또는 식품 100 mL당 0.5 g 미만일 때
지방	무	식품 100 g당 또는 식품 100 mL당 0.5 g 미만일 때
트랜스지방	저	식품 100 g당 0.5 g 미만일 때
포화지방	저	식품 100 g당 1.5 g 미만 또는 식품 100 mL당 0.75 g 미만이고, 열량의 10% 미만일 때
	무	식품 100 g당 0.1 g 미만 또는 식품 100 mL당 0.1 g 미만일 때
콜레스테롤	저	식품 100 g당 20 mL 미만 또는 식품 100 mL당 10 mg 미만이고, 포화지방이 식품 100 g당 1.5 g 미만 또는 식품 100 mL당 0.75 g 미만이며, 포화지방이 열량의 10% 미만일 때
	무	식품 100 g당 5 mg 미만 또는 식품 100 mL당 5 mg 미만이고, 포화지방이 식품 100 g당 1.5 g 또는 식품 100 mL당 0.75 g 미만이며 포화지방이 열량의 10% 미만일 때
식이섬유	함유 또는 급원	식품 100 g당 3 g 이상, 식품 100 kcal당 1.5 g 이상일 때 또는 1회 섭취 참고량당 1일 영양 성분 기준치의 10% 이상일 때
	고 또는 풍부	함유 또는 급원 기준의 2배
단백질	함유 또는 급원	식품 100 g당 1일 영양 성분 기준치의 10% 이상, 식품 100 mL당 1일 영양 성분 기준치의 5% 이상, 식품 100 kcal당 1일 영양 성분 기준치의 5% 이상일 때 또는 1회 섭취 참고량당 1일 영양 성분 기준치의 10% 이상일 때
	고 또는 풍부	함유 또는 급원 기준의 2배
비타민 또는 무기질	함유 또는 급원	식품 100 g당 1일 영양 성분 기준치의 15% 이상, 식품 100 mL당 1일 영양 성분 기준치의 7.5% 이상, 식품 100 kcal당 1일 영양 성분 기준치의 5% 이상일 때 또는 1회 섭취 참고량당 1일 영양 성분 기준치의 15% 이상일 때
	고 또는 풍부	함유 또는 급원 기준의 2배

알고 있나요?

모든 식물성 식용유에는 콜레스테롤이 없다. 콜레스테롤은 원래 동물성 식품에만 들어 있기 때문이다. 따라서 식물성 식용유에 '무콜레스테롤'이라고 표시하면 소비자를 오도하는 표현이 된다.

6) 나트륨 함량 비교 표시

나트륨 함량 비교 표시는 2018년 12월에 개정 고시된 안으로 2022년 1월부터 시행 예정이다. 소비자의 인지도가 높은 나트륨의 1일 영양 성분 기준치를 8구간으로 세분하여 구간을 표시하도록 하고(표 15-3), 1일 영양 성분 기준치를 초과하는 경우에는 경고 표시를 하도록 하였다(그림 15-7).

표 15-3 나트륨의 1일 영양 성분 기준치

구간	1번째	2번째	3번째	4번째	5번째	6번째	7번째	8번째
함량(mg)	0 ≤ 800	800 < ≤ 1,000	1,000 < ≤ 1,200	1,200 < ≤ 1,400	1,400 < ≤ 1,600	1,600 < ≤ 1,800	1,800 < ≤ 2,000	2,000 <

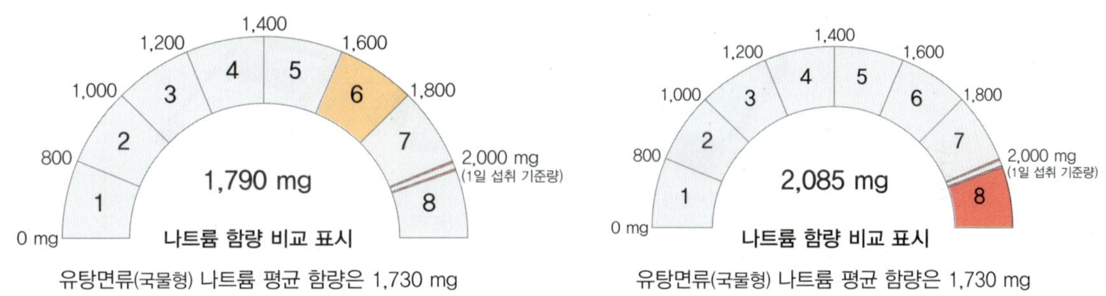

그림 15-7 나트륨 함량 비교 표시 기준 및 방법
자료 : 식품의약품안전처, 나트륨 함량 비교 표시 기준 및 방법 개정 고시, 2018. 12.

7) 고열량·저영양 식품

고열량·저영양 식품의 기준은 하루 중 일반적으로 섭취하는 식사 외의 식품인 간식용과 하루 중 일반적으로 섭취하는 한 끼 식사를 대신할 수 있는 식품인 식사 대용 식품으로 나누어서 기준을 달리 적용하고 있다. 고열량·저영양 식품은 주로 열량이 높고 포화지방과 당, 나트륨의 함량이 높으며 단백질의 함량은 적은 식품들을 말하며, 과자, 아이스크림, 탄산음료, 햄버거, 피자, 라면 등의 식품이 이에 해당된다. 식품의약품안전처가 정한 기준보다 열량은 높고 영양가는 낮은 식품으로, 비만이나 영양 불균형을 초래할 우려가 있는 어린이 기호식품을 가리킨다. 가공식품이나 패스트푸드 등의 고열량·저영양 식품은 단순당과 지방이 많이 함유되어 있을 뿐만 아니라 에너지 균형을 유지하는 식욕 관련 신경계에 영향을 미치기 때문에 비만을 일으키는 원인이 된다고 한다. 이에 식품의약품안전처에서는 스마트폰 앱을 통하여 고열량·저영양 식품을 판별할 수 있도록 하고 있다(그림 15-8).

그림 15-8 스마트폰 앱 New 고열량·저영양 식품 알림 e

자료 : 식품의약품안전처 홈페이지, 고열량·저영양 식품 판별 프로그램

1회 제공량 기준 영양표시

식품 등의 표시에서 2022년에 시행되는 주요 개정 내용은 영양표시가 1회 제공량 기준으로 표시한 것을 총내용량(1포장)당, 100 g(mL)당, 단위 내용량당의 3가지 종류로 표시된다. 영양 성분 표시 순서가 에너지 급원 순으로 표시되었던 것이 소비자의 관심도가 높은 영양 성분을 우선 표시하게 된다. 나트륨 함량 비교 표시제가 폐지되고, 나트륨의 1일 영양 성분 기준치를 8구간으로 세분하여 구간을 표시하도록 하였으며 나트륨 함량이 2,000 mg을 넘는 제품에는 적색으로 경고 표시를 하도록 하였다.

클린 라벨 운동(Clean Label Movement)

1990년대 초 구제역과 돼지콜레라, 광우병과 조류인플루엔자 등 각종 동물 전염병이 창궐하던 영국에서 식품 안전에 대한 사건, 사고가 빈발하며 사회적 혼란이 심화되었다. 이 때문에 식품 안전에 대한 중요성을 인식하게 되면서 영유아 식품을 중심으로 식품의 유래와 제조 방법 등에 대한 소비자들의 관심이 높아졌다. 이러한 움직임을 배경으로 클린 라벨 운동이 시작되었다. 클린 라벨이란 한마디로 '명확한 성분 표기'라고 정의할 수 있는데, 원산지를 명확히 표기하고, 제품 내 각종 식품첨가물들은 없애거나 최소화함은 물론이고 첨가한 양에 대해서는 알기 쉽게 표기하며, 가공 또한 최소화하여 생산한 일련의 제품군들을 말한다. 식품에 대한 소비자의 알 권리로 대변되기도 하는 클린 라벨 운동은 안전한 식품에 대한 소비자의 계몽운동이라고도 할 수 있다. 식품 제조사들에 식품에 들어가는 각종 첨가물을 없애거나 최소화하고 첨가된 내용물에 대해서는 알기 쉽게 표기할 것을 요구하는 것이다.

최근 소비자들의 주요 관심사인 글루텐과 유전자 변형 농산물 포함 여부, 유기농 제품, 무첨가 제품 등을 정확히 표기한 제품이 바로 클린 라벨 제품들이다. 예전에는 식품 선택의 기준이 브랜드, 몸에 좋은 특정 성분이 많이 함유된 제품 위주이었다면 이제는 원산지, 첨가된 식품첨가물의 종류, 식품의 제조 공법, 제조 및 유통 과정에서 환경에 미치는 영향 등이 중요 고려 대상이 되고 있다. 아직까지는 법적으로 정의되거나 표준이 마련된 것이 아니므로 클린 라벨 표시 방법과 표시기준이 통일되어 있지 않아서 제조업체들이 자율적으로 표기하는 정도로 대부분 마케팅 목적으로 표기하는 수준에 그치고 있다.

클린 라벨 식품은 합성 첨가물이나 보존제의 무첨가, 소비자가 이해하기 쉬운 식품 원료의 사용, 소비자가 이해하기 쉽도록 선명한 식품 원료의 표시, 전통적 가공 방식을 사용하거나 또는 가공을 최소화한 식품이라 정리된다.

2. 식품 구매

식품의 안전은 식중독균·기생충·검역해충 등의 생물학적 오염과, 농약·중금속·항생제·방사성 물질·내분비계 장애 물질 등과 같은 이물질 등의 이화학적 오염에 의해 위협을 받고 있다. 식품 안전성 문제에서 가장 중요하게 다루어져 할 위해 요소는 식중독, 농약, 식품첨가물 및 환경오염 물질임을 알 수 있다. 따라서 식품을 구매할 때에는 그림 15-9와 같이 식품의 구매는 1시간 이내로 하는 것이 좋으며, 순서는 쌀이나 통조림 같이 냉장이 필요 없는 식품, 과채류·햄·소시지 등 냉장이 필요한 가공식품, 육류, 어패류 순으로 진행한다. 장보기를 마치면 지체하지 않고 바로 귀가하여 냉장고에 보관하며, 샌드위치·김밥·떡볶이 등의 즉석식품은 구매 후 바로 섭취하는 것이 좋다. 식품의 종류에 따라 농·수·축산물은 신선한 제품을 선택하고 원산지를 확인하며, 식품 인증 마크가 있는 제품을 선택하는 것이 좋다. 가공식품의 경우 식품 포장지에 표시된 내용(유통기한, 영양 성분 등)을 확인하여 본인이나 가족에 맞는 제품을 선택하고, 알레르기를 일으키는 식품이나 식품첨가물이 함유되어 있는지 등도 확인한다.

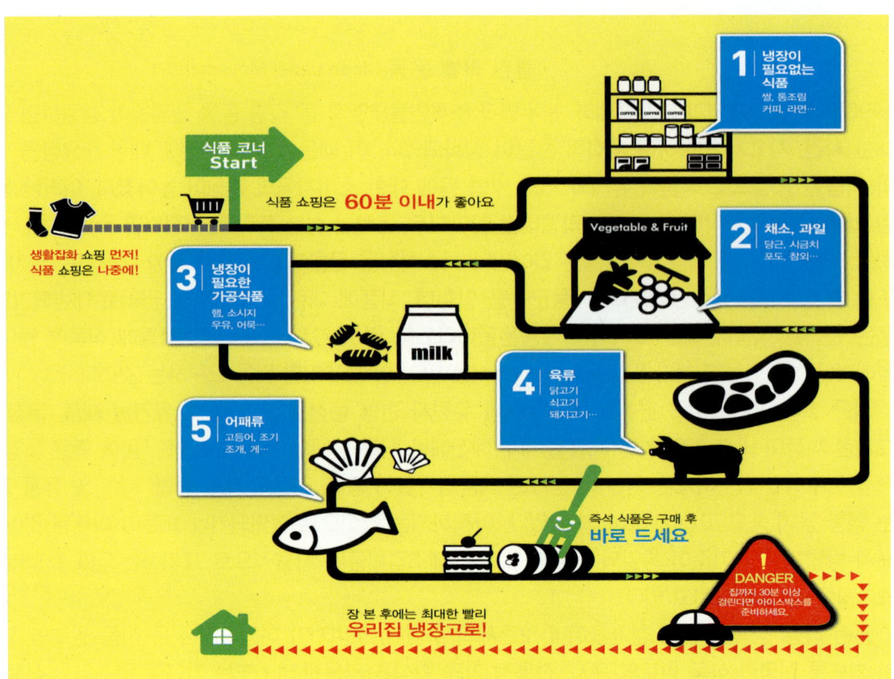

그림 15-9 우리 집 장보기 _식품 구매 시 확인 사항

자료 : 식품의약품안전처(https://www.kfda.go.kr)

외식의 경우 대부분은 가정식에 비해 열량이나 나트륨의 함량이 높기 때문에 건강에 좀 더 나은 메뉴를 선택하기 위하여 식품이나 음식을 주문할 때 반드시 메뉴판(menu board), 메뉴 북, 메뉴 게시판, 제품 안내판(name tag)에 표시된 내용을 확인한다. 온라인, 전화 등으로 주문받아 배달하는 업체는 영양 성분을 표시한 리플릿, 스티커 등을

안전한 식품 고르기

- 점포 내부가 청결하고 정리가 잘되어 신뢰가 가는 곳에서 구입하세요.
- 유통 기한을 확인하여 날짜가 많이 남아 있는 식품으로 고르세요.
- 캔이나 용기 등의 포장이 파손되거나 움푹 들어간 것, 오염되어 있는 것은 피하세요.
- 달걀은 특정한 용기에 담겨진 것을 구입하고 금이 가거나 오염된 것은 피하세요.
- 곰팡이가 있거나 변색되는 등 상한 것으로 보이는 식품은 피하세요.
- 따뜻한 식품이 식어 있으면 사지 마세요.
- 카운터 위에 뚜껑 없이 판매하는 조리된 식품은 사지 마세요.
- 육류, 생선류 등의 즙액이 다른 식품에 옮겨 가지 않도록 주의하세요.

함께 제공하여야 하며, 온라인상에 조리, 판매하는 식품의 정보를 제공하는 경우에는 식품명이나 가격 표시 주변에 영양 성분을 표시해야 한다(그림 15-10).

메뉴판(MENU BOARD)

메뉴판(MENU BOARD)

메뉴명 ······························ 0,000원 ······························ 000kcal
메뉴명 ······························ 0,000원 ······························ 000kcal
세트메뉴명 ························ 0,000원 ·························· 000~000kcal

음식명이나 가격 표시 주변에 음식명이나 가격 표시 크기의 80% 이상으로 열량을 표시
(세트 메뉴의 경우 열량을 범위로 표시)

메뉴 북

메뉴북

메뉴명 ··············· 0,000원
000kcal

메뉴명 ··············· 0,000원
000kcal

세트메뉴명 ··········· 0,000원
000kcal

제품 안내판(NAME TAG)

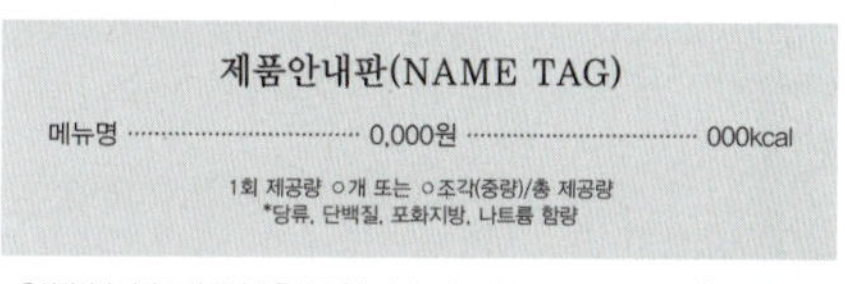

제품안내판(NAME TAG)

메뉴명 ······························ 0,000원 ······························ 000kcal

1회 제공량 ○개 또는 ○조각(중량)/총 제공량
*당류, 단백질, 포화지방, 나트륨 함량

음식명이나 가격 표시 주변에 음식명이나 가격 표시 크기의 80% 이상의 열량/1회 제공량 개 또는 조각(중량)을 표시(기타 영양 정보 함께 제공 가능)

영수증

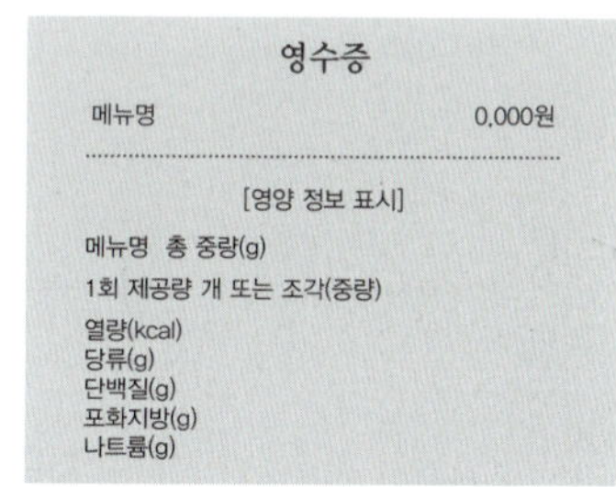

영수증

메뉴명 0,000원

······································

[영양 정보 표시]

메뉴명 총 중량(g)
1회 제공량 개 또는 조각(중량)
열량(kcal)
당류(g)
단백질(g)
포화지방(g)
나트륨(g)

포스터 및 리플릿

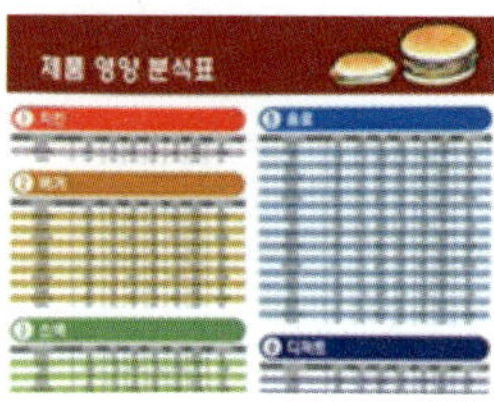

포스터 및 리플릿

제품명	총중량 (g)	1회 제공량 개 또는 조각(g)	열량 (kcal)	당류 (g)	단백질 (g)	포화지방 (g)	나트륨 (g)

그림 15-10 외식 시 영양 정보 확인 방법

1) 식품 인증제도

신선하고 안전한 식품을 구매할 수 있도록 정부나 공신력 있는 기관이 제품의 품질을 검사하여 우수성을 인정하는 제도로, 국가기관에서 직접 보증하고 관리함으로써 소비자들은 좋은 품질의 제품을 안심하고 구매할 수 있다. 표 15-4에 여러 가지 인증제도에 대한 내용을 나타내었다.

표 15-4 식품 인증제도

인증 제도명	통합 로고	내용
친환경 농축산물	유기농 (ORGANIC) 농림축산식품부	농약과 화학비료, 항생제를 전혀 쓰지 않은 농축산물이 받는 마크
	무농약 (NON PESTICIDE) 농림축산식품부	유기 합성 농약은 사용하지 않고 화학비료를 사용 기준의 1/3까지 사용한 농산물이 받는 마크
친환경 농축산물	무항생제 (NON ANTIBIOTIC) 농림축산식품부	항생제나 항균제를 사용하지 않고 일반 사료로 사육한 축산물
친환경 수산물	유기식품 (ORGANIC) 해양수산부	친환경 수산물은 유기적인 방법으로 생산하거나 항생제, 합성 항균제, 성장 촉진제, 호르몬제와 활성 처리제 등을 사용하지 않고 생산한 수산물
유기 가공식품	유기가공식품 (ORGANIC) 농림축산식품부	유기 농산물, 유기 축산물을 재료로 하여 제조·가공한 식품
농산물 우수 관리 (Good Agricultural Practices, GAP)	GAP (우수관리인증) 농림축산식품부	농산물의 생산에서 판매에 이르는 모든 과정에 안전 관리 체계를 구축해 소비자에게 안전한 농산물을 공급하기 위한 인증제도. 농산 식품은 생산, 수확, 포장, 유통, 판매 등의 과정에서 각종 농약, 유해 미생물과 중금속 등에 노출될 수 있는데 이를 종합적으로 관리하여 기준에 부합한 농산물만이 마크를 받음
농산물 이력추적관리	TRACEABILITY	농산물의 안전성 등에 문제가 발생할 경우 해당 농산물의 생산 과정을 추적하여 원인을 규명하고 필요한 조치를 할 수 있도록 생산부터 판매까지 각 단계별로 정보를 기록·관리하는 제도

(계속)

인증 제도명	통합 로고	내용
가공식품 한국산업표준	K 가공식품	가공식품에 대한 산업 표준을 준수한 가공식품에는 가공식품 한국산업표준 인증 마크, 즉 KS인증을 부여. 이 인증은 생산 과정이 아닌 이미 생산된 제품을 심사해 품질 기준을 충족시키면 부여함. 대상은 마가린, 설탕, 비스킷류, 혼합 음료 등 가공식품
지리적 표시(PGI)	지리적표시 (PGI) 해양수산부 / 지리적표시 (PGI) 농림수산식품부	농산물의 품질적 특징이 특정 지역의 지리적 특성에 기인하는 경우 그 특정 지역에서 생산된 특산품임을 표시하는 것. 우수한 지리적 특성을 가진 농산물 및 가공품의 지리적 표시를 등록, 보호하여 지리적 특산품 생산자를 보호하고 지역 특화 산업으로 육성하기 위하여 도입한 제도
전통식품 품질	전통식품 (TRADITIONAL FOOD) 농림축산식품부	국내산 농수산물을 주원료로 제조, 가공, 조리되어 우리 고유의 맛과 향, 색을 내는 우수한 전통식품 중에서 품질과 위생이 뛰어난 식품에 부여하는 마크
식품 및 축산물 안전관리인증기준	안전관리인증 HACCP 농림축산식품부 / HACCP MAFRA	식품 및 축산물 안전관리인증기준(Hazard Analysis and Critical Control Points, HACCP)은 생산-제조-유통의 전 과정에서 식품 위생에 해로운 영향을 미칠 수 있는 위해 요소를 분석하고, 이러한 위해 요소를 제거하거나 안전성을 확보할 수 있는 단계에 중요 관리점을 설정하여 과학적이고 체계적으로 식품의 안전을 관리하는 제도
어린이 기호식품	어린이 기호식품 품질인증 식품의약품안전처	어린이에게 적합한 품질 기준을 갖춘 식품을 인증하는 제도로 품질 인증 식품은 안전기준, 영양 기준 및 식품첨가물 사용기준에 적합해야 하며, 가공식품과 조리 식품 모두에 적용. 공통적으로 식품 안전이 보장된 업소에서 제조, 조리해야 하며, 고열량·저영양 식품은 제외. 단백질·식이섬유·비타민·무기질이 강화된 식품이어야 함

2) 푸드 마일리지와 로컬 푸드

외국 농산물의 수입은 원거리 수송에 따른 약품 처리와 신선도 문제 등으로 식품 자체에 좋지 않은 영향을 끼치는 것은 물론이고 궁극적으로 국민 건강에도 위협을 준다. 농산품이 어디서 생산되었으며, 윤리적·환경적 고려 등을 포함하여 안전한 식생활에 대한 소비자들의 관심이 높아지면서 푸드 마일리지(food mileage)와 로컬 푸드(local food)에 대한 관심이 증가하고 있다.

푸드 마일리지(food mileage)란 음식 재료가 생산, 운송, 소비되는 과정에서 발생하는 환경 부담의 정도를 나타내는 지표이며, 식품 수송량(ton)에 생산지에서 소비지까지의 수송 거리(km)를 곱한 수치로 나타낸다. 이동되는 식재료가 많고 이동 거리가 길수록 수치가 커지기 때문에 푸드 마일리지가 높다는 것은 식품 운반의 이동 거리가 길어 선박과 비행기 등의 탄소 배출량이 많다는 뜻이다. 그림 15-11은 수입 식품의 푸드 마일리지를 나타내었다.

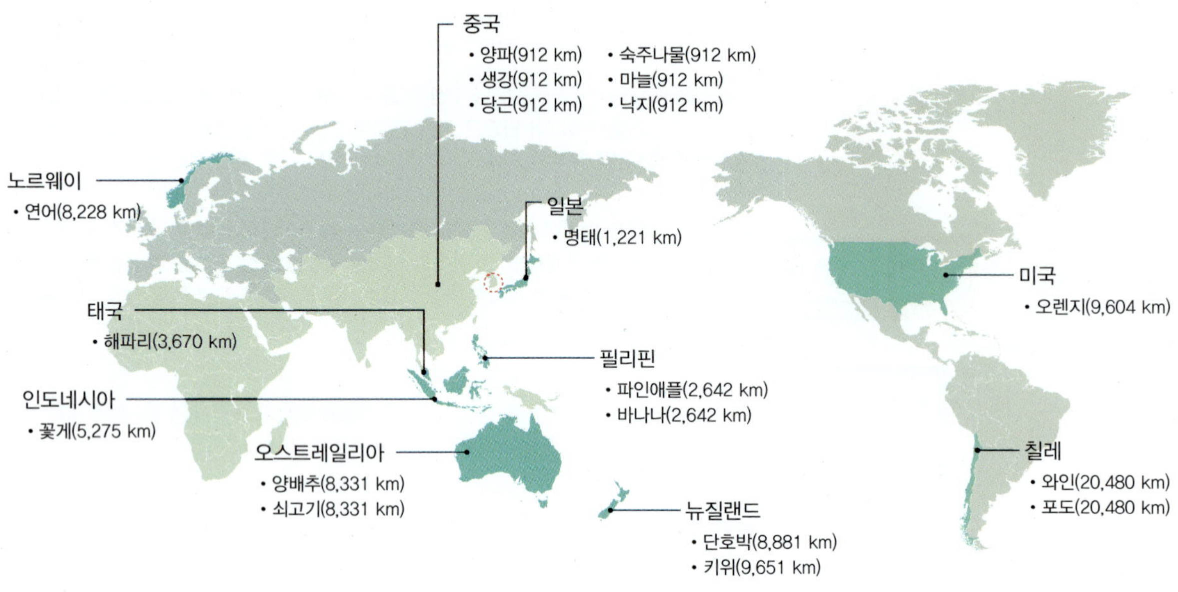

그림 15-11 수입 식품의 푸드 마일리지

로컬 푸드(local food)란 장거리 운송을 거치지 않은 지역 농산물을 말한다. 최근 잘 먹고 건강하게 사는 법에 대한 사람들의 관심이 높아지면서 유기농 등과 함께 하나의 음식 트랜드로 자리매김하였으며 일반적으로 반경 50 km 이내에서 생산된 농산물을 가리키지만, 영토가 좁은 우리나라는 국내에서 생산한 음식 재료로 범위를 넓혀 사용하기도 한다. 반면 글로벌 푸드(global food)는 소비자가 사는 지역과 멀리 떨어진 곳에서 제철과 관계없이 대량생산된 것을 말한다. 글로벌 푸드는 긴 이동 거리로 수송 중에 탄소의 대량 배출, 과도한 화학 비료 사용과 같은 환경 문제, 얼굴 없는 거래로 인한 생산물의 질 저하, 대량생산으로 인한 소규모 영농의 붕괴와 같은 사회적이고 경제적인 문제와 무관할 수 없다.

3) 방사선 조사 식품

방사선 조사 식품은 동위원소 또는 전기 에너지를 이용해 식품의 안전성을 향상시킨 식품으로, 미생물 살균과 해충의 살충, 감자 등의 싹을 늦게 틔우는 발아 억제, 과일의 익는 속도를 늦추는 숙성 지연 등(그림 15-12) 식품의 안전성을 향상시키는 기술을 조사처리 기술이라 한다. 우리나라에서는 감자, 양파, 마늘, 환자용 음식과 된장·고추장 분

그림 15-12 방사선 조사 용도

그림 15-13 방사선 조사 식품 마크

말과 고춧가루, 홍삼 등 26개 식품에 허용하고 있다. 국제적으로 '조사 처리'라는 문구 또는 방사선 조사 식품 마크(그림 15-13)를 표시하도록 규정하고 있다.

단원정리

- 식품 표시의 목적 : 식품 등의 위생적 취급을 도모하고 소비자에게 정확한 정보를 제공하며, 공정한 거래를 확보하는 것이다.
- 식품 표시의 기본적인 용어 : 제품명, 식품 유형, 제조연월일, 유통 기한, 품질 유지 기한, 원재료 및 성분, 영양 성분 등이 있다.
  - 제품명 : 개개의 제품을 나타내는 고유 명칭.
  - 식품 유형 : 식품의 기준 및 규격의 최소 분류 단위.
  - 제조년월일 : 포장을 제외한 더 이상의 제조나 가공이 필요하지 아니한 시점.
  - 유통 기한 : 제품의 제조일로부터 소비자에게 판매가 허용되는 기한.
  - 품질 유지 기한 : 식품 특성에 맞는 적절한 보존 방법이나 기준에 따라 보관할 경우 해당 식품 고유의 품질이 유지될 수 있는 기한.
  - 원재료 : 식품 또는 식품첨가물의 제조·가공 또는 조리에 사용되는 물질로 최종 제품 내에 들어 있는 것.
  - 성분 : 제품에 따로 첨가한 영양 성분 또는 비영양 성분이거나 원재료를 구성하는 단일 물질로 최종 제품에 함유되어 있는 것.
  - 영양 성분 : 식품에 함유된 성분으로 에너지 공급, 신체의 성장·발달·유지에 필요한 것 또는 결핍 시 특별한 생화학적, 생리적 변화가 일어나게 하는 것.
- 영양 정보에 관한 표시 : 소비자들이 영양 정보를 쉽게 알 수 있도록 제품마다 다른 총내용량(1포장)을 기준으로 표시한다.
- 영양 강조 표시 : 제품에 함유된 영양 성분 함유 정도를 '무', '저', '고', '강화', '첨가', '감소' 등 특정 용어를 사용하여 표시하는 것으로, 영양 성분 함량 강조 표시와 영양 성분 비교 강조 표시가 있다.
- 알레르기 유발 식품 표시 : 알레르기 유발 물질은 함유된 양과 관계없이 원재료명을 표시해야 하며, 표시 대상은 우유, 메밀, 땅콩, 대두, 밀, 고등어, 게, 새우, 돼지고기, 아황산류, 복숭아, 토마토, 호두, 닭고기, 알류(가금류에 한함), 쇠고기, 오징어, 조개류(굴, 전복, 홍합 포함) 등이다.

- 나트륨 함량 비교 표시 : 소비자의 인지도가 높은 나트륨의 1일 영양 성분 기준치를 8구간으로 세분하여 구간을 표시하고, 1일 영양 성분 기준치를 초과하는 경우에는 경고 표시한다.
- 고열량·저영양 식품 표시 : 열량이 높으며 포화지방과 당, 나트륨의 함량은 높고 단백질 함량은 적은 식품들로, 과자, 아이스크림, 탄산음료, 햄버거, 피자, 라면 등이 해당한다. 즉, 식품의약품안전처가 정한 기준보다 열량은 높고 영양가가 낮은 식품으로, 비만이나 영양 불균형을 초래할 우려가 있는 어린이 기호식품들이 해당된다.
- 안전한 식품 구매를 위한 장보기 : 식품 구매는 1시간 이내로 하는 것이 좋으며, 순서는 냉장이 필요 없는 식품, 냉장이 필요한 가공식품, 육류, 어패류 순으로 진행한다. 장보기를 마치면 시간을 지체하지 않고 바로 귀가하여 냉장고에 보관하며, 샌드위치, 김밥, 떡볶이 등 즉석식품은 구매 후 바로 섭취한다. 농·수·축산물은 신선한 제품의 선택, 원산지 확인, 식품 인증 마크가 있는 제품을 구매하고, 가공식품의 경우 식품 포장지에 표시된 내용(유통 기한, 영양 성분 등)을 확인하여 본인이나 가족에 맞는 제품 선택인지 확인하고 알레르기를 일으키는 식품이나 식품첨가물이 함유되어 있는지 등을 확인하고 구매한다.
- 여러 가지 식품 인증제도 : 소비자가 신선하고 안전한 식품을 구매할 수 있도록 정부나 공신력 있는 기관이 제품의 품질을 검사하여 우수성을 인정하는 제도이다.
- 푸드 마일리지 : 음식 재료가 생산, 운송, 소비되는 과정에서 발생하는 환경 부담의 정도를 나타내는 지표로, 식품 수송량(ton)에 생산지에서 소비지까지의 수송 거리(km)를 곱한 수치로 나타낸다.
- 로컬 푸드 : 반경 50 km 이내에서 생산된 농산물을 가리킨다.
- 조사 처리 식품 : 동위원소 또는 전기 에너지를 이용해 식품의 안전성을 향상시킨 식품을 말한다.
- 방사능 오염 식품 : 핵 반응기 누출 사고 또는 핵실험에서 발생된 방사능 물질에 의해 우발적으로 오염된 식품을 말한다.

연습문제

1. 다음 두 가지 가공식품의 영양표시에 대하여 비교 설명하시오.

영양정보	총 내용량 350 g 100 g 당 354 kcal	
100 g 당		1일 영양성분 기준치에 대한 비율
나트륨	140 mg	7 %
탄수화물	71 g	22 %
당류	41 g	41 %
지방	6 g	11 %
트랜스지방	0 g	
포화지방	1.5 g	10 %
콜레스테롤	42 mg	14 %
단백질	4 g	7 %

1일 영양성분 기준치에 대한 비율(%)은 2,000 kcal 기준이므로 개인의 필요 열량에 따라 다를 수 있습니다.

(a)

영양정보	총 내용량 250 g 100 g 당 474 kcal	
100 g 당		1일 영양성분 기준치에 대한 비율
나트륨	233 mg	12 %
탄수화물	73 g	23 %
당류	31 g	31 %
지방	18 g	33 %
트랜스지방	0 g	
포화지방	8 g	53 %
콜레스테롤	65 mg	22 %
단백질	5 g	9 %

1일 영양성분 기준치에 대한 비율(%)은 2,000 kcal 기준이므로 개인의 필요 열량에 따라 다를 수 있습니다.

(b)

2. 본인이 섭취한 한 끼 식사의 푸드 마일리지를 계산하시오.

먹은 곳 :		먹은 날 :
음식	원산지	이동거리
		km
		km
		km
		km
		km
총거리		km

자료 : http://www.gise.kr/upload/board/upFile/11900/66600/%EC%83%81%EC%83%81%ED%95%B4%EB%B4%90_1%EC%9E%A5.pdf

3. 식품 인증제에서 유기농과 무농약의 차이를 설명하시오.

풀이 정답

1. (a)는 100 g당 354 kcal이므로 총내용량의 열량은 354×3.5=1,239 kcal이다. 즉, 내용물 전체를 섭취 시 1,239 kcal를 섭취하게 된다. 이 영양 정보에서 나트륨의 1일 기준치는 14,000÷7=2,000 mg인 것을 알 수 있다. 또한 탄수화물은 2,000 kcal를 기준으로 한 것이므로 탄수화물은 1일 열량의 55~65%이므로 2,000 kcal의 60%는 1,200 kcal, 65%는 1,300 kcal이고 이 정보에서는 1,290 kcal가 나오므로 64% 조금 넘는다. 양으로는 322.5 g이므로 322.5 g에 대한 71 g은 22%로 계산된다. 단백질은 총열량의 7~20%, 총 지방은 15~30%, 포화지방산 7% 미만, 트랜스지방산 1% 미만이 적정 비율이다. 총내용량에 대한 나트륨은 100 g당 140 mg이므로 140×3.5=490 mg, 1일 영양 성분 기준치에 대한 비율은 7×3.5=24.5%, 탄수화물은 71 g×3.5=248.5 g, 1일 영양 성분 기준치에 대한 비율은 22×3.5=77%, 당류 41 g×3.5=143.5, 1일 영양 성분 기준치에 대한 비율은 41×3.5=143.5%, 지방 6 g×3.5=21, 1일 영양 성분 기준치에 대한 비율은 11×3.5=38.5%, 트랜스지방 0×3.5=0, 포화지방 1.5 g×3.5=5.25 g, 1일 영양 성분 기준치에 대한 비율은 10×3.5=35%, 콜레스테롤 42 mg×3.5=147 mg, 1일 영양 성분 기준치에 대한 비율은 14×3.5=49%, 단백질 4 g×3.5=14 g, 1일 영양 성분 기준치에 대한 비율은 7×3.5=24.5%이다. 이는 2,000 kcal에 대한 기준이므로 개인의 열량에 따라 탄수화물, 단백질, 지방의 적정 비율을 계산하면 본인의 1일 영양 성분 기준치에 맞게 섭취하는지를 알 수 있다.

(b)의 경우 100 g당 474 kcal이므로 총내용량이 250 g이고 전체의 열량은 474×2.5=1,185 kcal이다. (a)의 경우와 같이 나트륨, 탄수화물, 당류, 지방, 트랜스지방, 포화지방, 콜레스테롤, 단백질의 함량과 1일 영양 성분 기준치에 대한 비율에 2.5를 곱하면 총내용량을 섭취 시 이들 영양소를 어느 정도 섭취하는지 알 수 있다. 즉, 나트륨 233 mg×2.5=582.5, 1일 영양 성분 기준치에 대한 비율 12×2.5=30%, 탄수화물 73×2.5=182.5 g, 1일 영양 성분 기준치에 대한 비율 23×2.5=57.5%, 당류 31×2.5=77.5 g, 1일 영양 성분 기준치에 대한 비율 31×2.5=77.5%, 지방 18×2.5=45 g, 1일 영양 성분 기준치에 대한 비율 33×2.5=7.5%, 트랜스지방 0, 포화지방 8×2.5=20 g, 1일 영양 성분 기준치에 대한 비율 53×2.5=132.5%, 콜레스테롤 65×2.5=162.5 mg, 1일 영양 성분 기준치에 대한 비율 22×2.5=55%, 단백질 5×2.5=12.5 g, 1일 영양 성분 기준치에 대한 비율 9×2.5=22.5%이다.

이를 표로 정리하면 다음과 같다.

	(a)의 총내용량당		(b)의 총내용량당	
	양	1일 영양 성분 기준치에 대한 비율 (%)	양	1일 영양 성분 기준치에 대한 비율 (%)
나트륨 (mg)	490	24.5	582.5	30
탄수화물 (g)	248.5	77	182.5	57.5
당류 (g)	143.5	143.5	77.5	77.5
지방 (g)	21	38.5	45	7.5
트랜스지방 (g)	0	0	0	0
포화지방 (g)	5.25	35	20	132.5
콜레스테롤 (mg)	147	49	162.5	55
단백질 (g)	14	24.5	12.5	22.5

(a) 제품은 (b)의 제품에 비해 당류가 높은 편이며, (b) 제품은 (a)의 제품에 비해 나트륨, 포화지방, 콜레스테롤의 함량이 높은 편이다.

2. 본인의 한 끼 식사의 생산지와 원산지를 기록하여 생산지에서 식탁까지의 이동 거리를 알아본다(광주 지역을 중심으로 하며 식품 수송량은 무시).

먹은 곳 : ○○○ 먹은 날 : ○○○○년 ○○월 ○○일

음식	생산지 또는 원산지	이동 거리 (km)
쌀밥	경기도 이천	241
북어국	러시아	3,252
쇠고기 불고기	호주	8,350
시금치 나물	경북 포항	293
우엉 조림	전남 구례	91
배추김치	중국	900
바나나	필리핀	2,627
총거리		15,754 km

3. 유기농은 농약과 화학 비료, 항생제를 전혀 쓰지 않은 농·축산물에 부여하는 마크이고, 무농약은 유기합성 농약은 사용하지 않고 화학 비료를 사용 기준의 1/3까지 사용한 농산물에 부여하는 마크이다.

권중호, 식품안전과 방사능오염, 식품과학과 산업 46(3) p1, 2013.

보건복지부, 2016년 국민건강통계 Ⅰ 국민건강영양조사 제7기 1차년도 결과보고서, 2017.

식품의약품안전처 고시, 나트륨 함량 비교 표시 기준 및 방법, 개정 고시(안) 행정 예고, 2018. 12.

식품의약품안전처 고시, "어린이 기호식품 등의 영양성분과 고카페인 함유 식품의 표시 기준 및 방법에 관한 규정" 제3조, 2018. 11. 2.

신말식·서정숙·권순자·우미경·이경애·송미영, 100세 시대를 위한 건강한 식생활, 교문사, 2018.

유요안·이정상, 식품산업과 영양 23(2): 20-26, 2018.

이미숙·김완수·이선영·현태선·조진아. 리빙토픽 건강한 식생활, 교문사, 2017.

홍경완·김지영·김양숙, 로컬 푸드의 개념적 이해 연구, 대한경영학회지 22(3), 1629-164, 2009.

E. Isganaitis·R.H. Lustig, Fast food, central nervous system insulin resistance, and obesity, *Arterioscler Thromb Vasc Biol* 25(12): 2451-2462, 2005.

G.A. Bray·S.J. Nielsen·B.M. Popkin, Consumption of highfructose corn syrup in beverages may play a role in the epidemic of obesity, *Am J Clin Nutr* 79(4): 537-543, 2004.

KB daily 지식비타민, 로컬푸드(local food)에 대한 이해, KB금융지주 경영연구소, 2001. 12

Ministry of Health and Welfare and family Affairs, Korea Food & Drug Administration (MHWAFA & KDFA), Special Law for Child Food Safety Management, Law-9932, 2009.

S.S. Gropper·J.L. Smith·J.L. Groff, Advanced nutrition and human metabolism, Wadsworth, 2009.

국립농산물품질관리원 GAP 정보서비스 : http://www.gap.go.kr/portal/main/main.do

식품의약품안전처 식품안전정보원, 식품안전나라https://www.foodsafetykorea.go.kr/portal/board/boardDetail.do

위키백과(https://ko.wikipedia.org/wiki/HACCP).

조선일보(http://news.chosun.com/site/data/html_dir/2016/12/06/2016120601070.html), 2017.12.06

중부매일(http://www.jbnews.com/news/articleView.html?idxno=798483), 2017. 6.12

APPENDIX

부록

1. 식품 영양 관련 주요 성분의 화학 구조식
2. 식생활 지침
3. 일부 식품의 식품성분표
4. 2015 한국인 영양소 섭취기준 요약

부록 1 식품 영양 관련 주요 성분의 화학 구조식

1. 탄수화물

1) 단당류 및 당알코올류

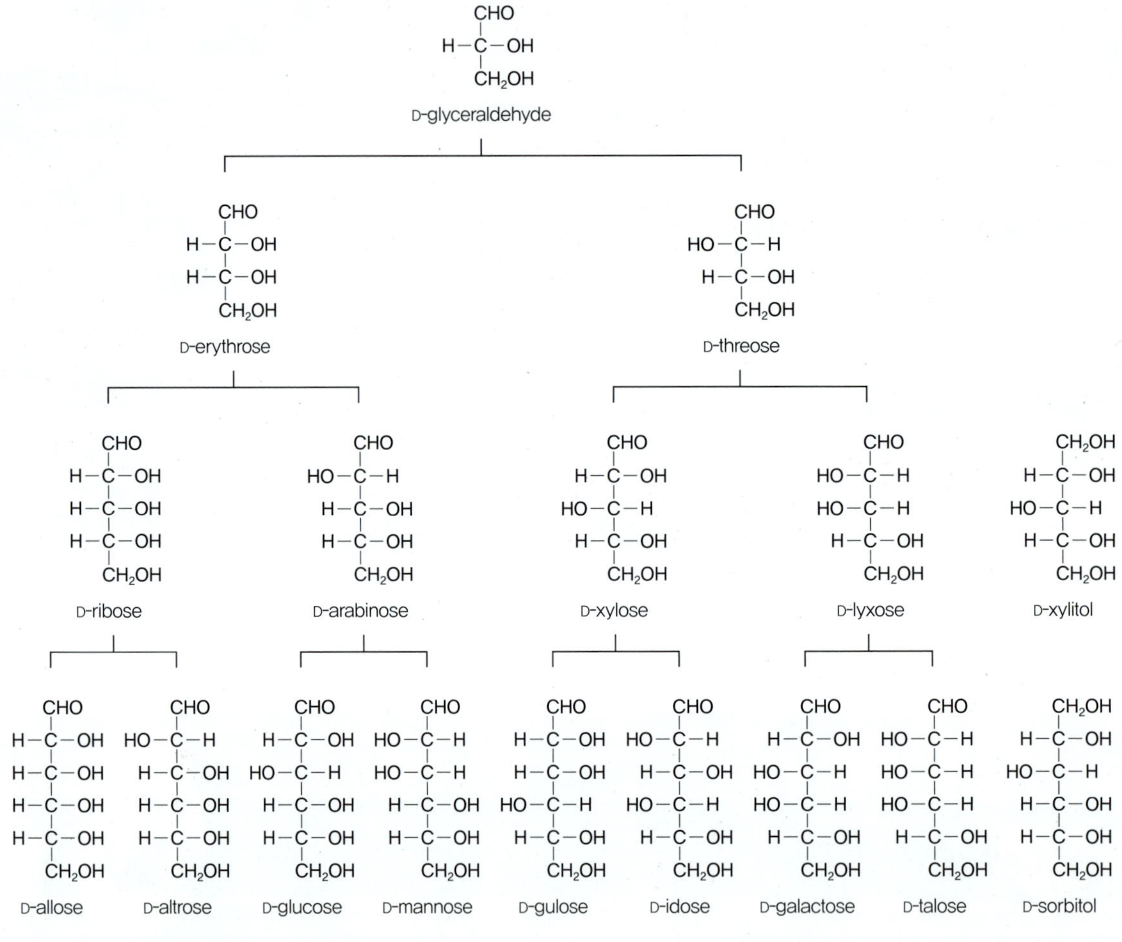

2) 올리고당류 및 다당류

maltose

gentiobiose

cellobiose

isomaltose

trehalose

lactose

stachyose

raffinose

sucrose

lactulose

amylose

amylopectin

inulin
n=10~60

fructose

sucrose

cellulose

β-glucan

2. 지방질

1) 지방산 번호 부여 방법

예 18:2 linoleic acid $\Delta 9,12$

$$H_3C-CH_2-CH_2-CH_2-CH_2-CH=CH-CH_2-CH=CH-CH_2-CH_2-CH_2-CH_2-CH_2-CH_2-CH_2-COOH$$

18 17 16 15 14 13 12 11 10 9 8 7 6 5 4 3 2 1

$\omega 1$ $\omega 2$ $\omega 3$ $\omega 4$ $\omega 5$ 6 7 8 9 .... γ β α

omega 3 series

18:3 α–linolenic acid $\Delta 9,12,15$

$$H_3C-C-C=C-C-C=C-C-C=C-C-C-C-C-C-C-C-COOH$$

20:5 eicosapentaenoic acid(EPA) $\Delta 5,8,11,14,17$

$$H_3C-C-C=C-C-C=C-C-C=C-C-C=C-C-C=C-C-C-C-COOH$$

22:6 docosahexaenoic acid(DHA) $\Delta 5,8,11,14,17,20$

$$H_3C-C-C=C-C-C=C-C-C=C-C-C=C-C-C=C-C-C=C-C-C-COOH$$

omega 6 series

18:2 linoleic acid $\Delta 9,12$

$$H_3C-C-C-C-C-C=C-C-C=C-C-C-C-C-C-C-C-COOH$$

18:3 γ–linolenic acid $\Delta 6,9,12$

$$H_3C-C-C-C-C-C=C-C-C=C-C-C=C-C-C-C-C-COOH$$

20:4 arachidonic acid $\Delta 5,8,11,14$

$$H_3C-C-C-C-C-C=C-C-C=C-C-C=C-C-C=C-C-C-C-COOH$$

omega 9 series

18:1 oleic acid $\Delta 9$

$$H_3C-C-C-C-C-C-C-C-C=C-C-C-C-C-C-C-C-COOH$$

2) 단순 지방질류

$$H-\overset{H}{C}-O-\overset{O}{\overset{\|}{C}}-(CH_2)_{14}-CH_3$$

$$H-C-O-\overset{O}{\overset{\|}{C}}-(CH_2)_7-\underset{H}{C}=\underset{H}{C}-\underset{H_2}{C}-\underset{H}{C}=\underset{H}{C}-(CH_2)_4-CH_3$$

$$H-\underset{H}{C}-O-\overset{O}{\overset{\|}{C}}-(CH_2)_7-\underset{H}{C}=\underset{H}{C}-(CH_2)_7-CH_3$$

triglyceride(1-palmityl, 2-linoleyl, 3-oleyl glycerol)

O H COOH

HO H H OH

prostaglandin E_2

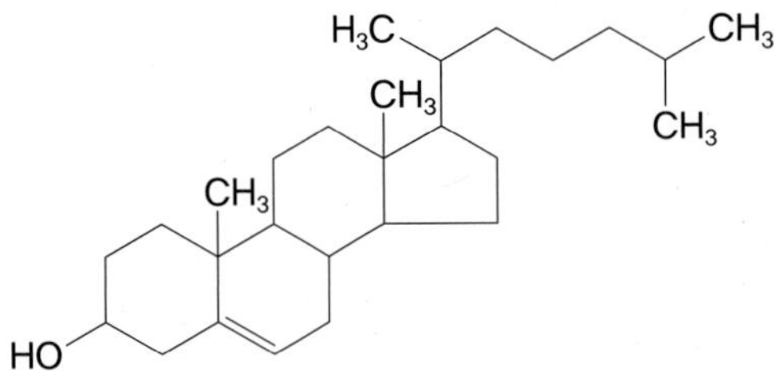

H_3C, CH_3, CH_3, CH_3, CH_3, HO

cholesterol

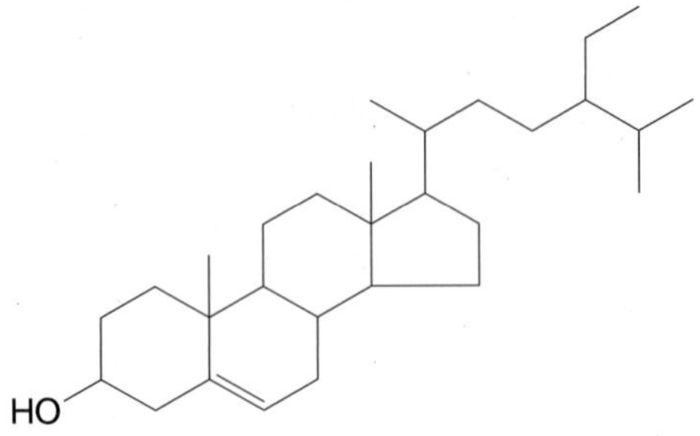

HO

β-sitosterol

3) 복합 지방질류

$R_1-\overset{O}{\overset{\|}{C}}-O-CH_2$

$R_2-\overset{O}{\overset{\|}{C}}-O-CH$

$H_2C-O-\overset{O}{\overset{\|}{P}}(-O)-$

phospholipids

$-O-H$	phosphatidic acid
$-O-CH_2-CH_2-N^+(CH_3)_3$	phosphatidylcholine(lecithin)
$-O-CH_2-CH_2-N^+H_3$	phosphatidylethanolamine(cephalin)
$-O-CH_2-CH(COOH)-N^+H_3$	phosphatidylserine
$-O$-inositol (OH, OH, HO, OH, OH)	phosphatidylinositol

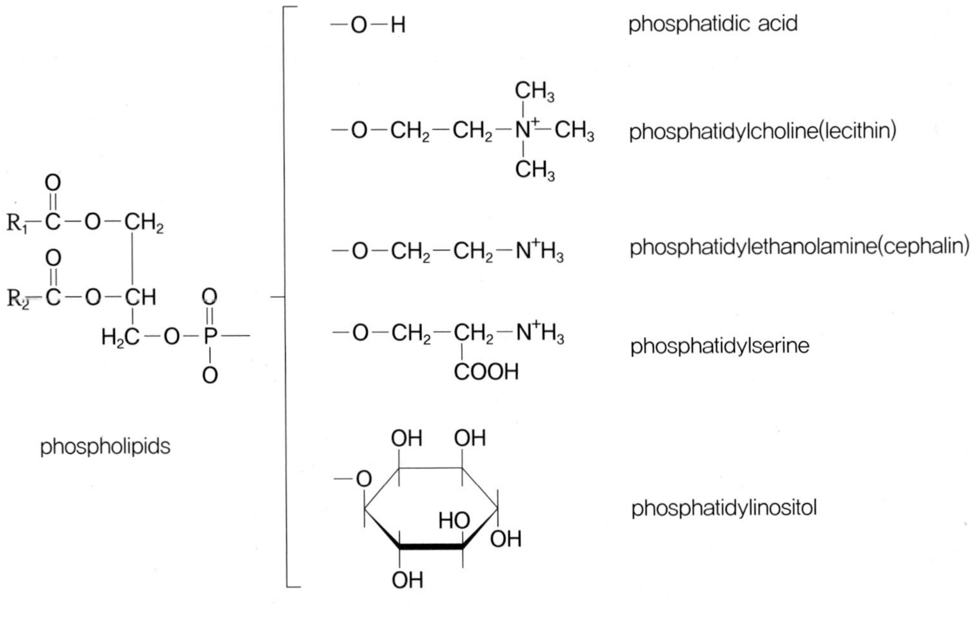

3. 아미노산

아미노산 $H_2N-\overset{\displaystyle H}{\underset{\displaystyle COOH}{C}}-R$

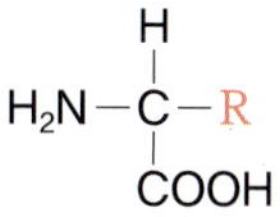

polar(charged)

$R=-CH_2COOH$	L-aspartic acid(asp, D)
$R=-CH_2CH_2COOH$	L-glutamic acid(glu, E)
$R=-CH_2-$(imidazole ring: NH⁺, N–H)	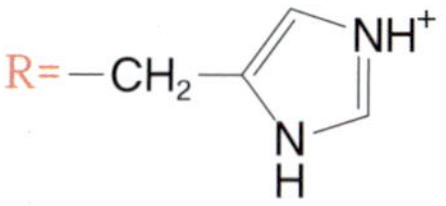 L-histidine(his, H)
$R=-CH_2CH_2CH_2CH_2NH_2$	L-lysine(lys, K)
$R=-CH_2CH_2CH_2-NH-C(NH_2)=NH_2^+$	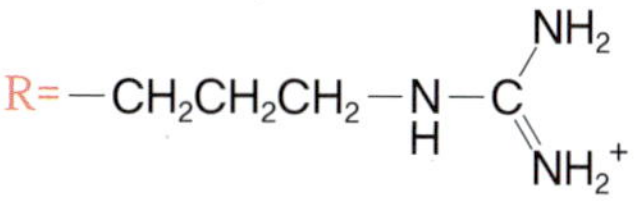 L-arginine(arg, R)

polar(uncharged)

$R=-CH_2SH$	L-cysteine(cys, C)
$R=-CH_2CH_2CONH_2$	L-glutamine(gln, G)
$R=-CH_2CONH_2$	L-asparagine(asn, N)
$R=-CH_2OH$	L-serine(ser, S)
$R=-CH(OH)CH_3$	L-threonine(thr, T)
$R=-CH_2-C_6H_4-OH$	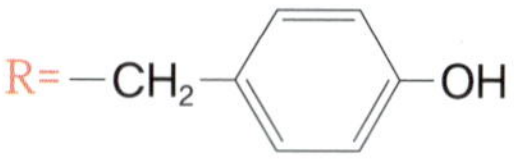 L-tyrosine(tyr, Y)

nonpolar

$R=-CH_3$	L-alanine(ala, A)
$R=-CH_2-C_6H_5$	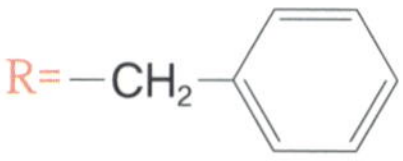 L-phenylalanine(phe, F)
$R=-H$	glycine(gly, G)
$R=-CH(CH_3)CH_2CH_3$	L-isoleucine(ile, I)
$R=-CH_2CH(CH_3)_2$	L-leucine(leu, L)
$R=-CH_2CH_2-S-CH_3$	L-methionine(met, M)
$H_2^+N-CH(COO^-)$, ring: $H_2C-CH_2-CH_2$ ($H_2^+N-C(H)-COO^-$, H_2C, $C H_2$, CH_2)	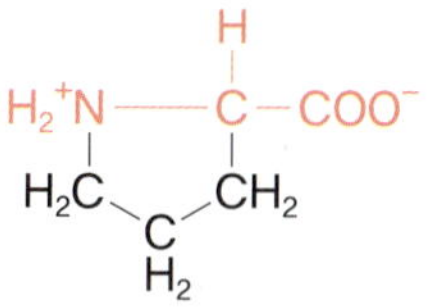 L-proline(pro, P)
$R=-CH_2(CH_3)_2$	L-valine(val, V)

4. 비타민

retinol

thiamin

riboflavin

pyridoxal phosphate

biotin

α–tocopherol

niacin(nicotinic acid, nicotinamide)

folic acid

pantothenic acid

ascorbic acid

menadione

cholecaliferol

cyanocobalamin

5. 색소류 및 폴리페놀류

carotenoids

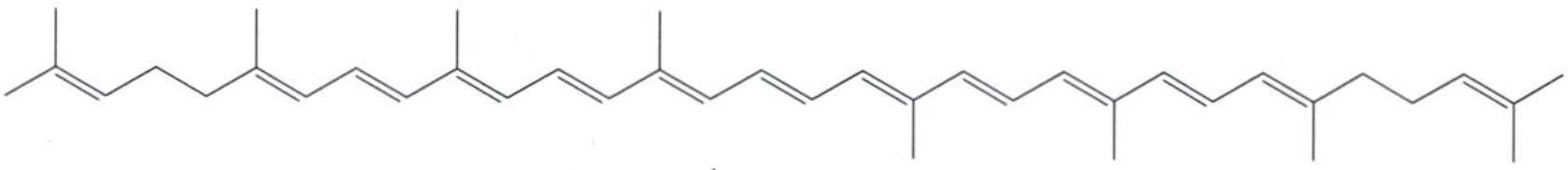

lycopene

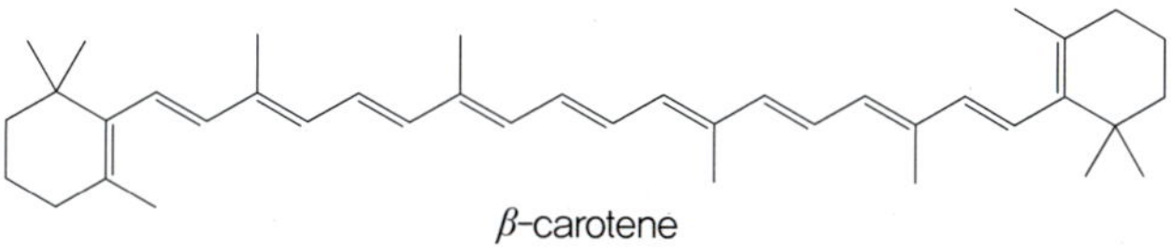

β-carotene

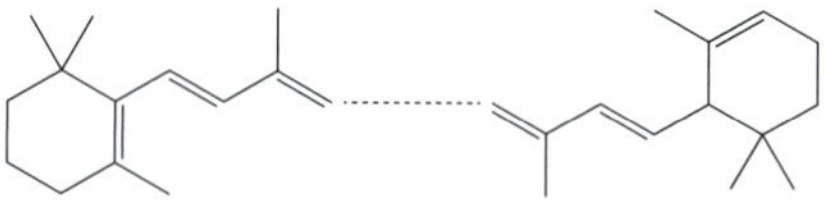

α-carotene

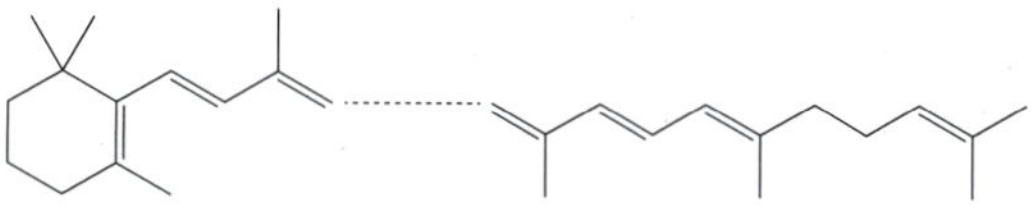

γ-carotene

anthocyanins

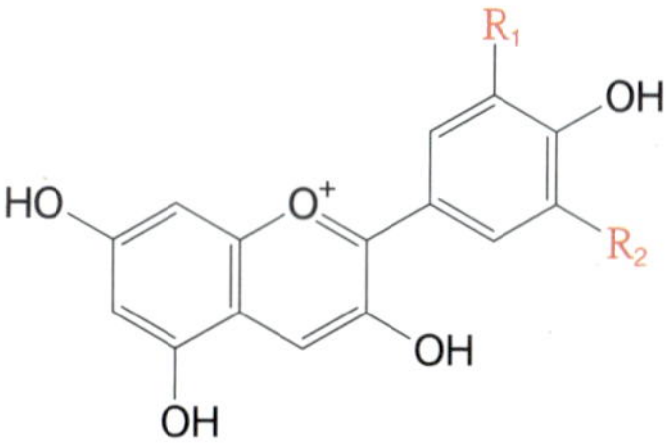

	R_1	R_2
pelargonidin	H	H
cyanidin	OH	H
peonidin	OCH_3	H
delphinidin	OH	OH
petunidin	OCH_3	OH
malvinidin	OCH_3	OCH_3

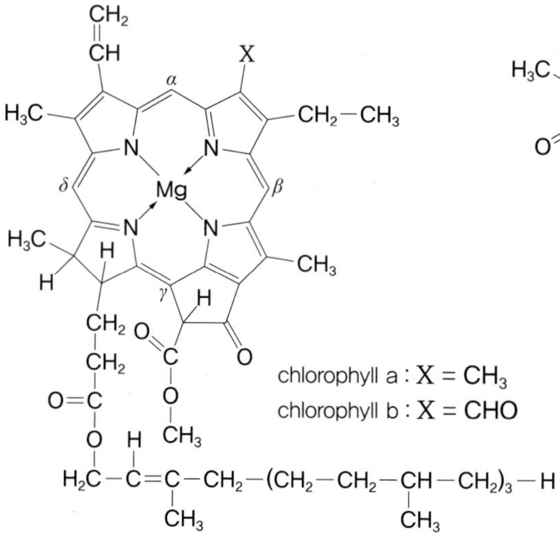

chlorophyll a : X = CH_3

chlorophyll b : X = CHO

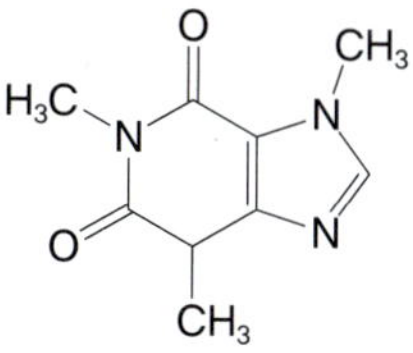

caffeine

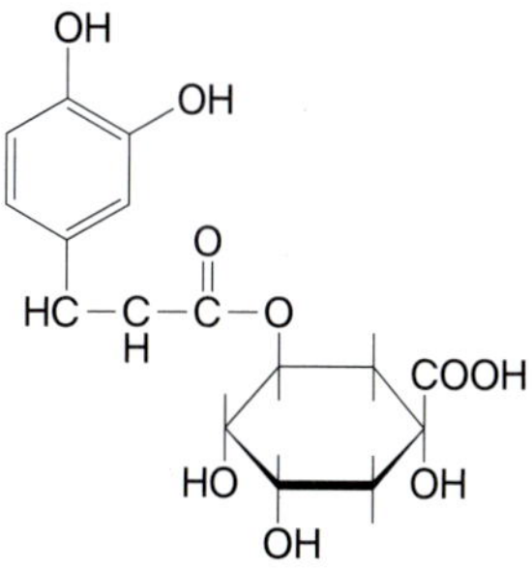

chlorogenic acid

catechin

epi-catechin

gallocatechin

epi-gallocatechin

gallic acid

6. 유기산

phytic acid

formic acid

acetic acid

lactic acid

oxalic acid

citric acid

부록 2 식생활 지침

1. 국민 공통 식생활 지침

- 쌀·잡곡, 채소, 과일, 우유·유제품, 육류, 생선, 달걀, 콩류 등 다양한 식품을 섭취하자.
- 아침밥을 꼭 먹자.
- 과식을 피하고 활동량을 늘리자.
- 덜 짜게, 덜 달게, 덜 기름지게 먹자.
- 단 음료 대신 물을 충분히 마시자.
- 술자리를 피하자.
- 음식은 위생적으로, 필요한 만큼만 마련하자.
- 우리 식재료를 활용한 식생활을 즐기자.
- 가족과 함께하는 식사횟수를 늘리자.

2. 한국인을 위한 식생활 지침(개정)

임신·수유부의 식생활 지침

- 우유 제품을 매일 3회 이상 먹자.
- 고기나 생선, 채소, 과일을 매일 먹자.
- 청결한 음식을 알맞은 양으로 먹자.
- 짠 음식을 피하고 싱겁게 먹자.
- 술은 절대로 마시지 말자.
- 활발한 신체 활동을 유지하자.

영유아의 식생활 지침

- 생후 6개월까지는 반드시 모유를 먹이자.
- 이유 보충식은 성장 단계에 맞추어 먹이자.
- 유아의 성장과 식욕에 따라 알맞게 먹이자.
- 곡류, 과일, 채소, 생선, 고기, 유제품 등 다양한 식품을 먹이자.

1
쌀·잡곡, 채소, 과일, 우유·유제품, 육류, 생선, 달걀, 콩류 등 다양한 식품을 섭취하자
2
아침밥을 꼭 먹자
3
과식을 피하고 활동량을 늘리자
NO
덜 짜게
NO
덜 달게
NO
덜 기름지게
4
덜 짜게, 덜 달게, 덜 기름지게 먹자
NO
5
단 음료 대신 물을 충분히 마시자
6
술자리를 피하자
7
음식은 위생적으로, 필요한 만큼만 마련하자
우리 밥상에 우리 농산물!
8
우리 식재료를 활용한 식생활을 즐기자
9
가족과 함께 하는 식사 횟수를 늘리자
국민공통
식생활지침
보건복지부
농림축산식품부
식품의약품안전처

어린이의 식생활 지침

- 음식은 다양하게 골고루
- 많이 움직이고, 먹는 양은 알맞게
- 식사는 제때에, 싱겁게
- 간식은 안전하고, 슬기롭게
- 식사는 가족과 함께, 예의바르게

청소년의 식생활 지침

- 각 식품군을 매일 골고루 먹자.
- 짠 음식과 기름진 음식을 적게 먹자.
- 건강 체중을 바로 알고 알맞게 먹자.
- 물을 자주 마시고, 음료는 적게 먹자.
- 식사를 거르거나 과식하지 말자.
- 위생적인 음식을 선택하자.

성인의 식생활 지침

- 각 식품군을 매일 골고루 먹자.
- 활동량을 늘리고 건강 체중을 유지하자.
- 청결한 음식을 알맞게 먹자.
- 짠 음식을 피하고 싱겁게 먹자.
- 지방이 많은 고기나 튀긴 음식을 적게 먹자.

노인의 식생활 지침

- 각 식품군을 매일 골고루 먹자.
- 짠 음식을 피하고 골고루 먹자.
- 식사는 규칙적이고 안전하게 하자.
- 물을 많이 마시고, 술은 적게 마시자.
- 활동량을 늘리고 건강한 체중을 갖자.

건강을 위해 오늘도!

하루하루 건강해지는 좋은 습관, 쉬운 방법입니다.

임신·수유부를 위한 식생활지침

❶ 우유 제품을 매일 3회 이상 먹자.
❷ 고기나 생선, 채소, 과일을 매일 먹자.
❸ 청결한 음식을 알맞은 양으로 먹자.
❹ 짠 음식을 피하고, 싱겁게 먹자.
❺ 술은 절대로 마시지 말자.
❻ 활발한 신체활동을 유지하자.

영유아를 위한 식생활지침

❶ 생후 6개월까지는 반드시 모유를 먹이자.
❷ 이유 보충식은 성장단계에 맞추어 먹이자.
❸ 유아의 성장과 식욕에 따라 알맞게 먹이자.
❹ 곡류, 과일, 채소, 생선, 고기, 유제품 등 다양한 식품을 먹이자.

어린이를 위한 식생활지침

❶ 음식은 다양하게 골고루
❷ 많이 움직이고, 먹는 양은 알맞게
❸ 식사는 제때에, 싱겁게
❹ 간식은 안전하고, 슬기롭게
❺ 식사는 가족과 함께 예의바르게

청소년을 위한 식생활지침

❶ 각 식품군을 매일 골고루 먹자.
❷ 짠 음식과 기름진 음식을 적게 먹자.
❸ 건강 체중을 바로 알고, 알맞게 먹자.
❹ 물이 아닌 음료를 적게 마시자.
❺ 식사를 거르거나 과식하지 말자.
❻ 위생적인 음식을 선택하자.

성인을 위한 식생활지침

❶ 각 식품군을 매일 골고루 먹자.
❷ 활동량을 늘리고 건강 체중을 유지하자.
❸ 청결한 음식을 알맞게 먹자.
❹ 짠 음식을 피하고 싱겁게 먹자.
❺ 지방이 많은 고기나 튀긴 음식을 적게 먹자.
❻ 술을 마실 때는 그 양을 제한하자.

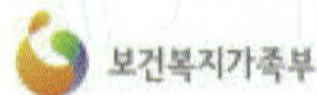

1) 임신·수유부 식생활 지침

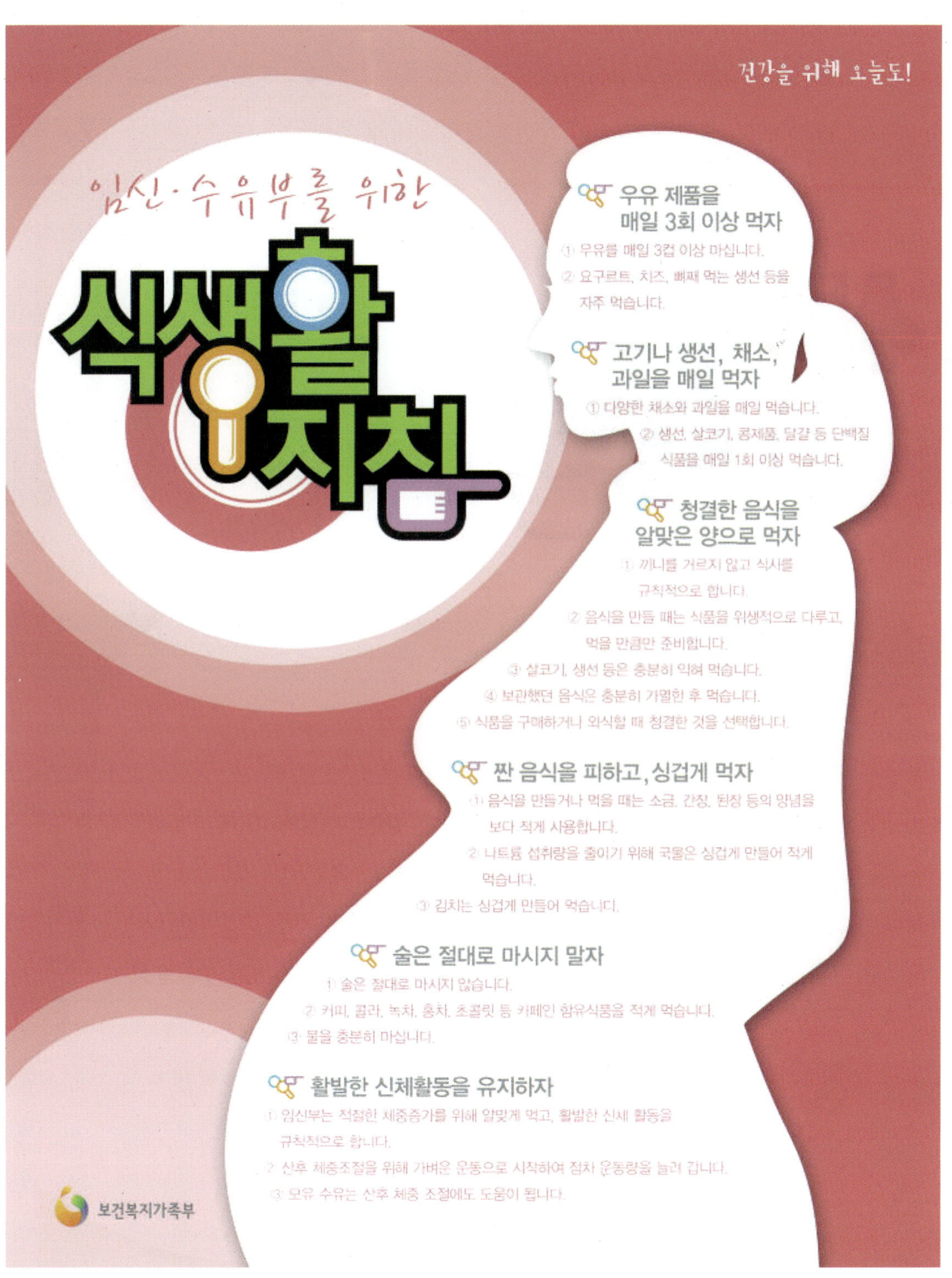

2) 영유아의 식생활 지침

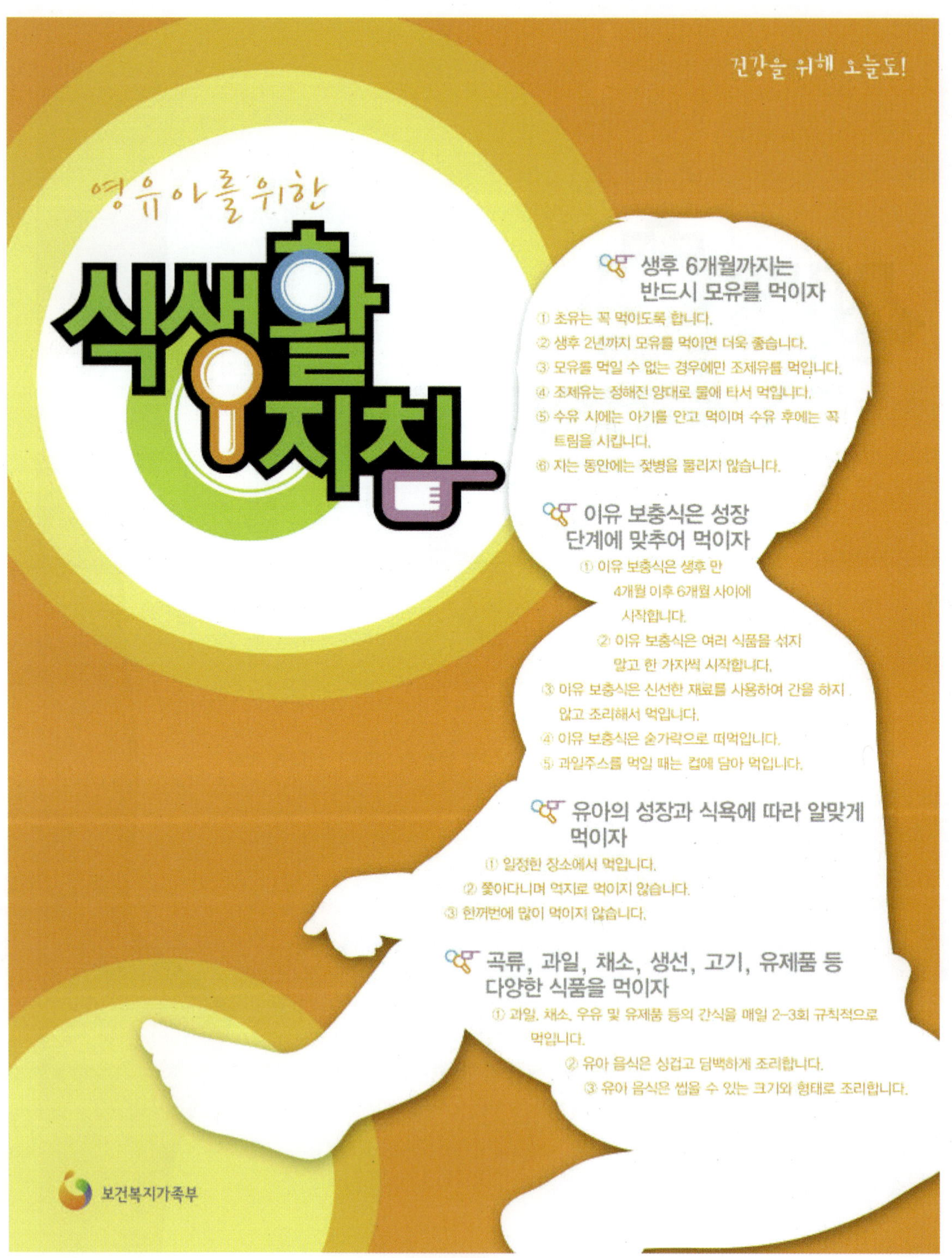

건강을 위해 오늘도!
영유아를 위한
식생활 지침
생후 6개월까지는 반드시 모유를 먹이자
① 초유는 꼭 먹이도록 합니다.
② 생후 2년까지 모유를 먹이면 더욱 좋습니다.
③ 모유를 먹일 수 없는 경우에만 조제유를 먹입니다.
④ 조제유는 정해진 양대로 물에 타서 먹입니다.
⑤ 수유 시에는 아기를 안고 먹이며 수유 후에는 꼭 트림을 시킵니다.
⑥ 자는 동안에는 젖병을 물리지 않습니다.
이유 보충식은 성장 단계에 맞추어 먹이자
① 이유 보충식은 생후 만 4개월 이후 6개월 사이에 시작합니다.
② 이유 보충식은 여러 식품을 섞지 않고 한 가지씩 시작합니다.
③ 이유 보충식은 신선한 재료를 사용하여 간을 하지 않고 조리해서 먹입니다.
④ 이유 보충식은 숟가락으로 떠먹입니다.
⑤ 과일주스를 먹일 때는 컵에 담아 먹입니다.
유아의 성장과 식욕에 따라 알맞게 먹이자
① 일정한 장소에서 먹입니다.
② 쫓아다니며 억지로 먹이지 않습니다.
③ 한꺼번에 많이 먹이지 않습니다.
곡류, 과일, 채소, 생선, 고기, 유제품 등 다양한 식품을 먹이자
① 과일, 채소, 우유 및 유제품 등의 간식을 매일 2~3회 규칙적으로 먹입니다.
② 유아 음식은 싱겁고 담백하게 조리합니다.
③ 유아 음식은 씹을 수 있는 크기와 형태로 조리합니다.
보건복지가족부

3) 어린이의 식생활 지침

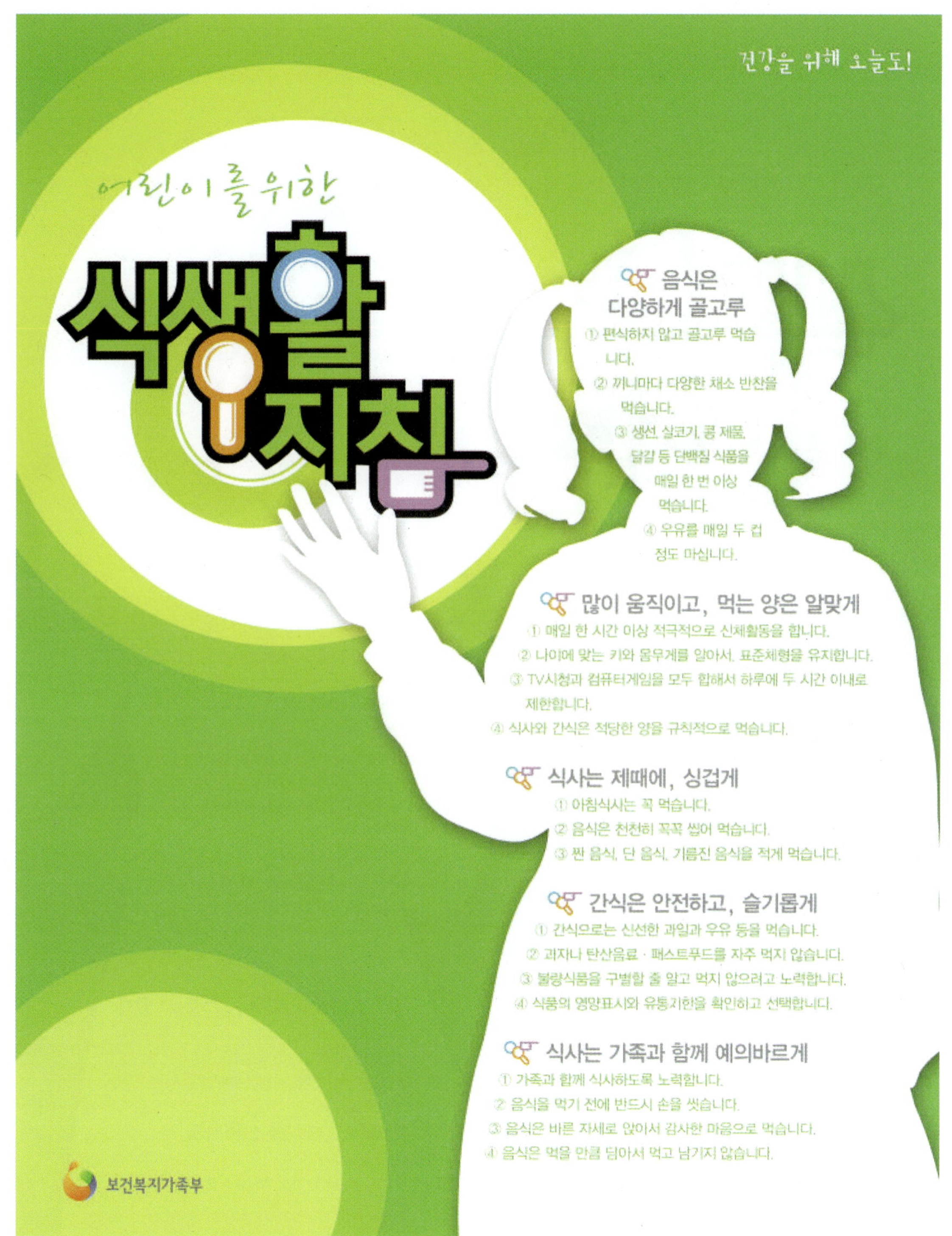

건강을 위해 오늘도!
어린이를 위한
식생활 지침
음식은 다양하게 골고루
① 편식하지 않고 골고루 먹습니다.
② 끼니마다 다양한 채소 반찬을 먹습니다.
③ 생선, 살코기, 콩 제품, 달걀 등 단백질 식품을 매일 한 번 이상 먹습니다.
④ 우유를 매일 두 컵 정도 마십니다.
많이 움직이고, 먹는 양은 알맞게
① 매일 한 시간 이상 적극적으로 신체활동을 합니다.
② 나이에 맞는 키와 몸무게를 알아서, 표준체형을 유지합니다.
③ TV시청과 컴퓨터게임을 모두 합해서 하루에 두 시간 이내로 제한합니다.
④ 식사와 간식은 적당한 양을 규칙적으로 먹습니다.
식사는 제때에, 싱겁게
① 아침식사는 꼭 먹습니다.
② 음식은 천천히 꼭꼭 씹어 먹습니다.
③ 짠 음식, 단 음식, 기름진 음식을 적게 먹습니다.
간식은 안전하고, 슬기롭게
① 간식으로는 신선한 과일과 우유 등을 먹습니다.
② 과자나 탄산음료 · 패스트푸드를 자주 먹지 않습니다.
③ 불량식품을 구별할 줄 알고 먹지 않으려고 노력합니다.
④ 식품의 영양표시와 유통기한을 확인하고 선택합니다.
식사는 가족과 함께 예의바르게
① 가족과 함께 식사하도록 노력합니다.
② 음식을 먹기 전에 반드시 손을 씻습니다.
③ 음식은 바른 자세로 앉아서 감사한 마음으로 먹습니다.
④ 음식은 먹을 만큼 담아서 먹고 남기지 않습니다.
보건복지가족부

4) 청소년의 식생활 지침

건강을 위해 오늘도!
청소년을 위한
식생활 지침
각 식품군을 매일 골고루 먹자
① 밥과 다양한 채소, 생선, 육류를 포함하는 반찬을 골고루 매일 먹습니다.
② 간식으로는 신선한 과일을 주로 먹습니다.
③ 우유를 매일 2컵 이상 마십니다.
짠 음식과 기름진 음식을 적게 먹자
① 짠 음식, 짠 국물을 적게 먹습니다.
② 인스턴트 음식을 적게 먹습니다.
③ 튀긴 음식과 패스트푸드를 적게 먹습니다.
건강 체중을 바로 알고, 알맞게 먹자
① 내 키에 따른 건강 체중을 압니다.
② 매일 한 시간 이상 적극적으로 신체활동을 합니다.
③ 무리한 다이어트를 하지 않습니다.
④ TV시청과 컴퓨터게임을 모두 합해서 하루에 두 시간 이내로 제한합니다.
물이 아닌 음료를 적게 마시자
① 물을 자주 충분히 마십니다.
② 탄산음료, 가당 음료를 적게 마십니다.
③ 술을 절대 마시지 않습니다.
식사를 거르거나 과식하지 말자
① 아침식사를 거르지 않습니다.
② 식사는 제 시간에 천천히 먹습니다.
③ 배가 고프더라도 한꺼번에 많이 먹지 않습니다.
위생적인 음식을 선택하자
① 불량식품을 먹지 않습니다.
② 식품의 영양표시와 유통기한을 확인하고 선택합니다.
보건복지가족부

5) 성인의 식생활 지침

건강을 위해 오늘도!
성인을 위한
식생활 지침
④ 매일 세끼 식사를 규칙적으로 합니다.
⑤ 밥과 다양한 반찬으로 균형 잡힌 식생활을 합니다.
각 식품군을 매일 골고루 먹자
① 곡류는 다양하게 먹고 전곡을 많이 먹습니다.
② 여러 가지 색깔의 채소를 매일 먹습니다.
③ 다양한 제철과일을 매일 먹습니다.
④ 간식으로 우유, 요구르트, 치즈와 같은 유제품을 먹습니다.
⑤ 가임기 여성은 기름기 적은 붉은 살코기를 적절히 먹습니다.
짠 음식을 피하고 싱겁게 먹자
① 음식을 만들 때는 소금, 간장 등을 보다 적게 사용합니다.
② 국물을 짜지 않게 만들고, 적게 먹습니다.
③ 음식을 먹을 때 소금, 간장을 더 넣지 않습니다.
④ 김치는 덜 짜게 만들어 먹습니다.
활동량을 늘리고 건강 체중을 유지하자
① 일상생활에서 많이 움직입니다.
② 매일 30분 이상 운동을 합니다.
③ 건강 체중을 유지합니다.
④ 활동량에 맞추어 에너지 섭취량을 조절합니다.
지방이 많은 고기나 튀긴 음식을 적게 먹자
① 고기는 기름을 떼어내고 먹습니다.
② 튀긴 음식을 적게 먹습니다.
③ 음식을 만들 때, 기름을 적게 사용합니다.
술을 마실 때는 그 양을 제한하자
① 남자는 하루 2잔, 여자는 1잔 이상 마시지 않습니다.
② 임신부는 절대로 술을 마시지 않습니다.
청결한 음식을 알맞게 먹자
① 식품을 구매하거나 외식을 할 때 청결한 것으로 선택합니다.
② 음식은 먹을 만큼 만 만들고, 먹을 만큼만 주문합니다.
③ 음식을 만들 때는 식품을 위생적으로 다룹니다.
보건복지가족부

6) 노인의 식생활 지침

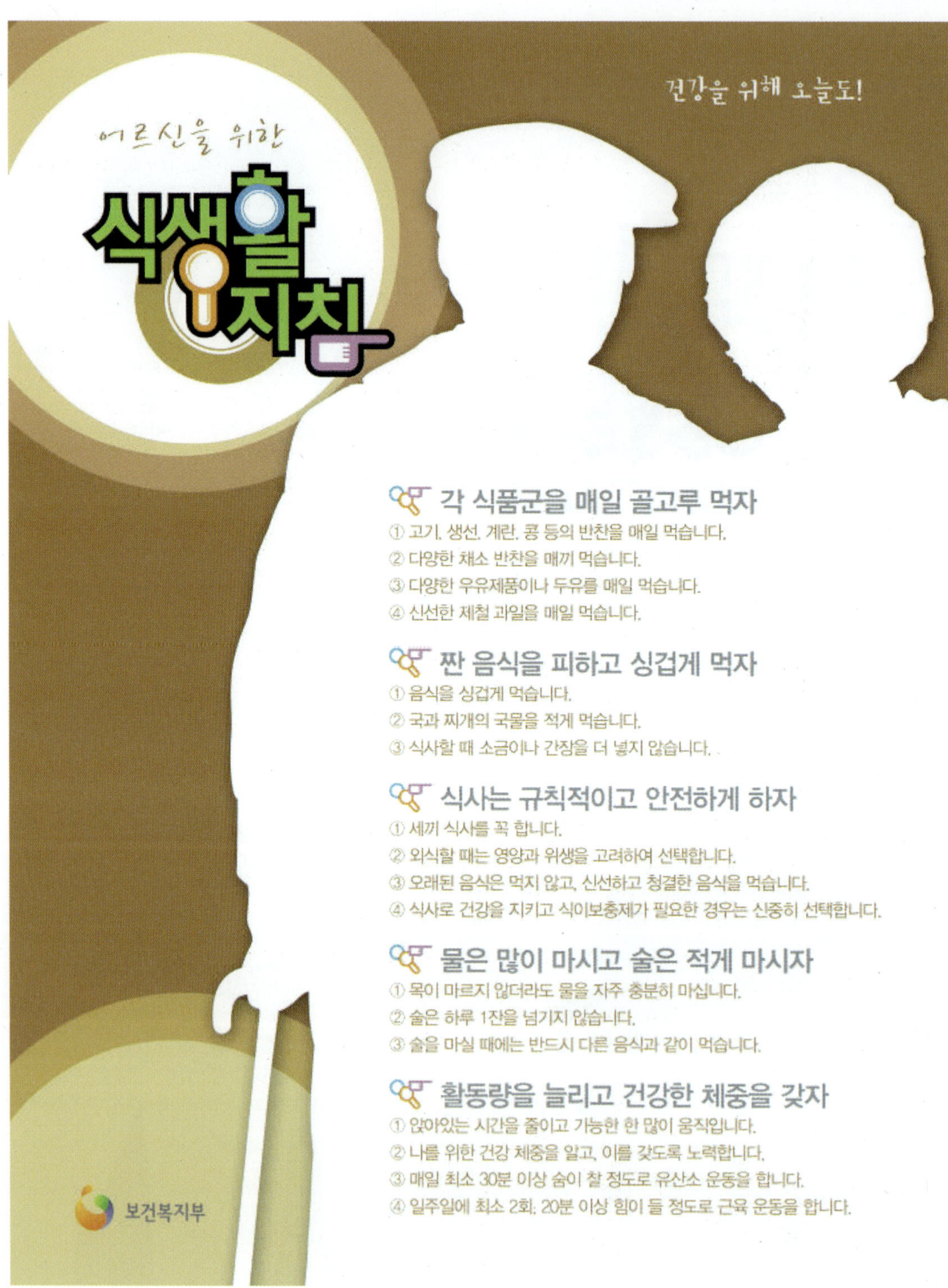
건강을 위해 오늘도!
어르신을 위한
식생활 지침
각 식품군을 매일 골고루 먹자
① 고기, 생선, 계란, 콩 등의 반찬을 매일 먹습니다.
② 다양한 채소 반찬을 매끼 먹습니다.
③ 다양한 우유제품이나 두유를 매일 먹습니다.
④ 신선한 제철 과일을 매일 먹습니다.
짠 음식을 피하고 싱겁게 먹자
① 음식을 싱겁게 먹습니다.
② 국과 찌개의 국물을 적게 먹습니다.
③ 식사할 때 소금이나 간장을 더 넣지 않습니다.
식사는 규칙적이고 안전하게 하자
① 세끼 식사를 꼭 합니다.
② 외식할 때는 영양과 위생을 고려하여 선택합니다.
③ 오래된 음식은 먹지 않고, 신선하고 청결한 음식을 먹습니다.
④ 식사로 건강을 지키고 식이보충제가 필요한 경우는 신중히 선택합니다.
물은 많이 마시고 술은 적게 마시자
① 목이 마르지 않더라도 물을 자주 충분히 마십니다.
② 술은 하루 1잔을 넘기지 않습니다.
③ 술을 마실 때에는 반드시 다른 음식과 같이 먹습니다.
활동량을 늘리고 건강한 체중을 갖자
① 앉아있는 시간을 줄이고 가능한 한 많이 움직입니다.
② 나를 위한 건강 체중을 알고, 이를 갖도록 노력합니다.
③ 매일 최소 30분 이상 숨이 찰 정도로 유산소 운동을 합니다.
④ 일주일에 최소 2회, 20분 이상 힘이 들 정도로 근육 운동을 합니다.
보건복지부

부록 3 일부 식품의 식품성분표

식품명	수분	에너지	단백질	지질	탄수화물		회분	칼슘	인	철	비타민						
					당질	섬유					A Value	Retinol	Beta-carotene	Thia-mine	Ribo-flavin	Niacin	Ascorbic acid
	g	kcal	g	g	g	g	g	mg	mg	mg	I.U.	μg	μg	mg	mg	mg	mg
곡류 및 그 제품																	
쌀																	
현미	10.6	332	9.6	4.6	73.3	1.3	1.9	41	284	2.1	0	0	0	0.3	0.1	5.1	0
7분도미	12.3	344	6.9	1.1	79.1	0.3	0.6	24	175	0.9	0	0	0	0.19	0.05	2.7	0
백미	13.4	345	6.4	0.4	79.5	0.4	0.4	24	147	0.4	0	0	0	0.19	0.05	2.7	0
밀쌀	12.3	350	9.1	1.3	75.4	0.9	1.0	47	189	3.6		0	0	0.21	0.08	4.1	0
찹쌀	13.5	342	9.79	1.22	73.4	6.2	1.22	6	150	0.4	0	0	0	0.1	0.04	1.5	0
밥																	
흰밥	63.6	145	3.0	0.1	33.2	0.2	0.1	10		0.2	0	0	0	0.04	0.02	0.6	0
보리밥	64.2	141	2.9	0.3	32.0	0.2	0.3	10	60	0.3	0	0	0	0.05	0.03	0.8	0
떡																	
개피떡	8.7	207	4.3	0.8	45.6	–	0.6	30	–	–	0	0	0	0.11	0.09	3	0
찹쌀경단	45.2	223	7.0	0.4	47.9	–	0.8	40	–	–	0	0	0	0.06	0.06	3.4	0
송편(검정콩속)	49.8	200	6.9	0.8	41.2	–	1.3	32	–	–	0	0	0	0.08	0.09	2.9	0
송편(팥고물속)	49.5	200	5.4	0.3	43.6	–	1.1	31	–	–	0	0	0	0.07	0.09	3.6	0
시루떡	53.7	183	5.83	0.41	38.94	3.1	1.12	50	–	–	0	0	0	0.07	0.05	1.4	0
인절미(콩고물)	42.4	231	5.52	1.15	49.69	2.1	1.24	64	–	–	3	2	2	0.11	0.09	5.6	0
인절미(팥고물)	49.1	202	4.2	0.9	44.8	–	1.0	43	–	–	0	0	0	0.14	0.09	4.9	0
절편	46.2	215	3.69	0.49	49.04	1.0	0.58	37	–	–	0	0	0	0.05	0.08	3.8	0
백설기	42.6	228	3.6	0.4	52.5	0.6	0.8	32	–	–	0	0	0	0.04	0.03	2.8	0
흰떡	46.9	210	3.9	0.3	47.8	–	0.5	35	–	–	0	0	0	0.06	0.03	3.6	0
보리																	
보리쌀	10.0	325	10.0	1.0	78.0	0.7	1.0	24	140	1.5	0	0	0	0.18	0.07	2.5	0
쌀보리	13.5	316	9.30	1.81	74.39	12.8	1.0	40	140	2	0	0	0	0.18	0.07	2.5	0
납작보리	13.5	342	10.5	1.7	71.2	1.8	1.4	44	40	3.2	5	0	0	0.26	–	6	0
밀																	
밀	10.61	321	10.6	1.0	75.8	–	2.0	71	390	3.2	0	0	0	0.34	0.11	5	0
엿기름	9.2	367	27.9	9.7	47.0	2.1	4.1	65	1,200	6.6	5	0	3	2.1	0.6	7	0

(계속)

식품명	수분	에너지	단백질	지질	탄수화물		회분	칼슘	인	철	비타민						
					당질	섬유					A Value	Retinol	Beta-carotene	Thia-mine	Ribo-flavin	Niacin	Ascorbic acid
	g	kcal	g	g	g	g	g	mg	mg	mg	I.U.	μg	μg	mg	mg	mg	mg
밀가루																	
강력분	12.0	322	13.59	1.11	72.89	2.5	0.41	18	120	1.2	0	0	0	0.22	0.03	1.5	0
중력분	11.6	383	10.34	1.01	76.64	2.7	0.41	110	1.1	0	0	0	0	0.2	0.05	1.4	0
박력분	11.8	382	9.15	0.94	77.73	2.1	0.38	21	95	0.9	0	0	0	0.2	0.04	1.2	0
밀국수	13.7	326	9.8	1.3	69.6	0.3	5.2	41	120	1.9	0	0	0	0.21	0.05	1.2	0
라면	6.4	452	8.23	14.28	69.05	2.5	2.04	20	110	1.1	0	0	0	0.2	0.05	1.4	0
식빵	34.8	279	9.01	4.91	49.68	3.7	1.60	14	77	1.2	0	0	0	0.22	0.09	1	0
찐빵	62.3	147	5.4	1.2	28.6	0.3	–	8	40	0.4	0	0	0	0.08	0.02	0.6	0
비스킷	10.8	380	10.2	6.1	71.1	0.2	0.9	21	67	0.9	0	0	0	0.3	0.05	1.2	1.2
건빵	4.2	419	9.92	8.67	75.37	6.9	1.84	14	–	–	0	0	0	0.32	0.18	2.6	0
스파게티 또는 마카로니	9.6	365	11.78	1.28	76.64	2.7	0.70	15	95	1.2	0	0	0	0.12	0.04	1	0
카스텔라	29.4	299	6.91	3.72	59.46	4.7	0.51	–	106	–	0	0	0	0.05	0.03	–	0
도넛	23.7	391	4.6	18.6	51.4	0.1	1.7	40	190	0.5	0	0	0	0.03	0.06	0.3	0
잡곡																	
귀리	12.5	313	13.0	5.4	55.5	10.6	30	55	320	4.6	0	0	0	0.3	0.1	1.5	0
오트밀	12.0	348	13.2	8.2	64.9	18.8	1.7	30	360	3.4	0	0	0	0.2	0.08	1.1	0
모밀	13.1	345	13.64	3.38	67.84	6.3	2.04	36	347	3	0	0	0	0.32	0.16	2	0
모밀묵	85.6	55	0.86	0.23	12.80	1.7	0.51	13	57	0.4	0	0	0	0.05	0.03	0.3	0
모밀국수	8.3	352	13.58	1.27	74.41	4.6	2.44	69	240	3	0	0	0	0.26	0.08	1.2	0
강냉이	12.0	355	9.2	3.9	73.7	1.6	1.2	10	256	2.4	510	0	306	0.38	0.11	2	0
조	11.4	357	10.70	3.70	72.81	5.9	1.39	21	240	5	0	0	0	0.4	0.1	4.5	0
호밀	10.1	290	15.7	1.5	70.7	1.9	1.8	38	330	3	0	0	0	0.47	0.2	1.7	0
전 분 류																	
감자	81.9	50	2.01	0.04	15.08	2.7	0.97	5	42	0.6	0	0	0	0.16	0.03	0.5	15
감자튀김	39.3	293	3.54	11030	44.16	3.0	1.70	18	74	1.6	0	0	0	0	0.02	0.5	0
고구마	60.6	108	1.01	0.11	37.19	2.7	1.09	28	29	0.8	182	0	109	0.13	0.05	0.6	20
도토리묵	89.3	38	0.2	0.2	10.2	–	0.1	12	314	0.2	15	0	9	0.02	0.04	0.5	0
칡뿌리	63.7	100	2.48	0.10	32.05	4.4	1.67	20	24	3.2	0	0	0	0.08	0.03	0.7	9
녹말																	
옥수수녹말	9.6	255	0.19	0.56	89.60	0.4	0.05	4	10	2.5	0	0	0	0	0	0	0

(계속)

식품명	수분	에너지	단백질	지질	탄수화물		회분	칼슘	인	철	비타민						
					당질	섬유					A Value	Retinol	Beta-carotene	Thia-mine	Ribo-flavin	Niacin	Ascorbic acid
	g	kcal	g	g	g	g	g	mg	mg	mg	I.U.	μg	μg	mg	mg	mg	mg
감자녹말	17.0	230	0.07	0.02	82.70	–	0.21	10	38	1.5	0	0	0	0	0	0	0
고구마녹말	15.1	237	0.1	0.2	83.2	0	0.2	35	18	2	0	0	0	0	0	0	0
당면	10.7	248	0.08	0.07	88.75	0.1	0.40	41	–	2.1	0	0	0	0.05	0.1	–	0
당 류																	
껌	2.5	263	0	–	68.5	–	–	10	0	0.6	0	0	0	0	0	0	0
꿀	20	294	0.2	0	79.7	–	–	2	–	0	0	0	0	0.01	0.01	0.2	3
백설탕	0	400	0	0.01	99.96	–	0.03	–	–	0	0	0	0	0	0	0	0
흑설탕	0.1	399	0	0.01	80.16	–	0.08	293	39	9	0	0	0	0.02	0.04	0	0
포도당	9.0	335	0	0	91.0	0	0	2	1	0.1	0	0	0	0	0	0	0
물엿	16.9	332	0.02	0	83.03	0	0.05	35	–	–	0	0	0	0.01	0	–	0
잼																	
딸기	24.0	303	0.56	0.11	75.05	1.1	0.28	48	23	0.4	0	0	0	0.01	0	–	15
살구	24.0	304	0.46	0.03	75.36	2.8	0.15	29	12	2.1	0	0	0	0.01	0.02	1	0
포도당	26.9	292	0.28	0.03	72.60	1.4	0.19	83	30	3.7	0	0	0	0.02	0	0.2	0
사과	33.3	267	0.2	0.1	66.2	0.6	0.3	16	12	2.1	0	0	0	0.02	0.03	0.1	0
젤리	18.2	327	0	0.1	81.6	0	0.2	21	7	1.5	10	0	6	0.01	0.03	0.2	4
캔디	6.2	375	0.2	–	93.6	–	0.4	19	–	–	0	0	0	0	0	0	0
캐러멜	8.0	411	4.3	9.3	77.5	–	0.9	140	100	0.9	0	0	0	0.03	0.04	0.5	0
초콜릿	1.5	512	6.8	30.8	59.3	0.5	1.3	200	200	2.5	75	0	45	0.02	0.03	1.1	0
콩류																	
강낭콩	56.1	172	8.80	0.86	32.38	14.1	1.86	130	400	6	20	0	12	0.5	0.2	2	0
녹두	15.6	273	21.2	1.0	44.9	3.5	3.8	189	471	3.4	120	0	72	0.3	0.14	2.1	0
검정콩	12.9	403	41.8	17.8	18.8	4.5	4.2	213	510	7.5	0	0	0	1.03	0.3	3	0
콩가루	5.0	426	38.4	19.2	29.5	2.9	5.0	190	500	9	15	0	9	0.4	0.15	2	0
콩조림	32.8	271	19.3	4.2	39.1	16.8	4.6	92	–	3.8	0	0	0	0.51	0.15	1.5	0
두유	86.6	70	4.4	3.6	4.7	–	0.7	15	49	1.2	0	0	0	0.03	0.02	0.5	0
두부	81.2	97	9.62	4.63	3.75	2.9	0.80	181	94	2.2	0	0	0	0.03	0.03	0.5	0
비지			3.9	2.1	9.6	1.7	–	103	35	4.6	0	0	0	0.05	0.01	–	0
된장	51.5	128	12.0	4.1	10.7	3.8	17.9	122	141	5.1	0	0	0	0.04	0.2	–	0
고추장	47.7	1.6	8.9	4.0	25.9	3.5	19.9	126	72	13.6	350	0	210	0.35	0.35	1.5	10
청국장	70.7	108	10.2	0.8	14.9	2.3	2.6	92	190	3.3	0	0	0	0.07	0.56	1.1	0

(계속)

식품명	수분	에너지	단백질	지질	탄수화물		회분	칼슘	인	철	비타민						
					당질	섬유					A Value	Retinol	Beta-carotene	Thia-mine	Ribo-flavin	Niacin	Ascorbic acid
	g	kcal	g	g	g	g	g	mg	mg	mg	I.U.	μg	μg	mg	mg	mg	mg
붉은팥	14.5	317	21.4	0.6	56.6	3.7	3.2	124	413	5.2	10	0	6	0.56	0.13	1.8	0
동부	13.5	299	20.1	0.7	53.0	9.6	3.1	85	425	11.7	20	0	12	0.5	0.17	2.3	0
검정팥	14.5	303	25.4	0.7	53.7	7.6	3.1	75	425	5.2	–	–	–	0.5	0.15	2.1	0
견과류 및 종실류																	
종실류																	
호콩	2.6	559	26.6	44.2	23.6	2.4	2.7	74	393	1.9	0	0	0	0.3	0.13	16.2	0
호콩버터	1.7	589	25.2	50.6	18.8	1.8	3.7	59	380	1.9	–	–	–	0.12	0.12	14.7	0
견과류																	
생밤	61.5	133	3.28	0.50	33.39	5.4	1.33	35	93	2.1	74	0	44	0.45	0.23	0.7	2.8
은행	49.6	180	4.69	1.53	42.78	2.2	1.40	2	12.4	1	55	0	33	0.22	0.09	6	1.5
잣	3.8	612	15.01	56.41	22.67	0	2.11	13	165	4.7	53	0	32	0.33	0.1	7	0
호두	4.1	669	23.1	60.3	8.4	1.8	2.3	93	290	2.4	0	0	0	0.5	0.08	3	5
아몬드	4.7	640	18.6	54.1	19.6	2.7	3.0	254	475	4.4	0	0	0	0.25	0.67	4.6	–
종자류																	
깨																	
참깨	7.0	594	19.7	56.9	14.2	2.9	5.3	630	650	15	0	0	0	0.5	0.1	4.5	0
깨소금	6.9	656	18.1	56.7	18.2	5.0	4.6	1,223	640	19	–	–	–	0.51	0.14	4.5	–
검정깨	3.8	567	19.4	49.3	11.5	11.7	4.3	1,100	570	16	35	0	21	0.5	0.1	4.8	0
들깨	17.8	–	18.5	–	–	28.0	–	–	–	–	–	–	–	–	0.11	3.1	0
해바라기씨	4.1	612	22.33	56.12	14.70	8.1	2.75	140	920	7.5	0	0	0	–	0.07	2.4	0
호박씨	6.7	566	35.35	48.18	5.34	4.9	4.43	7	1,311	8	–	–	–	–	–	3.3	0
채소류																	
녹황색 채소																	
갓	83.5	58	3.6	0.5	9.8	2.2	1.4	259	76	2.5	5,994	0	3,589	0.14	0.25	13	16
깻잎	84.3	42	4.46	0.50	8.89	5.7	1.85	197	76	10.1	20000	0	12000	0.1	0.4	0.5	85
고구마잎	84.1	48	3.1	0.6	8.0	2.5	1.7	70	45	2.2	5,000	0	3,000	0.08	0.15	0.7	30
풋고추	91.1	23	1.71	0.19	6.42	4.4	0.58	15	57	1.1	290	0	174	0.2	0.34	1.2	103
고추잎	79.4	58	4.1	1.0	8.2	3.8	3.5	364	62	–	15030	0	9,000	0.53	0.34	–	230
근대	93.3	16	1.78	0.20	3.28	2.7	1.74	75	81	5.2	2,600	0	1,560	0.16	0.24	–	26
냉이	86.2	37	4.23	0.27	8.06	5.3	1.24	116	104	2.2	2,320	0	1,389	0.51	0.06	0.5	36
달래	91.0	24	1.90	0.22	6.10	2.9	0.78	169	64	2.2	812	0	486	0.06	0.1	5.6	11

(계속)

식품명	수분	에너지	단백질	지질	탄수화물		회분	칼슘	인	철	비타민						
					당질	섬유					A Value	Retinol	Beta-carotene	Thia-mine	Ribo-flavin	Niacin	Ascorbic acid
	g	kcal	g	g	g	g	g	mg	mg	mg	I.U.	μg	μg	mg	mg	mg	mg
당근	91.1	25	1.02	0.13	7.03	3.1	0.72	43	34	1.6	12000	0	7,200	0.09	0.09	1.7	12
시래기	33.1	168	10.3	0.3	30.9	14.2	8.2	368	210	6.1	18	0	11	0.09	0.3	3.7	0
우거지	90.1	21	1.3	0.2	3.6	1.0	0.8	115	65	6.78	0	0	0	0.04	0.03	1.5	0
미나리	92.8	19	2.2	0.2	3.8	0	1.0	32	18	4.1	2,336	0	1,399	0.34	0.07	0	8
배추	95.6	11	1.1	0	2.7	0	0.6	70	63	0.3	255	0	153	0.06	0.09	0.4	28
부추	89.8	36	4.3	0.4	3.9	1.2	0.6	34	27	2.9	4,066	0	2,435	0.04	0.06	0	40
상추	94.1	22	1.8	0.4	2.9	0.8	0.7	49	27	0.5	1,628	0	975	0.08	0.08	0.8	18
숙주	95.6	12	1.73	0.05	1.7	2.34	0.28	4	46	1.4	518	0	311	0.04	0.45	0.6	14
쑥	87.3	32	3.40	0.38	7.04	5.9	2.0	93	55	0.09	7,955	0	4,764	0.44	0.16	4.5	75
쑥갓	94.6	14	1.93	0.17	2.35	2.4	0.95	74	29	4.2	4,960	0	2,970	0.15	0.3	–	45
시금치	89.4	30	3.1	0.5	6.0	0.7	1.0	36	32	4.2	8,336	0	4,992	0.12	0.38	0.7	65
아욱	87.4	32	3.08	0.31	7.64	4.5	1.57	67	18	4.5	5,537	0	3,316	0.14	0.35	0.6	30
케일	89.9	24	3.11	0.24	4.61	3.2	2.14	249	93	2.7	10000	0	6,000	0.16	0.26	2.1	186
파슬리	87.6	32	3.2	0.5	6.8	1.8	1.9	200	65	7.5	5,611	0	3,360	0.2	0.24	1.4	200
피망	93.2	17	0.90	0.04	5.36	2.7	0.50	10	28	0.5	1,000	0	600	0.1	0.07	1.5	100
호박	95.0	27	2.0	0.6	3.5	0.4	0.5	15	23	0.7	932	0	558	0.06	0.15	1	8
호박꼬지	15.6	308	11.5	1.3	62.6	4.4	4.6	193	105	4	–	–	–	–	–	0.2	–
호박잎	89.2	41	3.8	0.7	4.9	1.3	1.4	159	99	1.6	2,439	0	1,431	0.12	0.18	1.1	19
기타 채소																	
가지	93.9	15	1.13	0.03	4.36	2.7	0.58	26	45	0.4	30	0	18	0.04	0.03	0.2	–
고구마줄기	93.4	21	0.8	0.3	3.8	0.9	0.8	88	7	2.1	–	–	–	0.04	0.17	–	0
강낭콩	56.1	172	8.80	0.86	32.38	14.1	1.86	57	53	0.9	300	0	180	1.1	0.05	1	20
완두콩	71.0	114	7.92	0.44	19.51	8.5	1.13	46	56	1	500	0	300	0.18	0.13	1	20
고사리삶은것	90.3	22	2.1	0.4	2.6	3.3	1.0	11	53	1.2	185	0	111	0	0.3	3.5	0
말린것	13.0	266	26.8	1.2	37.0	12.6	9.4	75	100	8	2,004	0	1,200	0	0.3	4.2	0
더덕	75.7	68	1.91	0.13	21.52	8.1	0.74	90	121	2.1	0	0	0	0.12	0.22	0.8	0
도라지	84.5	44	1.70	0.11	13.08	4.2	0.61	232	189	6.2	0	0	0	0.1	0.36	7.8	0
돌나물	94.7	13	1.19	0.08	3.23	1.0	0.80	233	54	2.5	6	0	4	0.15	0.12	–	30
두릅	88.2	31	4.13	0.22	5.89	2.3	1.56	71	139	7.4	–	0	–	0.1	0.05	1	10
마늘	60.4	145	3.0	0.5	32.0	0.8	1.3	32	50	1.6	–	0	–	0.33	0.53	0.1	7
마늘쫑	81.3	84	2.1	0.8	17.0	1.7	0.5	15	48	0.9	540	0	324	0.27	0.33	1	22

(계속)

식품명	수분	에너지	단백질	지질	탄수화물		회분	칼슘	인	철	비타민						
					당질	섬유					A Value	Retinol	Beta-carotene	Thia-mine	Ribo-flavin	Niacin	Ascorbic acid
	g	kcal	g	g	g	g	g	mg	mg	mg	I.U.	μg	μg	mg	mg	mg	mg
무(조선무)	90.3	31	2.0	0.1	5.6	0.9	1.6	62	29	0.9	0	0	0	0.01	0.03	3.9	44
무말랭이	12.2	318	13.59	0.30	65.34	28.2	8.57	368	210	6.1	18	–	–	0.09	0.3	3.7	0
왜무	93.7	18	1.1	0.1	4.5	0.8	0.6	329	28	7.3	0	0	5,005	0.07	0.26	7.6	45
양배추	89.7	26	1.68	0.08	7.92	2.7	0.62	18	31	0.7	468	0	280	0.12	0.43	0.2	27
생강	81.7	68	2.2	0.8	12.9	1.9	1.0	20	14	1.1	30	0	18	0.01	0.03	4.3	–
샐러리	87.4	40	0.8	0.2	8.8	1.5	1.3	39	34	2	64	0	38	0.08	0.08	0.2	5
아스파라거스	94.6	14	1.9	0.1	2.8	0.8	0.6	29	80	1	1,000	0	600	0.16	0.36	2	90
양파	92.0	20	0.95	0.04	6.68	1.7	0.33	20	61	0.2	20	0	12	0.09	0.01	0.2	9
연근	80.0	55	1.63	0.07	17.28	3.3	1.02	2.2	66	0.4	0	0	0	0.05	0.03	–	45
오이	95.5	19	0.9	0.2	3.4	0.5	0.5	18	17	0.3	57	0	34	0.06	0.05	0.8	30
우엉	81.0	54	2.61	0.06	15.29	4.6	1.04	78	78	1.6	10	0	0	0.4	0.15	4.8	–
죽순	91.6	23	3.48	0.22	3.77	2.8	0.93	14	87	1.2	50	0	30	0.15	0.08	0.8	10
콩나물	89.5	37	4.64	1.36	3.80	1.6	0.70	32	49	0.8	175	0	105	0.15	0.13	0.8	16
파	91.4	22	1.2	0.2	6.7	1.3	0.5	73	46	1	409	0	245	0.09	0.15	0.5	16
홍무	90.8	25	0.1	0.3	8.0	0.8	0.8	16	33	0.7	20	0	12	0.03	0.05	0.4	10
김치																	
깍두기	88.9	38	1.43	0.19	7.54	4.3	1.94	5	–	–	949	0	568	0.03	0.06	5.8	10
단무지	95.4	12	0.36	0.05	2.42	2.1	1.77	37	18	0.7		0	0	0.02	0.01	0.3	0
동치미	96.2	8	0.33	0.01	1.77	0.5	1.69	1	–	–	0	0	0	0.01	0.03	1	7
열무김치	90.1	32	2.40	0.29	4.99	3.2	2.22	24	–	–	1,854	0	1,110	0.04	0.06	0.4	24
오이지	92.5	8	2.1	0.12	2.10	1.3	4.65	758	55	0.4	–	0	–	0.04	0.04	0.4	0
통김치	88.4	19	2.0	0.6	1.3	–	0.5	28	–	–	492	0	295	0.03	0.06	2.1	12
마늘짱아찌	73.8	79	3.4	1.8	12.2	2.8	6.4	52	160	3	–	0	–	0.96	0.66	0.5	0
버 섯 류																	
느타리버섯	90.5	18	2.68	0.08	6.00	3.8	0.74	16	220	3.7	0	0	0	0.5	0.8	10	0
목이	94.3	11	0.58	0.08	4.86	3.2	0.18	83	434	12	0	0	0	0.3	0.6	0.5	0
밤버섯	91.7	17	2.9	0.9	3.5	2.3	1.0	41	40	5.6	0	–	–	0.4	0.06	38.4	2
석이	13.3	99	8.1	3.0	59.8	9.6	6.2	32	360	0.6	0	0	0	0.1	–	–	0
송이생것	89.0	21	2.05	0.15	8.12	4.6	0.68	0	40	1	0	0	0	0.05	0.5	8	5
송이통조림	92.5	23	1.2	0.1	4.3	1.4	0.5	12	25	2.6	0	0	0	0.04	0.27	–	0
싸리버섯	90.1	20	2.8	0.6	5.7	1.4	0.8	41	44	6.2	0	–	–	0.9	0.43	46.4	1.3

(계속)

식품명	수분	에너지	단백질	지질	탄수화물		회분	칼슘	인	철	비타민						
					당질	섬유					A Value	Retinol	Beta-carotene	Thia-mine	Ribo-flavin	Niacin	Ascorbic acid
	g	kcal	g	g	g	g	g	mg	mg	mg	I.U.	μg	μg	mg	mg	mg	mg
양송이생것	91.7	15	3.56	0.19	3.71	1.6	0.84	9	110	0.6	0	0	0	0.1	0.35	4.9	3
양송이통조림	90.9	17	3.75	0.41	3.87	3.7	2.8	10	62	2.9	0	0	0	0.08	0.04	–	0
표고버섯	9.0	331	18.7	1.7	60.1	5.7	4.8	19	250	4	0	0	0	0.64	1.23	10.5	0
과 일 류																	
감																	
단감	85.6	48	0.41	0.04	13.66	6.4	0.29	13	36	0.1	1,002	0	600	0.03	0.03	0.4	28
연시	81.6	61	0.29	0.04	17.76	6.5	0.31	8	16	0.2	802	0	480	0.03	0.03	0.5	20
곶감	39.4	201	1.93	0.08	57.45	8.5	1.14	15	50	1.3	2,004	0	1,200	0.04	0.01	0.8	0
귤																	
여름귤	88.9	42	0.8	0.3	9.1	0.3	0.6	22	17	0.2	120	0	72	0.08	0.03	0.5	30
주스	89.1	37	0.2	0.1	10.4	0	0.2	11	17	0.2	200	0	120	0.09	0.03	0.4	50
통조림	87.4	50	0.8	0.2	11.2	0.1	0.4	10	18	0.4	200	0	120	0.07	0.02	0.3	40
농축주스	42.0	230	4.1	1.3	50.7	0.5	1.9	51	86	1.3	962	0	576	0.39	0.12	1.7	229
오렌지넥타	87.2	51	0.7	0.1	11.8	0.02	0.2	9	0	0.6	295	–	–	0.02	0.02	23.2	0.3
대추																	
생것	70.2	99	1.45	0.10	27.56	3.0	0.69	29	37	0.7	40	0	24	0.02	0.04	0.9	69
말린것	20.9	259	3.73	0.25	72.57	9.5	2.55	79	100	1.8	–	0	–	–	–	–	–
딸기	91.1	36	0.2	0.7	7.2	1.5	0.4	49	49	0.9	0	0	0	0.07	0.05	0.5	52
딸기넥타	86.7	54	1.0	03.2	12	0.02	0.1	41	42	0.8	0	–	–	0.03	0.06	8.3	0.1
토 마 토	94.6	14	0.9	0.1	3.9	0	0.5	3	18	0.2	400	0	240	0.08	0.03	0.8	20
주스	88.4	38	0.40	0.02	10.92	1.3	0.26	10	20	0.4	350	0	210	0.08	0.01	0.6	7
케첩	62.6	135	1.78	0.08	31.73	4.0	3.81	22	50	0.8	1,403	0	840	0.09	0.07	1.6	15
머루	86.4	42	0.6	0.1	11.5	0	1.4	73	10	1.7	0	0	0	0.05	0.3	0.5	8
바나나	76.1	79	1.10	0.10	21.94	1.9	0.76	5	23	0.4	200	0	120	0.03	0.05	0.5	10
배	87.1	43	0.3	0.1	12.3	1.8	0.2	4	35	0.2	0	0	0	0.04	0.03	0.3	2
버찌	18.1	66	1.2	0.1	17.1	1.4	0.5	24	56	1.4	120	0	72	0.04	0.03	0.2	15
복숭아																	
백도	85.8	46	0.59	0.04	13.10	0	0.47	3	13	0.3	100	0	60	0.03	0.04	0.5	10
백도통조림	82.9	68	0.38	0.05	16.51	3.1	0.16	8	9	1.6		0	96	0.02	0.02	–	2
황도	86.1	46	0.40	0.04	13.03	4.3	0.43	9	19	0.5	1,333	0	798	0.02	0.05	1.0	7
황도통조림	79.1	83	0.44	0.05	20.29	3.8	0.12	12	8	0.8		0	138	0.02	0.03	–	1

(계속)

식품명	수분	에너지	단백질	지질	탄수화물		회분	칼슘	인	철	비타민						
					당질	섬유					A Value	Retinol	Beta-carotene	Thia-mine	Ribo-flavin	Niacin	Ascorbic acid
	g	kcal	g	g	g	g	g	mg	mg	mg	I.U.	μg	μg	mg	mg	mg	mg
복숭아넥타	86.5	54	0.29	0.03	13.02	2.4	0.16	5	14	0.4	80	–	–	0.01	0.02	–	2
사과																	
국광	86.8	52	0.3	0.5	11.5	0.6	0.3	13	14	1.2	10	–	–	0.02	0.04	0.20	6
홍옥	84.4	52	0.21	0.04	15.17	1.3	0.18	4	14	0.5	10	0	6	0.02	0.04	0.2	6
사과넥타	86.9	53	1.0	0.2	11.7	0	0.2	3	5	2.4	0	–	–	0.04	0.03	3.5	0.1
말린사과	24.0	258	1.0	1.6	71.8	0	1.6	31	52	1.6	–	0	–	0.06	0.12	0.5	10
기 타 과 실																	
살구	90.9	299	1.20	0.05	7.12	1.9	0.73	17	21	0.4	3,300	0	1,980	0.02	0.03	0.8	5
석류	78.3	72	0.29	0.20	20.71	5.8	0.50	9	15	0.2	0	0	0	0.06	0.01	0.4	10
앵두	82.9	58	1.1	0.3	15.2	0	0.5	22	17	0.9	110	0	66	0.02	0.03	–	19
수박	91.1	30	0.79	0.05	7.83	0.2	0.23	14	11	0.2	8	0	48	0.02	0.02	0	5
자두	83.2	25	0.5	0.6	5.3	0	0.4	6	11	0.2	200	0	1,200	0.02	0.02	0.3	3
파인애플생것	84.9	50	0.46	0.04	14.32	2.5	0.28	15	4	0.3	100	0	60	0.01	0.02	0.7	60
파인애플통조림	80.3	78	0.31	0.04	19.18	1.7	0.17	11	5	0.3	50	0	30	0.08	0.02	0.2	7
포도	83.6	55	0.6	0.1	15.4	0	0.3	5	14	0.3	15	0	9	0.06	0.02	0.2	5
포도넥타	87.2	51	0.4	0.1	12.0	0.1	0.2	11	19	1.9	0	–	–	0.04	0.02	4.1	0.1
깐포도통조림	82.6	69	0.14	0.02	17.12	0.8	0.12	7	3	0.4	80	–	–	0.04	0.01	–	2
건포도	16.3	279	2.64	0.53	78.89	4.5	1.64	62	101	3.5	20	0	12	0.11	0.08	0.5	1
참외	92.8	26	0.9	0.7	5.0	0	0.6	14	12	0.3	100	0	60	0.05	0.05	0.6	10
육류 및 그 제품																	
가 금 류																	
꿩고기	70.4	114	27.5	0.8	0.1	0	1.6	6	310	–	11	2	2	0.1	0.13	5	0
닭고기	73.5	126	20.7	4.8	–	–	1.3	4	302	–	40	8	7	0.09	0.15	5	0
메추리고기	65.4	208	20.5	12.9	0	0	1.1	9	–	–	0	0	0	0.9	0.39	5	0
오리고기	64.6	236	16.63	18.99	0	0	0.72	14	300	3	0	0	0	0.26	0.26	4	0
참새고기	72.5	119	19.4	4.6	0	0	3.5	470	590	–	60	13	11	0.3	0.25	5	0
칠면조고기	72.69	143	21.64	5.64	0.13	0	0.98	2	230	–	0	0	0	0.2	0.15	8	0
육 류																	
개고기	60.1	256	19.0	20.2	0.1	0	0.8	10	164	3.8		18	0	0.27	0.1	4	0
고래고기	72.50	111	26.50	0.50	0	0	0.60	12	144		1,860	4,920	132	0.09	0.08	–	6

(계속)

식품명	수분	에너지	단백질	지질	탄수화물		회분	칼슘	인	철	비타민						
					당질	섬유					A Value	Retinol	Beta-carotene	Thia-mine	Ribo-flavin	Niacin	Ascorbic acid
	g	kcal	g	g	g	g	g	mg	mg	mg	I.U.	μg	μg	mg	mg	mg	mg
돼지고기																	
살코기	68.4	178	19.78	11.25	0	0	0.99	10	204	2.7	0	0	0	0.87	0.21	4.6	0
돼지소장	63.9	251	13.0	22.1	1.2	–	0.9	5	212	4.8		8	20	0.2	0.2	6.1	5
지방육	33.4	549	9.1	57.0	0	0	0.5	5	88	1.4	0	0	0	0.44	0.1	2.4	–
간	73.4	119	18.7	3.9	2.6	0	1.4	10	356	19.2	10900	2,943	654	0.3	3.03	16.4	23
심장	77.2	106	18.0	4.0	0	0	0.8	3	131	3.3	30	8	2	0.43	1.24	6.6	3
햄	65.0	188	18.3	12.3	0.9	0	3.5	11	156	2.7	0	0	0	0.53	0.19	3.8	–
대장	70.9	216	8.7	20.2	0	0	0.2	12	89	1.1	–	–	–	0.08	0.24	1.7	–
소시지	55.6	303	12.5	27.6	1.8	–	2.5	7	133	1.9	–	–	–	0.16	0.2	2.7	–
베이컨	58.9	241	15.27	17.12	2.4	0	1.7	13	108	1.2	0	0	0	0.36	0.11	1.8	–
멧돼지고기	60.1	268	18.8	19.8	0.5	0	0.8	12	120	–	10	3	1	0.39	0.11	4	0
쇠고기																	
살코기	58.2	199	18.62	14.09	0	0	0.80	11	172	2.8	40	11	2	0.08	0.17	4.5	–
중등육	60.1	261	18.0	21.0	0	0	0.9	10	166	2.7	40	11	2	0.08	0.16	4.3	–
지방육	49.4	375	14.9	35.0	0	0	0.7	9	136	2.2	70	19	4	0.06	0.13	3.6	–
간	72.8	124	19.0	4.6	2.2	0	1.4	8	352	6.45	43900	11853	2,634	0.25	3.26	13.6	31
콩팥	81.7	85	15.6	1.7	2.2	0	0.9	11	219	7.4	690	186	41	0.36	2.55	6.4	15
골(뇌)	79.5	117	9.3	8.2	1.7	0	1.3	10	312	2.4	0	0	0	0.23	0.26	4.4	18
소곱창	79.2	137	9.1	11.3	0.1	0	0.4	5	212	4.78	100	–	–	0.2	0.2	6.1	5
꼬리	62.7	239	17.4	19.0	0	0	0.9	8	140	4.6	10	3	1	0.03	0.03	5.4	0
갈비	56.4	292	16.5	24.4	1.9	0	1.9	9	151	2.2	70	19	4	0.06	0.13	3.6	–
염통	79.2	99	15.8	4.2	0	0	0.8	5	195	4	20	5	1	0.53	0.88	7.5	2
양지머리	67.0	190	19.1	12.9	0	0	1.1	5	169	3.8	–	–	–	0.05	0.03	6.2	0
허파	80.4	76	15.8	0.9	1.6	0	1.3	–	216	–	–	–	–	–	–	6.2	–
혀	71.8	181	13.0	14.5	0	0	0.7	8	182	2.1	–	–	–	0.12	0.29	5	–
소천엽	88.5	47	10.3	0.7	0.1	0	0.4	84	17	2.4	0	–	–	0.12	0.03	–	0
소장	79.2	137	9.0	11.3	0.1	0	0.4	20	173	3.1	30	8	2	0.07	0.32	1.5	–
대장	77.2	162	9.3	13.0	0	0	0.5	13	28	3.6	–	–	–	0.04	0.08	0.2	–
양	86.8	60	7.3	2.0	1.2	0.4	0.3	112	79	4.2	–	0	0	–	0.29	22.3	0
육포	25.7	333	25.6	8.7	38.0	0	2.0	21	152	6.8	28	8	2	0.13	0.19	30.3	0
양고기	74.4	138	16.4	8.0	0	0	1.2	7	210	2	0	0	0	0.15	0.2	5	0

(계속)

식품명	수분	에너지	단백질	지질	탄수화물		회분	칼슘	인	철	비타민						
					당질	섬유					A Value	Retinol	Beta-carotene	Thia-mine	Ribo-flavin	Niacin	Ascorbic acid
	g	kcal	g	g	g	g	g	mg	mg	mg	I.U.	μg	μg	mg	mg	mg	mg
산양고기	74.2	117	20.6	3.8	0.1	0	1.3	8	–	2	0	0	0	0.15	0.08	4	0
토끼고기	72.2	126	21.7	4.4	0.6	0	1.1	5	300	7	0	0	0	0.3	0.1	4	0
식용개구리	69	81.9	16.1	0.4	0.1	0	0.9	3	140	0.3	15	4	1	0.1	0.06	1.2	0
난 류																	
달걀	75.9	130	12.44	7.39	3.41	0	0.88	67	267	2.7	920	500	170	0.1	0.3	0.1	0
달걀가루	8.54	376	82.40	0.04	4.47	0	4.55	187	800	8.7	4,290	901	771	0.33	1.2	0.2	0
난황	50.9	315	14.70	23.45	9.32	0	1.63	149	612	6.5	2,320	950	515	0.23	0.4	0	0
난백	88.2	41	10.8	0	0.4	0	0.6	10	12	0.1	0	0	0	0.02	0.3	0.1	0
메추리알	71.8	170	12.6	12.1	2.2	0	1.3	59	220	3.8	300	63	54	0.12	0.85	0.1	0
오리알	70.5	186	12.5	14.0	2.0	0	1.0	49	224	3.1	–	–	–	0.12	0.4	0.1	0
어패류 및 기타 수산물																	
어류																	
가물치	79.6	79	18.2	0.8	0.3	0	1.1	265	100	2	40	25	5	0.03	0.1	10	0
가오리	78.8	83	19.4	0.6	–	–	1.2	37	213	2.8	150	41	9	0.15	0.2	7.5	–
가자미	87.7	77	15.1	1.8	0	1.6	111	170	0.6	–	–	–	–	0.1	0.1	5.7	–
고등어																	
생선	68.1	172	20.2	10.4	0	0	1.3										
자반	56.8	246	18.99	16.14	6.36	0	1.71	7	190	1.5	50	14	3	0.15	0.2	8	3
통조림	71.7	153	16.3	9.9	0.1	0	1.9	12	195	1.9	–	–	–	0.09	0.24	7.2	0
광어	74.0	109	22.5	2.0	0.3	0	1.2	30	150	0.6	100	27	6	0.1	0.1	3.5	3
꽁치	66.9	154	24.9	6.0	0	–	1.7	86	260	5	–	–	–	0.13	0.22	7.3	0
꽁치통조림	63.6	192	22.0	11.6	0	–	2.8	277	286	1.7	110	–	–	0.08	0.2	6.9	0
넙치	74.3	101	20.1	2.3	0	0	1.3	42	81	1.1	114	–	–	0.12	0.37	13.6	0
농어	78.5	88	18.2	1.9	0.2	0	1.2	30	0.29	3	180	49	11	0.13	0.11	2.4	0
대구	78.6	79	19.5	0.3	0.3	0	1.3	15	160	0.4	60	16	4	0.15	0.1	2.5	0
대구포	21.9	288	65.4	3.0	1.8	0	7.9	30	540	1.3	0	0	0	0.1	0.15	11	0
도미	77.8	101	18.0	2.5	0.3	0	1.4	15	150	0.4	100	27	6	0.2	0.2	2	2
석도미	73.2	124	20.4	4.2	1.2	0	1.0	147	123	1.9	85	–	–	0.31	0.5	5.8	0
참도미	62.8	265	19.8	20.6	0	–	1.2	102	329	0.5	–	–	–	–	0.3	6.6	0
흑도미	80.1	78	18.0	0.7	0	0	1.2	57	93	1.6	90	24	5	0.14	0.15	–	0
도루묵	77.7	106	16.0	4.6	0.5	0	1.2	61	184	1.5	50	15	5	0.1	0.05	–	0

(계속)

식품명	수분	에너지	단백질	지질	탄수화물		회분	칼슘	인	철	비타민						
					당질	섬유					A Value	Retinol	Beta-carotene	Thia-mine	Ribo-flavin	Niacin	Ascorbic acid
	g	kcal	g	g	g	g	g	mg	mg	mg	I.U.	μg	μg	mg	mg	mg	mg
명태																	
동태	82.3	66	15.9	0.5	0.1	0	1.2	15	1,610	0.4	60	16	4	0.15	0.1	2.5	0
북어	31.1	267	61.7	3.1	0	0	4.1	30	540	1.3	0	0	0	0.1	0.15	11	0
이리	81.2	88	6.8	5.4	0	0	3.6	18	315	0.8	–	–	–	–	0.25	–	0
명란젓	66.0	118	20.5	3.0	2.7	0	7.8	18	66	1.4	140	38	8	0.41	0.19	6.1	5
창란젓	64.3	114	12.9	3.2	8.2	0	11.4	8	105	0.7	–	–	–	0.12	0.02	5.1	0
메기	78.4	107	15.1	5.3	0.1	0	1.1	39	160	2.7	60	16	4	0.15	0.06	–	0
멸치																	
생멸치	74.4	122	16.7	6.0	0.3	0	2.6	220	180	2	30	8	2	0.02	0.10	7.0	0
말린멸치(대)	19.2	279	59.31	5.45	0	0	16.71	1,430	1,271	5.8	–	–	–	0.07	0.06	–	0
말린멸치(중)	31.8	227	49.69	3.30	1.07	0	14.14	1,860	1,980	7	90	24	5	0.15	1.02	8.6	0
말린멸치(소)	41.6	209	42.94	4.59	0.32	0	10.55	1,308	1,850	6.2	88	24	5	0.13	0.09	4.1	0
멸치젓	54.4	158	14.1	11.2	0.6	0	19.7	33	4.9	3.7	–	–	–	0.10	0.22	–	0
모래무지	82.1	71	15.7	1.1	0	0	1.1	114	348	3.9	–	–	–	0.40	0.03	2.4	0
미꾸라지	78.6	89	16.2	2.8	0.2	0	2.2	640	890	8	100	27	6	0.03	0.44	–	0
민어	79.4	79	18.0	0.8	0.5	0	1.3	40	280	2	30	8	2	0.10	0.07	2.5	0
어포	18.9	367	36.5	12.3	27.5	0	5.4	249	77	4.2	–	–	–	0.18	0.45	5.0	0
방어	75.6	80	18.4	0.8	0.4	0	1.5	347	121	3.1	0	0	0	0.12	0.07	4.6	0
보구치	75.0	111	19.3	3.9	0	0.3	1.5	49	170	3.8	0	0	0	0.06	0.13	5.0	0
뱅어	84.0	63	13.3	1.1	0.3	0	1.3	180	280	3	50	14	3	0.14	0.14	–	0
뱅어포	16.9	338	60.4	11.0	1.2	0	10.5	1,056	624	7.2	–	–	–	0.34	0.30	1.8	0
뱀장어	67.1	211	14.4	17.1	0.3	0	1.1	26	137	2	4,222	1,140	253	0.20	0.09	29.0	0
바다장어	70.6	173	16.2	11.8	0.5	0	0.9	121	176	2.5	–	–	–	0.10	0.09	–	0
붕장어	74.7	126	17.4	6.4	0.3	0	1.2	150	180	4	500	135	30	0.06	0.04	5.0	0
병어	75.5	122	16.4	6.4	0.3	0	1.5	34	114		0	0	0	0.37	0.08	0.6	0
복어	76.7	86	21.5	0.3	0.3	0	1.4	13	140	0.8	10	3	1	–	–	–	0
삼치	76.0	104	20.08	2.93	0	0	2.05	499	212	1.3	0	0	0	0.25	0.09	11.5	0
상어	72.0	161	10.0	16.2	0.3	0	1.5	6	200	1	700	189	42	0.04	0.08	1.0	0
숭어	74.1	99	21.7	1.5	0.4	0	2.3	42	220	4	150	41	9	0.23	0.06	3.7	0
숭어알	25.9	423	40.4	28.9	0.3	0	4.5	56	380	6	200	54	12	0.50	0.70	–	0
양미리	73.7	114	21.5	3.4	0	0	1.4	1,091	2,933	11.5	–	–	–	1.73	1.30	4.9	0

(계속)

식품명	수분	에너지	단백질	지질	탄수화물		회분	칼슘	인	철	비타민						
					당질	섬유					A Value	Retinol	Beta-carotene	Thia-mine	Ribo-flavin	Niacin	Ascorbic acid
	g	kcal	g	g	g	g	g	mg	mg	mg	I.U.	μg	μg	mg	mg	mg	mg
연어	75.8	98	20.6	1.9	0.2	0	1.5	13	230	1.1	100	27	6	0.22	0.0	7.0	0
임연수어	71.5	142	19.6	7.1	0.5	0	1.3	15	240	1.2	–	–	–	0.07	0.15	–	0
잉어	76.9	105	17.5	4.0	0.3	0	1.3	72	180	2	20	5	1	0.40	0.08	2.0	0
전갱이	72.6	124	20.7	4.8	0.1	0	1.8	12	243	0.7	40	11	2	0.16	0.08	6.5	3
전어	75.7	100	19.2	2.7	0.2	0	2.2	120	380	4	100	27	6	0.10	0.15	5.0	0
정어리	69.2	160	20.0	9.1	0.2	0	1.5	80	240	3	60	16	4	0.02	0.15	10.0	1
조기	76.3	110	19.02	4.04	0	0	1.30	26	200	1.5	99	27	6	0.02	0.04	7.7	0
굴비	32.6	311	44.4	15.2	0.4	0	7.4	68	950	7.2	0	0	0	0.19	0.18	13.2	0
조기젓	61.3	75	15.9	0.6	2.0	0	20.2	71	123	4.2	100	27	6	0.12	0.44	6.7	0
준치	73.2	148	23.6	6.0	0	0	1.3	17	167	1.2	440	119	26	0.27	0.15	4.0	0
쥐치포	15.0	329	41.8	2.3	34.3	0	6.6	409	781	5.7	0	–	–	0.32	0.21	8.7	0
참치	66.3	201	16.3	15.1	0.4	0	1.9	235	100	2	60	16	4	0.10	0.20	7.5	0
청어	72.0	150	18.0	8.5	0.3	0	1.2	34	250	1.5	100	27	6	0.01	0.20	5.0	0
자반청어	64.8	152	17.5	9.0	0.2	0	8.5	62	350	3	0	0	0	0.02	0.30	4.0	–
청어알	69.0	139	25.2	4.1	0.4	0	1.3	50	140	2	850	14	3	0.15	0.22	–	0
말린알	18.0	368	67.5	10.7	0.4	0	3.4	40	60	1	2	1	0	0.17	0.06	2.3	20
갈치	74.0	128	18.2	6.0	0.3	0	1.5	12	150	0.6	50	14	3	0.14	0.13	3.0	0
홍어	77.5	80	19.6	0.5	0	0	2.4	64	131	1.4	0	0	0	0.23	0.08	1.3	0
황새기	81.0	77	17.0	1.0	–	1.0	102	183	0.9	15	1,580	426	95	0.14	0.12	7.2	2
황새기젓	54.5	96	19.9	0.8	2.3	–	22.5	325	370	3.5	0	0	0	0.15	0.43	0.3	0
우뭇가사리	70.3	46	4.2	0.2	18.5	0	3.8	4.3	7	1	0	–	–	0	0	0.9	0
찐어묵	74.3	99	10.2	0.7	12.4	0	2.2	88	100	0.7	0	–	–	0.04	0.05	0.8	0
어육소시지	64.0	178	9.01	7.45	17.79	0	1.78	100	200	2	20	5	1	0.30	0.80	5.0	0
패류																	
게																	
큰게	76.0	91	20.0	0.5	1.5	0	2.0	55	160	2	10	3	1	0.01	0.02	2.5	0
꽃게	80.6	71	16.19	0.70	0.43	0	0.70	58	174	3.4	–	–	–	0	0.03	–	–
통조림	75.3	109	16.0	3.3	3.8	0	1.6	106	223	13.3	0	0	0	0.02	0.04	–	0
꼬막	82.9	58	12.6	0.3	1.6	0	2.6	40	140	5	400	108	24	0.20	0.20	2.5	10
골뱅이통조림	80.4	68	9.8	1.0	4.9	0	3.9	40	88	3	2,599	–	–	3.39	3.0	0	2.7

(계속)

식품명	수분	에너지	단백질	지질	탄수화물		회분	칼슘	인	철	비타민						
					당질	섬유					A Value	Retinol	Beta-carotene	Thia-mine	Ribo-flavin	Niacin	Ascorbic acid
	g	kcal	g	g	g	g	g	mg	mg	mg	I.U.	μg	μg	mg	mg	mg	mg
굴																	
석굴	84.6	61	8.9	1.2	3.7	0	1.6	40	140	8	160	43	10	0.30	0.20	1.2	5
토굴	80.6	78	10.2	1.8	5.3	0	2.1	39	231	3.1	100	27	6	0.38	0.20	1.2	5
굴통조림	81.4	81	14.7	2.7	0	0	1.2	37	108	3.3	586	–	–	0.65	0.09	0	4.8
어리굴젓	70.2	92	8.6	2.7	8.1	0	10.4	491	211	20.2	200	54	12	0.06	0.05	1.0	0
대합	83.8	58	12.0	0.8	1.0	0	2.4	70	150	8	130	35	8	0.05	0.15	1.5	5
바지락	80.4	70	12.27	0.93	3.20	0	3.20	80	180	7	460	124	28	0.04	0.15	1.5	10
모시조개	76.0	99	15.0	1.8	5.6	0	1.6	170	120	12	30	8	2	0.04	0.15	–	10
피조개	82.6	62	11.6	0.6	2.7	0	2.5	148	108	7.3	200	54	12	0.20	2.12	2.5	100
조갯살말린것	10.4	318	65.9	1.0	11.3	0	11.5	147	1,650	20.3	0	0	0	–	–	2.0	0
조개젓	67.5	106	14.5	4.3	2.3	0	11.4	378	366	9.5	80	22	5	0.05	0.09	–	0
맛살	68.5	121	10.6	0.1	18.6	0	2.2	60	282	11	11	3	1	0.09	0.49	1.5	–
건맛살가재	12.3	332	57.9	4.8	14.4	0	10.6	198	718	3.8	–	–	–	0.10	0.17	7.1	0
가재	79.3	81	16.1	1.7	0.8	0	2.1	70	250	1	150	41	9	0.01	0.10	1.9	3
바닷가재	74.1	119	15.5	5.1	3.0	0	2.3	70	223	2.5	–	–	–	0.09	0.10	2.0	0
새우	75.9	90	21.17	0.89	0.33	0	0	234	63	1.5	152	41	9	0.02	2.1	0	
말린새우	27.5	333	23.4	13.4	28.5	0	7.1	236	995	4.63	0	0	0	0.16	0.34	–	0
잔새우	83.5	63	12.9	0.8	1.0	0	1.8	120	150	2	40	11	2	0.01	0.11	2.2	2
물새우	77.6	76	16.2	1.2	–	–	4.2	23	122	2.5	–	–	–	0.23	0.27	–	0
새우젓	58.4	130	16.0	0.3	15.4	0	9.9	681	287	3.2	0	0	0	0.05	0.04	–	0
성게	71.5	146	15.8	8.5	2.0	0	2.2	20	300	2	8,000	2,160	480	0.30	0.40	2.5	0
성게젓	65.6	173	16.1	8.7	7.6	0	2.0	50	350	2	8,000	2,160	480	0.01	0.40	2.5	0
소라																	
소라	72.5	100	20.7	0.3	4.0	0	2.5	46	120	9	120	32	7	0.06	0.06	3.0	2
통조림	64.9	123	19.6	0.1	10.9	0	4.5	54	137	3.8	–	–	–	0.02	0.04	–	0
우럭	76.8	93	16.3	2.0	2.7	0	2.2	111	251	2	–	–	–	0.12	0.07	3.2	0
우렁이	80.6	69	10.5	1.4	3.8	0	3.7	1,202	87	5.8	47	13	3	0.34	0.34	–	0
바다우렁이	72.0	108	20.5	0.7	5.0	0	1.8	83	175	7.8	35	9	2	0.28	0.25	–	20
전복	77.2	86	15.0	0.7	5.1	0	2.0	32	190	3	35	9	2	0.20	0.06	2.0	2
말린전복	36.0	241	56.6	0.9	1.7	0	4.8	80	420	7.3	0	0	0	0.56	0.60	4.5	–
홍합	77.4	76	12.7	0.7	4.8	0	3.4	21	199	7	200	54	12	0.23	0.19	2.7	10

(계속)

식품명	수분	에너지	단백질	지질	탄수화물		회분	칼슘	인	철	비타민						
					당질	섬유					A Value	Retinol	Beta-carotene	Thia-mine	Ribo-flavin	Niacin	Ascorbic acid
	g	kcal	g	g	g	g	g	mg	mg	mg	I.U.	μg	μg	mg	mg	mg	mg
말린홍합	25.2	295	47.7	4.3	16.3	0	6.5	242	759	4.2	0	0	0	0.28	0.36	5.4	0
기타																	
꼴뚜기	81.6	73	13.6	1.6	1.0	0	2.0	75	181	218	0	0	0	0.31	0.09	10.5	0
건꼴뚜기	27.2	265	51.3	6.6	1.7	0	13.2	142	150	3.1	0	0	0	0.18	0.38	0	0
꼴뚜기젓	57.2	81	16.0	2.0	0.3	0	24.5	373	393	1.4	0	0	0	0.04	0.15	4.0	0
낙지	82.3	54	12.99	0.43	0	0	2.19	13	140	0.3	10	3	1	0.02	0.12	2.5	0
문어	81.5	68	15.5	0.8	0.2	0	2.0	25	29	0.5	0	0	0	0.27	0.10	4.1	0
백문어	8.3	358	69.2	2.7	14.1	0	5.7	82	140	2.1	10	3	1	0.62	0.12	2.5	0
피문어	13.3	328	61.3	5.7	7.8	0	12.9	116	96	1.1	0	0	0	0.17	0.10	2.8	0
오징어																	
생오징어	78.3	87	18.84	1.44	0.16	0	1.26	12	290	0.4	5	1	1	0.03	0.12	3.0	0
건오징어	19.5	325	67.8	6.9	0.2	0	5.6	43	1,000	3.5	0	0	0	0.12	0.25	–	–
오징어젓	63.9	72	14.3	0.9	2.0	0	18.9	9	139	6.8	5	1	1	0.09	0.10	6.0	0
해삼	91.8	23	3.7	0.4	1.3	0	2.8	34	11	0.3	10	3	1	0.01	0.02	0.9	0
해삼전	52.2	89	14.7	1.6	3.9	0	27.6	680	141	1.9	–	–	–	0.01	0.02	–	0
해파리	96.9	5	1.3	0	0.1	0	1.7	40	400	5	0	0	0	0	0	0	0
해조류																	
조선김	10.4	163	41.8	1.5	36.4	9.9	89.9	111	38	13.2	22758	0	13655	0.28	354	1.0	5
왜김	12.9	295	32.7	0.8	39.2	1.7	7.7	196	4.9	17.6	16874	0	10124	0.40	3.36	5.4	7
미역																	
생미역	87.6	18	3.0	0.3	5.1	0	4.0	457	113	4.1	1,800	0	1,080	–	0.15	2.3	–
건미역	16.0	126	20.0	2.9	36.6	24.8		800	150	–	1,300	0	780	0.08	0.32	1.8	11
미역튀각	1.3	283	9.75	38.02	46.21	38.7	4.72	792	–	–	462	0	277	0.08	0.09	3.6	0
다시마	14.7	247	7.3	1.1	51.9	3.0	–	800	–	–	220	0	132	0.08	0.32	1.8	11
청각	92.1	8	1.4	0.4	1.6	0	4.5	119	4	8.7	–	–	–	0.02	0.05	–	5
톳	88.1	14	1.9	0.4	4.0	0	4.6	360	–	–	450	0	270	0.01	0.20	–	–
파래	93.8	11	2.18	0.15	2.95	0	0.92	600	200	106	2,900	0	1,740	0.06	0.30	8.0	10
한천	20.1	154	2.3	0.1	74.6	0	2.9	400	8	5	0	0	0	0	0	0	0
우유 및 유제품류																	
우유	87.9	64	3.2	3.7	4.5	–	0.7	182	167	0.1	135	25	20	0.04	0.14	0.3	1
탈지우유	90.5	36	3.6	1.1	5.1	0	0.7	1,211	95	–	–	–	–	0.04	0.18	0.1	1

(계속)

식품명	수분	에너지	단백질	지질	탄수화물		회분	칼슘	인	철	비타민						
					당질	섬유					A Value	Retinol	Beta-carotene	Thia-mine	Ribo-flavin	Niacin	Ascorbic acid
	g	kcal	g	g	g	g	g	mg	mg	mg	I.U.	μg	μg	mg	mg	mg	mg
분유	2.0	506	26.4	27.5	38.2	0	5.9	909	708	0.5	1,130	237	203	0.29	1.46	0.7	6
탈지분유	3.0	360	35.9	0.8	52.3	0	8.0	1,308	1,016	6	30	6	5	0.35	1.80	0.9	7
전지분유	2.2	502	26.7	20.8	38.4	0	5.9	899	811	0.5	850	–	–	0.22	1.28	1.3	7
조제분유	2.4	471	19.0	19.3	55.3	0	4.0	617	470	6.8	–	–	–	0.64	1.09	4.2	45
연유	16.3	382	7.76	7.84	66.30	0	1.80	300	240	0.3	220	49	40	0.08	0.40	0.2	2
치즈(모짜렐라)	46.0	286	28.02	16.89	5.39	0	3.70	720	610	0.6	1,200	252	216	0.04	0.50	0.4	0
크림	52.2	400	2.0	40.7	4.7	0	0.4	94	74	–	800	168	144	0.03	0.14	0.1	0
아이스크림	64.2	185	4.98	7.83	22.25	0	0.74	130	120	0.1	130	27	23	0.04	0.20	0.1	0
요구르트	83.2	69	1.29	0.02	13.75	0	0.26	140	130	0.1	30	6	5	0.03	0.15	0.1	0
인유	88.0	65	1.1	3.5	7.2	0	0.2	35	25	0.22	120	25	22	0.02	0.03	0.2	5
유지류																	
돼지기름	0	919	0.02	99.80	0	0	0.20	–	–	–	0	0	0	0.02	0.02	0	0
마가린	16.7	724	0.2	81.4	0.1	0	1.6	0	0	0	0	0	0	0	0	0	0
버터	15.3	761	0.59	82.04	1.81	0	0.26	10	20	0.1	2,400	720	–	0.01	0.03	0	0
마가린수입품	15.5	733	0.6	81.0	0.4	0	2.5	20	16	0	3,300	0	1,980	–	–	–	0
식물성유	0	900	0	100	0	0	0	–	–	–	0	–	0	0	0	0	0
우지	0	9.41	0	100	0	0	0	–	–	–	200	60	0	0.07	0.05	0	0
참기름	0.2	917	0	99.59	0.14	0	0.07	0	0	0	0	–	–	0	0	0	0
콩기름	0	915	0	99.31	0.66	0	0.03	0	0	0	0	–	–	0	0	0	0
차류 및 음료류																	
음료																	
사이다	90	40	0	0	9.98	0	0.02	2	0	0	0	0	0	0	0	0	0
식혜	92	32	0.06	0	7.91	1.0	0.03	74	25	0.1	0	0	0	0.08	0.06	0.08	0
커피가루	3.20	351	11.60	0.20	76.00	9.0	0	179	383	5.6	0	0	0	0	0.21	30.6	0
커피음료	90.5	38	0.81	0.12	8.34	1.0	0.23	2	4	0.1	0	0	0	0	0	0	0
코코아가루	1.6	412	7.4	6.8	80.4	5.5	2.6	589	545	1.8	20.0	0	12	0	0.73	0.7	3
콜라	90.5	38	0	0	9.46	0	0.04	–	–	–	0	0	0	0	0	0	0
홍차(티백)	6.2	311	20.3	2.5	51.7	0	5.4	2	3	0	0	0	0	0	0	0	0
주류																	
맥주	92.0	46	0.21	0.01	3.27	0	0.12	4	30	0.1	0	0	0	0	0.03	0.6	0.2
생맥주	–	14	0.5	–	3.1	0	0.1	2	19	0.1	0	0	0	0	0.02	–	0

(계속)

식품명	수분	에너지	단백질	지질	탄수화물		회분	칼슘	인	철	비타민						
					당질	섬유					A Value	Retinol	Beta-carotene	Thia-mine	Ribo-flavin	Niacin	Ascorbic acid
	g	kcal	g	g	g	g	g	mg	mg	mg	I.U.	μg	μg	mg	mg	mg	mg
흑맥주	–	14	0.05	–	3.1	0	0.1	–	34	–	–	–	–	–	–	–	–
합성맥주	–	12	0.2	–	2.8	0	0.1	3.3	15	–	0	0	0	0	0	0.5	0
브랜디	66.6	237	0	0	0	0	0	0	0	0	0	0	0	0	0	0	0
샴페인	93.4	45	0	0	0.5	0	0.1	2	7	–	–	–	–	–	–	–	–
소주1급	82.9	127	0	0	0	0	0	0	0	0	0	0	0	0	0	0	0
위스키	60.3	284	0.03	0	0.07	0	0	0	0	0	0	0	0	0	0	0	0
청주	79.9	132	0.41	0	4.24	0	0.05	5	6	0.1	0	0	0	0	0	0	0
탁주	–	22	0.4	0	5.0	–	–	0	–	0	0	0	0	0	0	0	0
적포도주	–	4	0.3	–	0.7	0	0.2	15	4	0.8	0	0	0	0	0	0	0
단포도주	–	52	0.1	–	13.0	0	0.1	6	4	0.8	0	0	0	0	0	0	0
조 미 료 류																	
조선간장	60.0	83	3.72	0.01	16.96	0	19.31	62	38	5.2	0	0	0	0.03	0.01	(1.2)	0
왜간장	71.6	53	7.7	0.3	4.9	0.8	19.31	50	170	4.8	0	0	0	0.02	0.06	1.2	0
마요네즈(난황)	16.7	702	1.2	75.6	4.2	0	1.4	18	28	0.5	280	59	50	0.02	0.04	0	–
식초	95.3	2	0.2	0	0.3	0	0.1	–	–	–	0	0	0	0	0.01	0	0
이스트	8.0	351	46.0	2.8	35.4	2.3	5.5	50	1,100	80	0	0	0	2.50	2.60	30.0	0
조미소	1.0	396	99.0	0	0	0	0	0	0	0	0	0	0	0	0	0	0
카레가루	3.5	302	10.4	14.6	58.3	0	13.2	90	340	45	0	0	0	0	0	5.5	0
인스턴트커리	82.7	72	2.47	1.89	11.39	2.8	1.55	119	89	5	0	–	–	0.04	0.07	1.6	0
후추가루	15.1	347	11.3	4.1	66.3	0	3.8	–	–	–	0	0	0	0	0	0	0
기타																	
식용충류																	
메뚜기	23.6	278	64.2	2.4	0	0	3.5	78	630	1.5	920	193	166	0.24	5.5	7	20
번데기	59.4	224	22.3	13.3	3.7	0	1.3	51	1,200	45	190	40	34	0.87	8.5	–	0

자료 : 농촌진흥청 국립농업과학원, 2016 제9 개정판 국가표준 식품성분표, 2017.

부록 4 2015 한국인 영양소 섭취기준 요약

2015 한국인 영양소 섭취기준 - 에너지 적정비율

영양소		에너지 적정비율			
		1~2세	3~18세	19세 이상	비고
탄수화물		55~65%	55~65%	55~65%	
단백질		7~20%	7~20%	7~20%	
지질	총지방	20~35%	15~30%	15~30%	
	n-6계 지방산	4~10%	4~10%	4~10%	
	n-3계 지방산	1% 내외	1% 내외	1% 내외	
	포화지방산	-	8% 미만	7% 미만	
	트랜스지방산	-	1% 미만	1% 미만	
	콜레스테롤	-	-	300 mg/일 미만	목표섭취량

2015 한국인 영양소 섭취기준 - 당류

총 당류 섭취량을 총 에너지섭취량의 10~20%로 제한하고, 특히 식품의 조리 및 가공 시 첨가되는 첨가당은 총 에너지 섭취량의 10% 이내로 섭취하도록 한다. 첨가당의 주요 급원으로는 설탕, 액상과당, 물엿, 당밀, 꿀, 시럽, 농축과일주스 등이 있다.

2015 한국인 영양소 섭취기준 – 에너지와 다량영양소

성별	연령	에너지(kcal/일)				탄수화물(g/일)				지방(g/일)				n-6계 지방산(g/일)			
		필요추정량	권장섭취량	충분섭취량	상한섭취량	평균필요량	권장섭취량	충분섭취량	상한섭취량	평균필요량	권장섭취량	충분섭취량	상한섭취량	평균필요량	권장섭취량	충분섭취량	상한섭취량
영아	0~5(개월)	550						60				25				2.0	
	6~11	700						90				25				4.0	
유아	1~2(세)	1,000															
	3~5	1,400															
남자	6~8(세)	1,700															
	9~11	2,100															
	12~14	2,500															
	15~18	2,700															
	19~29	2,600															
	30~49	2,400															
	50~64	2,200															
	65~74	2,000															
	75 이상	2,000															
여자	6~8(세)	1,500															
	9~11	1,800															
	12~14	2,000															
	15~18	2,000															
	19~29	2,100															
	30~49	1,900															
	50~64	1,800															
	65~74	1,600															
	75 이상	1,600															
임신부[1]		+0 +340 +450															
수유부		+320															

성별	연령	n-3계 지방산(g/일)				단백질(g/일)				식이섬유(g/일)				수분(mL/일)				
		평균필요량	권장섭취량	충분섭취량	상한섭취량	평균필요량	권장섭취량	충분섭취량	상한섭취량	평균필요량	권장섭취량	충분섭취량	상한섭취량	평균필요량	권장섭취량	충분섭취량		상한섭취량
																액체	총수분	
영아	0~5(개월)			0.3				10								700	700	
	6~11			0.8		10	15									500	800	
유아	1~2(세)					12	15					10				800	1,100	
	3~5					15	20					15				1,100	1,500	
남자	6~8(세)					25	30					20				900	1,800	
	9~11					35	40					20				1,000	2,100	
	12~14					45	55					25				1,000	2,300	
	15~18					50	65					25				1,200	2,600	
	19~29					50	65					25				1,200	2,600	
	30~49					50	60					25				1,200	2,500	
	50~64					50	60					25				1,000	2,200	
	65~74					45	55					25				1,000	2,100	
	75 이상					45	55					25				1,000	2,100	
여자	6~8(세)					20	25					20				900	1,700	
	9~11					30	40					20				900	1,900	
	12~14					40	50					20				900	2,000	
	15~18					40	50					20				900	2,000	
	19~29					45	55					20				1,000	2,100	
	30~49					40	50					20				1,000	2,000	
	50~64					40	50					20				900	1,900	
	65~74					40	45					20				900	1,800	
	75 이상					40	45					20				900	1,800	
임신부[1]						+12 +25	+15 +30					+5					+200	
수유부						+20	+25					+5				+500	+700	

1) 에너지, 단백질 임신부 1, 2, 3분기별 부가량

성별	연령	메티오닌+시스테인(g/일)				류신(g/일)				이소류신(g/일)				발린(g/일)				라이신(g/일)			
		평균 필요량	권장 섭취량	충분 섭취량	상한 섭취량	평균 필요량	권장 섭취량	충분 섭취량	상한 섭취량	평균 필요량	권장 섭취량	충분 섭취량	상한 섭취량	평균 필요량	권장 섭취량	충분 섭취량	상한 섭취량	평균 필요량	권장 섭취량	충분 섭취량	상한 섭취량
영아	0~5(개월)			0.4				1.0				0.6				0.6				0.7	
	6~11	0.3	0.4			0.6	0.8			0.3	0.4			0.3	0.5			0.6	0.8		
유아	1~2(세)	0.3	0.4			0.6	0.8			0.3	0.4			0.4	0.5			0.6	0.7		
	3~5	0.3	0.4			0.7	0.9			0.3	0.4			0.4	0.5			0.6	0.8		
남자	6~8(세)	0.5	0.6			1.1	1.3			0.5	0.6			0.6	0.7			1.0	1.2		
	9~11	0.7	0.8			1.5	1.9			0.7	0.8			0.9	1.1			1.4	1.8		
	12~14	1.0	1.2			2.1	2.6			1.0	1.2			1.2	1.5			2.0	2.4		
	15~18	1.1	1.3			2.4	3.0			1.1	1.3			1.4	1.7			2.2	2.7		
	19~29	1.0	1.3			2.3	3.0			1.0	1.3			1.3	1.6			2.4	3.0		
	30~49	1.0	1.3			2.3	2.9			1.0	1.3			1.3	1.6			2.3	2.9		
	50~64	1.0	1.2			2.2	2.7			1.0	1.2			1.2	1.5			2.2	2.8		
	65~74	0.9	1.2			2.1	2.6			0.9	1.2			1.2	1.5			2.1	2.7		
	75 이상	0.9	1.1			2.0	2.6			0.9	1.1			1.1	1.4			2.1	2.6		
여자	6~8(세)	0.5	0.6			1.0	1.2			0.5	0.6			0.6	0.7			0.9	1.2		
	9~11	0.6	0.7			1.4	1.7			0.6	0.7			0.8	1.0			1.2	1.5		
	12~14	0.8	1.0			1.8	2.3			0.8	1.0			1.1	1.3			1.7	2.1		
	15~18	0.8	1.0			1.9	2.3			0.8	1.0			1.1	1.3			1.7	2.1		
	19~29	0.8	1.1			1.9	2.4			0.8	1.1			1.1	1.3			2.0	2.5		
	30~49	0.8	1.0			1.8	2.3			0.8	1.0			1.0	1.3			1.9	2.4		
	50~64	0.8	1.0			1.8	2.2			0.8	1.0			1.0	1.2			1.8	2.3		
	65~74	0.7	0.9			1.7	2.1			0.7	0.9			0.9	1.2			1.7	2.2		
	75 이상	0.7	0.9			1.6	2.0			0.7	0.9			0.9	1.1			1.6	2.0		
임신부		0.3	0.3			0.6	0.7			0.3	0.3			0.3	0.4			0.3	0.4		
수유부		0.3	0.4			0.9	1.1			0.5	0.6			0.5	0.6			0.4	0.4		

성별	연령	페닐알라닌+티로신(g/일)				트레오닌(g/일)				트립토판(g/일)				히스티딘(g/일)			
		평균 필요량	권장 섭취량	충분 섭취량	상한 섭취량	평균 필요량	권장 섭취량	충분 섭취량	상한 섭취량	평균 필요량	권장 섭취량	충분 섭취량	상한 섭취량	평균 필요량	권장 섭취량	충분 섭취량	상한 섭취량
영아	0~5(개월)			0.9				0.5				0.2				0.1	
	6~11	0.5	0.7			0.3	0.4			0.1	0.1			0.2	0.3		
유아	1~2(세)	0.5	0.7			0.3	0.4			0.1	0.1			0.2	0.3		
	3~5	0.6	0.7			0.3	0.4			0.1	0.1			0.2	0.3		
남자	6~8(세)	0.9	1.1			0.5	0.6			0.1	0.2			0.3	0.4		
	9~11	1.3	1.6			0.7	0.9			0.2	0.2			0.5	0.6		
	12~14	1.7	2.2			1.0	1.3			0.3	0.3			0.7	0.9		
	15~18	2.0	2.4			1.1	1.4			0.3	0.4			0.8	0.9		
	19~29	2.7	3.4			1.1	1.4			0.3	0.3			0.8	1.0		
	30~49	2.7	3.3			1.1	1.3			0.3	0.3			0.7	0.9		
	50~64	2.6	3.2			1.0	1.3			0.3	0.3			0.7	0.9		
	65~74	2.4	3.1			1.0	1.2			0.2	0.3			0.7	0.9		
	75 이상	2.4	3.0			1.0	1.2			0.2	0.3			0.7	0.8		
여자	6~8(세)	0.8	1.0			0.5	0.6			0.1	0.2			0.3	0.4		
	9~11	1.1	1.4			0.6	0.8			0.2	0.2			0.4	0.5		
	12~14	1.5	1.8			0.9	1.1			0.2	0.3			0.6	0.7		
	15~18	1.5	1.9			0.9	1.1			0.2	0.3			0.6	0.7		
	19~29	2.2	2.8			0.9	1.1			0.2	0.3			0.6	0.8		
	30~49	2.2	2.7			0.9	1.1			0.2	0.3			0.6	0.8		
	50~64	2.1	2.6			0.8	1.0			0.2	0.3			0.6	0.7		
	65~74	2.0	2.5			0.8	1.0			0.2	0.2			0.5	0.7		
	75 이상	1.9	2.3			0.7	0.9			0.2	0.2			0.5	0.7		
임신부[1]		0.8	1.0			0.3	0.4			0.1	0.1			0.2	0.2		
수유부		1.5	1.9			0.4	0.6			0.2	0.2			0.2	0.3		

[1] 에너지, 단백질 임신부 1, 2, 3분기별 부가량

2015 한국인 영양소 섭취기준 - 지용성 비타민

성별	연령	비타민 A(μg RAE/일)				비타민 D(μg/일)				비타민 E(mg α-TE/일)				비타민 K(μg/일)			
		평균 필요량	권장 섭취량	충분 섭취량	상한 섭취량	평균 필요량	권장 섭취량	충분 섭취량	상한 섭취량	평균 필요량	권장 섭취량	충분 섭취량	상한 섭취량	평균 필요량	권장 섭취량	충분 섭취량	상한 섭취량
영아	0~5(개월)			350	600			5	25			3				4	
	6~11			450	600			5	25			4				7	
유아	1~2(세)	200	300		600			5	30			5	200			25	
	3~5	230	350		700			5	35			6	250			30	
남자	6~8(세)	320	450		1,000			5	40			7	300			45	
	9~11	420	600		1,500			5	60			9	400			55	
	12~14	540	750		2,100			10	100			10	400			70	
	15~18	620	850		2,300			10	100			11	500			80	
	19~29	570	800		3,000			10	100			12	540			75	
	30~49	550	750		3,000			10	100			12	540			75	
	50~64	530	750		3,000			10	100			12	540			75	
	65~74	500	700		3,000			15	100			12	540			75	
	75 이상	500	700		3,000			15	100			12	540			75	
여자	6~8(세)	290	400		1,000			5	40			7	300			45	
	9~11	380	550		1,500			5	60			9	400			55	
	12~14	470	650		2,100			10	100			10	400			65	
	15~18	440	600		2,300			10	100			11	500			65	
	19~29	460	650		3,000			10	100			12	540			65	
	30~49	450	650		3,000			10	100			12	540			65	
	50~64	430	600		3,000			10	100			12	540			65	
	65~74	410	550		3,000			15	100			12	540			65	
	75 이상	410	550		3,000			15	100			12	540			65	
임신부[1]		+50	+70		3,000			+0	100			+0	540			+0	
수유부		+350	+490		3,000			+0	100			+3	540			+0	

2015 한국인 영양소 섭취기준 – 수용성 비타민

성별	연령	비타민 C(mg/일)				티아민(mg/일)				리보플라빈(mg/일)				니아신(mg NE/일)[1]				
		평균필요량	권장섭취량	충분섭취량	상한섭취량	평균필요량	권장섭취량	충분섭취량	상한섭취량	평균필요량	권장섭취량	충분섭취량	상한섭취량	평균필요량	권장섭취량	충분섭취량	상한섭취량[2]	상한섭취량[2]
영아	0~5(개월)			35				0.2				0.3				2		
	6~11			45				0.3				0.4				3		
유아	1~2(세)	30	35		350	0.4	0.5			0.5	0.5			4	6		10	180
	3~5	30	40		500	0.4	0.5			0.5	0.6			5	7		10	250
남자	6~8(세)	40	55		700	0.6	0.7			0.7	0.9			7	9		15	350
	9~11	55	70		1,000	0.7	0.9			1.0	1.2			9	12		20	500
	12~14	70	90		1,400	1.0	1.1			1.2	1.5			11	15		25	700
	15~18	80	105		1,500	1.1	1.3			1.4	1.7			13	17		30	800
	19~29	75	100		2,000	1.0	1.2			1.3	1.5			12	16		35	1,000
	30~49	75	100		2,000	1.0	1.2			1.3	1.5			12	16		35	1,000
	50~64	75	100		2,000	1.0	1.2			1.3	1.5			12	16		35	1,000
	65~74	75	100		2,000	1.0	1.2			1.3	1.5			12	16		35	1,000
	75 이상	75	100		2,000	1.0	1.2			1.3	1.5			12	16		35	1,000
여자	6~8(세)	45	60		700	0.6	0.7			0.6	0.8			7	9		15	350
	9~11	60	80		1,000	0.7	0.9			0.8	1.0			9	12		20	500
	12~14	75	100		1,400	0.9	1.1			1.0	1.2			11	15		25	700
	15~18	70	95		1,500	1.0	1.2			1.0	1.2			11	14		30	800
	19~29	75	100		2,000	0.9	1.1			1.0	1.2			11	14		35	1,000
	30~49	75	100		2,000	0.9	1.1			1.0	1.2			11	14		35	1,000
	50~64	75	100		2,000	0.9	1.1			1.0	1.2			11	14		35	1,000
	65~74	75	100		2,000	0.9	1.1			1.0	1.2			11	14		35	1,000
	75 이상	75	100		2,000	0.9	1.1			1.0	1.2			11	14		35	1,000
임신부		+10	+10		2,000	+0.4	+0.4			+0.3	+0.4			+3	+4		35	1,000
수유부		+35	+40		2,000	+0.3	+0.4			+0.4	+0.5			+2	+3		35	1,000

성별	연령	비타민 B_6(mg/일)				엽산(μg DFE/일)[3]				비타민 B_{12}(μg/일)				판토텐산(mg/일)				비오틴(μg/일)			
		평균필요량	권장섭취량	충분섭취량	상한섭취량	평균필요량	권장섭취량	충분섭취량	상한섭취량	평균필요량	권장섭취량	충분섭취량	상한섭취량	평균필요량	권장섭취량	충분섭취량	상한섭취량	평균필요량	권장섭취량	충분섭취량	상한섭취량
영아	0~5(개월)			0.1				65				0.3				1.7				5	
	6~11			0.3				80				0.5				1.9				7	
유아	1~2(세)	0.5	0.6		25	120	150		300	0.8	0.9					2				9	
	3~5	0.6	0.7		35	150	180		400	0.9	1.1					2				11	
남자	6~8(세)	0.7	0.9		45	180	220		500	1.1	1.3					3				15	
	9~11	0.9	1.1		55	250	300		600	1.5	1.7					4				20	
	12~14	1.3	1.5		60	300	360		800	1.9	2.3					5				25	
	15~18	1.3	1.5		65	320	400		900	2.2	2.7					5				30	
	19~29	1.3	1.5		100	320	400		1,000	2.0	2.4					5				30	
	30~49	1.3	1.5		100	320	400		1,000	2.0	2.4					5				30	
	50~64	1.3	1.5		100	320	400		1,000	2.0	2.4					5				30	
	65~74	1.3	1.5		100	320	400		1,000	2.0	2.4					5				30	
	75 이상	1.3	1.5		100	320	400		1,000	2.0	2.4					5				30	
여자	6~8(세)	0.7	0.9		45	180	220		500	1.1	1.3					3				15	
	9~11	0.9	1.1		55	250	300		600	1.5	1.7					4				20	
	12~14	1.2	1.4		60	300	360		800	1.9	2.3					5				25	
	15~18	1.2	1.4		65	320	400		900	2.0	2.4					5				30	
	19~29	1.2	1.4		100	320	400		1,000	2.0	2.4					5				30	
	30~49	1.2	1.4		100	320	400		1,000	2.0	2.4					5				30	
	50~64	1.2	1.4		100	320	400		1,000	2.0	2.4					5				30	
	65~74	1.2	1.4		100	320	400		1,000	2.0	2.4					5				30	
	75 이상	1.2	1.4		100	320	400		1,000	2.0	2.4					5				30	
임신부		+0.7	+0.8		100	+200	+220		1,000	+0.2	+0.2					+1				+0	
수유부		+0.7	+0.8		100	+130	+150		1,000	+0.3	+0.4					+2				+5	

[1] 1 mg NE(니아신 당량)=1 mg 니아신=60 mg 트립토판 2) 니코틴산/니코틴아미드 3) Dietary Folate Equivalents, 가임기 여성의 경우 400 μg/일의 엽산보충제 섭취를 권장함, 엽산의 상한섭취량은 보충제 또는 강화식품의 형태로 섭취한 μg/일에 해당됨.

2015 한국인 영양소 섭취기준 - 다량 무기질

성별	연령	칼슘(mg/일)				인(mg/일)				나트륨(mg/일)				
		평균 필요량	권장 섭취량	충분 섭취량	상한 섭취량	평균 필요량	권장 섭취량	충분 섭취량	상한 섭취량	평균 필요량	권장 섭취량	충분 섭취량	상한 섭취량	목표 섭취량
영아	0~5(개월)			210	1,000			100				120		
	6~11			300	1,500			300				370		
유아	1~2(세)	390	500		2,500	380	450		3,000			900		
	3~5	470	600		2,500	460	550		3,000			1,000		
남자	6~8(세)	580	700		2,500	490	600		3,000			1,200		
	9~11	650	800		3,000	1,000	1,200		3,500			1,400		2,000
	12~14	800	1,000		3,000	1,000	1,200		3,500			1,500		2,000
	15~18	720	900		3,000	1,000	1,200		3,500			1,500		2,000
	19~29	650	800		2,500	580	700		3,500			1,500		2,000
	30~49	630	800		2,500	580	700		3,500			1,500		2,000
	50~64	600	750		2,000	580	700		3,500			1,500		2,000
	65~74	570	700		2,000	580	700		3,500			1,300		2,000
	75 이상	570	700		2,000	580	700		3,000			1,100		2,000
여자	6~8(세)	580	700		2,500	490	550		3,000			1,200		
	9~11	650	800		3,000	1,000	1,200		3,500			1,400		2,000
	12~14	740	900		3,000	1,000	1,200		3,500			1,500		2,000
	15~18	660	800		3,000	1,000	1,200		3,500			1,500		2,000
	19~29	530	700		2,500	580	700		3,500			1,500		2,000
	30~49	510	700		2,500	580	700		3,500			1,500		2,000
	50~64	580	800		2,000	580	700		3,500			1,500		2,000
	65~74	560	800		2,000	580	700		3,500			1,300		2,000
	75 이상	560	800		2,000	580	700		3,000			1,100		2,000
임신부		+0	+0		2,500	+0	+0		3,000			1,500		2,000
수유부		+0	+0		2,500	+0	+0		3,500			1,500		2,000

성별	연령	염소(mg/일)				칼륨(mg/일)				마그네슘(mg/일)			
		평균 필요량	권장 섭취량	충분 섭취량	상한 섭취량	평균 필요량	권장 섭취량	충분 섭취량	상한 섭취량	평균 필요량	권장 섭취량	충분 섭취량	상한 섭취량[1]
영아	0~5(개월)			180				400				30	
	6~11			560				700				55	
유아	1~2(세)			1,300				2,000		65	80		65
	3~5			1,500				2,300		85	100		90
남자	6~8(세)			1,900				2,600		135	160		130
	9~11			2,100				3,000		190	230		180
	12~14			2,300				3,500		265	320		250
	15~18			2,300				3,500		335	400		350
	19~29			2,300				3,500		295	350		350
	30~49			2,300				3,500		305	370		350
	50~64			2,300				3,500		305	370		350
	65~74			2,000				3,500		305	370		350
	75 이상			1,700				3,500		305	370		350
여자	6~8(세)			1,900				2,600		125	150		130
	9~11			2,100				3,000		180	210		180
	12~14			2,300				3,500		245	290		250
	15~18			2,300				3,500		285	340		350
	19~29			2,300				3,500		235	280		350
	30~49			2,300				3,500		235	280		350
	50~64			2,300				3,500		235	280		350
	65~74			2,000				3,500		235	280		350
	75 이상			1,700				3,500		235	280		350
임신부				2,300				+0		+32	+40		350
수유부				2,300				+400		+0	+0		350

[1] 식품외 급원의 마그네슘에만 해당

2015 한국인 영양소 섭취기준 – 미량 무기질

성별	연령	철(mg/일)				아연(mg/일)				구리(μg/일)				불소(mg/일)			
		평균필요량	권장섭취량	충분섭취량	상한섭취량	평균필요량	권장섭취량	충분섭취량	상한섭취량	평균필요량	권장섭취량	충분섭취량	상한섭취량	평균필요량	권장섭취량	충분섭취량	상한섭취량
영아	0~5(개월)			0.3	40			2				240				0.01	0.6
	6~11	5	6		40	2	3					310				0.5	0.9
유아	1~2(세)	4	6		40	2	3		6	220	280		1,500			0.6	1.2
	3~5	5	6		40	3	4		9	250	320		2,000			0.8	1.7
남자	6~8(세)	7	9		40	5	6		13	340	440		3,000			1.0	2.5
	9~11	8	10		40	7	8		20	440	580		5,000			2.0	10.0
	12~14	11	14		40	7	8		30	570	740		7,000			2.5	10.0
	15~18	11	14		45	8	10		35	650	840		7,000			3.0	10.0
	19~29	8	10		45	8	10		35	600	800		10,000			3.5	10.0
	30~49	8	10		45	8	10		35	600	800		10,000			3.0	10.0
	50~64	7	10		45	8	9		35	600	800		10,000			3.0	10.0
	65~74	7	9		45	7	9		35	600	800		10,000			3.0	10.0
	75 이상	7	9		45	7	9		35	600	800		10,000			3.0	10.0
여자	6~8(세)	6	8		40	4	5		13	340	440		3,000			1.0	2.5
	9~11	7	10		40	6	8		20	440	580		5,000			2.0	10.0
	12~14	13	16		40	6	8		25	570	740		7,000			2.5	10.0
	15~18	11	14		45	7	9		30	650	840		7,000			2.5	10.0
	19~29	11	14		45	7	8		35	600	800		10,000			3.0	10.0
	30~49	11	14		45	7	8		35	600	800		10,000			2.5	10.0
	50~64	6	8		45	6	7		35	600	800		10,000			2.5	10.0
	65~74	6	8		45	6	7		35	600	800		10,000			2.5	10.0
	75 이상	5	7		45	6	7		35	600	800		10,000			2.5	10.0
임신부		+8	+10		45	+2.0	+2.5		35	+100	+130		10,000			+0	10.0
수유부		+0	+0		45	+4.0	+5.0		35	+370	+480		10,000			+0	10.0

성별	연령	망간(mg/일)				요오드(μg/일)				셀레늄(μg/일)				몰리브덴(μg/일)				크롬(μg/일)			
		평균필요량	권장섭취량	충분섭취량	상한섭취량	평균필요량	권장섭취량	충분섭취량	상한섭취량	평균필요량	권장섭취량	충분섭취량	상한섭취량	평균필요량	권장섭취량	충분섭취량	상한섭취량	평균필요량	권장섭취량	충분섭취량	상한섭취량
영아	0~5(개월)			0.01				130	250			9	45							0.2	
	6~11			0.8				170	250			11	65							5.0	
유아	1~2(세)			1.5	2.0	55	80		300	19	23		75				100			12	
	3~5			2.0	3.0	65	90		300	22	25		100				100			12	
남자	6~8(세)			2.5	4.0	75	100		500	30	35		150				200			20	
	9~11			3.0	5.0	85	110		500	39	45		200				300			25	
	12~14			4.0	7.0	90	130		1,800	49	60		300				400			35	
	15~18			4.0	9.0	95	130		2,200	55	65		300				500			40	
	19~29			4.0	11.0	95	150		2,400	50	60		400	25	30		550			35	
	30~49			4.0	11.0	95	150		2,400	50	60		400	20	25		550			35	
	50~64			4.0	11.0	95	150		2,400	50	60		400	20	25		550			35	
	65~74			4.0	11.0	95	150		2,400	50	60		400	20	25		550			35	
	75 이상			4.0	11.0	95	150		2,400	50	60		400	20	25		550			35	
여자	6~8(세)			2.5	4.0	75	100		500	30	35		150				200			15	
	9~11			3.0	5.0	85	110		500	39	45		200				300			20	
	12~14			3.5	7.0	90	130		2,000	49	60		300				400			25	
	15~18			3.5	9.0	95	130		2,200	55	65		300				400			25	
	19~29			3.5	11.0	95	150		2,400	50	60		400	20	25		450			25	
	30~49			3.5	11.0	95	150		2,400	50	60		400	20	25		450			25	
	50~64			3.5	11.0	95	150		2,400	50	60		400	20	25		450			25	
	65~74			3.5	11.0	95	150		2,400	50	60		400	20	25		450			25	
	75 이상			3.5	11.0	95	150		2,400	50	60		400	20	25		450			25	
임신부				+0	11.0	+65	+90			+3	+4		400				450			+5	
수유부				+0	11.0	+130	+190			+9	+10		400				450			+20	

찾아보기

ㄱ

가공치즈 127
가르시니아 캄보지아 214
간흡충 297
갈락토마난 219
갈락토스 67
감염형 302
감자 306
강력분 114
개별인정형 202
개인상 차림 38
건강기능식품 25, 184, 198
건강기능식품공전 199
건강수명 27
검질 120
게실증 71
견수 115
결찰 122
경화반응 321
경화유 121
고도불포화지방산 77
고밀도지단백질 79
고시형 199
고추장 49, 117
고콜레스테롤혈증 25
곤밥 54
곰팡이독 310
공간 전개형 밥상 37
공액리놀레산 214
과당 67
과실주 167
과잉증 24
교차오염 339
구리 104
구아검/구아검 가수분해물 219, 278
구아바 잎 추출물 221
국민 공통 식생활 지침 380
국제암연구기관 298
글레이징 129
글루코만난 234
글리코사이드 결합 67
글리코젠 68
기능 성분 203
기대여명 26
기생충 297
긴 사슬지방산 77

ㄴ

나이트로사민 318
나트륨 103, 371
나트륨 저감화 정책 372
나트륨 함량 비교 표시 397
난소화성 말토덱스트린 220
납 313
내분비계 장애 물질 315
냉동 고기풀 134
녹차 147
녹차 추출물 215

ㄷ

다당류 68
다이옥신 315
단당류 66
단맛의 강도 70
단백질 84
단백질 상호 보완 효과 86
단백질 섭취기준 89
단백질 절약 작용 70
단위조작 112
단체급식 46
달맞이꽃 종자 추출물 222
당과 119
당뇨병 218
대사증후군 212
데옥시리보스 67
독버섯 308
독소형 302
동건품 130
동맥경화 230
동맥경화증 82
동물성 식품 19
된장 116
두부 117
드립커피 159

ㄹ

라피노스 279
락토바실루스 267
락토바실루스 가세리 268
락토바실루스 람노수스 270
락토바실루스 루테리 270
락토바실루스 살리바리우스 271
락토바실루스 아시도필루스 268

락토바실루스 카세이 아종 카세이 268
락토바실루스 파라카세이 269
락토바실루스 페르멘툼 269
락토바실루스 플란타룸 270
락토바실루스 헬베티쿠스 269
락토코쿠스 271
락토코쿠스 락티스 271
레귤러햄 123
레닛 126
레스베라트롤 195
렙틴 211
로컬 푸드 403
루테인 188
리보스 67
리코펜 187
리큐어 170

ㅁ

마가린 121
마그네슘 103
마비조개중독 303
만노스 67
맛살 135
맞춤형 영양 29
매실 306
맥주 167
멥쌀 떡 49
면류 115
면역 균형 331
면역글로불린 E 329
면역반응 248
면역 시스템 248
면역 이상반응 328
무기질 20, 101
무발효빵 115
무스카린 308
묵 49
물 105
밀가루 114

ㅂ

바나바 잎 추출물 221
박력분 114
발효빵 115
발효식품 38, 276
발효우유 127
방사선 314
방사성 물질 314
배양육 59
100세 시대 25
백차 148
백포도주 168
버섯 308
버터 125
베이컨 123
β-글루칸 254
베타카로텐 187
벤조피렌 318
변형 프라이온 315
병원성 대장균 301
보릿고개 45
복숭아 306
부시 130
불소 105
불완전단백질 86
불용성 식이섬유 282
불포화지방산 77
브랜디 170
비만 25, 210
비소 313
비의도적 혼입치 345
비타민 20, 98
비타민 A 98
비타민 B군 99
비타민 C 100
비타민 D 98
비타민 E 99
비타민 K 99
비피도박테륨 273
비피도박테륨 론굼 273
비피도박테륨 브레베 273
비피도박테륨 비피둠 273
비피도박테륨 아니말리스 아종 락티스 274
비필수아미노산 85
빵 115

ㅅ

사포닌 189
삭시톡신 303
산나물 308
산디밥 54
산화스트레스 244
살구 306
살청 152

상어간유 253
상황버섯 254
생리활성물질 185
생애주기 18
생활습관병 24
선충 297
설탕세 370
설포라판 197
세균성 식중독 302
세슘 314
세시풍속 44, 48
소건품 130
소금 38
소시지 123
소주 168
솔라닌 306
솔로 이코노미 56
쇼트닝 121
수분 평형 88
수소화기름 320
수용성 식이섬유 282
수은 313
스트렙토코쿠스 272
스트론튬 314
스틸벤류 195
스피루리나 233
시유 124
식물성 식품 19
식물스테롤 189
식사 예절 44
식생활 지침 378
식용 곤충 59, 136
식이섬유 68, 220, 277, 281
식중독 296
식중독 예방 301
식품구성자전거 23
식품 불내증 334
식품 알레르기 328, 331
식품위생법 342
식품의 기능 184
식품의 일반 성분 19
식품 인증제도 402
식품첨가물 317
식품 표시 389
식해 132
신바이오틱스 281
싱글슈머 56
3D 인쇄 식품 29

ㅇ

아나필락시스 328
아라비노스 67
아미노산 85
아미노산가 87
아미노산 간장 116
아세마난 254
아스페르길루스 플라부스 310
아연 104
아이소플라본 192
아크릴아마이드 319
아토피 피부염 331, 333
아플라톡신 310
악성 종양 255
안토사이아닌 194
알긴산 136
알레르기 반응 250
알레르기성 비염 331
알레르기 쇼크 393
알레르기 원재료 표시 대상 338
알레르기 유발 물질 표시 392
알레르기 유발 식품 336
알레르기 표시 대상 335
알레르기항원 329
알레르기 행진 332
알로에 254
알콕시글리세롤 253
알파-아마니틴 308
암 발생 258
암 발생 원인 256
암 예방 259
약주 166
양성 종양 255
어간장 132
에너지 적정비율 73
에스터 결합 75
에스프레소 160
에이코사노이드 80
엑솜 28
엔테로코쿠스 파에슘 272
엔테로코쿠스 파에칼리스 272
엘라그산 195
엘라이드산 321
연유 124
연제품 133
염장품 131
염지 122
영양 22
영양 강조 표시기준 396
영양소의 결핍 23
영양유전체학 27
영양 정보 표시 395
영양표시 390
오방색 41
완전단백질 86
외식 산업 46
요오드 104, 314
우롱차 149
우무 136
위스키 169
위조 152
유기식품 46
유념 152
유전자 변형 농산물 341
유전자 변형 생물체 341
유전자 변형 식품 341
유전자 재조합 기술 350
유전적 요인 328
은행 307
음양오행사상 41
의례 음식 48
이눌린/치커리 추출물 221
이당류 67
이상지질혈증 82
인 102
인간광우병 316
인삼 252

인슐린 저항 217
인스턴트커피 159
인지질 78
인체의 역동성 18
인체의 조성 16

ㅈ

자가면역반응 252
자건품 130
자연독식중독 303
자염 38
자일로스 67
장류 39
잼류 118
저당식 47
저밀도지단백질 79
저염식 47
적포도주 168
전분 68
전분당 115
젓갈 39, 132
정제 유지 120
제1차 당류 저감 종합계획 366
제4차 국민 건강 증진 종합 계획 376
제아잔틴 188
제한아미노산 86
조미채소 39
조충 297
중간사슬지방산 76
중금속 313
중력분 114
중성지방 75
지단백질 79
지방산 75
GMO 표시제도 342
지질 75
지질 섭취기준 83
지표 성분 203
질소 평형 89
짧은사슬지방산 76

ㅊ

창자독소 312
천식 331
철 103
첨가당 362
청국장 117
청산 글리코사이드 306
청주 166
초저밀도지단백질 228
총당류 362
최저밀도지단백질 79
치즈 126
침채류 117

ㅋ

카드뮴 314
카라기난 136
카로테노이드 187
카테킨 194, 215
카페 라테 161
카페 마키아토 161
카페 모카 161
카페 아메리카노 161
카페 콘 파냐 161
카푸치노 161
칼륨 103
칼슘 102
커피 156
케이싱 122
케톤증 예방 70
코로솔산 221
코엔자임Q_{10} 238
콜레스테롤 79
퀘세틴 221
크림 125
클로렐라 233
클린 라벨 운동 399
키토산 215
킬로미크론 79, 228

ㅌ

타닌류 196
탁주 166
탄수화물 66
터펜류 187
테트로도톡신 304
토마토케첩 118
토코트라이엔올 188
토코페롤 188
통곡 71
통일벼 45
퇴시 130
트라이할로메테인 315
트랜스지방 320
트랜스지방산 78

ㅍ

파이토뉴트리언트 186
파이토케미컬 186
페놀산류 195
페룰산 195
펜타-오-갈로일-베타-디-포도 222
편충 299
포도당 67
포도당 신생합성 88
4-메톡시피리독신 307
포화지방산 77
폴리염화바이페닐 315
폴리페놀 222
푸드 마일리지 403
푸코실화 올리고당 280
프럭토올리고당 278
프렌치 패러독스 196
프로바이오틱스 266
프로바이오틱스의 작용 274
프리바이오틱스 277
플라바논 193
플라보노이드 190
플라본 192
플라본올 193
피시버거 130
피시스틱 129
필수아미노산 85

ㅎ

하이드록시시트르산 214
한국인을 위한 식생활 지침 380
한국인의 사망원인 256
햄 123
향토 음식 44, 50
헬시 피플 2020 367, 368
혈교 123
혈당 216
혈당부하 73
혈당 조절 관련 219
혈당지수 73
혈압 236
호로파 종자 219
혼밥 47
혼밥족 57
혼술 47
홍국 235
홍차 149
화학간장 116
환경 요인 328
활성산소종 190, 244
황색포도알세균 312
황차 148
황화알릴 197
훈제 122
훈제품 131
흑차 150
흡충 297

영문

A

acceptable macronutrient distribution range 73
acemannan 254
acrylamide 319
added sugar 362
agar-agar 136
alginic acid 136
allergen 329
AMDRAMDR 73
anaphylaxis 328
Aspergillus flavus 310
autoimmune response 252

B

bacon 123
benign tumor 255
benzo[a]pyrene 318
β-glucan 254
Bif. animalis ssp. *lactis* 274
Bif. bifidum 273
Bif. breve 273
Bif. longum 273
black tea 149
brandy 170
butter 125

C

cafe con panna 161
caffe latte 161
caffe mocha 161
caffee macchiato 161
calcium 102
cappuccino 161
carrageenan 136
casing 122
cheese 126
chitosan 215
chylomicron 79, 228
CLA 214
Clean Label Movemen 399
coenzyme Q_{10} 238
conjugated linoleic acid 214
copper 104
corosolic acid 221
cream 125
curing 122
cyanogenic glycoside 306

D

DHA 78, 231
diabetes 218
diallyl sulfide 197
dietary fiber 281
docosahexaenoic acid 78, 231
drip coffee 159

E

eicosapentaenoic acid 78, 231
Ent. faecalis 272
Ent. faecium 272
enterotoxin 312
EPA 78, 231
espresso 160
ester bond 75

F

fermented milk 127
fish burger 130
fish stick 129
fluorine 105
food intolerance 334
food mileage 403
French Paradox 196

G

genetically modified organism 341
GI 73
GL 73
glazing 129
gluconeogenesis 88
glycemic index 73

glycemic load 73
GMO 341
green tea 147

H

HDL 78, 228
health functional food 184
Healthy People 2020 367
high density lipoprotein 78, 228
HP 2020 367, 376
hydrogenated oil 320

I

IARC 298
IgE 330
immune response 248
immune system 248
immunoglobulin E 329
indigestible maltodextrin 220
insulin resistance 217
iodine 104
iron 103

J

jam 118

L

Lb. acidophilus 268
Lb. casei ssp. *casei* 268
Lb. fermentum 269
Lb. gasseri 268
Lb. helveticus 269
Lb. paracasei 269
Lb. plantarum 270
Lb. reuteri 270
Lb. rhamnosus 270
Lb. salivarius 271
Lc. lactis 271
LDL 78, 228
leptin 211
lifestyle related disease 24
ligation 122
lipoprotein 79
liqueur 170
local food 403
low density lipoproteins 78, 228

M

magnesium 103
malignant tumor 255
margarine 121
market milk 124
medium flour 114
metabolic syndrome 212
mycotoxin 310

N

nitrosamine 318

O

obesity 210
oolong tea 149
oxidative stress 244

P

parasites 297
penta-o-galloyl-beta-D-glucose 222
phosphorus 102
phytonutrient 186
potassium 103
prebiotics 277
probiotics 266
processed cheese 127
pu-erh tea 150

R

reactive oxygen species 244
Red yeast rice 235
regular ham 123
rennet 126
resveratrol 195
ROS 244

S

sausage 123
saxitoxin 303
shortening 121
singlesumer 56
smoking 122
sodium 103
solanine 306
solo economy 56
strong flour 114
sugar tax 370
synbiotics 281

T

tetrodotoxin 304
tomato ketchup 118
total sugar 362
trihalomethane 315

V

very low density lipoproteins 79, 228
VLDL 79, 228

W

weak flour 114
white tea 148

Y

yellow tea 148

Z

zinc 104

전덕영
현재 전남대학교 생활과학대학 식품영양과학부 교수
서울대학교 식품공학과 학사
카이스트 생물공학과 석사·박사
미국 NIH 및 NCSU 방문교수

신말식
현재 전남대학교 생활과학대학 식품영양과학부 교수
서울대학교 식품영양학과 학사
서울대학교 식품영양학과 석사
서울대학교 식품영양학과 박사

허영란
현재 전남대학교 생활과학대학 식품영양과학부 교수
전남대학교 식품영양학과 학사·석사·박사
미국 University of Tennessee 박사후 연구원

박용주
현재 전남대학교 생활과학대학 식품영양과학부 교수
서울대학교 식품영양학과 학사
미국 Purdue University 영양학과 박사
미국 Purdue University 박사후 연구원
경북대학교 의학전문대학원 박사후 연구원

안창범
현재 전남대학교 생활과학대학 식품영양과학부 교수
부경대학교 식품공학과 학사
부경대학교 식품공학과 석사
부경대학교 식품공학과 박사

신태선
현재 전남대학교 생활과학대학 식품영양과학부 교수
세종대학교 식품공학과 학사
미국 Louisiana State University 식품과학 박사
미국 Louisianan State University Agricultural Center 박사후 연구원

전우진
현재 전남대학교 생활과학대학 식품영양과학부 교수
고려대학교 농학과 학사
고려대학교 식품공학과 석사
미국 Kansas State University 박사

김옥경
현재 전남대학교 생활과학대학 식품영양과학부 교수
전남대학교 식품영양학과 학사
경희대학교 의학영양학과 석사·박사
미국 The University of Virginia 의과대학 면역센터 전임연구원

홍영식
현재 전남대학교 생활과학대학 식품영양과학부 교수
제주대학교 농화학과 학사
고려대학교 식품공학과 석사·박사
영국 Imperial College London 박사후 연구원
프랑스 University of Reims 박사후 연구원

정현정
현재 전남대학교 생활과학대학 식품영양과학부 교수
고려대학교 생명과학부 학사
고려대학교 식품생명공학 석사·박사
캐나다 Agriculture & Agri-Food Canada 박사후 연구원

윤정미
현재 전남대학교 생활과학대학 식품영양과학부 교수
중앙대학교 식품영양학과 학사
서울대학교 식품영양학과 석사·박사
미국 University of Wisconsin-Madison 박사후 연구원
미국 University of California-Davis 박사후 연구원

정복미
현재 전남대학교 생활과학대학 식품영양과학부 교수
신라대학교 식품영양학과 학사
숙명여자대학교 식품영양학과 석사·박사

재미있는 식품과 영양

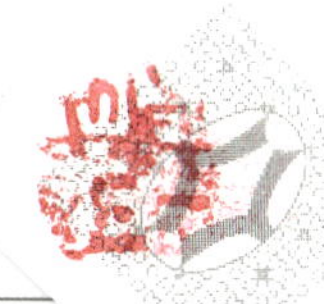

2022년 8월 20일 초판 3쇄 발행
2019년 8월 20일 초판 1쇄 발행

저 자 전덕영 · 신말식 · 허영란 · 박용주 · 안창범 · 신태선
전우진 · 김옥경 · 홍영식 · 정현정 · 윤정미 · 정복미

발행인 이 영 호
발행처 **수 학 사**
10881 경기도 파주시 회동길 56 기한재 1층
출판등록 1953년 7월 23일 제2020-000143호
전화번호 031) 946-4642(代) 팩스 031) 944-1457
http://www.soohaksa.co.kr
디자인 북큐브

정가 24,000원

ISBN 978-89-7140-727-1 (93590)